潘知常　主编

生命美学在中国丛书

当代中国生命美学四十年

向杰　著

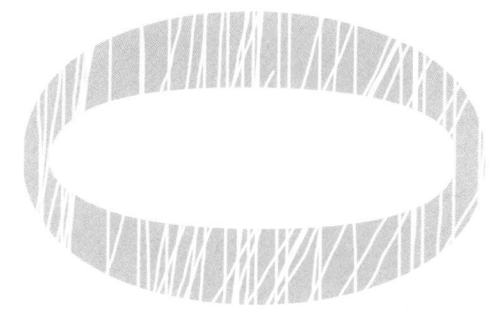

百花洲文艺出版社
BAIHUAZHOU LITERATURE AND ART PRESS

图书在版编目（CIP）数据

当代中国生命美学四十年 / 向杰著. -- 南昌：百花洲文艺出版社，2023.9
（生命美学在中国丛书 / 潘知常主编）
ISBN 978-7-5500-5253-6

Ⅰ.①当… Ⅱ.①向… Ⅲ.①生命－美学－研究－中国 Ⅳ.①B83-092

中国国家版本馆CIP数据核字（2023）第154341号

当代中国生命美学四十年

向杰 著

出 版 人	陈 波
责任编辑	童子乐　陈俪尹
书籍设计	张诗思
制　 作	何 丹
出版发行	百花洲文艺出版社
社　 址	南昌市红谷滩区世贸路898号博能中心一期A座20楼
邮　 编	330038
经　 销	全国新华书店
印　 刷	湖北金港彩印有限公司
开　 本	787mm×1092mm　1/16
印　 张	30.5
版　 次	2023年9月第1版
印　 次	2023年9月第1次印刷
字　 数	450千字
书　 号	ISBN 978-7-5500-5253-6
定　 价	90.00元

赣版权登字：05-2023-284
版权所有，盗版必究
邮购联系　0791-86895108
网　 址　http://www.bhzwy.com
图书若有印装错误，影响阅读，可向承印厂联系调换。

总 序

"这个秋天将意味深长"

潘知常

每一个美学学者都要在学界"出生"两次。第一次，是在自己发表的论文论著里；第二次，则是在后人撰写的美学史里。

也许，这应该称为学术的反刍效应？相当长的时间里，因为暂时的功名利禄，不少学者也就昏了头脑。为C刊、为项目、为奖励、为头衔的事情一下子也多了起来。在天上掉下的各种名利馅饼的强烈冲击下，有些学者一时迷失了方向，竟然开始误以为C刊、项目、奖励、头衔……就是自己所梦寐以求的所谓"不朽"。遗憾的是，这全然只是一种幻觉！回过头来，借助《左传·襄公二十四年》重温一下中国人后来全都津津乐道的所谓"三不朽"，不难发现，这所谓"三不朽"，尤其是其中的通过"立言"而达成的所谓"不朽"，其中的关键是"虽久不废"。这也就是说，学者的研究，只有能够做到"虽久不废"，才可以坦然自称曰："此之谓不朽。"

也许，这还应该称为学术的残酷？所有的耕耘者都一同经历了残酷无情的冬季的煎熬，一同经历了生命复苏的春季的播种，也一同经历了火热难耐的夏季的历练，现在，却还要一同经历铁面无私的秋季的汰选。已经在自己的论文论著里"出生"了一次的学者，现在能否顺利地在美学史中第二次"出生"？毫无疑问的是，所有的学者又都在一起面临着新的考验。马克思在其名作《路易·波拿巴的雾月十八日》中曾引用一句古谚语："这里就有玫瑰花，就在这里跳舞吧！"改革开放新时期的美学研究已经走过了四十年的辉煌历程，1980年代、1990年代，直到21世纪，所有学者的论文论著都已经凝聚为不可更改的历史，白纸黑字，铁证如山。或者是自己的"首创"，或者是自己的"独创"，或者只是"豆腐渣工程"……有就是有，没有也就是没有。门派、宗派、帮派……现在什么"派"都帮不上什么忙了。彼此都是靠过去的论文论著说话。谁都可以把自己1980年代、1990年代直到21世纪的论文论著拿出来"说话"。一起来比"首创"时间的早晚，一起比"独创"贡献的大小。如果拿不出来，那也就只好哑口无言，只好退避在后。

"生命美学在中国丛书"的问世，正是直面"学术的反刍"与"学术的残酷"的结果。

而且，出版"生命美学在中国丛书"也是十分重要的。

严格而言，现当代百年中国美学其实只有两个思潮——启蒙现代性的美学思潮与审美现代性的美学思潮。我所提倡的生命美学从王国维、鲁迅、宗白华、方东美等人的美学思想一路顺延而下，无疑隶属于后者。因此，它绝不仅仅是一个美学学派的创建，更是现当代百年中国美学思潮中的审美现代性的历史延续与理论代言。因此，它无疑也有着自己的独到贡献。

第一，我所提倡的生命美学出现于1985年，在国内改革开放新时期出现的当代美学的各家各派中，应该是最早的。例如，后实践美学的第一篇奠基性的论文是杨春时先生1994年发表的，新实践美学的第一篇奠基性的论文是邹其昌先生1998年发表的，但是生命美学却在1985年就已经发表了第一篇奠基性的论文。而且，生命美学早在1991年就已经出版了自己的奠基之作——《生命美学》，后实践美学的奠基之作——杨春时先生的《走向后实践美学》是安徽教育出版社2008年出版的，新实践美学的奠基之作——张玉能先生的《新实践美学论》是人民出版社2007年出版的，实践存在论美学的奠基之作——朱立元先生的《走向实践存在论美学》是2008年苏州大学出版社出版的。因此，不论是从发表的第一篇奠基性论文看，还是从出版的第一部奠基性专著看，生命美学都是最早的。

第二，我所提倡的生命美学在国内改革开放新时期中对于实践美学的批评也是最早的。当下有一种我不太赞同的学风，就是不少人写文章都喜欢从质疑实践美学开始，但是，却从来不提数十年前从生命美学、超越美学开始的对实践美学的质疑，现在的学者希望给人以一种感觉：质疑实践美学是从他们才开始的。可是看看他们对实践美学的质疑，诸如"积淀""理性"等等，其实都是拾人牙慧，都是在重复数十年前生命美学、超越美学对实践美学的质疑。也因此，这所谓的"质疑"也就不由得令人想起叔本华当年对于某些学人的批评："总不过是证明着人们原已从别的认识方式完全确信了的东西。这就等于一个胆小的士兵在别人击毙的敌人身上戳上一刀，便大吹大擂是他杀了敌人。"[1]同样是在质疑实践美学，1985年的质疑与1995年、2005年、2015年的质疑，难道是可以等量齐观的吗？第一个用鲜花比喻女人的是天才，第二个用鲜花来比喻女人的是庸才；第三个用鲜花来比喻女人的是蠢材。这个比喻所陈述的深意我们都不要忘记。而且，这就好像在同一个美学跑道进行比赛，别人已经跑了十圈，他其实仅仅只跑了一圈，但是却因为暂时都在并排奔跑，就虚张声势起来，到处宣称自己才是跑在了最前面的，甚至不惜诋毁前面的已经跑了几圈的学者，这，无论如何不应该是值得推崇的学风。

第三，我在中国美学的漫长历史中第一次命名了"生命美学"。而且，这四个字也因此已经经久不衰。我们知道，鲍姆加登（1714—1762）之所以号称西方的"美学之父"或者"美学的教父"，当然是对他命名"美学"学科的肯定。"名不正则言不顺"，因此，命名的贡献理应得到尊重、得到肯定。而在国内改革开放新时期中出现的当代美学的各家各派中，早于"生命美学"

---

[1] 叔本华：《作为意志和表象的世界》，石冲白译，商务印书馆，1982年版，第123页。

命名的"文艺美学",其实并非大陆学者的美学贡献,而是台湾学者王梦鸥在1971年就已经命名了的。早于"生命美学"命名的"实践美学",也并非"首倡者"李泽厚本人的贡献,而是后人追认的。由此,不难看出,"生命美学"的被命名,在改革开放新时期无疑是名列前茅的,其贡献也理应得到尊重,得到肯定。[①]何况,现在涉及这四个字的百度搜索已经是3280万条,在中国知网,涉及这四个字的论文也已经有1534篇,目前国内在这两个数字统计上能够"破千"的仅仅只有实践美学和生命美学,可以知道,这是一个从零到千到千万再到几千万的一个十分了不起的成绩。

第四,我所提倡的生命美学在当代美学史上第一个完成了范式革命,使得美学从"实践"到"生命",从"启蒙现代性""积淀""认识—真理""实践的唯物主义""自然人化""物的逻辑"的主体性立场转向"审美现代性""生成""情感—价值""实践的人道主义""自然界生成为人""人的逻辑"的主体间性立场。而且,生命美学已经鲜明区别于过去的以关注文学艺术为核心的小美学,转而成为关注美学时代美学文明、关注人的解放的大美学。更不要说,生命美学对于马克思的"实践的人道主义"的关注,更是严格区别于实践美学的对于马克思的"实践的唯物主义"的关注。

第五,我所提倡的生命美学从一开始就是从中国古代、近代美学的生命美学传统出发的。我是在先出版了中国美学史研究专著《美的冲突》《众妙之门》之后,才写了生命美学的奠基之作——《生命美学》的。而且,生命美学中的三个核心概念,也是西方美学中所欠缺的。这就是:"兴""境""生"。我所提倡的生命美学被称为情本境界生命论美学,其中的"情本""境

---

① 康德给马库斯·赫茨的信中说:"我正在撰写一部'纯粹理性批判',它将涉及理论知识和实践知识。……我将在三个月内出版它。"虽然康德在三个月内并没有出版这部著作,事实上,《纯粹理性批判》是在九年后才出版的,但在这里,重要的是,康德已经提出了"纯粹理性批判"的新概念。 正如阿尔森·古留加所指出的:"一般都把这封信的日期(1772年2月21日)看成是康德主要哲学著作诞生(或说孕育更为确切些)的日期。"参见阿尔森·古留加:《康德传》,贾泽林、侯鸿勋、王炳文译,商务印书馆,1981年版,第84页。因此,生命美学的诞生时间起码也应为1985年。

界""生命",就正对应"兴""境""生"。还值得注意的是,生命美学的"儒家+无神论的人道主义""孔子+马克思"的美学探索,更是在三十七年前就已经率先起步的马克思主义基本原理同中华优秀传统文化彼此对话的深刻体现。因此,生命美学无疑是充分禀赋中国美学的根本特色的。

第六,倘若实践美学是源自百年前北京的《新青年》和启蒙现代性,那么生命美学则是源自百年前南京的《学衡》与审美现代性。而且,生命美学已经完成了自身的生命本体论的建构,并且因此而根本超越了中国古代、近代美学中的关于生命的美学思考,代表着中国美学的生命美学传统的最终成熟与完成。

第七,生命美学在经过了三十七年的沉淀之后,已经(即将)推出自己的代表作、代表人物,例如作为生命美学的基础的"潘知常生命美学系列"(650万字,十三卷)、作为生命美学的主体的潘知常的"生命美学三书"(200万字,第一卷为55万字的专著《信仰建构中的审美救赎》,人民出版社2019年出版;第二卷为71.9万字的专著《走向生命美学——后美学时代的美学建构》,中国社会科学出版社2021年出版;第三卷为74万字的专著《我审美故我在——生命美学论纲》,中国社会科学出版社2023年出版),以及作为生命美学的导读的潘知常的《生命美学引论》(18万字,修订版,百花洲文艺出版社2023年出版);也形成了自己的在师生传承之外的学术群体。例如,多年以来,除了我自己的生命美学研究,我还看到刘纲纪、王世德、聂振斌、曾永成、张涵、朱良志、成复旺、司有仑、封孝伦、刘成纪、范藻、黎启全、姚全兴、雷体沛、杨蔼琪、周殿富、陈德礼、田义勇、熊芳芳等学人以及古代文学研究大家袁世硕先生、哲学大家俞吾金的大量研究论述。再如,且不说刘纲纪先生的周易生命美学、曾永成先生的生成美学、陈伯海先生的生命体验美学等,即便是陈望衡先生的境界美学、曾繁仁先生的"生生美学"、吴炫先生的"中华生命力美学"等理论,其实也不难从中看到生命美学的身影。这只要回想一下生命美学从1985年以后就始终不渝地在坚持着的"生命""体验""美是自由的境界""境界本体""境界美学""生生—仁爱—大美"等理论中就能看出。甚至，我在1991年出版的《生命美学》中，就已经把"超越"作为生命美学的核心词，并且在该书的第88—105页，专门详细论述了"超越"问题。无疑，在国内学界提倡"超越"，生命美学也是并不落后的。后来在1994年才开始出现的著名的"超越美学"与生命美学所提倡的超越是一脉相连的。

第八，我所提倡的生命美学，除了自己的理论特色——"万物一体仁爱"的生命哲学和"情本境界论"生命美学之外，还有极为特殊也极为可贵的"知行合一"的美育践履传统。这是生命美学所一直默默践行的从王阳明心学发端的美学传统。数十年来，尽管不赞同"实践美学"，但是在"美学实践"方面，生命美学所付出的辛勤劳动以及所获得的丰硕成绩，可以说是十分突出的。这一点，仅从我个人数十年来所从事的数以千计的美育实践以及数以百计的"按照美的规律建构世界"的咨询策划项目实践中不难看到。因此，生命美学堪称"万物一体仁爱"的生命哲学与"情本境界论"的审美观与"知行合一"的美育践履。

因此，生命美学完全有资格率先接受当代美学史的汰选，更完全有资格在美学史中第二次"出生"。犹如西方谚语所说："这里就有玫瑰花，就在这里跳舞吧！"

不过，编辑"生命美学在中国丛书"也并不容易！叔本华曾经说过："命运规定真理得有一个短暂的胜利节日，而在此前此后两段漫长的时期内，却要被诅咒为不可理解的或被蔑视为琐屑不足道的。"[1]学术界的很多事情就是如此！在你"倒霉"的时候，可能有人会落井下石，会倒戈相向，会借机出卖你以渔利，会以"功底""学风"之类的借口去肆意诋毁，甚至，会依附在得势的一方，去凭借攻击你而得一点残羹剩饭……毕竟，那个时候生命美学每每要被扣上"资产阶级自由化"的大帽子。因此，谁跟生命美学划清界限，谁就有可能在政治上获利，谁就可能多得一点封赏。但是，你一旦走出了逆境，一旦

---

[1] 叔本华：《作为意志和表象的世界》，石冲白译，商务印书馆，1982年版，第8页。

开始逆风飞扬，可能有人又会不以为然，会私下撇嘴说："这没有什么"，甚至会自诩"我不稀罕，我也能做到"。总之，一开始，是批评你"水平不行、学风不行"，转而，却又变成了"这没什么，我也行"。这就类似我所提出的"塔西佗陷阱"。塔西佗生活在约公元55年—约公元120年间，但是他从来没有提及"陷阱"两个字，更没有提出过"塔西佗陷阱"。之后的两千年里古今中外也从来没有人提出过"塔西佗陷阱"。但是，在我提出之后，再加上我们国家领导人的提及，现在的百度搜索已经达到290万左右，中国知网的研究论文也已经有了200篇左右。对此，尽管我在几年内都完全沉默，完全没有在任何场合主动提及。可是，有人却仍旧"醋意大发"，仍旧不以为然，他们说："这不算什么！我也行！"这让人想起曾经有一个流行很广的段子，说的是一个精密的设备出了问题，于是厂家就找了一名德国工程师维修，德国工程师仔细检查一番后，在一个部件上用锤子敲了几下。生产线瞬间正常工作。为此，德国工程师收了一万美元的维修费。厂方质疑德国工程师收钱太多，可是，德国工程师却说，在部件上敲几下，只值一美元，但是知道在哪敲，却值九千九百九十九美元。我也要说：能够提出"塔西佗陷阱"，现在看起来似乎很简单，只值一美元，但是，在人类历史上能够提出"塔西佗陷阱"，却很不简单，它是要值九千九百九十九美元的。无疑，"生命美学"的提出，也应如是观！

　　当然，编辑"生命美学在中国丛书"或许会引起个别学人的误解。这是因为，当下常见的中国当代美学史水平参差不齐，而且颇有几本"吃大锅饭"式的中国当代美学史，或者是分门别类、平铺直叙、优良可劣不分、首创早晚不论；或者是跟谁关系好就写谁一笔，谁的头衔大就给谁分一点篇幅，结果往往是出了厚厚一本，却根本无人问津。更有甚者，编写者自己也毫不用心，我就曾经遇到过，作者在书中罗列了历年出版的所有的中国美学史的专著，但是仅以我自己的中国美学史专著的出版情况去检验，就发现其中"硬伤多多"。因为，我从1989年开始陆续出版的八本中国美学史研究专著甚至连一本也没有罗列进去。更不要说，有人竟然胆敢冒学术界之大不韪，利用自己撰史的机会，把本人刚刚出版一年的论著列入为数只有几本的百年现当代美学史的代表作里；还有人竟然突破学术评价的底线，利用自己撰史的机会，把一个只写过几十页介绍中西美学理论（美术理论）历史的小册子的台湾地区的宗教人士捧为二十世纪生命美学的"最重要的两座里程碑"之一……诸如此类，当然都只能成为学术史上的笑谈、笑话，但是由此不难发现：有不少人私下里以为美学史的研究就是"表扬与自我表扬相结合"，因此，不但自己写美学史就是去进行"学术行贿"式的"评功摆好"，而且别人如果去组织当代美学史的研究，则也会臆测别人是希图进行"自我表扬"。对此，我也实在无话可说。因此，也只好再重复一次"惠子相梁，庄子往见之"的故事："鸱得腐鼠，鹓鶵过之，仰而视之曰：'吓！'今子欲以子之梁国而吓我邪？"其实，三十七年前，生命美学敢于言人所不敢言，为人所不敢为，"虽千万人，吾往矣"，并不是为了"自我表扬"——这其实根本毫无可能。在那个时候，反对主流美学的结果完全就是自绝于美学的学术圈！而今，编辑"生命美学在中国丛书"同样不是为了"自我表扬"！在这当中，更加接近真实的考虑是：首先，绝对不能坐视个别人再去任意褒贬我们的学术成果甚至左右我们的学术评价，争取美学史的裁判权。为此，我们理应在进行认真的美学研究的同时，也同时展开同样认真的当代美学史的研究。其次，"狗熊掰棒子"之类的短视行为，在美学研究中已经不能再延续下去了。改革开放新时期的美学研究已经四十年了，亟待择优汰劣，不但要把假冒伪劣产品公之于众，让其再也没有市场，更要把真正无愧于时代的美学成果予以弘扬、予以光大，这，实在是时不我待了。美学研究，作为人文科学，就是要"著书立说"。或者"首创"，或者"独创"，其中的基本的历史事实，总是要认真加以梳理的，更是亟待给予公正评价的。这关涉基本的学术伦理，也关涉基本的学术道德！那种不尊重历史事实，不尊重"首创"与"独创"，随意"封赏"甚至自我"封赏""名家""大家"称号的事情，已经不宜再继续下去了！

当然，能够进入后人撰写的美学史也就是说能够第二次"出生"的并不仅仅是生命美学。在这个意义上，"生命美学在中国丛书"的问世其实也只是一个开始。我希望，今后还能够出现类似的关于其他学说学派的研究丛书。何况，在此之前，我也已经主编了"中国当代美学前沿丛书"，并且在其中已经收入了新实践美学、实践存在论美学、主体间性超越论美学、生命美学和实践美学五家。而我之所以主编"生命美学在中国丛书"，当然也不是自认为当代美学史上独此一家，仅是因为我对它较为熟悉。大约有一二十年的时间了，我一直没有能够再参加美学学会的活动。美学学会的活动，二十年来，我也只是在2018年的时候在济南参加过一次。而且，这类的活动，限于时间与精力，估计以后我也很少再有机会参加。我唯一能够做的，就是尽最大力量做好自己的学术研究。而且，只去继续面对四十年来唯独属于自己的两个问题："生命美学"研究与"塔西佗陷阱"研究。同时，也尽最大力量做一些力所能及的事情。在这方面，除了主办会议、举办全国高校美学教师高级研究班外，主编丛书，应该也是其中之一。迄今为止，我已经主编了三套丛书，除了"中国当代美学前沿丛书"与"西方生命美学经典名著导读丛书"之外，就是"生命美学在中国丛书"，一共30本。其中甘苦，无以言表。知我罪我，也都无所谓了。毕竟，丛书的出版经费是我自己去筹集的，丛书的作者也是我自己出面去商定的。而且，我也从来没有过以"派"画线，更没有干涉过任何一个作者的写作。至于借此对生命美学给予"表扬与自我表扬"，坦率而言，在我，是根本没有想过的。原因很简单：生命美学已经37周岁了！"表扬"还是不"表扬"，"批评"或者不"批评"，它都已经有了自己的独立生命——起码，它的学术生命已经超过了今天的所有青年美学学者了！1985年，生命美学诞生的时候，即便是当代的所有青年美学学者自己的研究生导师，当时大多也还没有评上高级职称。因此，再去否定比自己学术年龄甚至比自己的导师的学术年龄都要大的生命美学，甚至妄自尊大地以为只有自己才有资格为比他的学术年龄甚至比他的导师的学术年龄大得多的生命美学颁发"准生证"，这岂不是一个学术的笑话？！1844年2月，在美因河畔法兰克福，叔本华就曾经举过一个气球的例子。他说：自己在学术圈"看到那荒唐的东西一般总是如日中天，而个别人的声音要想透出愚弄和被愚弄者双方的合唱似乎已不可能；不过，尽管这样，真纯的作品在任何时候都保有一种完全特有的、宁静的、稳健的、强有力的影响，如同由于奇迹一般，人们看到这种影响最后从喧嚣骚动的人群中往上直升，好象气球从地面上厚重的烟雾气围上升到更洁净的高空一样；而一旦上升到那儿，它就停留在那儿，没有人再能把它拽下来了"。出以公心地说，生命美学也早已"上升到更洁净的高空"，"而一旦上升到那儿，它就停留在那儿，没有人再能把它拽下来了"。因此，又何须谁去蓄意"表扬与自我表扬"？！在这个方面，以狭隘之心度学人之腹，是根本没有必要的！

何况，在走过了残酷无情的冬季的煎熬、生命复苏的春季的播种、火热难耐的夏季的历练之后，生命美学也已经走进了铁面无私的秋季的汰选。"却顾所来径，苍苍横翠微！"无可置疑的是，这还是一个丰收的秋天！

保罗·策兰曾经感叹："这个秋天将意味深长！"

毫无疑问的是，因为"生命美学在中国丛书"的出版，"这个秋天"对于生命美学而言，也同样"意味深长"！

谨以此，恭贺"生命美学在中国丛书"的出版！

2022年11月18日，南京卧龙湖，明庐

前　言

这本书，是生命中的偶然，也是生命中的惊喜。当然，正因偶然，才会有惊喜，就像生命美学。生命美学出现在我的生命之中，就像突然遇到一位红粉知己，那一种意外的惊喜、惊讶恐怕三生三世也忘不了。

这几年，阅读了一些有关生命、生命哲学、生命美学的著作，有许多感触。研究美学，从1980年代写作《马克思主义视阈下的体验美学》算起，也有三十余年了。各种美学理论，也多少有些了解。但为何对生命美学尤其是潘知常生命美学情有独钟？我常常问自己。我觉得，这既跟我的性情有关，与我对传统文化的认知有关，也与潘知常情本境界论生命美学的独特内涵有关。我完全赞同潘知常情本境界论生命美学的研究方法，他的"超主客关系"理论与我理解的"主客二元融合论"几乎是一样的；他对"个体主体性"的重视也深得我心；他对"审美现代性"的看法则启发我从更宽广的角度和更高层次提出问题、理解问题。他终结了传统美学，重构了一种全新的美学。这种"以生命为视界"的美学，不仅是一种具有中国视角、中国气派的美学，也是具有世界意义的美学。

我既然喜欢生命美学，那就应该放下一己之见，拥抱它、研究它，为生命美学添砖加瓦。在潘老师的支持下，也就滋生了写作《当代中国生命美学四十年》的想法。

此书本该去年完成，其间因为其他事务耽搁了。顺便也就把2021年写进来，变成四十一年了。所以，"当代中国生命美学四十年"中的"四十年"是一个约数。还有一点值得说明一下，这本书我基本不用"笔者"一词以示客观，直接用"我"表达我的看法与观点，其中的选择、详略、轻重所体现出的倾向性比较明显，所以，它是有感情的，有生命的。我想，这样写，才是真正的"生命美学"史。

本书涉及的论著有81部。这些书，从内容上看，大致可以分为4类：一是"基于生命"的美学论著。二是"关于生命"的美学论著。三是"与生命有关"的艺术、文化或社会问题论著。还有一类是考察当代中国美学研究现状的论著，其中有对当代中国生命美学的述评。严格地说，只有前两类论著属于生命美学；第三类仅有生命美学思想，若从更宽泛的意义上讲，我们也可以称之为"生命美学"。本书重点关注这三类论著。

本书涉及基督教这一概念。由于这一概念内涵比较复杂，这里做个简单说明：本书所论及的基督教，一般而言均指"新教"。在论及"新教"产生之前的基督教时，则是指天主教。

写作《当代中国生命美学四十年》，对我来说，是一个很大的挑战。之所以敢于动笔写作，完全是因为潘知常老师的信任、支持与鼓励；虽然至今还不曾见过潘知常老师，但他的人品与学识已经深入我心，令我神往已久。范藻老师的鼓励与帮助，也十分重要。他曾专门为我送来许多参考书，我也常常向他请教。我必须感谢二位老师。另外，这一路走来，还要感谢当年的两位老师：苏志宏老师和丁瑞根老师。正是因为二位老师的看重与鼓励，才让我这一颗学术之心没有停止跳动，一直没有忘记二位老师的期待。我还要感谢百花洲文艺出版社和出版社编辑老师，没有他们的辛勤付出，我无法想象本书如何放到读者诸君的手上。

我虽然阅读了不少生命美学专著，但是阅读范围仍然有限，肯定有应该介绍而没有被介绍的学者与作品，所谓挂一漏万，其实难免。只得请求读者谅解。好在本书的体例属于开放型的，后来人可以增补。限于笔者的学识，这本书必定有这样那样的问题，敬请批评指正。

2022年3月16日晚于祛蔽斋

目录

导论：把"我"引入美学研究 / 001

    一、"开头"只是一个引子，引出什么才重要 / 002

    二、"我"是否在场，是学术与学问的本质区别 / 004

    三、学术与学问的融合 / 010

第一章　当代中国生命美学 / 014

    第一节　当代中国生命美学的诞生 / 015

    第二节　生命美学，崛起的美学新学派 / 028

    第三节　星月交辉的生命美学格局 / 035

    第四节　当代中国生命美学的意义 / 041

第二章　贫困时代：走向生命美学的三条路径 / 045

    第一节　第一美学问题：生命，还是实践？/ 046

    第二节　第一美学命题：以美育代宗教 / 064

    第三节　从新个体到新群体 / 083

第三章　当代中国生命美学的发展过程（上）／099
第一节　草创期：生命美学破土发芽／099
第二节　成型期：生命美学的诞生与成型／115

第四章　当代中国生命美学的发展过程（下）／143
第一节　兴盛期：生命美学的发展与兴盛／143
第二节　拓展期：生命美学的拓展与升华／180

第五章　生命美学：后美学时代的美学建构／212
第一节　生命美学的创始人：潘知常／212
第二节　从整体上把握潘知常生命美学／217
第三节　生命美学的主要内容／247
第四节　贡献与意义／298

第六章　其他倡导者的生命美学述评／323
第一节　封孝伦生命美学述评／325
第二节　基于生命的美学／356
第三节　关于生命的美学／384
第四节　有关生命的美学／404

结语：中国需要哪种现代性？／424

本书涉及的论著／438

参考资料／443

导论：把"我"引入美学研究

当代中国生命美学是最具有中国特色、中国气派的美学理论。它虽然吸收了西方现代和后现代的某些理论，但其"灵魂"却是"中国的"。

本书考察"当代中国生命美学"自1980年至今的孕育、诞生、生长、壮大为一个"崛起的美学新学派"的发展轨迹。"当代中国生命美学"这一概念的内涵既丰富又混乱。基于客观事实，我们首先辨析了它的各种意义并规定了它在本书中的基本意义：以潘知常倡导的生命美学（情本境界论生命美学或情本境界生命论美学）为核心，当代中国学人积极响应并投身研究的以"生命"为本体的美学。毫无疑问，就其理论的影响力而言，潘知常生命美学最具原创性和代表性，因此，我们以潘知常生命美学的发展为经，将生命美学的发展分为四个时期：1980至1990年为草创期，1991至2000年为成型期，2001至2017年为兴盛期，2018至2021年为拓展期；以其他生命美学倡导者的专著为纬，介绍封孝伦、张涵、陈伯海、刘成纪、范藻、周殿富、朱良志、成复旺、宋耀良、彭富春、曾永成、雷体沛、司有仑、余福智、姚全兴、薛富兴、向杰、熊芳芳等人的生命美学，以及古代文学研究大家袁世硕，哲学大家俞吾金，实践美学代表人物之一的刘纲纪，文艺美学创始人之一的王世德，中华美学学会副会长、文化本体论美学倡导者聂振斌等人的生命美学思想。

我一直在想,《当代中国生命美学四十年》一书如何开头。我考虑了种种开头的方法（显然，我想多了），我很想把本书写成《文心雕龙》那个样子，但我突然意识到，那是做"学问"，不是做"学术"。我想到了潘知常的《生命美学》，于是我对比了几本美学著作的"开头"。

一、"开头"只是一个引子，引出什么才重要

黑格尔的《美学》是这样开头的：

> 这些演讲是讨论美学的；它的对象就是广大的美的领域，说得更精确一点，它的范围就是艺术，或则毋宁说，就是美的艺术。①

这个开头言简意赅，确定了研究对象和范围，是一部学术经典著作的开头。

鲍桑葵的《美学史》是这样开头的：

> 美学理论是哲学的一个分支，它的宗旨是要认识而不是要指导实践。因此，本书的主要读者对象乃是有志于从哲学上了解下列问题的人们：按照世界史上各个不同时期的主要思想家的设想，美在人类生活的体系中究竟占有什么地位和具有什么价值？②

鲍桑葵开宗明义规定了美学的学科性质和功能，并设定了《美学史》一

---

① 黑格尔：《美学》，朱光潜译，商务印书馆，2017年版，第3页。
② 鲍桑葵：《美学史》，张今译，商务印书馆，1985年版，第1页。

书的写作目的。只是如今抱持类似看法的人还有多少呢？这样的开头太学究气了，不是我想要的。

如果把意大利翁贝托·艾柯的《美的历史》与鲍桑葵《美学史》比较，就会发现，前者是讲"美"的历史，即关于美的发展史；后者是讲"美学"的历史，即关于美的理论的发展史。一个懂得"美"与"美学"区别的人，会更喜欢前者。因为，《美的历史》是生动形象的，而《美学史》则是枯燥乏味的。

一个很不一样的开头是潘知常教授的《生命美学》。这本书是这样开头的：

> 美学是一种神奇，美学也是一种诱惑。而且，当数之不清的学子在美学殿堂外徘徊流连，怅然而返时，甚至还可以说，美学——是一座迷宫。
>
> 这样讲，无疑因为我本人就是这徘徊流连、怅然而返的学子中的一个。几年来，虽然我一直狂热地沉浸在美学的大海里，虽然我也曾就美学尤其是中国美学中的某些问题提出过自己的一些看法，我的内心却从来不曾泯灭过一种难以名状的困惑。并且，随着时光的流逝，这困惑也就变得越发浓重。我痛楚地感到，我所热爱的似乎是一种无根的美学，似乎是一种冷美学，我所梦寐以求渴望着的似乎只是一个美丽的泡影。
>
> 唉，"也许我们的心声总是没有读者，也许路开始已错，结果还是错，也许我们点起一个个灯笼，又被大风一个个吹灭，也许燃尽生命烛照黑暗，身边却没有取暖之火"（舒婷）……
>
> 我知道，我是误入了美学的迷宫。
>
> 那么，阿丽安娜的线团安在？[①]

你看，在这个开头里，充满了感性，充满了激情，甚至还有困惑。这些都是潘知常教授个人的感受。"我"，即作者自己赫然出现在字里行间。这个

[①] 潘知常：《生命美学》，河南人民出版社，1991年版，第1页。

"我",不是纯理性的人,而是一个有情绪有感受的人,一个有困惑有渴望的人,一个有追求的人。把这个开头与黑格尔《美学》和鲍桑葵《美学史》的开头对比一下,一个明显的区别就是:潘知常《生命美学》的开头是感性的,有感情有情绪,甚至有激情;而黑格尔《美学》和鲍桑葵《美学史》的开头则是理性的,冷冰冰的。

但是,受过现代"学术"训练的学者,对这样的开头,用这样的文笔写"学术"论文或专著,是很不满意的。

> 现在有些人一说起生命美学,往往就要说起我的所谓的"诗意的文笔",个别人甚至对此还不乏贬义,觉得有点不够学术。[①]

怎样才够"学术"呢?当然是客观、中立、不带主观色彩,没有"我"的在场,严格逻辑推理的"文笔",才是够"学术"的。对"学术"提出这样的基本要求不仅不过分,还远远不够。但对美学提出同样的要求不仅过分了,还是根本错误的。

二、"我"是否在场,是学术与学问的本质区别

有些人可能会说这只是一个行文风格的问题,没必要小题大做。但如果你仔细看看西方的文本史(文本的发展历史)和中国古汉语文本史,会发现一个有趣的现象:西方早期历史的文本和中国古汉语文本,都有一个"我"在里面。这个"我",有时是作者自己,有时是作者设定的人物,有时只是作者若隐若现的影子(作者的情绪和感受)。柏拉图的对话集、色诺芬的《回忆苏格拉底》、第欧根尼·拉尔修的《名哲言行录》以及当时其他哲学家的对话集和

---

① 潘知常:《生命美学:归来仍旧少年》,《美与时代》(下旬),2018年第12期。

历史学家的历史著作，先秦的《论语》《孟子》《庄子》，刘勰的《文心雕龙》，司空图的《二十四诗品》，严羽的《沧浪诗话》，等等，都有"我"在里面。甚至像《史记》这样的历史著作，主要都是由人物的经历、感受组成的感性历史画卷。

（一）在西方，是艺术与学术的分离

柏拉图的著作，你可以当小说读。我读《裴洞篇》（《柏拉图对话集》中译为《裴洞篇》，《柏拉图全集》中译为《斐多篇》）印象之深刻、感受之强烈，不亚于读《红楼梦》第九十七回"黛玉焚稿"一节。我完全被苏格拉底临死时的理性与冷静震撼了。虽然柏拉图后期著作中感性的东西越来越少，《理想国》中的感性少了，理性多了，但"我"仍在。这个"我"躲在书中"人物"的后面，规定这些"人物"的提问内容和提问方式，以及对这些问题的回答。把柏拉图的对话集与荷马的《伊利亚特》相比较，有人可能觉得毫无道理，我却看到了其中的相同之处：不仅有人物和人物对话，而且有感性具体的描述，有作者的情感与好恶。这种看似无理的比较，让我意识到：艺术，是学术之母。古希腊早期哲学家的著作大多以"诗歌"的形式写成，这不是偶然的。这表明，在古代，艺术与学术是融合在一起的，学术还没有从艺术中分离出来。

在亚里士多德的著作中，"我"的出场明显减少了，感受性越来越弱，客观、冷静、理性的叙述越来越明显，但仍然可以感觉到"我"的存在。甚至他的"物理学"也有"我"的主观色彩。这意味着一种不同于艺术的新东西诞生了：一种纯粹"讲理"的文体从古老的艺术中分离出来了，这就是"学术"。"艺术"保持着自己古老的传统，与时空、与人物、与事件保持血肉联系，"我"是其中的核心；而新出现的"学术"则走上另一条路径："感性"因素越来越少，"我"被边缘化，被驱逐。在亚里士多德之后其他人的学术著作中，"我"基本上消失不见，而且是被故意隐去的。在普罗提诺的著作中，

"理性"进一步增强，只是在对最高存在的"太一"的信仰中，才有"我"的影子。到奥古斯丁、托马斯·阿奎那，"理性"已经占据绝对的地位，"我"的影子更加模糊：世界的终极原因——上帝，只能依靠"我"的体验得到证明。一旦将"我"彻底逐出"哲学（神学）"，即"科学理性"反复追问"上帝"的存在，"理性主义"就取得了彻底胜利，"上帝死了"。"上帝之死"意味着"我"被彻底摈弃，意味着这个世界与"人"无关、与"人"彻底决裂。

另一方面，"学术"在追求真理的过程中，认为"我"的主观情绪、情感会严重影响和扭曲人们对客观世界的认识，学术研究无法获得真理。我们看到，自笛卡儿之后，尤其是在黑格尔的著作中，一个完全客观、中立、冷静的所谓"科学态度"出现了。这种"科学态度"要求完全排除"我"的情绪、情感和感受的影响。

"科学态度"在"学术"活动（包括科学研究）中更为重要，已经成为"学术"事业的基本准则。科学研究中，绝不允许有一丝一毫的个人情绪、情感和感受在里面。学术著作应该理性、客观、中立、冷静，不带个人主观色彩。他们相信存在着不取决于个人好恶的"客观事实"和"客观真理"，哲学的目的就是要尽力避免个人主观色彩，在认识客观事实的基础上，追求客观真理。而艺术正好相反，它充满情感，充满激情，具有强烈的主观色彩，不存在"客观事实"，当然也不存在"客观真理"。西方人由于"科学态度"是占据主导地位的生活态度，他们也就习惯于用"科学态度"研究"艺术现象"，其结果，有人称之为"美学"，有人称之为"艺术哲学"。于是，美学被纳入哲学，成为哲学的一个部门。哲学的术语被强行塞进了美学之中，比如"艺术真实""艺术真理"等概念。这些概念是自相矛盾的。

我们可以这样说，在西方，一开始，"艺术"与"学术"本是融合为一的，其基本样态为柏拉图的对话集。渐渐地，在一些论说抽象"道理"的文章中，"我"被驱逐了，于是就有了"艺术"与"学术"之分。固守感性现象的人成为艺术家，他们用诗歌、戏剧、绘画、雕塑、音乐、舞蹈、建筑等艺术形式满怀激情地描述世界；而思考抽象本质的人成为（自然）哲学家，他们用实验、分析、质辩、论证的方法，理性、客观、中立、冷静地剖析世界。前者表达主观感受，后者追求客观知识。

（二）在中国，是学问被学术取代

在中国，情况有所不同。古代各种文献中，这个"我"始终在场。所以，严格说，我们没有"艺术"与"学术"的分离、分化，只有对"艺术"的经验性"心得"，得到的就是感悟性的、碎片化的"学问"。"学问"不是"学术"。因为，"学问"中仍然有"我"在"学"、在"问"，有"我"的情绪、情感和感受，仍有"艺术"的特质，属于美学；而"学术"则完全相反，它排斥"我"的存在，排斥"我"的情绪、情感和感受，要求完全客观、中立和冷静，它有"科学"的特质，属于哲学。

我国无数的诗论、画论、乐论中都能见到"我"的身影，最典型，也是最具有中国特色的美学著作就是刘勰的《文心雕龙》。在我心目中，《文心雕龙》就是美学，美学就应该像《文心雕龙》那个样子（主体具有研究者与欣赏者的二重性）[①]。刘勰的传统被继承下来了，钟嵘的《诗品》、司空图的《二十四诗品》、严羽的《沧浪诗话》、袁枚的《随园诗话》、王国维的《人间词话》都是如此。仔细体会，就会发现他们有一个共同特点：这些美学著作中都有一个"我"在。这个"我"，既是欣赏主体，又是研究主体，两种身份合二为一，具有主体二重性。所以写出来的著作既有感悟，又有形象，还有情感（褒贬与好恶），在形态上往往是只言片语的"心得"，不会出现严密推理的长篇大论。

就是在专门论理的著作中，比如刘徽的《九章算术注》，也有"我"的影子，因为它是刘徽个人的经验总结：其方法没有标准化的规则设定；其推导

---

① 参见拙著《美学研究方法论问题及革新》，《美与时代》，2013年第6期。

过程不完整，有些地方直接给出结果；其问题都是具体的实际问题，没有上升到普遍层面。所有这一切，都意味着这种"数学"仅是刘徽自己私人性质的"数学"。许多记载实用技术的书，比如《齐民要术》《千金方》《茶经》《本草纲目》等等，都是一人一时一地的个人经验记录或总结，带有个人经验的局限性，也就是说，这些著述中也有一个"我"在里面，有"我"的经验，有"我"的情绪情感（好恶），也有"我"的表达方式。如此，自然与所谓的"客观事实""客观真理"不可相提并论。在此，我们看到在传统中国没有学术，只有学问。

学术是理性思辨的，追求的是"真理"；学问是感性具体的，获得的是"经验"。"学术"与"学问"的共同点在"学"，即继承前人的知识成果；不同点在"术"与"问"，"术"就是科学方法与技术，具有统一要求的标准化特点；"问"就是与"我"有关的互动交往，具有鲜明的个性特征。西方是"学术"，强调观测、实验验证、归纳总结和逻辑推理的抽象思辨；中国是"学问"，《礼记·中庸》说："博学之，审问之，慎思之，明辨之，笃行之。"拈出"学"与"问"，就成了"学问"。张岱在《夜航船》中说得明白："天下学问，惟夜航船中最难对付。"夜航船中的一问一答，往往答非所问。所以他编写《夜航船》，以备后生急用，再不让和尚轻蔑地"伸伸脚"。

五四以来，受西风东渐的影响，学问渐渐被学术取代。但从哲学的角度讲，这种取代仍不彻底，因为这种"取代"不是内生的，是一种"模仿"。它导致我们所认定的"客观事实"，多数还不是真正的客观事实，而是一种根据我们需要，主观认定的"客观事实"，基于这种虚假"客观事实"的所谓研究，仍然是一种有"我"的主观经验总结。

从美学的角度讲，这种"取代"又不应该发生，把欣赏者和研究者分开，只有"研究者"的美学研究就是一种没有"美"或不知何为"美"的美学研究。我想起博尔赫斯在《诗艺》中的一句话：

　　我只要翻阅到有关美学的书，就会有一种不舒服的感觉，我会觉得自己在阅读一些从来都没有观察过星空的天文学家的著作。①

这句话深得我心。因为博尔赫斯说出了我一直以来对"美学"的不满：传统美学是没有"美"的美学。难道博尔赫斯说的不是事实吗？"从来都没有观察过星空的天文学家！"不少美学家——至少他们的美学著作看不出他们欣赏过、赞叹过美，他们就是"从来都没有欣赏过美的美学家！"

为什么博尔赫斯这样说？他是在满怀敬仰地阅读了克罗齐的美学著作之后，说的这一番话。翻开克罗齐的《美学原理》，我们看到，在一个庞大体系的框架下，通篇都在讲抽象的道理，基本上没有"我"，他仅仅是研究者，不是欣赏者，著作中自然没有"我"的情绪、情感和感受。克罗齐的《美学原理》是这样开始的：

> 知识有两种形式：不是直觉的，就是逻辑的；不是从想像得来的，就是从理智得来的；不是关于个体的，就是关于共相的；不是关于诸个别事物的，就是关于它们中间关系的；总之，知识所产生的不是意象，就是概念。②

姑且不论克罗齐对"知识"的看法是否正确，仅说如此枯燥的议论就让人难以读完。难怪博尔赫斯有那样的评论。假如博尔赫斯看了刘勰的《文心雕龙》，他会作何评论呢？《文心雕龙》是这样开头的：

> 文之为德也大矣，与天地并生者何哉！夫玄黄色杂，方圆体分，日月叠璧，以垂丽天之象；山川焕绮，以铺理地之形：此盖道之文也。仰观吐曜，俯察含章，高卑定位，故两仪既生矣。惟人参之，性灵所钟，是谓

---

① 博尔赫斯：《诗艺》，陈重仁译，上海译文出版社，2015年版，第2页。
② 克罗齐：《美学原理 美学纲要》，朱光潜等译，人民文学出版社，1983年版，第7页。

三才。为五行之秀,实天地之心,心生而言立,言立而文明,自然之道也。①

这个开头,它是具象的,不是抽象的,但它确实又在讲抽象的"理";它是感性的,不是理性的,但它确实又有"推类"的过程;它是"我"的感悟,不是普遍的认识,但它显然是对别人有益的经验总结。需要指出的是,《文心雕龙》不是只有开头才这样的,整部作品都是这样具体、形象,充满作者的激情和感悟。那个"我"贯穿于整部作品之中,从不缺席。我有充分的理由相信,博尔赫斯会赞赏《文心雕龙》,因为它才是真正的美学:美就在《文心雕龙》之中,与"我"同在。

三、学术与学问的融合

我之所以欣赏《生命美学》的开头,是因为潘知常教授把自己的感受带进了学术著作之中。这个"我",不仅仅是研究者,他还是一个感受者(欣赏者)。这不仅仅增添了著作的可读性,也显示了一种趋势:抽象论证与生动描述的重新融合,学术与学问的重新融合。

从美学史的角度讲,就是鲍桑葵的"美学史"与翁贝托·艾柯的"美的历史"的重新融合,具体体现为翁贝托·艾柯的《美的历史》。在论说(主要是描述性地介绍)的过程中,翁贝托·艾柯采用了大量生动形象的图片,把生命冲动(对艺术作品的审美激情)带进了"美的历史"之中,给读者以强烈的感性冲击。

显然,"我"一直置身于美的历史之中。"我"是美的内在属性。哪里有"我",哪里就有美;哪里有美,哪里就有"我"。而"我"是一个有感知有

---

① 刘勰著,范文澜注:《文心雕龙注》,人民文学出版社,1958年版,第1页。

感受的生命实体，因此，美，必然具有生命的属性，美学就是生命美学，生命美学就是美学。这话，生命美学创始人潘知常教授早在1991年出版的《生命美学》中就说过：

> 本书题名为《生命美学》，这并不表明著者又开创了什么部门美学。"生命美学"就是美学，在美学前面加上"生命"二字，只是对它的现代视界加以强调而已。[1]

没有"我"的美学不是美学，或者说是没有美的伪美学。认为生命美学仅仅是美学众多理论中的一种理论，这实在是一个误会。

自尼采以来，我仿佛看到了学术与学问的融合。尼采写的书，就是感性与理性的融合体，他的一些思想，就是用诗歌写出来的，尤其是他的《查拉图斯特拉如是说》几乎就是用"散文诗"的形式写出来的。尼采以后，随着学术界对"理性主义""本质主义"的清算，人们对黑格尔学说似的抽象体系已经十分厌烦。一些哲学家、思想家不仅仅意识到"理性思辨"的枯燥乏味，他们更从现代主义、后现代主义的思想高度，意识到主客体二元对立的无"我"的认识论态度是错误的。读读后现代主义哲学家的著作，他们不仅仅在解构，他们也在"建设"。他们在"建设"一个主客体融合的世界，"建设"一个"我"在其中的"世界"。如果说，西方从古希腊时代起，一直在努力"走出世界"，走向"世界之外"，那么，从尼采开始，西方就努力"走进世界"，从"世界之外"，走进"世界之中"。这时的"学术"活动和"学术"著作，开始有意识地把"我"引进来。不少的哲学家、思想家意识到，这个"我"不仅摆脱不掉，而且不应该摆脱掉，相反，应该把"我"迎接回来。他们开始在"学术"中有意识地表现"我"。不论是胡塞尔、海德格尔、雅斯贝斯、哈贝马斯、杜夫海纳，还是巴塔耶、萨特、梅洛-庞蒂、福柯、罗蒂、内格尔等

---

[1] 潘知常：《生命美学》，河南人民出版社，1991年版，第13页。

等，他们的"学术"研究方法都发生了巨变：都不同程度地引进了"我"，"学术"著作中有了"我"的影子，有了"我"的情绪、情感与感受。这种趋势，被称为"哲学美学化"。1970年代，罗伯特·M.波西格出版了《禅与摩托车维修艺术》，一部以艺术的形式表达抽象思想之书，把感性与理性完美地融合在一起，很快风靡全世界。这让我深切感受到了西方"学术"与"艺术"的重新融合。

在中国，近代以来，尤其是五四新文化运动以来，学术从西方引进，学问日渐萎缩。像钱锺书的《谈艺录》《管锥编》那样的学问著作已经很少。而学术著作遍地都是。但是，这种所谓的"学术"研究，其实还很不够"学术"，原因就在于还没有彻底把"我"驱逐出去。"我"对"学术"研究仍有巨大的影响。其主要表现为：预设立场或立场先定；否认"客观事实"的存在或扭曲，甚至捏造"客观事实"；带有强烈的情感色彩。如此的"学术"研究自然不可能正确反映"客观事实"，获得"客观真理"。

这种"研究"，其实不是"学术"研究，只是在做"学问"。然而，真要做"学问"，就不能把"我"驱逐出去，反而应该把"我"请回来。但由于误解了哲学与美学的关系，当代中国的美学研究，已经严重脱离中国美学的传统，正走上西方"学术"的路子，要把古代文本中的"我"驱逐出去，把美学"哲学化"。正像"实践美学"所做的那样，先是把"美学"建立在"反映论"基础上，后来又建立在"认识论"基础之上。不管"反映论"还是"认识论"，都是主客体二元对立的理性主义的方法。这种方法不仅完全割断了当代中国美学与中国美学传统的血脉联系，还与当代世界的后现代主义趋势相反相对。潘知常对此批评说：

> 从主客关系出发的美学这座"美丽的金字塔"既与中国美学传统针锋相对，更与西方现当代美学的探索格格不入，充其量也就只是一座违章建筑，更何况还偏偏是建立在沙滩之上，因而从一开始就是建立于风雨飘摇

之中的，应该说，是毫无疑问的了。①

潘知常的生命美学试图扭转这一局面。一方面要接续中国正统的美学，另一方面也要与现当代世界趋势保持一致。因此，我们看到，潘知常提出了与"实践美学"的主客关系完全相反的"超主客关系"。在2002年出版的《生命美学论稿：在阐释中理解当代生命美学》中，潘知常详尽考察了康德、胡塞尔、海德格尔等人关于主客关系的看法，又特别考察了中国传统美学的主客关系，指出中国传统美学从没有主体与客体的区分，只有超主客关系。

"超主客关系"不承认主体与客体的区分与对立，也不承认在审美活动中有审美主体与审美客体的分别。它是一种对主客关系的"超越"：

> 在超主客关系之中，没有什么本质，也没有什么与本质相对的现象。有的只是世界的在场与不在场。②

借用海德格尔的话说，就是"此在与世界"的关系成为一体的关系，也就是说人在世界之中。这个"人"其实就是"我"。"我""在世界之中"，世界在"我"之中。

如此，"学术"与"学问"就合二为一了。一种真正的美学诞生了。因为有"我"的在场，这种美学必然是生命美学。

---

① 潘知常：《生命美学论稿：在阐释中理解当代生命美学》，郑州大学出版社，2002年版，第336页。
② 潘知常：《生命美学论稿：在阐释中理解当代生命美学》，郑州大学出版社，2002年版，第336页。

第一章　当代中国生命美学

当代中国生命美学是运用马克思主义美学的理论武器，在西方生命美学与中国生命美学的基础上，借助于对实践美学的批评，并且从王国维"接着讲"出发，最终创生出来的。

生命美学出现于1985年，在国内改革开放新时期出现的美学各家各派中，应该是最早的；潘知常在中国美学的历史上第一次命名了"生命美学"，而且，这四个字也已经经久不衰；生命美学完成了生命本体论的建构，代表着中国美学的生命美学传统的成熟与完成；生命美学在当代美学史上第一个完成了范式革命，使得美学从立足于"实践"转向了立足于"生命"，从"启蒙现代性"移步于"审美现代性"，从"认识——真理"的地平线乾坤大挪移到了"情感——价值"的地平线；生命美学推出了自己的代表作、代表人物，也形成了在师生传承之外的广泛的学术团队；生命美学经过了近四十年的沉淀，已经成为"崛起的美学新学派"。

第一节　当代中国生命美学的诞生

1985年，潘知常在《美学何处去》一文中提出了"生命美学"的基本思想。学界通常以这一年为"生命美学"诞生的元年，但我认为当代中国生命美学诞生具有体系性理论的标志性事件则是1991年河南人民出版社出版《生命美学》。

一、当代中国生命美学诞生的土壤与背景

马克思主义是我国的指导思想，马克思主义美学研究是美学学者们的必修功课。这主要体现为"手稿热"，即学习、解读马克思《1844年经济学—哲学手稿》的热潮。1979年，蔡仪在《美学论丛》上发表了《马克思究竟怎样论美》一文。1980年《美学》第2期发表了朱光潜重译的《1844年经济学—哲学手稿》节选，同时发表了朱光潜等人对蔡仪文章的回应文章，由此引发了学习马克思《1844年经济学—哲学手稿》的"手稿热"。"手稿热"的高潮是两次全国性的研讨会：1982年8月在哈尔滨举行的"全国马列文艺论著研究会第四届学术年会"；1982年9月14日至19日在天津举行的由中华全国美学学会、天津美学学会和南开大学联合举办的"巴黎手稿美学问题讨论会"。到1983年以后，"手稿热"才慢慢消退。"手稿热"的影响无疑是巨大的。"马克思的《1844年经济学—哲学手稿》奠定了中国新时期美学的理论基础。"[1]除此之外，还有以法国哲学家萨特和梅洛-庞蒂为代表的存在主义马克思主义和法兰克福学派等的巨大影响。

中国传统文化是当代中国生命美学生长的肥沃土壤。它是一种有"我"的文化，具有身体性、体验性、整体性和有机性等属性，充盈着生命活力。对于这一点，中国学界是一致承认的，但他们并没有意识到这就是美学，而且是

---

[1] 包妍、程革：《经典文献对本土话语的拯救——1980年代"手稿热"探源》，《东北师大学报》（哲学社会科学版），2014年第2期。

生命美学，原因是他们混淆了哲学与美学。不过，当代有不少美学家已经认识到了。潘知常在1989年出版的《众妙之门——中国美感心态的深层结构》中，就已经指出中国传统美学具有生命精神。钟仕伦和李天道认为中国传统美学是重生命的美学，"在体验中让生命回到它的原创性中去"①。向万成也明确指出："中国传统美学体现出鲜明的生命美学与体验美学的特征，强调、肯定美总是肯定人生、肯定生命的。"②后来黎启全说得更直接：中国美学是生命的美学。③朱良志在深掘中国传统美学的生命之源之后，同样指出中国美学就是生命美学，是一种生命超越美学。④

劳承万先生在《"生命美学"如何定位——文化方向的大转换》中说：

> 近百年来，前辈大师对中西文化之大别，都有一个共识：即西方是逐物（Substance）的文化，中国文化是心性文化。前者无所谓"生命"问题，只有后者才会突显"生命"之大义。⑤

但是，中国传统生命美学中的"生命"，不是现代人所理解的生命，它有自己独特的意涵，其中又有根本的缺憾。

生命是什么呢？在中国传统文化中，生命是身体的活力，它表现为一种"气"，一种"生气""灵气"。它从身体内部驱使身体行动，所以它表现为身体的自动性、能动性。生命与身体不分，与灵魂没什么关系。因此，生命的延续有赖于身体的延续。身体死了，生命也就死了。身体不死，生命也就不

---

① 钟仕伦、李天道：《20世纪中国传统美学研究的回顾与展望》，《四川师范大学学报》（社会科学版），1998年第4期。
② 向万成：《中国美学研究的当代视域》，《电子科技大学学报》（社科版），1999年第1期。
③ 黎启全：《中国美学是生命的美学》，《贵州大学学报》（社科版），1999年第2期。
④ 朱良志：《中国美学十五讲》，北京大学出版社，2006年版，引言第2页。
⑤ 劳承万：《"生命美学"如何定位——文化方向的大转换》，《美与时代》（下旬），2018年3期。

死。身体等同于生命，生命也等同于身体。这既是中国传统文化（美学）具有身体性的原因，也是中国人讲"修身养性"的原因。

中国传统文化显然有轻视人的生命的糟粕。这种糟粕恰恰就源自这种具有生命特质的文化本身：万物都是有生命的，且天人合一；那么，人的生命就没有什么特别可贵的地方，人就没有优越性和神圣性。因此，我们没有对人的"生命"的敬畏，没有珍惜、热爱人的"生命"的态度，更没有人的"生命"神圣不可侵犯、至高无上的观念。

当代中国生命美学正是在这样的大地上建构起来的。假设我们遭遇没有主体性的个体，没有对生命的敬畏，没有爱的社会，轻视个体权利、责任的文化，以仁杀人的功利主义。怎么办？接过传统生命美学的大旗，赋予"生命"以现代意义，敬畏生命，热爱生命，为了生命，恐怕才是唯一正途。

当代中国生命美学的产生还有特殊的时代背景。

西方生命美学的影响巨大。首先是尼采的生命美学对中国美学学人产生了深刻影响。朱立元在《现代西方美学史》中将尼采美学称为"酒神美学"或"生命美学"。尼采认为，人生是痛苦的，只有"超人"才能超越人生的痛苦，以一种艺术的眼光看待人生的苦难，因此，艺术对于人生的特殊意义就是对人自己生命本能和强力意志的激发和享受。在他看来，艺术是用审美的态度肯定人生，是强力意志的表现。尼采的生命美学对中国当代生命美学的开创者潘知常有重要影响。

至于柏格森、怀特海等人的生命美学在1980年代，反倒不及在20世纪30—40年代的影响大。倒是狄尔泰的生命美学影响力更大些。对狄尔泰来说，生命不仅仅是生物生命，更是在社会历史中的精神生命，它们统一于个体生命。个体生命在宏大叙事之中被消解，这是痛苦的原因。痛苦是个体生命对社会历史生活的体验、表达和理解。因此，狄尔泰进而把体验、表达和理解视为生命的本质和表现形式。对于狄尔泰来说，诗是与生命本体连在一起的，诗是生命的体验、表达，也是生命的理解。狄尔泰美学是体验美学，也是生命美学。因此，狄尔泰对当代中国生命美学产生了较大的影响，但主要还是对王一川的影响更大。

海德格尔，尤其是后期海德格尔的影响不可忽视。《存在与时间》和《林中路》的影响尤其巨大。对海德格尔来说，世界不是所有存在者的总和。他区别了存在和存在者。这对潘知常的生命美学有很大影响。海德格尔后期的美学思想更加接近生命美学。他提出了"思与诗"的关系问题。他从存在出发，围绕着"存在之真理"（Wahrheit des Seins）问题展开了对艺术和诗的本质的追问。潘知常有一部专著就叫《诗与思的对话》，可见海德格尔对生命美学的影响多么大。

正是在这样的大背景中，美学学人开阔了眼界，学习了许多在中国传统文化中根本不会有的思想和方法，打开了思路，恢复了信心。年轻的美学学人基于自己的独立思考，对实践美学日益不满，开始大胆创新，提出自己的看法，建构自己的美学体系。潘知常、杨春时、张弘、王一川等新一代美学家开始创建自己的美学大厦。

对"实践美学"的不满，也是当代中国生命美学诞生的重要因素。可以说，"实践美学"恰好起到了一个"靶子"的作用。从高尔泰（高尔太）的《美的追求与人的解放》开始，中间经过潘知常、刘小枫等人的批评，潘知常首创了"生命美学"。特别是1990年代后，由杨春时、潘知常等人发起的与"实践美学"的争鸣，不仅进一步完善了"生命美学"理论体系，还催生了所谓的"后实践美学"。

在这个过程中，许多学者注意到了"生命美学"，开始以"生命"取代"实践"，主张从"生命"出发，以"生命"作为美学的本体论基础，作为建构美学的逻辑起点，形成一种完全不同于"实践美学"的生命美学。封孝伦认为"实践美学"关于"美是人的本质力量的对象化"的看法是不能很好地解释"自然美"的，认为"美是自由的形式"也是没有多少说服力的，原因在于我们对"自由"有完全不同的理解。正是对"实践美学"的这些反思与批评，封孝伦建构起了自己独具特色的生命美学。张涵认识到时代已经进入了一个"大综合""大发展"的"大趋势"，艺术与生命的关系呈现出完全不同的面貌。

他提出了自己的生命美学，一种具有"大综合"性质的"大美学"：新人间美学。成复旺同样出于对"实践美学"的不满，基于他深湛的古典文学理论研究，他意识到只有走向"自然生命"的审美文化，才能走向世界，振兴民族文化。

就是说，形形色色的生命美学，即当代中国生命美学，都得益于对"实践美学"的反思与批评。在一定意义上说，"生命美学"否定了"实践美学"，但"实践美学"又哺育了"生命美学"。

二、创立当代中国"生命美学"

国内"生命美学"作为一个正式获得学界认可的概念，是什么时候面世的呢？

1985年，潘知常在郑州的《美与当代人》（后来改名为《美与时代》）杂志上发表了《美学何处去》一文。该文虽没有明确提出"生命美学"这一概念，但对"生命美学"的主要精神已经表达得非常清楚了：

> 真正的美学应该是光明正大的人的美学、生命的美学。美学应该爆发一场真正的"哥白尼式的革命"，应该进行一场彻底的"人本学还原"，应该向人的生命活动还原，向感性还原，从而赋予美学以人类学的意义。[①]

文中已经明确提出了"生命的美学"。

1988年4月宋耀良在《文艺理论研究》杂志上发表了《美，在于生命》一文，提出了"美在于生命"的"新发现"。他说：

[①] 潘知常：《生命美学论稿：在阐释中理解当代生命美学》，郑州大学出版社，2002年版，第400页。

美，应能表现生命、观照生命、强化生命。美，应由生命力量的引导而产生；创造美的过程就是生命力量展示的过程；鉴赏美的过程，便是体验自然生命与生命自然形态的过程。美应能唤醒生命、激扬生命、指导生命。这样的美便是当代最高形态的美。①

该文自始至终都没有提出"生命美学"这一概念。倒是批评这篇文章的陈乐平，他把宋耀良的美学观点称为"生命美学"。他批评文章的标题是"生命美学的困惑——与宋耀良同志商榷"，标题中赫然有"生命美学"一词。他在文章结尾这样说：

人类必须向困惑的生命挑战，二十一世纪将是生命走出谷底迎接光明的世纪，同时也是生命美学摆脱困惑显示其真正魅力的世纪，在这之前所做的一些前瞻性开掘，无疑对解开美在于生命这个迷具有积极意义，为此我欣赏宋先生的魄力和才气，并为能与他进行讨论而高兴。②

在这一段结语里，他再次提到"生命美学"。通篇文章，陈乐平都把宋耀良的美学观点称为"生命美学"，并进行批评。但从这两篇文章的内容来看，他们讲的都是"美在生命"这个关于"美"的本质问题，并不是潘知常提倡的"以生命为现代视界"的"生命美学"。这两篇文章在当代中国生命美学史上也应该算生命美学的"先声"吧。

1989年，黄河文艺出版社出版了潘知常27万字的《众妙之门——中国美感心态的深层结构》。书中明确指出："现代意义上的美学应该是以研究审美

---

① 宋耀良：《美，在于生命》，《文艺理论研究》，1988年第2期。
② 陈乐平：《生命美学的困惑——与宋耀良同志商榷》，《上海社会科学院学术季刊》，1989年第2期。

活动与人类生存状态之间关系为核心的美学。"①1990年，潘知常在《百科知识》杂志第8期上发表了预示生命美学诞生的重要文章《生命活动——美学的现代视界》。这篇文章旗帜鲜明地提出了"生命活动是美学的现代视界"的观点，与实践美学的"实践视界"针锋相对。文章说：

> 美学必须以人类自身的生命活动作为自己的现代视界。换言之，美学倘若不在人类自身的生命活动的地基上重新建构自身，它就永远是无根的美学、冷冰冰的美学，它就休想有所作为。②

该文仍没有出现"生命美学"一词，但从其主旨、内容看，显然距离正式提出只有一步之遥了。

果然，到1991年5月，潘知常以"生命美学"为题，由河南人民出版社出版了近25万字的专著。这真是"不鸣则已，一鸣惊人"，用一部专著的形式提出了"生命美学"这一概念，这沉甸甸的分量，无可争辩地把首创的名分紧紧地握在手里。该著标志着具有体系性理论的生命美学正式诞生，成功登上当代中国的美学舞台。

2014年，林早在《20世纪80年代以来的生命美学研究》一文中肯定了1991年出版的《生命美学》专著的重要意义。她说：

> 如果我们认可一门学科、一个学派、一套理论的成立是以其具有理论体系性的研究成果为学界普遍认可而争取到合法性的，则公允地说，中国现代生命美学理论的创生应以1991年潘知常《生命美学》专著的出版为标志。③

---

① 潘知常：《众妙之门——中国美感心态的深层结构》，黄河文艺出版社，1989年版，第4页。
② 潘知常：《生命活动——美学的现代视界》，《百科知识》，1990年第8期。
③ 林早：《20世纪80年代以来的生命美学研究》，《学术月刊》，2014年第9期。

2018年，潘知常在《生命美学：归来仍旧少年》一文中，这样写道：

> 《生命美学》是1991年由河南人民出版社出版的。
>
> 学术界都知道，学术的发展，最最重要的就是提出问题，学术史的贡献，也每每要以谁能够提出问题来加以客观衡量。鉴于"生命美学"恰恰是在这本书里正式提出并且加以详细阐释的，因此，据我所知，美学界都是以这本书的问世来界定生命美学诞生的。①

显然，"生命美学"作为一个具有自己独特内涵的学术概念，它来自潘知常教授1991年出版的《生命美学》专著。1991年为生命美学诞生的元年，应该是没有争议的。

三、"生命美学"的具体内涵

"生命美学"作为一个概念，其内涵又是相当丰富的，甚至是混乱的，需要进一步厘清。

林早在《20世纪80年代以来的生命美学研究》中说，"生命美学"这一概念主要在三个论域中被使用：一是指1980年代发展起来的中国现代生命美学。这当中又有广义和狭义之分：广义的生命美学指后实践美学，狭义的生命美学特指以人的感性生命为逻辑起点并以生命全部意义为研究对象的具体的美学理论。二是指以叔本华、尼采、柏格森、海德格尔等为代表的西方生命哲学美学。三是指以中国生生哲学为内涵的中国传统生命美学。②

我认为把1980年代以来的中国生命美学归为现代生命美学还是值得商榷的，因为这忽略了王国维、鲁迅、宗白华、方东美、唐君毅等人对生命美学做

---

① 潘知常：《生命美学：归来仍旧少年》，《美与时代》（下旬），2018年第12期。
② 林早：《20世纪80年代以来的生命美学研究》，《学术月刊》，2014年第9期。

出的贡献，他们的生命美学才可以称之为现代中国生命美学，林早称之为现代生命美学的，则应该称之为当代中国生命美学。或许更重要的是：当代中国生命美学并非铁板一块，并非只有一种声音。事实上，当代中国生命美学就像一首宏大的交响乐，不同乐器演奏了不同声部，构成了恢宏澎湃的伟大乐章。其中，主旋律应该是潘知常演奏的，封孝伦、张涵、陈伯海、刘成纪、范藻、周殿富、朱良志、成复旺、宋耀良、彭富春、曾永成、雷体沛、司有仑、余福智、姚全兴、薛富兴、向杰、熊芳芳等人各具特色的演奏显然也是不可或缺的。

潘知常指出：当代中国生命美学有广义和狭义两个层面的意义。狭义的生命美学当然是指他倡导的生命美学，而广义的生命美学则可以包括杨春时的"生存—超越美学"、张弘的"存在论美学"、王一川的"体验美学"和"修辞美学"，即通常所说的后实践美学。潘知常说：

> 关于生命美学，目前美学界对它的界定主要是在两个层面上。其一是在广义上加以界定。生命美学即后实践美学，包括在实践美学之后出现的生存美学、生命美学、体验美学、超越美学……等等，在此意义上，生命美学代表着一种美学思潮，而并非某一具体的美学理论。其二是在狭义上加以界定，即指某一具体的美学理论。[①]

虽然该文主要是强调狭义的生命美学与其他后实践美学的区别，但也确实指明了它与后实践美学之间存在的共性。从这个意义上说，1980年代引进的形形色色的国外美学思想都是（广义的）生命美学。也因此，我基于接续中国传统美学的考量，将尽可能避免使用"后实践美学"这一概念。

（一）广义的"生命美学"有三个含义

生命美学就是美学，中国传统美学就是生命美学，"后实践美学"也是生

---

① 潘知常：《再谈生命美学与实践美学的论争》，《学术月刊》，2000年第5期。

命美学。

生命美学就是美学——潘知常教授在他的《生命美学》一书中做出了明确的论述，这个思想很重要。他是这样说的：

> 实际上，不论是生命哲学或审美哲学、本体论美学或第一美学，还是人类学美学，都主要表现为美学的现代视界，都应与美学本身相等同。因此，我认为，它们虽然都以人类自身的生命活动作为自身的现代视界，但却应该毅然宣称自己的名称为：美学。①

这段文字最后一句把"美学"一词放在冒号之后，可以想见潘知常是故意为之的，也就是说他要特别强调这一点：生命美学就是美学。在接下来的一段话中，就直接点出这一重要观念了：

> 本书题名为《生命美学》，这并不表明著者又开创了什么部门美学。"生命美学"就是美学，在美学前面加上"生命"二字，只是对它的现代视界加以强调而已。②

生命美学就是美学，它不是"部门美学"！这一定论已经是确凿无疑的了。在潘知常的心里，"生命"是美学的固有属性、内在属性。这里隐含的意思就是：没有生命属性的美学就不是美学。

有不少的学者认为中国传统美学就是生命美学。也许他们的提法不同，但背后都有"生命"作为底色。宗白华、方东美、唐君毅等人探讨了中国传统美学"意境""神韵""气象"等范畴，最终都归结到"生命"特质上。潘知常、黎启全、朱良志等人的相关论述，更是明确指出"中国传统美学就是生命

---

① 潘知常：《生命美学》，河南人民出版社，1991年版，第13页。
② 潘知常：《生命美学》，河南人民出版社，1991年版，第13页。

美学"。一些并非生命美学学派的学者，在研究、评价中国传统美学时，也认为中国传统美学有"生命美学"的特质。

还有学者把"后实践美学"中的生命美学、超越美学、体验美学、存在论美学在一个更宽泛的意义上称为"生命美学"。①因为这些美学理论把感性（非理性）、生存或存在看成是生命的本质，在一定程度上把生命作为他们美学的基石。刘悦笛等人就是这种看法，他讲的生命美学就是指后实践美学。他说：

> 生命美学本身呈现出不同的姿态：杨春时的"超越美学"、潘知常的"生命美学"、张弘的"存在论美学"、王一川的"体验美学"等等。他们都在明确建构一种"生命论本体"，这也构成了生命美学的主潮。……他们在总体上以生命代实践的趋向却是不能否认的，难怪被一同命名为"生命美学"或"后实践美学"。②

（二）狭义的"生命美学"也有三个含义

一是西方传来的以生命哲学为基础的生命美学；二是指由王国维开创的现代生命美学；三是指由潘知常教授首创，不少学者认同并进行深入研究的当代中国生命美学。

西方美学理论中，影响最大的应该是尼采、柏格森、狄尔泰、怀特海等人的生命美学，胡塞尔、海德格尔和杜夫海纳等人的现象学美学，萨特、加缪等人的存在主义美学以及福柯、梅洛-庞蒂、巴塔耶等人的后现代主义美学。其实，这些不同的美学理论，不管它们打着什么旗号，其背后有一个共同的东西，那就是：生命。也正是这个原因，西方现代主义和后现代主义的美学理论似乎都可以称为生命美学。

---

① 参见潘知常：《再谈生命美学与实践美学的论争》，《学术月刊》，2000年第5期。
② 刘悦笛：《存在主义东渐与中国生命论美学建构》，《山西大学学报》（哲学社会科学版），2005年第4期。

王国维积极学习和研究西方哲学和美学思想，为中国的美学打下了基础。之后有蔡元培、鲁迅等人研究康德、黑格尔、尼采等人的哲学、美学思想，到了20世纪30—40年代，一批从国外留学归来的年轻人更是带回了克罗齐、弗洛伊德、杜威、柏格森等西方哲学家、美学家的学术思想，他们在王国维、蔡元培、鲁迅开辟的美学园地里辛勤耕耘，在不长的时间里硕果累累。那段时期涌现出朱光潜、宗白华、方东美、唐君毅等美学家。这些美学家及其学术思想构成了现代中国生命美学的学术景观，是当代中国生命美学的肥沃土壤。

"当代中国生命美学"是指由潘知常首创、众多学者同心协力一起建造起来的当代中国的生命美学，它已经崛起为一个"美学·新学派"了。潘知常说：

> 以参与人数之广泛来看，坦率而言，不是师生结盟，而是学术界自由组合，而且是众多学者自愿参加，这在中国，目前还只有实践美学与生命美学可以做到。就生命美学而言，据范藻教授统计，过去写作过力主生命美学的美学专著或论文的，也最少就有潘知常、王世德、张涵、朱良志、成复旺、司有仑、封孝伦、姚全兴、刘成纪、范藻、黎启全、雷体沛、周殿富、陈德礼、王晓华、王庆杰、刘伟、王凯、文洁华、叶澜、熊芳芳，等等，当然，他们的研究角度各异，内容也各有不同，甚至对于生命美学的定义也并不完全相同，但是，也必须看到，在关注"人的生命及其意义"、关注审美活动与人类生命活动之间的结盟这一点上，他们却又是高度一致的。至于写作过关于生命美学的论文的，那参加的作者更是应该以百（人次）计、以千（人次）计了，例如，其中就包括著名哲学家俞吾金教授、著名文学史专家袁世硕、陈伯海教授，其中，俞吾金教授在2000年的《学术月刊》上发表的《美学研究新论》一文，就明确提出了美学研究要"回到生命"以及"美在生命"的基本看法，等等。①

---

① 潘知常：《中国当代美学史研究中的"首创"与"独创"——以生命美学为视角》，《中国政法大学学报》，2021年第1期。

毋庸讳言，这个"美学新学派"是一个由不同学者自发形成的学派，有共同的基础；其内部有相同的地方，自然也有不同的地方——学派成员都有自己关注的重点，有自己的研究方法，也有自己独有的理论体系，并不是铁板一块。

其实，"生命美学"还有更狭义的内涵，那就是专指潘知常提出的生命美学。潘知常称之为"情本境界生命论美学"或"情本境界论生命美学"。他的"情本境界生命论美学"有三个关键词："生命视界""情感为本"和"境界取向"。这三个关键词中，我以为"生命视界"最为重要，因为其他两个都可以从"生命视界"推衍出来。所谓"生命视界"，就是用"生命"的眼光去对待世界（不是仅仅对待美），因"生命"本身就有美和爱的本质属性，所以，用"生命"的眼光看待世界，一切东西都成了"美"，成了"爱"。而"生命"还有其他本质属性，"生命"是感性的、未完成的、不特定的、个体性的等等，生命美学自然就是"情感为本""境界取向"的。

这样看来，"生命美学"这一概念的内涵具有三个层次，由三个同心圆组成。它们是一层包含一层的关系，如图1-1所示：

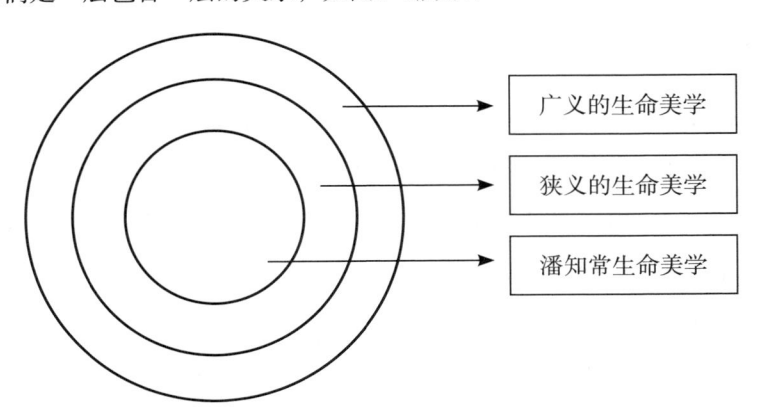

图1-1 "生命美学"概念内涵的三个层次

"生命美学"的含义非常复杂。为了避免歧义，我在此特别指出，本书所谓"生命美学",特指"当代中国生命美学"。它源起于1980年代,更准确地说,应该是1985年,以潘知常《美学何处去》的发表为其破土发芽的标志。所以,潘知常标记为"生命美学(1985)",意思就是说生命美学诞生于1985年。生命美学比较完整的理论体系的形成,则以潘知常《生命美学》一书的出版为标志,这一年是1991年。同时,"当代中国生命美学"不仅是潘知常首创的"生命美学",还包括封孝伦、张涵、陈伯海、刘成纪、范藻、周殿富、朱良志、成复旺、宋耀良、彭富春、曾永成、雷体沛、司有仑、余福智、姚全兴、薛富兴、向杰、熊芳芳等人各不相同的生命美学。

第二节　生命美学,崛起的美学新学派

生命美学诞生以来,已有四十余年的发展历程。四十年来,中国美学从1980年代后期的日渐平静,到1990年代后期渐趋冷落,再到21世纪的逐步热络,其间的变化让人兴叹。

一、一个美学新学派诞生了

令人惊讶的是,生命美学不但没有冷落,反倒兴旺起来。范藻教授有一个统计,到2016年年初,研究生命美学的著作有58本,论文达2200篇;研究实践美学的著作是29本,论文3300篇;研究实践存在论美学的著作有8本,论文200篇;研究新实践美学的著作有8本,论文450篇;研究和谐美学的著作有12本,论文1900篇。①

2019年12月,郑州大学出版社出版了一本新书《生命美学:崛起的美学新学派》。该书收录了从1990年代初到2010年代末我国美学界知名美学家对生命

---

① 潘知常、范藻:《"我们是爱美的人"——关于生命美学的对话》,《四川文理学院学报》,2016年第3期。

美学的评论文章30余篇。该书的历史意义也许因为时间距离太近的缘故一时还看不清楚，但正如它的书名一样，生命美学，作为一个"崛起的美学新学派"，毫无疑问，具有十分重要的意义。它意味着，生命美学，不再是从前部分美学家单打独斗的个人事业，而是成为一个学派的美学家的共同事业。生命美学作为一个"崛起的美学新学派"或许还有人质疑，但在不少人心中，其实是没有疑问的了。一些人或许不喜欢"学派"这样的字眼，以为有拉帮结派、另立山头之嫌。这种担心是不必要的。学派不过是一个若有似无的团体，没有帮主，也没有帮规，只不过是一部分学者的美学观点相近而已。人们很自然把这部分学者归在一类，就成了一个学派。若如此，那么这本书的出版意义就大了：它或许就是生命美学正式成为"崛起的美学新学派"的一个标志性事件。

实际上，这本书的名称借用了范藻一篇文章的标题。2016年3月14日，范藻在《中国社会科学报》上发表了同名文章。范藻这篇文章可谓精辟深刻。全文2000余字，既有背景介绍，又有成果说明，更有生命美学何以成为一个"崛起的美学新学派"的充要理由。范藻在文中说：

> 首先是研究内容的完整性。不论是基本原理研究，还是实践运用研究、历史阐释研究，生命美学的研究都已经广泛涉及，并且取得了一系列的成果。其次是参与学者的广泛性。从大学教授到中小学老师、从学者到在校学生、从理论专家到艺术行家，国内的研究者在没有学会等组织机构统一组织的情况下，能够齐聚生命美学殿堂，也意味着生命美学的研究已经日益走向成熟。再次，是学术研究的长期性。从1985年至今的30多年中，生命美学紧紧跟随中国改革开放的进程，滥觞于80年代的改革开放进行时，兴盛于世纪前后的改革开放深化时，围绕社会变革的阵痛和文化转型的冲突而产生的生命困惑，始终不渝地去进行深入思考，或主攻基础理论以提出崭新的学术观点，或总结发展历史以启迪当下的大胆创新，或从事应用研究以指导现实的审美实践，孜孜以求，无怨无悔，这也是生命美

学研究作为一个崛起的新美学学派的重要特征。①

这篇文章的发表意味着，生命美学，作为一个新的美学学派，2016年在中国美学的大地上"崛起"了。

二、"当代中国生命美学四十年"的内涵

我想我们还是先把"当代中国生命美学四十年"的内涵弄清楚。关键词有三个："当代中国""生命美学""四十年"。

看起来，"当代中国"这个概念清楚明白，不言而喻。但它关系到中国历史分期的大问题。为历史分期，是历史学家的事，研究美学的人拿过来用就是，不必另起炉灶。但不少学者基于自己研究学科的特殊性质，需要有自己的分期。如果仅仅考虑时间因素，也就简单了，倘若还要考虑到时代性质和特点，那就复杂了。比如，"当代"和"当代性"就是两个完全不同的概念。"当代"纯属时间概念，一个活着的人不可能不生活在"当代"，但一个活着的人很可能没有"当代性"。

关于"当代中国"的分期问题，刘悦笛在《当代中国美学研究：1949—2019》的导言中专门做了分析。但奇怪的是他一方面声明将1949年以后六十年的美学史笼统地称为"当代中国美学史"，并说这是基于对历史的如下划分：

　　1840—1918年："中国近代美学"

　　1919—1948年："中国现代美学"

　　1949—2009年："中国当代美学"②

---

① 范藻：《生命美学：崛起的美学新学派》，《中国社会科学报》，2016年3月14日。
② 刘悦笛、李修建：《当代中国美学研究：1949—2019》，中国社会科学出版社，2019年版，第6页。

按照这种划分，"中国当代美学史"到2009年就结束了，之后的十年怎么算？另一方面，在另一个历史分期标准中，刘悦笛把这十年称为"新10年美学"①。他采用了两种分期标准，难怪他说把1949年以后的六十年笼统地称为"当代中国美学史"。这让我想起了福柯借用的博尔赫斯关于分类的一段话。这段话是这样的：

> 本书诞生于博尔赫斯（Borges）的一个文本。……这个文本引用了"某部中国百科全书"，这部百科全书写道："动物可以划分为：a.属皇帝所有，b.进行防腐处理，c.驯顺的，d.乳猪，e.鳗螈，f.传说中的，g.流浪狗，h.包括在目前分类中的，i.发疯似的烦躁不安的，j.数不清的，k.浑身绘有十分精致的骆驼毛，l.等等，m.刚刚打破水罐的，n.远看像苍蝇的。"在这个令人惊奇的分类中，我们突然间理解的东西，通过寓言向我们表明为另一种思想具有的异乎寻常魅力的东西，就是我们自己的思想的界限，即我们完全不可能那样去思考。②

福柯没有讥讽的意思，他虽然忍不住笑，却承认这是一个"寓言"。这个寓言向他表明另一种思想具有"异乎寻常魅力"，因为他们（西方人）"完全不可能那样去思考"。这部中国百科全书（一般认为是博尔赫斯虚构的）对动物分类的划分标准众多，而且有些不可思议。但它基本上反映了中国传统文化的一个特点，即不太在乎分类。人们习惯于用行动谋生，能叫出名字就好，无须分类，也用不到分类。倘若真要分类，人们往往茫然无措。福柯用一种文

---

① 刘悦笛、李修建采用"三十年河东，三十年河西"这种"最本土化"的分期法，将百年来中国美学分为四期：1919—1948年为"前30年美学"；1949—1978年为"中30年美学"；1979—2008年为"后30年美学"，2009—2018年为"新10年美学"。我认为这样的分期太过随意了。见刘悦笛、李修建：《当代中国美学研究：1949—2019》，中国社会科学出版社，2019年版，第6—7页。

② 米歇尔·福柯：《词与物——人文科学的考古学》，莫伟民译，上海三联书店，2016年版，前言第1页。

化相对主义的态度包容、承认甚至欣赏这样的分类方法，我却深感困惑。福柯忘记了他们的祖先也曾这样分类，只是在亚里士多德的形式逻辑学发展起来之后，西方人才"完全不可能那样去思考"。因为形式逻辑要求分类必须使用一个统一的标准，在同一层级分类既要互不包容（不能重叠）又要周密完备（不能遗漏）。

我认为"当代""现代""近代""古代"等词语都是具有时间延展性的概念。它以作者为原点，随着时代的发展而向前延伸。我肯定是一个生活在当代的人，再过二十年，仍然是生活在当代的人。但是我们无法说王国维是当代人，因为他生活的年代已经超出我们感官直接感知的范围。可见，"当代"一词有一个基本的含义，那就是以作者为中心可以感知感受的时间阶段。历史学家原则上是按照时代的性质来划分时间段的，总是喜欢寻找一个显著的事件作为划分历史阶段的起点或终点。1949年符合历史学家的喜好，作为当代历史的起点，是无可厚非的。毫无疑问，王国维曾经也是"当代人"，是他那个时代的当代人。因此，这些词语显然具有相对性，并没有一个耶稣纪元似的绝对的起点。

简单地说，我们所说的"当代中国"就是指1949年延续至今的七十余年时间的中国。这个当代七十年，又可以划分为两个阶段：改革开放前三十年和改革开放后四十年。对生命美学而言，改革开放前三十年几乎无话可说，一片空白。因此，当代中国生命美学只能从改革开放后四十年，粗略地说，是从1980年算起的四十年[①]，这四十年既是美学大发展的四十年，也是生命美学从王国维、鲁迅、宗白华等人的生命美学土壤中汲取养分并在与实践美学的争鸣中破土、发芽、开花、结果的四十年。这正是本书讨论生命美学的时间范围。

---

① 此书原本计划写到2020年为止。因为拖到2022年才完成，顺便也就把2021年写进来了。——笔者

三、当代中国生命美学四十年分期

尽管潘知常的《生命美学》出版于1991年，至今只有三十多年，但是"生命美学"不可能在1991年突然出现。在这之前，就有一个较长的孕育过程。这个孕育过程伴随着实践美学主流地位的确立过程。在实践美学逐渐占据主流地位的同时，生命美学的种子就已经在实践美学的土壤中埋下并生根了。1985年潘知常的《美学何处去》一文不过是生命美学破土发芽的标志。

对1980年代以来的生命美学发展历程的研究者主要有林早、颜军和王陈祯三人。颜军在2008年发表的《中国现代生命美学的发展状貌》一文中，没有使用"当代"一词，他直接从王国维讲到朱良志，把这一百年划归为"现代"。并且认为这一百年的生命美学可以分为三个时期：建构期、发展期和突破期。

作者认为，中国现代生命美学的建构期集中于20世纪前半段，最具代表性的美学家是王国维、宗白华和方东美。这一时期生命美学思想呈现出的最重要的特点是：这些学者的生命美学思想经历了自西向东的内在迁移过程。中国现代生命美学的发展期在时间上集中于20世纪80—90年代。这一时期最具代表性的学者有潘知常、黎启全和封孝伦，呈现出的最重要的特点是这些学者在立足于西方生命哲学的基础上，对中国传统文化中蕴涵的生命美学思想进行了相当自觉的阐释，使中国现代生命美学具有体系建构的自觉性。20世纪90年代中后期是中国现代生命美学的突破期。[①]

我这里并不关心颜军对各个时期代表人物的认定是否有道理，也不关心他对这些代表人物的理论贡献的评议是否合理，我关心的是他的这种分期。这种划分显然没法凸显中国生命美学的"当代性"。虽然说"当代性"很难把握，但仔细研读当代中国生命美学的代表作家的代表作，多少还是能够言说的。潘知常关于生命的"现代视界"、封孝伦关于生命的"三重结构"都具有鲜明的"当代性"。另外，颜军的这种划分，也无助于理解"生命"的现代意义。同

[①] 颜军：《中国现代生命美学的发展状貌》，《贵州教育学院学报》（社会科学），2008年第2期。

样是言说"生命",王国维、鲁迅所说的"生命",宗白华、方东美、唐君毅所说的"生命",潘知常所说的"生命",封孝伦所说的"生命"以及朱良志所说的"生命",其意义完全不同。他们的学术影响力也完全不同。因此,把中国现代生命美学与当代生命美学杂糅在一起,这样的分期是毫无道理的。

王陈祯在2020年发表的《20世纪80年代以来中国生命美学研究综述》一文中,把这四十年的生命美学发展分为三个时期:一、生命美学叩击世纪之门(1980—2000);二、生命美学走出谷底迎向光明(2001—2010);三、生命美学研究蓬勃发展(2011—2020)。①

这个分期比颜军的分期要合理一些,它至少把现代生命美学与当代生命美学区分开了,但仍显粗糙,没能反映出生命美学起承转合的发展过程。

本书所说的当代中国生命美学是以潘知常首创并阐述的生命美学为主,以其他学者阐述的生命美学为辅。从内涵讲,我们将在"当代中国生命美学"这个大前提下讨论各种独具特色的生命美学;从时间范围讲,我们将从1980年开始到2021年截止。本书对四十年的生命美学的发展历程做如下的分期:

一、草创期(1980—1990),在实践美学占据主流地位的过程中,一种异质因素悄然孕育而成。这一时期的标志性事件是《美学何处去》的发表。

二、成型期(1991—2000),以潘知常《生命美学》出版为标志,生命美学正式登上中国美学舞台。

三、兴盛期(2001—2017),以范藻发表于《中国社会科学报》上的文章《生命美学:崛起的美学新学派》为标志,至2017年,生命美学已然成为一个美学新学派。

四、拓展期(2018—2021),以潘知常的回归为标志,把生命美学提升到一个新的境界:后美学时代的大美学、未来哲学。

这个分期一方面考虑到了当代中国生命美学的发展事实,另一方面也兼顾

---

① 王陈祯:《20世纪80年代以来中国生命美学研究综述》,《河南教育学院学报》(哲学社会科学版),2020年第6期。

到当代中国生命美学自己的特质，尤其是潘知常对生命美学研究的独特贡献。因为衡量标准不同，或者关注的重点不同，也有很不同的划分。

第三节　星月交辉的生命美学格局

当代中国生命美学呈现星月交辉"一核多元"的格局。这是一个事实判断，不是价值判断。

"一核"指的是以潘知常生命美学为核心。自1985年以来，三十六年间，潘知常撰写生命美学专著20余部（含修订再版1部），主编论文集1部和美学丛书4套；共计发表美学论文213篇，平均每年发表5.9篇。这样多的论文与专著，不可能不产生巨大影响。

"多元"则是指封孝伦、张涵、陈伯海、刘成纪、范藻、周殿富、朱良志、成复旺、宋耀良、彭富春、曾永成、雷体沛、司有仑、余福智、姚全兴、薛富兴、向杰、熊芳芳等人的各具特色的生命美学。

一、潘知常生命美学为当代中国生命美学的核心

我这样说，是基于三个基本事实：一是潘知常生命美学的独特性和影响力，二是言说当代中国美学史都无法绕过潘知常生命美学，三是著名专家学者都以"生命美学"指代潘知常的生命美学。

潘知常生命美学的独特性详见第五章，这里从略。它强大的影响力也非同一般。自1985年发表《美学何处去》以来，生命美学不仅在年轻的学人中间掀起了热浪，更引起了著名美学家李泽厚、阎国忠、王世德、周来祥、劳承万等人的热切关注，也得到了著名哲学家俞吾金、著名文艺理论家刘再复、著名文学史专家袁世硕和陈伯海等人的回应。罗苏滇1991年在《上海师范大学学报》第4期上撰《生存意识与美的本质》一文指出："生命学派"是我国美学界新

崛起的学派,是真正的"第五派"。他指的是潘知常生命美学。俞吾金在2000年第1期的《学术月刊》上发表文章《美学研究新论》,就提出美学研究要"回到生命""美在生命"的观点。2004年,刘再复、林岗在《学术月刊》第8期上撰文,对潘知常"只有引入西方信仰之维、爱之维,才能完成美学新的'凤凰涅槃'"的观点表示认同。袁世硕在2016年第3期的《文史哲》上发表文章《并非新说:美是生命活力的表征》,明确提出"美是生命活力的表征"的看法。这些均是在回应潘知常的生命美学。劳承万不仅充分肯定潘知常生命美学,还热情赞扬潘知常生命美学是"当代中国美学启航的讯号"。王世德更是下了大力气通读了潘知常的全部美学著作,研究了潘知常生命美学的体系,还表示"我愿开拓和深化生命美学"。可见潘知常生命美学影响之大。

第二个基本事实是,对当代中国美学问题的研究,不管是从史论的角度,还是从基本理论问题的角度看,一讲到"生命美学",都绕不开潘知常,且基本都是意指潘知常生命美学。出版于2007年的陈望衡的《20世纪中国美学本体论问题》,在谈到生命美学时,只讲到潘知常的生命美学。并评价说:

> 生命美学从人类生命活动的角度去考察审美活动,揭示了生命与美的本质的联系,为当代中国美学的转型提供了一种可贵的思路。①

出版于2010年的杨存昌主编的《中国美学三十年》在介绍生命美学的时候,介绍的主要还是潘知常和他的生命美学。作者认为:

> 潘知常在1985年发表的《美往何处去》一文标志着"生命美学"的萌芽,而他1991年出版的《生命美学》一书则标志着"生命美学"基本成型。②

---

① 陈望衡:《20世纪中国美学本体论问题》,武汉大学出版社,2007年版,第418页。
② 杨存昌主编:《中国美学三十年》,济南出版社,2010年版,第255页。

著名美学家周来祥认为：

> 随着朱光潜、蔡仪、吕荧等老一辈的相继去世，随着美学探讨的发展，美坛上也由老四派发展为自由说、和谐说、生命说等新三派。①

这里的"生命说"也主要是指潘知常的生命美学。

2001年，阎国忠等人撰写的《美学建构中的尝试与问题》虽然把生命美学放在"后实践美学"一章中讨论，但在讲到生命美学时，讨论的还是潘知常的生命美学。此前，1996年出版的阎国忠撰写的《走出古典——中国当代美学论争述评》，在谈到生命美学时，说的仍然还是潘知常生命美学。并说：

> 潘知常的生命美学坚实地奠立在生命本体论的基础上，全部立论都是围绕审美是一种最高的生命活动这一命题展开的，因此保持理论自身的一贯性与严整性。比较实践美学，它更有资格被称之为一个逻辑体系。②

出版于2019年的杨春时主编的《中国现代美学思潮史》，在第五章第三节《其他后实践美学家的美学思想》中，讲到生命美学时，也只是讨论了潘知常的生命美学。2019年出版的刘悦笛与李修建合著的《当代中国美学研究：1949—2019》，在谈到生命美学时，考察的仍然是潘知常的生命美学。虽然这几部研究现当代中国美学问题的著作都存在对生命美学认识不足、重视不够、评价不高的问题，但他们都无法绕过生命美学，无法绕过生命美学数十年来的巨大成就和巨大影响，并一致把关注的焦点放在了潘知常的身上。

当然也有例外。2018年出版的祁志祥的《中国现当代美学史》就没有提及

---

① 周来祥：《新中国美学50年》，《文史哲》，2000年第4期。
② 阎国忠：《走出古典——中国当代美学论争述评》，安徽教育出版社，1996年版，第498页。

生命美学，也没有提及潘知常。生命美学的存在与发展，是一个客观事实。学者可以不赞成，甚至反对生命美学的理论，但作为一个研究现当代中国美学历史的学者，不应该忽略了这样一个重大的客观事实。

第三个基本事实是，不少专家学者在评议生命美学时，自然而然地把生命美学视同为潘知常生命美学。在知网中搜索"生命美学"，有1517条信息，其中有一部分是研究、评议封孝伦、陈伯海、刘成纪、范藻等人生命美学的论文，大多数仍然是评议潘知常生命美学的论文。不少年轻学者还从多方面研究潘知常生命美学，发了多篇研究论文。知网收录范藻122篇论文，其中直接研究潘知常生命美学的论文就有13篇。

以上这些事实可以证明潘知常生命美学在当代中国生命美学中处于核心地位、主导地位，这应该是没有疑问的。

二、多元而又瑰丽的当代中国生命美学

也并不是所有生命美学的倡导者都是潘知常的追随者。在20世纪80—90年代，他们都面临实践美学占据主导地位的局面，都觉得实践美学有不可克服的缺陷，又都面临同样的社会现实，不约而同地产生同样的想法。封孝伦本是实践美学的"粉丝"，当他看到实践美学无法合理解释"自然美"的时候，他就困惑了。如何消解这一困惑？他经过反复的思考，也走向了生命美学，认为"生命"是美学研究的逻辑起点。而宋耀良、黎启全、成复旺等人也都是在各自的研究过程中，意识到了艺术与生命的关系或者文化与生命的关系，从而形成自己独具特色的生命美学。当然也有不少人是受到潘知常生命美学的影响而倡导生命美学的。刘成纪是潘知常的本科学生，在《审美流变论》一书中，他就记载了自己是如何受到潘知常老师的影响的。但他的生命美学显然不同于潘知常的生命美学，走的不是一条路。

所以，这里的"多元"是指除潘知常生命美学之外其他人各具特色的生命美学。

生命美学的倡导者很多，封孝伦就是其中比较重要的一位。封孝伦的生命美学有自己鲜明的特点，与潘知常的生命美学在关注的焦点、理论体系和逻辑走向等方面都不一样。封孝伦在1988年完成的硕士论文《艺术是人类生命意识的表达》中提出了这样的观点："艺术与人的生命意识有关，人类创造艺术不是'无目的'，而是有生命目的的。人类创造艺术是为了在精神的时空中满足自己的生命目的。"[1]封孝伦著有《人类生命系统中的美学》《生命之思》《美学之思》等生命美学专著。他提出人有生物生命、精神生命和社会生命的"三重生命"理论，阐述美在"三重生命"系统的不同表现。

刘成纪于1997年7月在《郑州大学学报》（哲学社会科学版）上发表了《生命之流与审美之变》，2000年在《学术月刊》第11期上发表了《生命美学的超越之路》，著有《审美流变论》《美丽的美学：艺术与生命的再发现》等生命美学专著。刘成纪认为"美是诗意的欺骗"。

北京印刷学院的中国当代美学研究中心主任张涵的《艺术与生命》《艺术生命学大纲》《新人间美学》，从构建现代新人格的角度探索了"新人间美学"及其与人间政治、经济等方方面面相结合的可能性。

上海社会科学院文学所研究员陈伯海提出了"生命体验美学"，打出了自己的旗号。陈伯海著有《回归生命本原——后形而上学视野中的"形上之思"》《生命体验与审美超越》，他的生命体验美学建立在他的"新生命哲学"基础之上。

北京大学哲学系教授、北京大学美学与美育研究中心主任朱良志著有《中国艺术的生命精神》《中国美学十五讲》等生命美学专著，他的生命美学深深根植于中国传统美学之中，独具特色。

黎启全也是生命美学重要的倡导者。他认为，生命在本质上是自然属性与社会属性、外在肉体和内在精神、必然生命和自由生命、现实生命与理想生命

---

[1] 封孝伦：《人类生命系统中的美学》，安徽教育出版社，1999年版，自序第6—7页。

的和谐统一的自由生命。"美的本质就是人的生命活力的自由表现。"①并进一步指出，中国美学是生命的美学。②

四川文理学院的范藻教授多年来一直痴心研究、倡导生命美学，著有《叩问意义之门——生命美学论纲》《痛定思痛：灾难文学研究》《爱与美的交响：潘知常生命美学研究》等，除了关注生命美学的一般问题，又特别专注"灾难美学"，关注生命在灾难中的悲剧性和超越性；近年来又转向"播音美学"，关注在播音过程中，生命活力如何在声音之中体现出来。

浙江工商大学的雷体沛教授著有《存在与超越：生命美学导论》《艺术与生命的审美关系》等生命美学专著。他的生命美学思想集中展现在这两部著作之中。雷体沛的生命美学有一个突出的特征：把生命与艺术紧密联系在一起。

中国人民大学教授成复旺2004年出版了《走向自然生命——中国文化精神的再生》，他从对中国传统文艺理论的考察上升到对中国文化的前途命运的思考，渐渐集中于一点，那就是"生命"。他认为中国文化要再生，就得"走向自然生命"。

司有仑的生命美学思想集中体现在1996年出版的《生命·意志·美》、2014年出版的《生命本体论美学》两本书中。司有仑的生命本体论美学，也称为生命美学。他认为生命美学的哲学基础是将绵延或生命冲动作为世界的本原和基质；认为艺术是生命的最高使命，是使生命成为可能的手段，是生命的兴奋剂。

周殿富的《生命美学的诉说》，开篇的"编辑絮语"第一句话就是："本书是一部以生命美学为主题的思想散文作品。"周殿富认为生命美学是一种让婢女窃笑的另一种"思"，即没有什么实际功用的仰望星空的"哲思"。尽管生命美学不能给人带来财富，却能"赠予人以人性"，以完善生命，从而使生

---

① 黎启全：《关于"美的概念"》，《贵州民族学院学报》（社会科学版），1990年第2期。

② 黎启全：《中国美学是生命的美学》，《贵州大学学报》（社会科学版），1999年第2期。

命达到"自己种类的优美"与"本性的稳定",来帮人以人的身份度过只能来这世界一次的生命历程。从这个意义上说,美,就是生命的"第二造物主"。

姚全兴出版于2001年的《生命美育》主要从生命的角度,研究生命美育的特性、方法和意义。既然是"生命美育",必然要兼及"生命美"。"生命美育的核心是人的生命美。"[①]

限于篇幅,还有一些学人研究、倡导的生命美学我们这里就不再赘述了,后文有更详细的述评。

第四节　当代中国生命美学的意义

当代中国生命美学必然有自己的美学贡献。这种美学贡献体现在两个层面上:一个是对国内而言,一个是对西方而言。

一、国内意义

就国内来说,又可以分为两个层面:一个是现实层面,一个是历史层面。就现实层面而言,我们这个社会存在一个根本性的问题:人的现代化问题。人们已经意识到了许多社会问题,比如,食品安全问题,教育、医疗、养老问题,环境生态问题,诚信危机道德滑坡问题,等等。其实这些问题的根源只有一个,就是人的问题。

百年前,中国遇到"三千年未遇之大变局",从闭关锁国状态被迫打开国门,中国人的意识、观念与思想还没有准备好,西方文明就汹涌而来。中国社会进入了现代社会,可是中国人还在近代(封建)社会徘徊。形象地说,就是"身子进了门,脑子还在门外"。这就需要"启蒙"。王国维、梁启超、蔡元培、胡适之等一大批先知先觉者从各个方面向中国民众宣讲西方文明的普通

---

① 姚全兴:《生命美育》,上海教育出版社,2001年版,第1页。

常识,这个"启蒙"工作看起来也卓有成效,五四运动就是一个很好的例证。可惜,正如李泽厚所说"救亡压倒了启蒙","启蒙"工程半途而废。中国人除了少数社会精英,绝大多数都没有实现"现代化"。后来,在"阶级斗争为纲"的那些日子里,"启蒙"仅有的一点成果也被破坏殆尽,中国人反而退缩到近代社会去了,距离"现代化"更远了。

在东西交汇的全球化时代,中国社会里"前现代""现代"和"后现代"并存。这是一个社会形态、文化特性、价值观念混乱的时代,是一个少数高端人群与绝大多数普通大众"智慧两极分化"的时代。

面对这样一个现状,实践美学努力了。但严格说来,实践美学面临的现状还不像今天这般复杂:对实践美学而言,时代所规定的高度统一的"意识形态"的统治作用大大简化了它所面对的社会现状,李泽厚主要面对的是"阶级斗争",他的实践美学能够起到消解"阶级斗争"的作用,就已经起到"启蒙"的作用,完成了历史使命。李泽厚自己也意识到这种"启蒙"还远远不够,他呼唤"再次启蒙"。然而已经定型的实践美学不再适应1990年代之后更大的社会变化,在市场经济的大背景下,人的现代化问题凸显出来,而这时,实践美学已经无能为力。

要解决人的问题,就必须首先把人当成人,这就必须从"实践"回归到"生命"。于是生命美学赫然登场了。因此,生命美学的诞生既是美学历史发展的必然,更是解决现实问题的迫切需要。以"生命为本体",以"人为目的",以"审美救赎"为途径,通过呼唤"个体的觉醒""信仰的觉醒"和创造"爱的维度"的具体措施,解决"人的现代化"问题,这就是生命美学的现实针对性,是生命美学的重大历史贡献。

从美学历史发展的角度讲,生命美学是对中国传统美学的突破与超越。总的来看,中国美学具有生命精神,这已经成为一个共识,无须赘言。但仔细考察,其中赫然有两条线索交叉并进:一条是以《诗经》为代表的"忧世"的美学,一条是以《楚辞》或《山海经》为代表的"忧生"的美学。就后者而言,它发轫于先秦时期的"庄子美学",但经汉代"独尊儒术"之后衰落,到魏晋时期"个体美学"兴起,"忧生"美学再度兴起,绵延千余年,到元代衰落,到明清之际,倡导"真性情"的"启蒙美学"兴起,而至清末民初,"忧生"美学这一条线索似乎戛然断裂,再无接续。幸好有王国维、鲁迅、方东美、宗白华、唐君毅等人出现,接续了一线的生机。但他们的生命美学还不是"以生命为本体"的现代意义上的生命美学,真正接续了绵延近三千年"忧生"美学传统的是当代中国生命美学。

当代中国生命美学已经是"崛起的美学新学派",在中国的大地上茁壮成长,成为一棵参天大树,这是一个无可争辩的事实。我在《审美体验:美的实现——兼论审美体验在生命美学中的意义》一文的末尾说道:"个人感觉生命美学的中国特色十分突出,现实针对性十分强烈,我能够感受到这一学派对中华民族的深刻爱恋。希望生命美学在改造中华民族之魂的伟大变革中,发挥应有的作用。"[①]这是我对生命美学的最大期许。

二、国际意义

就对西方的意义而言,也可以从两个方面来讲,一个是对西方美学的影响,一个是对西方文化的影响。

就对西方美学的影响来说,也可以从两个方面来讲:首先是对西方生命美学的影响。尽管西方生命美学十分重视美学与生命的关联,但是就美学的意义而言,他们仅仅意识到美学在行将结束的科学时代的救赎作用,却未能意识到美学在即将到来的美学时代的主导作用、引导作用。因此他们对于美学的关注也就只能是天才猜测,而无法落到实处。例如,尽管卡西尔已经知道了人是符号的动物,而且形成了一个次第展开的文化扇面,但是却只是将各种文化形态平行地置入其中,未能意识到在这个次第展开的文化扇面中还始终存在一种主导性、引导性的文化。例如,宗教文化时代的宗教文化就是主导性、引导性的

[①] 向杰:《审美体验:美的实现——兼论审美体验在生命美学中的意义》,《美与时代》(下旬),2018年第7期。

文化，科学文化时代的科学文化也是主导性、引导性的文化。因此，他忽视了正在向我们健步走来的美学文化时代，它的主导性、引导性的文化当然就是美学文化。也因此，对于美学文化在当代世界所引起的重构自然、重构社会、重构生活、重构自我，西方生命美学也始终未能予以关注。另一方面，西方生命美学较多关注的只是美学的批判维度，例如法兰克福学派对于"艺术与解放"的提倡，但是却未能关注到美学的"按照美的规律来建造"的建构维度。

从"小美学"走向"大美学"，从对文学艺术的关注转向对人的解放的关注，立足于美学时代来重新阐释美学之为美学的意义以及美学在当代社会所具有的重要的价值重构的使命，则是当代中国生命美学在生命美学的东西方之间所做出的重大贡献。

其次是对西方美学形态的影响。这种影响是全面的，不局限于生命美学。西方的美学大多属于哲学，是哲学的一个部分，其方法论自然从属于哲学方法论，表现为一个严密的抽象思辨的理论体系。但是，当代中国生命美学因为研究方法的转换，美学更像美学，美学与哲学的边界也模糊了，它成为一种"大美学"，成为一种"未来哲学"。美学的这种形态在西方美学史上是没有过的，这应该也是当代中国生命美学对西方美学的一大贡献，必将产生巨大影响。

这种影响或许对西方文化更大。西方的"后现代"文化正在向我们学习，向我们靠拢，正在主动接受我们的影响。他们向我们学习什么？不正是学习中国传统文化中"生命一元论"的"人文精神"么？谁是这方面的继承者？不是实践美学，是当代中国生命美学。也就是说，西方如果真要学习中国具有生命精神的传统文化，最恰当的选择就是当代中国生命美学。

第二章　贫困时代：走向生命美学的三条路径

如何理解当代中国生命美学？尤其是潘知常的生命美学？面对潘知常20余本生命美学专著，实话说，初次学习潘知常生命美学，还真有点摸不到门径。除了生命活动、审美活动、美与美感、悲剧与喜剧、优美、崇高与荒诞、艺术与艺术美、理想与自由、意义与价值等美学原理的基本范畴之外，还有个体的觉醒、信仰的觉醒、爱的维度、终极关怀、审美救赎、诗与思、后美学时代、大美学、未来哲学等等，这些东西与美学或者与审美究竟有何关系？有一段时间，我一直很困惑。后来我有点明白了：之所以有这样的困惑，一个原因是没有区分"美学问题"和"美学的问题"。就美学学科而言，"美学问题"是美学作为一门学科本身所面临的问题；"美学的问题"是美学这门学科内部的问题，是美学内部各部分相互之间的逻辑关联与阐释的问题。"美学终结""后美学时代""大美学""未来哲学"等等，说的都是"美学问题"。相对来说，"美学的问题"反而不成问题：一旦解决了"美学问题"，"美学的问题"也就迎刃而解：

我们在研究"美学的问题"之前，不能不首先思考我们对于"美学问题"的思考是否正确,更不能不思考我们自己是否也需要首先对"美学问题"本身去加以思考,因为,否则我们关于"美学的问题"的研究就很可能无功而返。[①]

另一个原因是没有找到那根把所有珍珠串联起来的红线。这样的红线其实有三根,也可以说,走向生命美学的秘径有三条:第一条秘径是第一美学问题——生命,还是实践,第二条秘径是第一美学命题——以美育代宗教,第三条秘径就是从个体走向群体。

第一节 第一美学问题:生命,还是实践?

走向当代中国生命美学的第一条路径就是"生命"。是选择"生命",还是选择"实践",这是"第一美学问题",这是美学自身合法性的问题。选择了"实践",那就是一种"冷美学",一种非美学;选择了"生命",那就是一种"以人人为本"的美学,一种真正的美学。沿着"以生命为视界"的路子,自然就会走进生命美学宏伟的殿堂之中。

生命美学源于时代的贫困,源于"人不成其为人"的时代贫困;产生的直接原因就是"生命的困惑"。"生命的困惑"中第一个困惑就是"理论的困惑",即由"实践美学"引起的"理论困惑"。正是这"理论困惑",引起了生命美学与实践美学(潘知常与李泽厚)长达三十余年的论争。

一、与实践美学的论争

潘知常区分了"美学问题"和"美学的问题",前者是指作为一门学科的美学本身所面临的问题,后者才是美学这一学科内在的问题。第一美学问题,

---

[①] 潘知常:《生命美学引论》,百花洲文艺出版社,2021年版,第54页。

当然是美学本身面临的问题,是最优先的问题,可以理解为美学何以可能或究竟什么样的学科才是美学。具体来说,这个问题就是:美学的本体或者说美学的逻辑起点到底是生命,还是实践?显然,这是在向实践美学发难与挑战,生命美学正是在与实践美学的争鸣中诞生的。潘知常说:

> 众所周知,生命美学的出现并不是孤立的,而是直接与置身改革开放大背景下的中国当代美学的发展密切相关。例如,生命美学是在与实践美学(1957,李泽厚)的长期论战中脱颖而出的。①

这就意味着,正是这种论战规范着生命美学的内涵与边界。要理解生命美学,就需要了解潘知常与实践美学的这一论战过程。我们梳理了一下,潘知常与实践美学(包括与李泽厚)的论战几乎贯穿了生命美学的整个建构过程。见表2-1:

表2-1　潘知常与实践美学的论争

序号	时间	篇名	发表/出版
1	1985年	美学何处去	《美与当代人》
2	1989年	众妙之门——中国美感心态的深层结构	黄河文艺出版社
3	1990年	生命活动——美学的现代视界	《百科知识》
4	1991年	生命美学	《河南人民出版社》
5	1994年	实践美学的本体论之误	《学术月刊》
6	1997年	诗与思的对话——审美活动的本体论内涵及其现代阐释	上海三联书店
7	1998年	生命美学与实践美学的论争	《光明日报》

---

① 潘知常:《中国当代美学史研究中的"首创"与"独创"——以生命美学为视角》,《中国政法大学学报》,2021年第1期。

续表

序号	时间	篇名	发表/出版
8	2000年	再谈生命美学与实践美学的论争	《学术月刊》
9	2001年	实践美学的一个误区："还原预设"——生命美学与实践美学的论争	《学海》
10	2001年	生命美学与超越必然的自由问题——四论生命美学与实践美学的论争	《河南社会科学》
11	2002年	超越知识框架：美学提问方式的转换——关于生命美学与实践美学的论争	《思想战线》
12	2002年	生命美学论稿：在阐释中理解当代生命美学	郑州大学出版社
13	2019年	实践美学的美学困局——就教于李泽厚先生	《文艺争鸣》
14	2020年	生命美学是"无人美学"吗？——回应李泽厚先生的质疑	《东南学术》
15	2020年	生命美学的原创性格——再回应李泽厚先生的质疑	《文艺争鸣》
16	2020年	因生命，而审美——再就教于李泽厚先生	《当代文坛》
17	2021年	走向生命美学——后美学时代的美学建构	中国社会科学出版社

由表2-1可以看出，潘知常与实践美学的论争可以分为两个阶段。从1985年到2002年是第一阶段，2019年至2021年为第二阶段。前一阶段主要是针对实践美学的种种问题展开批评，后一阶段主要是回应李泽厚关于"生命美学是无人的美学"的批评。

1990年代伊始，生命美学与实践美学就在《艺术研究》《学术月刊》和《光明日报》等著名报刊上展开了旷日持久的争鸣。1998年11月，《光明日报》邀请实践美学的代表人物刘纲纪与生命美学的代表人物潘知常专门撰文开展学术争鸣，11月6日《光明日报》发表潘知常《生命美学与实践美学的论争》一文，指出这场论争的实质，是对于马克思主义实践原则的理解以及马克思主义实践原则与美学研究的关系问题。

生命美学自诞生以来，一直面临生存问题。它就像刚刚出生的新生婴儿，一不留神，就会夭折。为了生存，不得不与占据主导地位的实践美学展开论争。这种争鸣很快成为1990年代中国美学界最为重要的论战之一。对此，北京大学哲学系阎国忠教授认为："虽然也涉及到哲学基础方面问题，但主要是围绕美学自身问题展开的，是真正的美学论争，因此，这场论争同时将标志着中国（现代）美学学科的完全确立。"[1]

最先对实践美学展开批评的是高尔泰[2]，之后，应该是潘知常。他对实践美学的批评，是从那篇召唤生命美学的文章《美学何处去》开始的。这篇文章，虽然没有指明批评的是实践美学，但文中意指对象无疑是实践美学。潘知常批评说：

> 在中国，近百年来美学的坐标一直遥遥指向西方——因而也就不是指向美，而是指向理性的"知"或者道德的"善"。从最初对康德、黑格尔的崇拜，到接受马克思美学之后自觉不自觉地从康德、黑格尔美学出发的自以为是的理解，直到当前对西方当代美学的一知半解的亦步亦趋，都如此。[3]

这既是对实践美学的批评，也是对盲目接受西方美学思想的批评。

众所周知，李泽厚受到康德的影响。有学者甚至认为李泽厚有用康德释马

---

[1] 阎国忠：《关于审美活动——评实践美学与生命美学的论争》，《文艺研究》，1997年第1期。
[2] 参阅杨存昌主编：《中国美学三十年》，济南出版社，2010年版，第251—252页。
[3] 潘知常：《生命美学论稿：在阐释中理解当代生命美学》，郑州大学出版社，2002年版，第399页。

克思的倾向，比如，他硬是把康德的"人是目的"论塞进马克思主义之中。这既是造成他的"人类学历史本体论"的内在矛盾的原因，也是他后来遭到批评的原因。所以，潘知常批评他"从康德出发"对马克思主义"自以为是"的理解。这篇文章还说：

> 美学应该爆发一场真正的"哥白尼式的革命"，应该进行一场彻底的"人本学还原"，应该向人的生命活动还原，向感性还原，从而赋予美学以人类学的意义。①

爆发一场"哥白尼式的革命"！"革"谁的"命"？当然是实践美学的"命"。这场"哥白尼式的革命"的主要内容就是一场彻底的"人本学还原"，"向人的生命活动还原，向感性还原"。这明显就是针对实践美学。"还原"是什么意思？就是从李泽厚的"人类学历史本体论"还原到"人本学"，即还原到个体生命的感性学，也就是从"群体"还原到"个体"。潘知常批评说：

> 而作为感性存在的人、个体存在的人、一次性存在的人，却完全被不屑一顾地疏略、放过或者遗忘了。即或有记起的一刻，也只是作为"坏的感性"，作为社会、历史、理性的外化或异化状态而匆匆一带而过。②

之后，1989年，潘知常在《众妙之门——中国美感心态的深层结构》专著中提出了"现代意义上的美学应该是以研究审美活动与人类生存状态之间关系

---

① 潘知常：《生命美学论稿：在阐释中理解当代生命美学》，郑州大学出版社，2002年版，第400页。
② 潘知常：《生命美学论稿：在阐释中理解当代生命美学》，郑州大学出版社，2002年版，第399页。

为核心的美学"①。

同时,他还提出了"美是自由的境界"说,通过"立"自己的理论"破"实践美学的理论。1990年他又在《百科知识》杂志上发表了预示生命美学诞生的重要文章《生命活动——美学的现代视界》。这篇文章旗帜鲜明地提出了"生命活动是美学的现代视界"的观点,与实践美学的"实践视界"针锋相对。文章说:

> 美学必须以人类自身的生命活动作为广阔的现代视界。换言之,美学倘若不在人类自身的生命活动的地基上重新建构自身,它就永远是无根的美学、冷冰冰的美学,它就休想有所作为。②

针对当时的美学研究,该文指出了"触目惊心"的三大失误:首先是研究对象的失误,其次是研究内容的失误,最后是研究方法的失误。作者指出:

> 从这样一个特定的视界出发去探索美学,显然就严格区别于国内从认识论、伦理学、心理学、社会学的视界出发对美学的种种探索。③

从生命活动的现代视角出发探索美学,有助于对审美活动的考察,使审美活动从认识论、价值论的层次进入到本体论的层次,有助于清醒地认识到审美活动的核心地位,有助于准确地把握审美活动的本质,有助于深刻地揭示审美主体与审美客体的划分的虚妄,有助于我们认识到"美"的虚妄,也有助于最终挣脱构建体系的幻想。总之,从这一视界出发去探索美学,美学会有一系列

---

① 潘知常:《众妙之门——中国美感心态的深层结构》,黄河文艺出版社,1989年版,第4页。
② 潘知常:《生命美学论稿:在阐释中理解当代生命美学》,郑州大学出版社,2002年版,第32页。
③ 潘知常:《生命美学论稿:在阐释中理解当代生命美学》,郑州大学出版社,2002年版,第35页。

全新的成果，一种全新的面貌。

1991年出版的《生命美学》，更是集中火力展开了对实践美学的全面批评。虽然《生命美学》很少提到实践美学，但毫无疑问，全书都是以实践美学为立论之靶子的。

1993年，应《学术月刊》编辑部的邀请，潘知常与杨春时等人一起掀起了所谓的"后实践美学"与实践美学的"第三次美学大讨论"。潘知常在《学术月刊》发表了题为《实践美学的本体论之误》的文章。该文从批判理性主义出发，指出实践美学就是一种理性主义美学，存在五个方面的"失误"。在文章的第二部分，潘知常进一步指出："上述美学的失误，或许就集中地表现在'美是人的本质力量的对象化'（'自然的人化'）这一美学命题之中。"潘知常对此批评说：

> "人的本质力量的对象化"、"自然的人化"确实是马克思所使用的理论命题，然而，与其说它们是美学命题，远不如说是哲学命题更为恰当。马克思使用这些理论命题的主旨，是为了从实践的角度恢复人的真正地位，指出人类的感性活动是人类社会历史中的最为重要的事实，但他从来就没有把这一事实唯一化，更没有把这一事实美学化。①

文章在谈到实践活动与审美活动的关系时，潘知常强调了二者的不同。他说："实践活动不能与人类的审美活动相互等同，更不能与人类的最终目的的实现相互等同。"但值得注意的是，他也没有完全否定实践活动的作用。他说："美毕竟是审美活动创造的，实践活动只是作为审美活动的基础而间接创造了美。"②关于实践活动与审美活动之间的关系，在1991年出版的《生命美学》和2002年出版的《生命美学论稿：在阐释中理解当代生命美学》中，都有

---

① 潘知常：《实践美学的本体论之误》，《学术月刊》，1994年第12期。
② 潘知常：《实践美学的本体论之误》，《学术月刊》，1994年第12期。

论及。阎国忠的《走出古典》和杨存昌主编的《中国美学三十年》都已经注意到了。也就是说，潘知常的生命美学既抛弃了实践美学的全部"失误"，又继承了其中合理的因素：在分析了生命活动与实践活动的关系之后，潘知常把生命活动筑基在实践活动之上。正如阎国忠总结的那样：

> 他强调人的生命不是自然存在，也不是任何先验的设定，而是人的实践活动，所谓生命本体，也就是实践本体，有了实践才有了人。实践对人恰恰意味着未完成性、无限可能性、自我超越性、未定型性、开放性以及创造性。①

2000年5月，潘知常在《学术月刊》发表《再谈生命美学与实践美学的论争》。该文认为：在美学界，事实上存在着三类与实践原则相关的美学。一类是马克思本人的"实践的唯物主义"的美学；一类是以马克思主义实践原则作为自己的某种理论基点的种种美学，其中也包括生命美学；一类是风靡一时的"实践本体论美学"，即过去的客观社会派的演变，以李泽厚、刘纲纪为代表。美学界所谓"实践美学"从来都是指的"实践本体论美学"，生命美学与"实践美学"商榷，此处的"实践美学"也是"实践本体论美学"，因此对实践美学的批评完全不同于对马克思本人的"实践的唯物主义"的美学的批评。

那么，实践美学的根本问题在哪儿呢？那就是：对马克思主义实践原则的阐释存在严重偏颇。具体来看表现在两个层面。首先，是对于马克思主义实践原则的阐释本身存在的严重偏颇；其次，是在对马克思主义实践原则阐释的背景中存在的严重偏颇。

就前者而言，潘知常认为：

---

① 阎国忠：《走出古典——中国当代美学论争述评》，安徽教育出版社，1996年版，第498页。

实践美学往往只强调实践活动的积极意义，却看不到实践活动的消极意义，但实际上这两重意义都正是人类实践活动的应有内涵。……再如，实践美学在对于实践活动的阐释中片面地强调了人之为人的力量。它强调"人是大自然的主人"，并且以对于大自然的战而胜之作为实践活动的标志。然而，这种"强调"和"战而胜之"哪里是什么实践活动，充其量也只是一种变相的动物活动。……又如，就以实践活动与审美活动之间的关系而言，实践美学也存在着夸大了实践活动作为审美活动的根源的唯一性的缺憾。①

正是因为实践美学对于实践活动的错误理解，导致了其对审美活动的先天性的忽视。

就后者来说，潘知常认为：

　　犹如李泽厚先生往往从黑格尔去阐释康德，实践美学也存在着从传统的理性主义、目的论、人类中心论、审美主义等知识背景的角度去阐释马克思主义实践原则的缺憾。上述实践美学的片面强调实践活动的积极意义、片面强调人之为人的力量、片面强调实践活动作为审美活动的根源的唯一性等等缺憾，实际上不就正是传统的理性主义、目的论、人类中心论、审美主义等偏颇所导致的必然结果吗？②

这篇文章从两个层面指出实践美学对马克思主义实践原则的错误理解，无疑是相当有力的。它同时也指出了生命美学与实践美学在这两个层面理解的区别，划定了各自的边界。

2001年4月，潘知常在《学海》发表《实践美学的一个误区："还原预

---

① 潘知常：《再谈生命美学与实践美学的论争》，《学术月刊》，2000年第5期。
② 潘知常：《再谈生命美学与实践美学的论争》，《学术月刊》，2000年第5期。

设"——生命美学与实践美学的论争》;5月,在《河南社会科学》发表《生命美学与超越必然的自由问题——四论生命美学与实践美学的论争》。前文一开篇就指出:

> 实践美学的一个根本缺憾,就是把美学的根源问题与美学的本质问题混淆起来,错误地从实践美学与审美活动的同一性入手去解决美学困惑。①

为什么会有这一个"根本缺憾"呢?潘知常指出,那是因为实践美学错误地遵循了一个"还原预设"。这个"还原预设"就是:

> 在他们看来,现象、个别、主体、变化、超越都是第二位、派生的,都可以也必须还原为本质、一般、客体、永恒、必然,并且因此而使自身得到合理的阐释。②

由于这个"还原预设"不成立,所以,实践美学从"还原预设"这一误区出发,坚持认为实践活动的本质就是"人的本质力量的对象化",坚持认为审美活动就是把握必然的自由,以致始终没有找到美学的独立的研究对象,始终把美学的研究混同于哲学的研究。这种思路无疑是十分可疑的。潘知常在这篇文章中把批评的矛头指向实践美学的预设前提,可说是从根基上动摇了实践美学。

在《生命美学与超越必然的自由问题——四论生命美学与实践美学的论争》一文中,潘知常更是详尽讨论了生命美学与实践美学关于"自由"的分

---

① 潘知常:《实践美学的一个误区:"还原预设"——生命美学与实践美学的论争》,《学海》,2001年第2期。
② 潘知常:《实践美学的一个误区:"还原预设"——生命美学与实践美学的论争》,《学海》,2001年第2期。

歧。该文认为：

> 认识必然的自由即自由的客观性、必然性与超越必然的自由即自由的主观性、超越性之间存在着不可还原性。对于超越必然的自由即自由的主观性、超越性的考察，正是美学之为美学所必须面对的当代问题，也正是生命美学得以诞生的根本前提。审美活动并非意在对于美的寻找、反映，而是意在生命自身的提升。审美活动不是事实判断，而是价值判断，是对于生命活动自身的一种自由愉悦的揭示。审美活动完全应该成为人类生命活动中最根本的东西，成为人类在漫长的生命进化过程中为自己所创造的一种推动生命向前向上的动力之源。[①]

该文区分了"认识必然的自由"和"超越必然的自由"。在潘知常看来，超越必然的自由即自由的主观性、超越性问题，是一个真正前沿的美学问题。必须弄清楚二者的关系。潘知常说：

> 具体来说，认识必然的自由即自由的客观性、必然性与超越必然的自由即自由的主观性、超越性，是两个同时存在的问题。也就是说，是两个无法彼此还原也不允许彼此还原的问题。然而，前此的美学站在唯物主义或者唯心主义的立场看问题，却固执地认定其中显然存在着一个谁向谁还原的问题。……面对认识必然的自由即自由的客观性、必然性，中国美学传统与西方现当代美学往往会把它界定为超越必然的自由即自由的主观性、超越性的附庸，也就是把它还原为超越必然的自由即自由的主观性、超越性。……面对超越必然的自由即自由的主观性、超越性，西方美学传统与中国现当代美学往往会把它界定为对于自由的客观性、必然性的反

[①] 潘知常：《生命美学与超越必然的自由问题——四论生命美学与实践美学的论争》，《河南社会科学》，2001年第2期。

映，也就是把它还原为自由的客观性、必然性的反映，也就是把它还原为自由的客观性、必然性问题。①

因为这一区分，突然让实践美学与生命美学的不同主张一下子明晰起来。正是在这一意义上，潘知常指出：

> 意识到审美活动与超越必然的自由即自由的主观性、超越性的理想实现之间的深刻关联，有助于深刻地理解生命美学的必然出现（对于超越必然的自由的追求，堪称生命美学的灵魂），也有助于深刻地理解生命美学对于审美活动这一生命活动的特殊类型的根本特征的全新阐释。②

潘知常2001年的两篇文章分别从方法论和价值论角度批评了实践美学，而他2002年在《思想战线》上发表的《超越知识框架：美学提问方式的转换——关于生命美学与实践美学的论争》一文，则从知识论或认识论角度再次批评实践美学。该文认为：

> 美学是对于在审美活动中形成的活生生的东西的阐释，是"说'不可说'"，因此，传统的美学提问方式必须加以转换：从追"根"问"底"以及透过个别追问普遍、透过具体追问抽象、透过变化追问永恒、透过现象追问本质，转向对于"怎么样"的追问，即对于对象世界的无穷无尽的可能性、审美活动自身的无穷无尽的可能性的追问。而这就要走出知识论的框架，置身生存论框架，……审美活动怎么样，或者审美活动为什么为

---

① 潘知常：《生命美学与超越必然的自由问题——四论生命美学与实践美学的论争》，《河南社会科学》，2001年第2期。
② 潘知常：《生命美学与超越必然的自由问题——四论生命美学与实践美学的论争》，《河南社会科学》，2001年第2期。

人类生命活动所必需，就成为美学尤其是生命美学的提问方式。①

潘知常问道：

  一个显而易见而又亟待回应的问题是：自然科学的提问方式是否能够触及一个非科学的研究对象自身的根本问题？把千百年来长期存在着的人类审美活动之谜当作一个知识论可以追问的问题，这种被人类所自我赋予的追问特权是否合法？人类审美活动之谜的存在是一个事实，但倘若它根本就并非一个从知识论阐释框架所可以追问的问题，那么，我们的一切所作所为是否就成了一场恶梦？②

这是对知识论的考问。在作者看来，那些个别的、具体的、变化的、现象的事物是没法追"根"问"底"的。因此，知识论在美学这儿不起作用。他说："确实，以自然科学的方法研究美学，则美学亡。"③所以，必须找到美学自己的研究方法，作者认为，这首先就是要转换一种"提问方式"：从生存论出发而不是从知识论出发，追问"怎么样"而不是追问"是什么"。因此：

  对于审美活动来说，普遍、抽象、永恒、本质之类"什么"都并不存在，真实存在着的，就是"怎么样"，即审美活动自身的无穷无尽的可能性。④

---

① 潘知常：《超越知识框架：美学提问方式的转换——关于生命美学与实践美学的论争》，《思想战线》，2002年第3期。
② 潘知常：《超越知识框架：美学提问方式的转换——关于生命美学与实践美学的论争》，《思想战线》，2002年第3期。
③ 潘知常：《超越知识框架：美学提问方式的转换——关于生命美学与实践美学的论争》，《思想战线》，2002年第3期。
④ 潘知常：《超越知识框架：美学提问方式的转换——关于生命美学与实践美学的论争》，《思想战线》，2002年第3期。

2002年的10月，潘知常又出版了《生命美学论稿：在阐释中理解当代生命美学》，这是一本论文集。在这本论文集中，潘知常把他近几年来对实践美学的批评做了一个梳理，集中展开了对实践美学的系统的全面的批评，对实践美学的批评达到了一个新高度。2019年3月，潘知常在《文艺争鸣》发表《实践美学的美学困局——就教于李泽厚先生》开始回应李泽厚的批评。

2021年10月，中国社会科学出版社出版了潘知常的《走向生命美学——后美学时代的美学建构》。该书对实践美学的批评达到了一个新高度：在审美现代性与启蒙现代性的双重变奏中审视生命与实践在后美学时代的美学演变。实践美学存在不可克服的美学困惑，是"回到实践还是回到生命"？答案当然是"回到生命"。潘知常说：

> 由上所述，不难看出，"实践原则"显然存在明显的失误。也因此，早在提出生命美学之初，笔者就提出：亟待以生命活动原则取而代之。[1]

二、对李泽厚批评的回应

作为实践美学的代表人物，李泽厚对生命美学前后有六次批评。

第一次是在1998年的对谈中，他说：

> 他们说我的美学过时了，但现在搞的什么生命美学，我也看不出什么道理来。[2]

第二次是在2001年的对话中，他说：

---

[1] 潘知常：《走向生命美学——后美学时代的美学建构》，中国社会科学出版社，2021年版，第57页。

[2] 李泽厚：《走我自己的路——对谈集》，中国盲文出版社，2004年版，第384页。

最近几年的所谓"生命美学"，由于完全不"依附"于实践，站在自然生命立论，这并不是什么"创造"，反而像是某种倒退，因为前人早有类似观点，只是今天换了新语汇罢了，仍然是动物性的本能冲动、抽象的生命力之类，所以也很难有真正的开拓和发展。①

第三次是在2002年，他批评说：

从讨论开始，赞成我的人相当多，尽管我当时还比较年轻。即使今天，赞成我的人也还是不少，虽然现在有些人说要超越实践美学，主张后实践美学、主张生命美学等等。②

第四次批评时，李泽厚说：

九十年代美学又有新的发展。实践美学受到"后实践美学"或所谓"生命美学"的挑战。……讲来讲去，还是在说生命力。……讲穿了，就是原始的情欲，或者说是一种神秘的什么东西。那么这些东西是从哪里来的？……过去好些人已经讲过，现在不过是用新的话语重新表述。当然，我赞同有各种意见发表，但是"后实践美学"或"生命美学"到底能够解决多少美学问题、艺术问题、哲学问题，如何讲美和美感？我持怀疑态度。③

第五次批评，则见于2018年与刘悦笛的一次对话中。他说：

---

① 李泽厚：《李泽厚对话集·廿一世纪（一）》，中华书局，2014年版，第18页。
② 李泽厚：《走我自己的路——对谈集》，中国盲文出版社，2004年版，第438页。
③ 李泽厚：《走我自己的路——对谈集》，中国盲文出版社，2004年版，第443—444页。

什么后实践美学，新实践美学，生命美学！……我讲都是倒退！在根本理论倒退到Feuerbach（费尔巴哈——引者注），好像现在也没多大声息了？①

在2019年出版的《从美感两重性到情本体——李泽厚美学文录》一书中，李泽厚第六次批评说：

至于以生物本身为立场即完全脱离人类生存延续的所谓生态美学、生命美学以及所谓超越美学等等，大多乃国外流行国内模仿，缺少原创性格，它们都属于"无人美学"，当然为实践美学所拒绝。②

李泽厚的批评归纳起来，主要有四点：一是生命美学是无人的美学；二是生命美学不是创造，只是对前人思想的重新表述；三是生命美学是一种"倒退"，其基本理论"倒退"到费尔巴哈；四是生命美学能否解决美学问题，他持怀疑态度。值得注意的是，在这六次批评中，前两次是单独针对生命美学的。后面四次批评，明显可以看出，李先生是把"后实践美学"与"生命美学"对举的。就是说，李先生把"后实践美学"与"生命美学"区别对待。在他看来，不存在广义的包括"后实践美学"在内的"生命美学"。

李泽厚1980年代晚期以后的美学思想有很大的变化，特别是"情本体"的提出，让人感觉他在往生命美学方向修正自己的实践美学。2019年3月，潘知常在《文艺争鸣》杂志上发表了第一篇回应李泽厚的文章《实践美学的美学困局——就教于李泽厚先生》。该文从三个方面指出实践美学的困局：第一，"从实践出发"还是"从生命出发"？第二，"美在实践"还是"美在生

---

① 李泽厚、刘悦笛：《伦理学杂谈——李泽厚、刘悦笛2018年对谈录》，《湖南师范大学社会科学学报》2018年第5期。

② 李泽厚：《从美感两重性到情本体——李泽厚美学文录》，山东文艺出版社，2020年版，第278页。

命"？第三，"爱智慧"还是"爱生命"？这三个问题，的确问到了实践美学的关键之处。

针对李泽厚批评的"无人美学"，潘知常在2020年1月的《东南学术》上发表了《生命美学是"无人美学"吗？——回应李泽厚先生的质疑》一文，正式做出回应。生命美学奠基于"万物一体仁爱"的生命哲学，是情本境界生命论的美学。其基本内涵可以概括为"生命视界""情感为本""境界取向"，是从本体对主体的意义的角度去探讨本体，以"成人之美"提升生命境界为主旨。它不是"以人为本"，而是"以人人为本"，"以所有人为本"。它所谓的"生命"，强调的是鲜活的个体生命，是生命中的高光时刻，是"生命比生命更多"和"生命超越生命"，因此不是"无人美学"，而是"有人美学"。

2020年2月，针对李泽厚批评生命美学"缺少原创性格"，潘知常在《文艺争鸣》上发表《生命美学的原创性格——再回应李泽厚先生的质疑》做出回应。潘知常认为，生命美学的原创性和首创性体现在从"万物一体仁爱"生命哲学到情本境界论生命美学的转变中。他说：

> 我所提出的生命美学是马克思主义关于生命美学的思考、西方美学尤其是现当代美学、中国古代的美学传统、中国百年来的生命美学探索以及中国当代的审美实践这五方之间的积极对话与融会贯通，是在"五方"基础之上的"接着讲"而并非闭门造车，更并非"国外流行国内模仿"。[①]

生命美学，其实是中国20世纪的元美学。它的起落沉浮告诉我们，生命美学不但谈不上"大多乃国外流行国内模仿，缺少原创性格"，而且，与其他的同样深植于雄厚中国思想传统之中的人生美学、意象美学等相比较，生命美学更"探其本"，也更能够道破真谛。因此，真正能够融通统贯中华美学根本

[①] 潘知常：《生命美学的原创性格——再回应李泽厚先生的质疑》，《文艺争鸣》，2020年第2期。

精神的，也只有它——生命美学。要想走出西方中心主义、要实现汉语美学传统的辉煌复兴、要建构真正能够与西方美学并驾齐驱的中国学派，在潘知常看来，唯一的突破口正是生命美学。

2020年，潘知常又在《当代文坛》杂志上发表《因生命，而审美——再就教于李泽厚先生》一文，从实践活动与审美活动的关系入手，再次回应李泽厚"动物性生命"的批评。潘知常指出，物质实践与审美活动都是生命的"所然"，但是只有生命本身才是这一切的"所以然"。审美活动与物质实践相同，都是起源于生命，也都是生命中的必须与必然。因此审美活动并非居于物质实践之后，并非仅仅源于物质实践，并非仅仅是物质实践的附属品、奢侈品。审美活动，是生命的神奇、生命的奇迹。也因此，"生命"，应该是美学研究的"金手指"，也应该是美学研究的热核反应堆。美学研究理应从"生命"出发、以"生命"为视界。

回顾潘知常与实践美学和李泽厚之间三十多年的争鸣，我们发现有这样几个特点：

一是真正的学术争鸣。对于潘知常的批评，李泽厚本人虽然几乎没有回应，但是对生命美学进行点名公开批评，在李先生一生中却是最多的，一共六次。潘知常的质疑与问难，不仅是真诚的，也是相当谦虚的、相互尊重的，且仅限于学术问题的争鸣。在学术观点上，年轻人不畏权威，敢于提出挑战；同时又谦虚恭敬，从不讨论学术问题之外的东西，从不上纲上线，从不抓辫子、扣帽子、打棍子。

二是对实践美学的质疑处处都有的放矢，正中靶心。对误解马克思主义实践原则的批评，对理性主义的批评，对物质性（吃饭哲学）的批评，对个体主体性阙如的质疑，对忽视感性、激情的批评，对生命缺席的不满，对轻视和误解审美活动的批评，都说到了点子上。李泽厚虽然没有直接回应批评，却也在修正他的实践美学，这是一种无声的回应。

三是在与实践美学的争鸣中，生命美学渐渐丰富完善了自己。尤其是，生命美学并没有全盘否定实践活动的作用。而是把实践活动纳入生命美学之中，作为生命活动的一种形式。刘悦笛对此评论道：

> 实践美学作为建构"生命美学"（后实践美学）的对立面，其整体上强调的理性主义、物质性和社会性、非个体非本己性、主客的两分等等，成为后者"反向"建构其体系的靶子。①

虽然刘悦笛把后实践美学视为"生命美学"，有遮蔽真正的生命美学之嫌，但他的确说出了一个客观事实：潘知常的生命美学确实是在与实践美学的论争中成长壮大起来的。但是，生命美学并不是实践美学的"镜像世界"，以为生命美学仅仅是实践美学的"反向"建构，那就错了。生命美学的内涵要比实践美学的内涵多得多。个体的觉醒、爱的维度、信仰的觉醒、终极关怀以及审美救赎等等，都是实践美学不曾论述的领域。

第二节　第一美学命题：以美育代宗教

走向当代中国生命美学的第二条路径就是"信仰"。"信仰"问题是由蔡元培先生提出的"以美育代宗教"引出的。美育（审美）不能代替宗教，因为真正重要的并非宗教而是"信仰"。所以，蔡元培先生的意图应该是"以美育代信仰"。那么，如何从"审美"走向"信仰"就是一个大问题了。

一、蔡元培先生的"以美育代宗教"

1917年4月8日，蔡元培以"以美育代宗教说"为题在北京神州学会上做了一次演讲，从此开启了延续至今的"以美育代宗教"的大讨论。截至2021

---

① 刘悦笛：《实践与生命的张力——从20世纪中国审美主义思潮着眼》，《人文杂志》，2004年第6期。

年8月11日，仅在知网搜索关键词"美育 宗教"可以见到985条相关信息；搜索"蔡元培美育思想"，相关信息有418条；搜索"蔡元培美育代宗教"，自1988年以来，有155条相关信息，其中2020年8篇，2019年10篇，2018年19篇，2017年11篇，2016年3篇，2015年6篇，2014年11篇，2013年6篇，2012年7篇，2011年7篇，2010年13篇，2010—2020年共计101篇，占1988年以来相关信息的三分之二，2018年达到峰值19篇。可见百多年前蔡元培提出的"以美育代宗教说"其热度不仅没有减弱，反而越来越强。难怪潘知常把"以美育代宗教"誉为百年来的"第一美学命题"。

潘知常认为"以美育代宗教"的首倡之功并非蔡元培所有，而应归之于王国维。[①]但的确是蔡元培首次明确提出的。

> 这一美学命题在国内正式问世，不仅在当时就引起时人的瞩目，并且还一直影响至今。[②]

潘知常并不赞成"以美育代宗教"。在2006年发表于《学术月刊》的《"以美育代宗教"：中国美学的百年迷途》一文中，明确指出：

> 百年以来，"以美育代宗教"始终被以蔡元培为代表的几代美学家奉若神明。然而，百年后的今天却必须要说："以美育代宗教"，20世纪中国美学成也在兹，败也在兹。新世纪中国美学必将从跨越"以美育代宗教"的失误开始，从而实现自身新的发展。[③]

那么，"以美育代宗教"的失误究竟在哪里呢？

蔡元培关于"以美育代宗教"的必要性和可能性的讨论根本站不住脚。而

---

① 潘知常：《信仰建构中的审美救赎》，人民出版社，2019年版，第1页。
② 潘知常：《信仰建构中的审美救赎》，人民出版社，2019年版，第3页。
③ 潘知常：《"以美育代宗教"：中国美学的百年迷途》，《学术月刊》，2006年第1期。

这又源于他对美育与宗教关系的误解：

> 从逻辑上与学理上看，美育与宗教的关系在逻辑上根本不对称，无法彼此取代；在学理上也并非互相排斥而是彼此兼容。一般而言，美育与宗教存在两种关系：其一是实质的统一。回顾历史，不难发现，美育与宗教的关系从来就是统一的，美学、艺术借助于宗教与宗教借助于美学、艺术，是常见的一幕。其二是层次上的递进。作为两种不同形态，又往往存在着从宗教向审美、艺术和从审美、艺术向宗教的演进。而在这两种关系中，都无"取代"与"排斥"可言。①

从更为深层的角度说，"以美育代宗教"作为一个世纪之初的美学起点、世纪第一美学定理，它带给20世纪中国美学的，仍旧是一个美学的假问题。

潘知常在2017年9月发表于《郑州大学学报》的《"以美育代宗教"的四个美学误区》更进一步认为，蔡元培的"以美育代宗教"存在四个美学误区：对于宗教的误读（尤其是基督教）、对于信仰的误读、对于审美的误读和对于美育的误读。

首先看对于宗教的误读。"以美育代宗教"的提出，意味着人类的全新的灵魂建构已经必须在宗教之外来完成，即必须借助于审美去完成。也就是说，长期雄霸人类灵魂建构中心的宗教已黯然退场。然而，这"退场"却并不简单。

其次，对于信仰的误读。由于蔡元培本人以及从他开始的中国美学家们普遍存在对基督教②的误读，美学家们也就没有能够意识到在西方基督教背后"信仰"的出场，于是，以美育取宗教而"代"之，就被片面地加以强调。结果，因为"信仰"而培育起来的人的尊严、权利以及自由、平等即"人是目

---

① 潘知常：《"以美育代宗教"：中国美学的百年迷途》，《学术月刊》，2006年第1期。
② 本书所称基督教，若无特殊说明，均采其狭义，指新教。

的"的观念,在中国的美育中就没有被真正关注到。

再次,对于审美的误读。从蔡元培开始,中国美学家们最大的疏忽就在于没有洞察到区别于西方美学的外在超越、对话式超越和"神人"精神,在中国美学中只是内在超越、境界式超越和"人神"精神。区别于西方美学的"天路历程",在中国美学中只是"心路历程"。其中所匮乏的,恰恰就是神性一维。只有"三不朽"而没有"灵魂不朽"。既然无法"成神",那么,中国的审美乃至中国的美育又如何能够取宗教(尤其是基督教)而代之呢?

最后,关于"以美育代宗教"的第四个误区:对于美育的误读。必须指出的是蔡元培的"以美育代宗教"在逻辑上是明显矛盾的,因为"美育"与"宗教"根本就不对等。[①]

二、蔡元培"以美育代宗教"的影响

显然,蔡元培的"以美育代宗教"为中国百余年来的美学研究划定了边界,指定了话题,带来了重大影响。

第一个影响就是百余年来的中国美学研究始终贯穿着"审美救世主义",即把美育(美学)作为一种工具用于改造社会。这是一种完全漠视美学的基本思路。潘知常说:

> 在这一基本思路的影响下,几代美学家大多从不把研究对象看作一种本体性存在,而仅仅视之为工具——社会改革的工具、救亡的工具、改造国民性的工具、人性启蒙的工具等等。而美学自身的本体论建构却被完全忽略了,超越性的精神维度根本就没有出现。于是,美学失美,美学之为美学,研究的竟然不是自身应该研究的问题,而是自以为是的假问题。[②]

---

① 潘知常:《"以美育代宗教"的四个美学误区》,《郑州大学学报》(哲学社会科学版),2017年第5期。

② 潘知常:《"以美育代宗教":中国美学的百年迷途》,《学术月刊》,2006年第1期。

美学一旦成为工具，人们关注的重点自然是它的社会作用。对它本身的问题，反而不那么关心了。这样的美学研究，研究的是"假问题"，必然是"伪美学"。

这样，百年中国美学无论学派如何纷呈、理论如何分化，但从根本而言，"审美救世主义"都是贯穿其中的世纪主题。百年后的今天，如果说因为对于美学自身的价值的虔信守护的阙如，对于个体存在及其生命价值的理论关注的阙如，对于作为人与灵魂的第三维度的内在建构的阙如，中国的美学家在20世纪中国美学的历史上写下的主要是美学遗憾，这一评价大致上是恰如其分的。①

另一重大影响就是"审美无美"。本来，审美并非来自现实关怀，而是来自终极关怀。美之为美，也根本不是人"审"出来的：

所谓审美，它以对于爱的追忆与怀想抗拒着遗忘，以对于存在的聆听与应答抗拒着虚无。但是在"以美育代宗教"的影响下，中国20世纪的审美却走上了错误的道路。它从没有把世界"拖出晦暗状态"（海德格尔），却一再妄言已经"涤除玄览"（老子），并且获得了审美心胸，从而进入"不隔"的"澄明之境"。只有"大地"，没有"世界"（作为显示存在真理的世界）；只有"说"，没有"听"（而且没有听者，只是独白，甚至是无灵魂的自慰）；只有自求解脱，没有寻求解脱。②

因此，中国美学"在整体上缺乏一种伟大的东西、深刻的东西，无法与20

---

① 潘知常：《"以美育代宗教"：中国美学的百年迷途》，《学术月刊》，2006年第1期。
② 潘知常：《"以美育代宗教"：中国美学的百年迷途》，《学术月刊》，2006年第1期。

世纪中华民族的苦难相当,也无法与20世纪中华民族的耻辱相称"。

还有一大影响就是在人与灵魂的维度则无暇也无人问津。这源于人们对宗教的错误理解。在分析了马克思关于"宗教是人民的鸦片"的正确理解之后,潘知常充分肯定了宗教的作用:

> 而在宗教之中,真正值得我们关注的,是因为信仰、宗教精神以及神性的莅临而导致的终极关怀。人类正是出之于终极关怀的需要才创造了宗教,因此也通过这一创造而创造了自己(因此信仰、宗教精神、神性均与人同在,终极关怀也与人同在)。①

潘知常因此反复强调:

> 我们可以不去面对宗教,但是必须面对宗教精神;我们可以不是信教者,但是却必须是信仰者;我们可以拒绝崇尚神,但是却不能拒绝崇尚神性。②

审美活动永远不可能是"创造""反映",而只能是"显现",也只能被信仰、宗教精神以及神性(信仰之维)照亮。而且,只要信仰、宗教精神以及神性(信仰之维)在,审美活动就在。新的世纪正在孕育着新的美学,我们有理由相信,21世纪的中国美学的真正进步,必将跨越"以美育代宗教"的失误,从而实现自身新的发展。

三、对蔡元培"以美育代宗教"批评的意义

我们看到,潘知常对蔡元培"以美育代宗教"这一百年命题的批评,最

---

① 潘知常:《"以美育代宗教":中国美学的百年迷途》,《学术月刊》,2006年第1期。
② 潘知常:《"以美育代宗教":中国美学的百年迷途》,《学术月刊》,2006年第1期。

终引出了他生命美学中最具特色的"信仰之维"。由"信仰之维"再逻辑地引申出"终极关怀"和"审美救赎"。这一思路集中体现在他2019年12月由人民出版社出版的《信仰建构中的审美救赎》一书中。该书从蔡元培"以美育代宗教"这一百年命题说起,引出宗教与信仰之关系的主题。他认为,西方现代社会的崛起,基督教功不可没。"基督教,是西方现代社会崛起的根本动力。"[1]在分析了中世纪欧洲南方的文艺复兴与北方的宗教改革之后,潘知常说:

> 我们看到,欧洲在奔跑中很快就首先甩掉了东正教的国家,然后又甩掉了天主教的国家。葡萄牙、西班牙、意大利,都相继后继乏力,不得不从"发达国家"的行列中淘汰出局。
> 因此,一个不容忽视的现象是,最终真正跑进现代化的第一阵容的,恰恰全都是"先基督教起来"的国家,都是基督教(新教,下同)国家。[2]

"西方现代社会的崛起的共同特征则就在于:这些国家与民族往往都是'先基督教起来'的国家与民族。"[3]正是"先基督教起来"的欧洲部分国家(北方国家)率先进入了现代化的社会。从这意义上说,"西方"一词并不是指欧洲,而是指欧美"先基督教起来"的第一批现代化国家(其中法国和比利时天主教与新教并存)。

世界上还有不少宗教,它们都或多或少地促进了人类的文明进步。那么,为什么"先基督教起来"的国家率先进入了现代化呢?这显然与基督教的本质属性有关。

基督教第一个属性是把上帝的还给上帝,把恺撒的还给恺撒。这是基督

---

[1] 潘知常:《信仰建构中的审美救赎》,人民出版社,2019年版,第59页。
[2] 潘知常:《信仰建构中的审美救赎》,人民出版社,2019年版,第65页。
[3] 潘知常:《信仰建构中的审美救赎》,人民出版社,2019年版,第67页。

教的"突出贡献"。"对于二元世界的区分,诸如此岸与彼岸、世俗与天国、政权与神权、肉体与灵魂、皇帝与教皇、臣民与教民、城堡与教堂、王冠与圣坛,等等,是基督教的一个突出贡献。"[1]潘知常认为,从古希腊宗教的人神同形同性的一元论,到欧洲中世纪新教(基督教)的二元论,是基督教的"突出贡献"。这真是独具慧眼,真知灼见。正是这种深深根植于"理性"之中的二元论,为"科学研究"打开了大门,自此之后,欧洲的科学突飞猛进,飞速发展。

基督教第二个属性是"把社会的还给社会""把个人的还给个人"。由于政权与神权的分离,皇帝与教皇的分离,二者的矛盾冲突都需要获得臣民与教民的支持,也为民众的自由留下了空间,国家的权利也受到了约束。基督教的国家学说,不同于柏拉图、亚里士多德的国家学说。"国家不再是人性的完善,而是人性的堕落;不再是人性的目的,而是人性的补救。"[2]基督教一开始就提出了"唯独《圣经》,唯独信心,唯独恩典"的三大原则,又提出了"人人是祭师,人人有呼召,人人是管家,人人有《圣经》"的四大口号。这就意味着每个人都有直接面对上帝的机会,不再像以前那样需要通过教士、牧师、教会之类的中介转达。自己的行为自己负责,自己面对上帝的恩典与惩罚。于是,"在上帝面前人人平等",就成为一个必然的结果。正是基督教,催生了个人主义与自由主义。

基督教的第三个属性则是一神教。上帝是"唯一的至高神",这就意味着神是世界的终极原因。神是终点,也是起点。这就防止了人类思维的"无限退缩"和"无限循环"。

在这里,上帝成为绝对的、无限的,而不再是相对的、有限的。或者说,上帝成为唯一。一切都只有它才能够做到,而且,一切也只有期待它

---

[1] 潘知常:《信仰建构中的审美救赎》,人民出版社,2019年版,第79页。
[2] 潘知常:《信仰建构中的审美救赎》,人民出版社,2019年版,第81页。

去做到；倘若它不出手，那也只有继续期待。于是，宗教不再是一种现实关怀，它作为一个更加合乎人性的终极关怀，开始引领着人生并且成为人生的全部。[1]

因此，潘知常说：

> 由此，不难发现，在考察了西方现代社会的崛起与"先基督教起来"、社会取向的价值选择、社会发展的动力选择与"先基督教起来"之间的内在关联之后，我们亟待应该去考察的，就是在基督教中所蕴含的作为最大公约数与公理的共同价值。[2]

那么，什么是共同价值呢？

> 放眼世界现代化道路，应该说，以人为终极价值的，以人为目的，就是共同价值。唯有它，才堪称为世界各民族所共同"发现"，也为各民族所共同"认可"。它独具普遍适用性，也适用于所有的人。而且不仅适用于一时一地，也适用于所有时间、所有地点，更不以任何条件为转移。在这个意义上，应该说，共同价值应该是所有的人类文明之中共同的公分母，也应该是人类所必须共同尊奉的价值，向这一共同价值看齐，是全世界不同文明都必须去追求的目标。[3]

西方现代社会的崛起，确实蕴含着共同价值。这共同价值不是单一的价值标准，而是一个价值谱系。它包括民主、人权、私有制、议院、自由主义和个人主义。其中最核心的莫过于"自由"。"'自由'是一个在人类历史进程中

---

[1] 潘知常：《信仰建构中的审美救赎》，人民出版社，2019年版，第90页。
[2] 潘知常：《信仰建构中的审美救赎》，人民出版社，2019年版，第84页。
[3] 潘知常：《信仰建构中的审美救赎》，人民出版社，2019年版，第71—72页。

贯彻始终的共同价值。"①在基督教那里,"自由"是由上帝给予保障的,因此,"自由"是一种终极价值,也是一种终极关怀。个体自由也就必然意味着自己对自己负责,一切后果,自己承担。倘若犯了罪,也得自己承担上帝的惩罚,祈求上帝的宽恕与救赎。这实际上突出了人的价值与尊严。这样就诞生了一种新的世界观:

第一个方面是强调人应该从自然本能走向精神理性。不应该从"肉"的角度对待自身,而应该从"灵"的角度审视自己。

第二个方面是把无限提升到了绝对的精神高度。西方人一开始是不接受无限的,但自基督教开始,他们就接受了无限,因为上帝是无限的。这时,人也就成了无限的象征,生命也就是无限的了。

第三个方面是强调了在信仰中获得救赎。人是有限的,人生是悲苦的,但出于对上帝的信仰,人相信自己会获得拯救。什么是信仰呢?不依赖于世界,不依赖于自然界和社会,仅依赖于上帝的精神因素,就是信仰。西方基督教通过对上帝的信仰而升华了人的存在。人,也因此获得了全新的精神生命。

在潘知常看来,宗教与信仰的关系并非想象的那么简单。首先,人的出现必然与神的出现同步,这就引出了宗教的产生,而神在宗教中成为被崇拜的对象。随着唯一的至高神出现,对终极价值、终极原因的信仰也就出现了。因此:

> 真正的宗教,却必须是对超自然力量背后的人类借以安身立命的终极价值的孜孜以求。这就是宗教的"本体论诉求与形而上学本性",宗教也因此而与人类的信仰息息相通。②

但是信仰与宗教又是不同的,"在特定时代,信仰只能通过宗教实现"。

---

① 潘知常:《信仰建构中的审美救赎》,人民出版社,2019年版,第73页。
② 潘知常:《信仰建构中的审美救赎》,人民出版社,2019年版,第144页。

不过，这又并不意味着信仰与宗教就完全是一回事。倘若以此为一回事，那就会导致对信仰的误解与遮蔽。相比较而言，信仰可以被称为宗教的灵魂。离开了信仰，宗教就不成其为宗教。但是，离开了宗教，信仰却还可以是信仰。[①]

信仰是宗教的灵魂。宗教离不开信仰，信仰却可以离开宗教。这是一个重大的发现。它意味着，信仰将超越宗教，成为人类安放灵魂的伊甸园。

西方在基督教这一强大动力的推动之下，社会、经济、文化、科学、技术等等各方面，获得了空前发展，基督教也发展到了它的顶峰，开始由盛转衰。于是尼采第一个宣布说：上帝死了。这是一声惊雷，20世纪人类突然掉入了虚无主义的陷阱。

上帝为什么死了？上帝首先死于自己之手。基督教的理性精神孕育并发展了科学，科学理性需要怀疑一切，质疑一切，包括上帝。于是失去了神的宗教开始衰落，世俗生活弥漫到一切领域，神性的光芒越来越暗淡，信仰也不再是人们关注的话题。人们不再相信天堂，也不再担心地狱；不再相信恩典，也不再相信惩罚。人生失去了方向，失去了意义，变得虚无起来。其次，理性主义获得巨大成功，它解析了人与自然的关系，又把自然一刀一刀解剖，变成一堆零碎的僵死之物，人的心灵无从安放。再次，人面对这一堆零碎的僵死物的相关知识，面对知识大爆炸，一辈子也学习不了多少，掌握不了多少，人生面临知识和技能的巨大压力，变得毫无生趣。于是，人从试图向彼岸一跃变为留恋此岸，在世俗世界中尽情享乐。潘知常认为这是一种世界性的现象。它肇始于德国，然后长驱直入俄国，第三站就是中国。在中国，由于"孔家店"被砸烂了，一时之间，无所适从，虚无主义乘虚而入。

---

① 潘知常：《信仰建构中的审美救赎》，人民出版社，2019年版，第145页。

"虚无主义意味着：最高价值的自行贬黜。"①潘知常评论说：

> 它是一种现代之后的特定现象。在过往的将"最高价值"绝对化之后，虚无主义则是将"虚无"绝对化。而且，一旦"虚无"被绝对化，它也就成了绝对的否定，成了关于"虚无"的主义。当然，这是一种完全错误的逻辑倒置、否定性的逻辑倒置，蕴含着深刻的逻辑错误，但是，也折射出现代化进程中的某种内在困惑。②

显然，虚无主义是人类的大敌。"信仰失落""意义失落""理想失落""价值失落""终极关怀失落"成为令人触目惊心的场景。那么，人类如何才能战胜虚无主义？在无神可以指望的时代，拿什么来拯救我们自己呢？

当然是信仰！为什么？潘知常说：

> 作为人类精神生活的核心、人类文化的起点和归宿，信仰肯定着自我，肯定着理想的东西，肯定着能在、应在和未来之在。它可以是宗教的，也可以是非宗教的，即便是"无神论"，也并不等于是"无信仰"。③

这，就是潘知常从"以美育代宗教"这一百年命题入手，建构生命美学的根本原因。在潘知常看来，"美育"不能代替"宗教"，在无神可以指望的时代，只有从宗教中诞生最终又超脱于宗教的"信仰"才能代替宗教。潘知常说：

> 我是接着蔡先生的"美育"讲的，只不过不是"以美育代宗教"，而

---

① 海德格尔：《尼采》，孙周兴译，商务印书馆，2017年版，第29页。
② 潘知常：《信仰建构中的审美救赎》，人民出版社，2019年版，第31—32页。
③ 潘知常：《信仰建构中的审美救赎》，人民出版社，2019年版，第146页。

是"以信仰代宗教",进而"以审美促信仰"。①

正是基于对建构"信仰"的高度重视,2014年潘知常在华中科技大学一场讲座上的演讲稿题目就是《让一部分人在中国先信仰起来——关于中国文化的"信仰困局"》。2015年8月起,《上海文化》连载潘知常的讲稿和相关评论,引起学界关注。到2019年12月潘知常更是出版了55万字的专著《信仰建构中的审美救赎》,详细阐述了在中国究竟应该如何建构起信仰。

那么,在"无神的时代",信仰具有什么样的内涵?潘知常说:

> 信仰之为信仰,最为重要的,是可以导致一个充分保证每个人都能够自由自在生活与发展的社会共同体的出现,具体而言,就是导致在这个共同体中的"一点两面"亦即自由与"在灵魂面前人人平等""在法律面前人人平等"的出现。②

我们同意信仰的重要性,但常常困惑于信仰什么的问题。这段文字就回答了这一问题。总的来讲,就是信仰"人是目的"。具体讲,就是信仰"一点两面"。"一点"是指"自由","两面"是指两个方面,即"在灵魂面前人人平等"和"在法律面前人人平等"。

首先,信仰之为信仰,促使了"一点"即"自由"的出现。自由思想,是在基督教的温床中培育出来的。但西方思想家对自由的思考从基督教的启示真理和生命感悟转换为哲学的非启示真理与理性的思考。于是,"自由"就脱离宗教的领域而成为一个普遍的追求目标了。

其次,信仰之为信仰,还促成了"两面"即"在灵魂面前人人平等"和"在法律面前人人平等"的出现。

---

① 潘知常:《生命美学引论》,百花洲文艺出版社,2021年版,第164页。
② 潘知常:《信仰建构中的审美救赎》,人民出版社,2019年版,第153页。

"在灵魂面前人人平等",意义实在巨大。一方面,它意味着个体人的每一次自由决断都打开了一种可能性,也就充分展开了自己的全部可能性,整个社会的全部可能性也因此而展开:

> 因为任何人的每一次自由决断都是试图在自己的生活中打开某种可能性,如前所述,把自己的选择完全置于自己的自由意志的决断之下,让自己成为自己的全部行动的唯一原因,这恰恰就是人的全部可能性的确证。由此,人才得以充分展开自己的全部可能性,由此,现在社会的全部可能性也就得以充分展开,现代社会的崛起也就有了充分的保证。①

另一方面,"在灵魂面前人人平等",意味着人不但拥有绝对的自由,也拥有绝对的责任。

> 每个人都必须既接受行动也接受后果,并且把行动和后果都共同地作为自己的生命中的一个组成部分。每个人的自由都是绝对的,这是人之为人的尊严所在;但是,每个人的责任也是绝对的,这也是人之为人的尊严所在。②

"在法律面前人人平等"意味着不论实力强弱、地位高低、财富多寡,所有人尤其是那些有权有势的人必须按照同一游戏规则行事。

> 更为重要的是,"在法律面前人人平等"的积极意义还在于:可以成功地把权力关进牢笼。倘若没有"在法律面前人人平等",则任何的国家都将是虎狼之国。"在法律面前人人平等"强调的不是国家能够为我们做

---

① 潘知常:《信仰建构中的审美救赎》,人民出版社,2019年版,第158页。
② 潘知常:《信仰建构中的审美救赎》,人民出版社,2019年版,第159页。

什么、也不是我能够为国家做什么，而是我通过国家能够做什么。①

"一点两面"概括了信仰的基本内涵。但问题在于：信仰如何从有神的时代向无神的时代转换？

在有神的时代，信仰是通过宗教体现出来的。那么，在无神的时代，信仰通过什么体现出来？

西方社会的飞速发展，表面上看是基督教的作用，若再进一步分析，其实是通过基督教体现出来的信仰的作用。在这个无神的时代，我们急需的并不是基督教（或其他宗教），而只是信仰。那么，人类进入信仰的方式是什么？潘知常说：

> 按照以黑格尔为代表的学术界的普遍看法，组成人类的信仰领域的，并不仅仅是宗教，在宗教之外，还有哲学、还有审美与艺术。这也就是说，在无神时代，要走向无神的信仰，借助于哲学、借助于审美与艺术，无疑也完全可能。②

为什么哲学与审美和艺术可以"进入信仰"？在潘知常看来，人与世界之间有三个维度：人与自然的维度、人与社会的维度和人与意义的维度。前两个维度可以称之为现实维度，它关心的是现实的关怀；后一个维度可以称之为超越维度，它关注的是终极关怀，也就是信仰。相应地，人类的生命活动也有三个层面：实践活动、认识活动和意义活动。

现实维度包括实践活动、认识活动，已经如前所述，瞩目的只是"是一个（现实的）人"的此岸的有限，用美学的语言来表述，则只是所谓的

---

① 潘知常：《信仰建构中的审美救赎》，人民出版社，2019年版，第157—158页。
② 潘知常：《信仰建构中的审美救赎》，人民出版社，2019年版，第169页。

"现实关怀";超越维度则是意义活动,这个维度,应该被称作第三进向,它所构成的,是所谓的超越维度与终极关怀。①

意义是人类生命的根本需要。人类正是通过意义活动,才做到了对于人类自由的理想实现。

意义借助物质呈现出来,但它本身并非其中某种物质成分,而是依附于其中的能对人发生作用的信息。因此,人就不仅仅生活在物质世界,而且生活在意义世界。进而,人还要为这意义的世界镀上一层理想的光环,使之成为理想的世界,从而又生活在理想的世界里。并且,只有生活在理想的世界里,人才真正生成为人。②

在此基础上,哲学或者审美与艺术活动也就只能是一种使对象产生价值与意义的活动,一种解读意义、发现意义、赋予意义的活动。对意义的追求,将人类带入了"无限"之中,带入了与超越维度、终极关怀的关系之中,一句话,也就是带入了信仰之中。"因此,'以哲学促信仰'起码在中国的信仰建构中就特别切实可行。"③

另一种进入信仰的重要方式就是审美与艺术。审美活动是对人类最高目的的一种"理想"的实现。如果说实践活动、认识活动是一种现实活动的话,那么,审美活动就是一种理想活动。审美活动折射的是人的一种终极关怀的理想态度。

结果,审美活动因此而成为人之为人的自由的体验,美,则因此而成为人之为人的自由的境界。由此,人之为人的无限之维得以充分敞开,人

---

① 潘知常:《信仰建构中的审美救赎》,人民出版社,2019年版,第173页。
② 潘知常:《信仰建构中的审美救赎》,人民出版社,2019年版,第173—174页。
③ 潘知常:《信仰建构中的审美救赎》,人民出版社,2019年版,第176页。

之为人的终极根据也得以充分敞开。①

这就意味着，我们必须从信仰的维度重新对审美与艺术加以阐释：

> 审美救赎之为审美救赎，又绝对并非日常的审美活动所可以达成，也并非审美主义所可以问津，而是必须置身信仰维度，在人与现实和人与意义（灵魂）之间，立足于意义（灵魂），在现实关怀与终极关怀之间，立足于终极关怀。并且，审美之为审美当然是无神论的，但却必须是信仰的，这意味着：对于审美而言，作为有神的终极关怀退场以后，作为无神的终极关怀却必须登场。②

四、审美救赎与终极关怀

在西方，"上帝死了"之后，人们依靠什么来"救赎"自己？尼采提出了审美救赎，马克斯·韦伯也提出了自己的审美救赎方案，法兰克福学派美学家也是在信仰维度和终极关怀的层面来思考审美救赎的。如此说来，"审美救赎"应该是很重要的进入信仰的方式了。在中国，"审美救赎"是一个不容易解答的斯芬克司之谜。我们面临与西方截然不同的情境，却又必须"自我救赎"。怎么办呢？"为此，我们就不能不'别求新声于异邦'，不能不去借助西方美学的阐发"，"借助西方的神性思维去阐释中国美学"。③

具体来说，在终极关怀的维度重建美学，无疑是一个美学重建的重大工程。举其大要，起码应包括：作为在终极关怀的维度重建美学的逻辑前提的"正本清源，释放中国美学中的'活东西'"；作为在终极关怀的维

---

① 潘知常：《信仰建构中的审美救赎》，人民出版社，2019年版，第180页。
② 潘知常：《信仰建构中的审美救赎》，人民出版社，2019年版，第181页。
③ 潘知常：《信仰建构中的审美救赎》，人民出版社，2019年版，第346页。

度重建美学的基本保证的"不破不立,清除中国美学中的'死东西'";作为在终极关怀的维度重建美学的根本途径的"创造转换,激活中国美学中的'真东西'"。①

总之,借助于西方的神性思维,我们要重建中国美学的"终极关怀的维度",建构起我们自己的信仰。这就是我们的"救赎"之路。

艺术是审美救赎的载体。西方艺术的救赎之路正是从终极关怀出发的。他们的艺术总是在复杂丰富的现象描述中努力体现出形而上的终极关怀。何谓终极关怀?潘知常说:

> 所谓"终极关怀",又可以简单理解为对于"关怀"的"关怀"。在这里,所谓"终极",意味着穷尽、最后,既代表开始又代表结束,既代表至高无上又代表至深无底,所谓"关怀",当然是关心、关注的意思,意味着人类一旦为自身赋予无限意义之时就会出现的对于这无限意义的关心、关注,也就是阐释的再阐释与解读的再解读。②

又说:

> 就审美与艺术而言,终极关怀,是一种把精神从肉体中剥离出来,而且与人之为人的绝对尊严、绝对权利、绝对责任建立起一种直接关系的阐释世界与人生的美学关怀。③

换句话说,艺术,作为一种审美活动,要实现审美救赎的目的,就只能通过深刻表达出终极关怀来实现。在潘知常的文学批评活动中,"终极关怀"

---

① 潘知常:《信仰建构中的审美救赎》,人民出版社,2019年版,第354—355页。
② 潘知常:《信仰建构中的审美救赎》,人民出版社,2019年版,第189页。
③ 潘知常:《信仰建构中的审美救赎》,人民出版社,2019年版,第189页。

这一直是他的最高标准。他对我国古典四大名著尤其是《红楼梦》的研究，对《金瓶梅》的批评，对李白、杜甫诗歌的批评，对张艺谋、冯小刚电影的批评，对史铁生、林昭的评价，以及他对国外不少文学名著的分析，无不体现出"终极关怀"这一最高标准。

文学批评是潘知常生命美学的重要组成部分。它既是潘知常生命美学的例证，又是潘知常生命美学理论在文学批评领域里的具体运用，甚至成为潘知常中国传统生命美学史的基本内容。潘知常文学批评的特点就是始终如一地坚持"终极关怀"的评价标准。这一点在《我爱故我在——生命美学的视界》《头顶的星空——美学与终极关怀》二书中体现得最为鲜明。

《我爱故我在——生命美学的视界》由江西人民出版社出版于2009年。该书最后一篇文章是《"我的爱永没有改变"——从莎士比亚的〈哈姆雷特〉看冯小刚的〈夜宴〉》。《夜宴》是"克隆"《哈姆雷特》的，但二者境界高下悬殊。哈姆雷特对复仇的"延宕"证明了他的犹豫，他的犹豫证明了他的"不忍"，他的不忍证明了他对生命的怜惜，即对生命的爱，哪怕是杀死自己父亲的仇敌之生命。这种爱就是终极关怀。反观冯小刚的《夜宴》，不仅没有爱，反而加进了动物性的"欲望"，为了欲望，不惜复仇。潘知常在简单评论了曹禺的《原野》和梁斌的《红旗谱》之后，说道：

> 而《夜宴》呢？它所加上的"欲望"实在是一个毫无价值的东西。而在此意义上的《夜宴》也成了一个动物世界的"鸿门宴"。……因此，我甚至要说，如果我们想看看人类世界有多残忍，那看看《夜宴》就可以了。[①]

在潘知常看来，《夜宴》宣扬的只是"残忍"，没有"爱"，没有终极关怀，所以它不是一部好的电影作品。

[①] 潘知常：《我爱故我在——生命美学的视界》，江西人民出版社，2009年版，第281—282页。

在《头顶的星空——美学与终极关怀》一书中，从副标题可以看出，终极关怀显然是该书主旨。全书是通过对作家作品的分析来具体生动地阐述终极关怀这一主题的。这就表明，终极关怀——具体体现为"爱"——不可能是抽象空洞的概念，它只能通过文学、艺术表达出来，也就是只能通过具体的人物形象、场景和情节体现出来。这也是审美救赎只能通过艺术实现的根本原因：当具有高度概括性和普遍性的"上帝"死亡之后，这个世界只剩下具体可感的现象部分，除了艺术能表达外，还有什么能表达？

如此，蔡元培的"以美育代宗教"是行不通的，只有"以信仰代宗教"才是正确的路径。

第三节　从新个体到新群体

第一美学问题和第一美学命题是走向潘知常生命美学的两条道路。我以为还有第三条道路，这条道路就是从"个体的觉醒"到"信仰的觉醒"再到"爱的觉醒"。

众所周知，李泽厚"实践美学"关注的是"人类主体性"或"集体主体性"。这导致他的美学（尤其是前期美学）是"无人"的。

早在2009年出版的《我爱故我在——生命美学的视界》一书的前言中，潘知常就说：

> 以个体去面对这个世界，那么，这样做的意义究竟何在呢？而思考的结果，就是我终于意识到，以个体去面对这个世界，它的意义就在于为我们"逼"出了信仰的维度。也就是"逼"出了作为终极关怀的爱。换句话说，我们这个民族迫切需要两个东西，一个东西是个体的觉醒，一个东西是信仰的觉醒。个体的觉醒一定要有信仰的觉醒作为对应物。否则个体就不会真正觉醒；信仰的觉醒也一定要有个体的觉醒作为对应物，否则信

仰也就不会真正觉醒。但是，个体的觉醒和信仰的觉醒最终会表现为什么呢？不就是作为终极关怀的爱的觉醒嘛！①

在谈到21世纪以来的新思考时，潘知常说，《生命美学论稿》涉及的主要是"个体的觉醒"，而《我爱故我在——生命美学视界》则涉及"信仰的觉醒"。

在美学的思考中，"信仰的觉醒"无疑要比"个体的觉醒"更为艰难而且也更为重要，因为只有通过"信仰的觉醒"才能够最终走向作为"终极关怀的爱的觉醒"。②

其中的逻辑很清晰：个体一旦觉醒，他就得面对无数与自己一样的个体，这就必然出现价值选择，即个体将如何对待其他个体？价值选择需要有信仰作指导，否则就不会有正确的价值选择。一旦有了信仰，走向作为终极关怀的爱的觉醒就是势所必然了。通过"爱"，新的个体走向新的群体。

一、个体的觉醒

"个体的觉醒"为何会成为一个美学问题？这是因为，不管人们意没意识到，任何人的审美活动天生就是不可替代的，是一种绝对的个体活动。潘知常的生命美学对此有清醒的认识，这是潘知常生命美学的基本前提。

一方面，生命美学必然是个体的美学；另一方面，审美活动必然是个体的审美活动。也就是说潘知常的生命美学是自觉地站在个体人的立场上建构起来的，你也可以说潘知常的生命美学就是个体人的生命美学。在回应方东美的生

---

① 潘知常：《我爱故我在——生命美学的视界》，江西人民出版社，2009年版，前言第2页。

② 潘知常：《我爱故我在——生命美学的视界》，江西人民出版社，2009年版，前言第6页。

命美学思想时,潘知常说:

> 方东美的"生生之谓易"是接着柏格森说,属于文化保守主义的"玄学"一系,固然也有其价值,但是,中国20世纪的思想主旋律是呼吁自由生命、自由意志和个性解放!……至于方东美,当然也成就显著,但是无论如何,他所提倡的"生生之谓易"的生命美学都无法成为呼吁自由生命、自由意志和个性解放的中国现代生命美学的主流。中国20世纪的生命美学的主流只能是从王国维到当代的生命美学。[①]

方东美是新儒家的代表人物,他的生命美学不会关注个体生命也在意料之中。儒家本就把"家国"放在第一位,个体消融在"家国"之中。众所周知,中国传统文化是"家庭本位",家庭是社会细胞,是社会权利与义务的承担者。除了一家之长,个人被忽略,只是家庭成员,只是生产工具而已。而家庭在整个社会中的地位又是分等级的,于是,个人在社会中的地位只能依附于他的家庭、家族。家庭成员之间构成一个不可分割的整体:家庭。所以,每个家庭成员的成败得失、毁誉升降,都是整个家庭的成败得失、毁誉升降。一人受辱,即全家受辱;一人得利,即全家得利。一人犯法,全家受累。中国传统社会的"株连"现象,就是源于社会不承认个体是独立的。一句话,在中国传统社会中,个人是没有独立地位的。正因为如此,关系网才那么盛行:每个人都不是"树",独立不了,只是"藤",只能匍匐在地面上爬行,遇到什么就攀附上去,"藤"与"藤"一旦相遇,就互相缠绕,盘根错节,连接成网。要是某个人能力稍强,社会地位高,有权有势,像一棵"树","藤"一遇见,立即就会缠绕上去,天长日久,"树"也会被缠死。

这形成一种所谓的"集体主义"意识:集体高于个人。个体应该主动消解

[①] 潘知常:《中国当代美学史研究中的"首创"与"独创"——以生命美学为视角》,《中国政法大学学报》,2021年第1期。

于集体之中，受集体支配，同时也受集体保护。近几年，"集体"这个概念已经高度抽象，因为完全抹杀构成集体的"个体"，所以学界一般用"群体"来代之。个体被消解在集体之中，这是中国现代化的一个很大很严重的问题。因为个体的主动性和创造力被严重约束，个体的人还没有解放。潘知常批评方东美的生命美学就是因为他的传统生命观是基于儒家"集体主义"的生命观，不能释放个体的生命力和创造力。

在其他人的生命美学中，甚至在国外的生命美学中，突出强调个体的也不多（当然，他们本身就是个体的，无须强调）。尼采的生命美学是"超人美学"，虽然"超人"也算个体的人，但他不是平凡人，也就不是一般意义上的个体的人；狄尔泰的生命美学注意到了个体生命在社会中的经历、经验和理解与表达，但他仍然只是在一般意义上论说生命，并没有充分强调个体生命的价值与尊严。这是因为在所有美学家的眼里，个体的人仍然是社会人，他必须生活在社会之中，为全部社会关系所规定。因此，个体的人并不是真正的个体，并不是"单一者"，仍然是一般人、集体人、社会人，所谓"大写的人"。这一点，在实践美学中表现得尤其突出。有学者认为实践美学虽也偶尔谈到个体主体性，但其"人类学本体论"或"主体性实践论"在本质上是"理性主义""集体主义"的，李泽厚讲的仍然是"整体主体性"，不是"个体主体性"，是反个体、反感性的。感性不是认识论意义上的"感性认识"，而是本体论意义上的活生生的生命运动和个体存在状态，是人的各种本能冲动所构成的本体生命力。

潘知常对实践美学的不满，很大原因在于它的"整体主体性"。李泽厚的"人类学历史本体论"这么宏大的叙事无法关注到个体，尽管李泽厚的"历史"具有具体性、累积性和偶然性，与其他人的历史哲学不同，但在他的言说中，"历史"只能是略去了全部细节、所有个体的抽象的叙事，这是由他的方法论决定了的，是没有办法的事。实践美学强调人的社会性，强调"人是社会关系的总和"，这就意味着人被"社会关系"所约束，不可能独立。

潘知常的生命美学在这一点上不仅与实践美学大不一样，也与其他的生命美学相区别。还是在《美学何处去》一文中，他就说：

> 而作为感性存在的人、个体存在的人、一次性存在的人，却完全被不屑一顾地疏略、放过或者遗忘了。即或有记起的一刻，也只是作为"坏的感性"，作为社会、历史、理性的外化或异化状态而匆匆一带而过。①

正是对实践美学忽视个体人的不满，潘知常觉得实践美学是"冷美学"。在《生命美学》中，他就开始为个体生命呐喊了：

> 自我这只鸽子，一旦飞出混沌的地平线，生命的天空就意味深长地发蓝了。②

"自我"就是个体的人。这诗一般的语言，不仅在召唤"自我"的显现，"自我"的觉醒，更在期待一场大改变：生命的天空发蓝了。如果说在《生命美学》一书中，个体还有点"犹抱琵琶半遮面"，那么，在《生命美学论稿》中就大胆突出多了。他说：

> 生命总是以个体的形式存在，自我的诞生，不亚于宇宙在大爆炸中的诞生。自我的诞生就是世界的诞生。一个新的自我的诞生，就是一个新的世界的诞生。对于世界而言，我无足轻重，对于我而言，我就是一切。③

"我就是一切！"这说得多么响亮，多么豪迈。在其之后的所有美学著作

---

① 潘知常：《生命美学论稿：在阐释中理解当代生命美学》，郑州大学出版社，2002年版，第399页。
② 潘知常：《生命美学》，河南人民出版社，1991年版，第15页。
③ 潘知常：《生命美学论稿：在阐释中理解当代生命美学》，郑州大学出版社，2002年版，第7页。

中,这个"我"始终在场,始终是关注的焦点。

审美活动不仅是个体的人的活动,也是不可复制的活动。而实践活动和理论活动都没有这样的特点:在其中的人和物都是可以替代的,其活动也是可以复制的,因为知识是公共的。因此,与实践活动和理论活动比较,审美活动天生就有个体觉醒的优先性和可能性。这就把"个体的觉醒"带入了美学研究领域。如此一来,"个体的觉醒""信仰的觉醒"和"爱的觉醒"也就成为生命美学题中应有之义了。

"个体的觉醒"只是意识到了自己的存在,意识到了自己的权利、责任和义务。一旦意识到自己的存在,就会要求自己的权利、责任、义务和生存的意义,同时也会要求自主观察、自主思考、自主判断、自主选择、自主管理、自主承担、自主负责。也就是说,个人事务,不再需要家庭或其他组织为个人决定,个人自己可以为之做出决定了。如果在平等意识的作用下,每个人都如此,那么个体很快就会意识到别的个体也应该像自己一样独立自主。于是,就会产生一种全新的社会关系:为了最大限度地达成自己的利益,个体必须学会与其他个体的合作。"合作关系"作为一种新型关系也就替代了传统社会中基于情感的"互助关系"。基于利益的"合作关系"简单明了,互不亏欠,但也缺乏人情味。而传统社会基于情感(最终仍是基于利益)的"互助关系",则往往成为一种"说不清,道不明"的"人情债",结果相互攀扯得更紧密了,大家都不能独立。

独立需要合作,而合作需要平等。这种平等意识从哪里来?一种"公事公办"的合作方式也不是独立人所想要的,它也不利于合作。如何避免"冷冰冰"的合作?对潘知常而言,这两个问题在中国传统文化中都找不到答案。他只有转向西方,转向西方的基督教寻求答案。通过对基督教在西方的作用的考察,他发现了"信仰"。正是"信仰",解决了上述两个问题:不仅仅"在上帝面前人人平等",还要"在法律面前人人平等";仅有"平等"还不够,还必须有"爱"。因为"平等",独立人才会"合作";因为"爱",独立人才会愉快的"合作"。因"合作"而组成一种区别于传统社会的新社会:这是一个充满"爱"的"独立人联盟",也就是马克思说的"自由人联合体"。

如此,许多人担心的个体与社会的对立也就不存在了。有些人担心一旦个体独立了,社会(集体)就解体了,所以他们不赞成个体独立。这种担心是完全多余的。人本身就是社会性动物,有群聚的心理和文化的需要;而且,独立人的能力有限,不可能完全自足自立,他必须与他人合作,才能生存下去。个体的独立怎么会瓦解社会呢?

还有人担心,一旦个体人独立了,社会即使没有瓦解也乱套了。每个人为了自己私利,钩心斗角,恃强凌弱,争抢资源,整个社会陷入丛林法则之中。这种担心也是多余的。真正独立的人,他明白自己需要什么,不需要什么,知道自己的利益所在,他是一个理性人。所有独立人最终会明白一个道理:合作,比斗争更有利于生存。如此,个体独立促使基于规则的新社会产生,又如何让社会乱套呢?

因此,潘知常呼唤的"个体的觉醒""信仰的觉醒"并不会导致社会的瓦解,而会形成一种新的社会:一个自由人联合体。对潘知常而言,这不仅实现了从实践美学的"整体主体性"到生命美学的"个体主体性"的转变,还实现了生命美学从"个体主体性"到"群体主体性"的超越。

但是,还存在一种危险:个体觉醒了,却独立不了。事实上,正因为有许多人还没有"觉醒",所以才呼吁"个体的觉醒",这就意味着有很多的人没有独立。

这种个体已经觉醒但又不能独立的矛盾现象,造成更为严重的问题:首先是社会不满情绪会越积越多,反社会行为会增加;其次是内耗现象会更加严重,个体觉得生活只是"痛苦",于是便以别人的"痛苦"为乐,人与人之间的关系会更加紧张;再次,各种消极现象出现,"躺平"现象出现,不少个体觉得生活没有意义,失去了奋斗的上进心;最后,整个民族的生命力、创造力萎缩,社会土壤板结,扼杀发展。

这种后果,当然不是潘知常想要的。我只是想指出,从"个体觉醒"到"个体独立",这一步还很遥远。如果没有国家和社会的支持,是很难做到的。

因此，潘知常反复强调个体的"绝对自由、绝对权利和绝对责任"。他说：

> 人是生而自由的，每个人自己就是他自己存在的目的本身，因而每个人不但对他自己来说是自己的目的，而且对他者（上帝和他人）来说也是自己的目的，而绝对不是他者的工具。因此，每个人都首先是他自己，而不是某种社会角色。每个人的存在都是唯一的和不可替代的。每个人的存在都有其绝对的意义、绝对的价值、绝对的尊严。人就是带着这绝对的意义、绝对的价值、绝对的尊严进入社会（关系）的，而不是从社会（关系）中才获得这一切的。①

这是对"个体"的最高礼赞。个体是"自己的目的"，"绝对不是他者的工具"。这些话说得多么激动人心。潘知常没有使用过"个人主义"之类的字眼，这或许是有意为之，免得刺痛某些人的神经。但这种"个体的觉醒"不仅仅是现实的需要，也是历史发展的必然。"个体的觉醒"不仅阻止不了，而且，个体的意义、价值、权利与尊严也必将通过生命美学得到彰显。

二、信仰的觉醒

从"个体觉醒"到"信仰觉醒"，是至关重要的一步。这一步是潘知常在美国纽约的圣帕特里克大教堂顿悟到的：

> 在走出圣帕特里克大教堂的时候，我已经清楚地意识到：个体的诞生必然以信仰与爱作为必要的对应，因此，为美学补上信仰的维度、爱的维度，是生命美学所必须面对的问题。这就是说，人类的审美活动与人类个

---

① 潘知常：《信仰建构中的审美救赎》，人民出版社，2019年版，第343—344页。

体生命之间的对应也必然导致与人类的信仰维度、爱的维度的对应。美学之为美学,不但应该是对于人类的审美活动与人类个体生命之间的对应的阐释,而且还应该是对于人类的审美活动与人类的信仰维度、爱的维度的对应的阐释。①

这段话的主旨就是"个体的诞生必然以信仰与爱作为必要的对应"。这种"对应"不仅是审美活动与个体生命之间的"对应",还是人类审美活动与人类的信仰维度、爱的维度的"对应"。并由此推及美学:美学既要阐释审美活动与个体生命之间的"对应",又要阐释这种"对应"与人类的信仰维度、爱的维度的"对应"。

"对应"一词简明扼要,但比较有跳跃性。换一个角度可以这样理解:个体一旦觉醒了,意识到了自己的存在,外在约束冰消瓦解,就很容易以"自我为中心",变得自私自利,人类社会就会成为一个"动物庄园",这是很可怕的后果。这时,就需要康德所说的内在的"绝对律令",把外在的约束变为内在的自我约束。这内在的"绝对律令"就是信仰。什么是"绝对律令"?作为一种准则,即大自然或人类的行为规则、规律,第一,它不依赖外在条件,没有外在约束,它是自足自主的;第二,它是永不改变的。内在的绝对律令是指人类的灵魂必须绝对遵守的普遍的道德规则。问题在于,如何才能有"信仰"?

潘知常通过对宗教与信仰关系的考察,认为,西方社会的"信仰"是通过宗教(基督教)培育起来的。西方社会的文明是因为有"信仰",而不是因为有"宗教"。信仰是宗教的内核,它高于宗教,可以不必借助宗教而存在。因此,在我们中国这样一个"无宗教"的国度,也是可以有"信仰"的。通过把"信仰"与"宗教"剥离,指出没有宗教的社会也可以有信仰,这就为中国社会诞生出"信仰"创造了条件。

---

① 潘知常:《生命美学引论》,百花洲文艺出版社,2021年版,第18页。

"信仰问题"很快就得到了社会关注。2016年3月26日,北京大学文化研究发展中心、四观书院共同举办"中国文化发展中的信仰建构"讨论会。同年4月16日,上海社科院文学所、《上海文化》编辑部、《学术月刊》编辑部联合主办了"中国当代文化发展中的信仰问题"学术讨论会。潘知常参加了这两次讨论会。同年8月以后,《上海文化》开辟了"信仰问题"专栏,共刊发论文15篇,其中有潘知常四万余字的长篇讲稿《让一部分人在中国先信仰起来——关于中国文化的"信仰困局"》。这篇论文对中国社会的信仰问题进行了全面考察,并提出培育信仰的具体办法:让一部分人在中国先信仰起来。但如何让一部分人"先信仰起来"?潘知常认为,让一部分人在中国先信仰起来,就是要"让一部分人在中国先自由起来";让一部分人在中国先信仰起来,就是要"让一部分人在中国先爱起来";让一部分人在中国先信仰起来,就是要"让一部分人在中国先美起来"。不过这种方法让人担心产生新的不平等。

另一个大家关心的问题是:信仰的具体内容是什么?就是说,在一个无宗教、无神的社会,我们到底"信仰"什么?对于这个问题的思考,潘知常有一个逐步清晰的过程。他在1991年出版的《生命美学》中,已经有对"终极关怀""为爱转身"的思考,但还没有提出"信仰问题";在2002年出版的《生命美学论稿》中,提出"为美学补'神性'"的观点,仍没有提出"信仰的问题"。到2009年出版的《我爱故我在——生命美学的视界》中,在讲到"个体觉醒"的意义时,潘知常就说:

> 以个体去面对这个世界,那么,这样做的意义究竟何在呢?而思考的结果,就是我终于意识到,以个体去面对这个世界,它的意义就在于为我们"逼"出了信仰的维度。也就是"逼"出了作为终极关怀的爱。[1]

正是在这里,潘知常从"个体的觉醒"上了一个新台阶到了"信仰的

---

[1] 潘知常:《我爱故我在——生命美学的视界》,江西人民出版社,2009年版,前言第2页。

觉醒"。在这里,"信仰"的内涵似乎是"作为终极关怀的爱",但仍很不明确。在2015年的"信仰问题"大讨论时,潘知常给人的感觉是"信仰"与"爱"并举,有时让人觉得信仰的内涵就是"爱",但在具体论述时,又相提并论。在出版于2016年的《头顶的星空——美学与终极关怀》中,也是如此。在2019年出版的《信仰建构中的审美救赎》中,潘知常开始强调康德的"人是目的"论:"至于中国的信仰建构中的希望,则可以一言以蔽之,就是:人是目的。"①更是明确地指出:

> 也因此,中国文化的信仰建构并不需要从乞灵于上帝开始,也不需要从"中国特色"开始,而应该立足于"非宗教的信仰"和"无上帝的信仰",从践行"人是目的"起步。②

这里,潘知常更进一步指明了建构信仰的方法,但似乎"人是目的"仍然外在于"信仰",它仅是"建构信仰"的起始步骤。到了2021年出版的《走向生命美学——后美学时代的美学建构》,潘知常就已经明确地指出"信仰"的内涵:人是目的。他指出:

> 所谓信仰,指的是对于人类借以安身立命的终极价值的孜孜以求。在信仰的维度,人类面对的是在生活里没有而又必须有的至大、至深、至玄的东西。它必须是具备普遍适用性的,即不仅必须适用于部分人,而且必须适用于所有人;也必须是具有普遍永恒性的。它又必须是人类生存中的亟待恪守的东西,是信念之中的信念,也是信念之上的信念,这就是"人是目的"。在此意义上,信仰之为信仰,也就是对于以人作为终极价值的固守,并且以之作为先于一切、高于一切、重于一切也涵盖一切的世界之

---

① 潘知常:《信仰建构中的审美救赎》,人民出版社,2019年版,第343页。
② 潘知常:《信仰建构中的审美救赎》,人民出版社,2019年版,第343页。

"本"、价值之"本"、人生之"本"。①

把"人是目的"上升为中国人的"信仰",体现了潘知常对中华民族的拳拳之心。这种"信仰"必须是普遍的、共有的信仰,否则,它就不会有"信仰"的力量与作用。尽管它还只是一种理论,一种美学理论,但对中华民族和中国文化将具有伟大的现实意义和深远的历史意义。

但是,也必须要清醒地意识到,在中国,建构信仰已经是一个艰难的问题,"人是目的"既没有历史根源,也没有现实依据,因此,要将"人是目的"培育为中国人的"信仰",其艰难的程度可以想见。只有清醒地意识到困难程度,才有可能想尽千方百计建构起这样伟大的"信仰"。我们热切地期待那一天早点到来。

三、新个体与新群体

生命美学是个体的美学。这是因为要想"生命"不被抽象为空洞的概念,就必须坚持"生命"是有血有肉的生命,有血有肉的生命必然是个体存在的生命。潘知常说:

> 倘若越过了个体生命的充分展开,既没有生命就是痛苦的环节,也没有痛苦就是生命的环节,而是径直就在"生生"的基点去建构美学,径直就以"普遍生命"取代"个体生命",既没有"个体的觉醒"也没有"信仰的觉醒",至关重要的"生命"本身就会悄然而去。生命美学也将没有了"生命"。②

---

① 潘知常:《走向生命美学——后美学时代的美学建构》,中国社会科学出版社,2021年版,第529页。
② 潘知常:《走向生命美学——后美学时代的美学建构》,中国社会科学出版社,2021年版,第355页。

但是，生命美学不能局限于"个体"。这是因为"个体"的独特性不能使生命美学达成主观的"普遍必然性"。潘知常说：

> 随着时间的推移，我逐渐发现，仅仅从个体的角度去研究美学还是不够的，审美活动虽然是"主观"的，但是，它所期望证明的东西却是"普遍必然"的。①

这就必须引入"信仰的维度"。因为所有人的共同信仰是达成生命美学"主观的普遍必然性"的唯一路径。这样，由"个体的觉醒"到"信仰的觉醒"就是生命美学必须跨越的台阶。

"觉醒"并"独立"之后的个体，就是"新个体"。在此以前，所谓的"张三、李四、王麻子"，都是"自然个体"，即他们以自己的肉身为界，与别的自然个体相区别。看起来，他们在有限的活动范围内，可以随意活动，似乎是独立的、自由的，就是说，在可观察的现象层面，每个人看起来都是独立的，其实，每个人都是"社会关系的总和"，有无数根看不见的绳索捆缚着他们。我们许多人所说的"独立"是自然个体的独立，即"张三是张三，不是李四"那样的独立。这些作为"社会关系的总和"的个体，他们在社会中是"身份人"，他们的"身份"是由"社会关系"决定的，是外在强加的，不是内在自有的。随着社会越来越开放，这些外在的"社会关系"所决定的"身份"终将消解，最后剩下来的就是"人之为人"的最为本真的自然属性。这时的人就是独立自主的个体人。

人类社会作为一个有机整体必将被"理性"的解剖刀一次一次地分割，最终分化为无数单一的个体，取代家庭成为参与社会活动与社会事务的基本单位。个体一旦觉醒、独立，他就会意识到自己首先要生存、要发展、要超越，

---

① 潘知常：《生命美学引论》，百花洲文艺出版社，2021年版，第17—18页。

同时也会意识到还有许多与自己一样的个体存在；他会意识到个体的局限性和有限性，意识到需要与别的个体合作，才会获得更大的利益。懂得"合作"、有"信仰"的个体才是"新个体"。而这种"新个体"的"合作"必然是一种愉快的、美好的合作，个体与个体之间必将充盈"爱"的情感。这种由"爱"连接起来的独立人的群体，也就不同于以前的集体或群体。由新个体组成的"新社会"，也就是马克思反复强调的"自由人联合体"。

独立的个体仍然不是最后的个体，他还需要继续完善。这就是"信仰的觉醒"。一个独立的个体可能没有"信仰"。就是说，他可能是个机会主义者，一条"变色龙"，一生中没有自己坚持不变的原则。对他来说，"合作"或"爱"可能是一辈子的生存之道，还没有上升为一种坚定的"信仰"。就是说，他没有意识到"合作"或"爱"是他精神世界中的永恒不变的"支柱"。一个有"信仰"的人，必然是这样一个独立的个体：他有一个精神世界，在这个精神世界中，有一个指导一切言行的终极原则。这个终极原则自始至终不会改变。这就是这个人的"信仰"。在潘知常那里，这个"信仰"的内涵就是"人是目的"。如此，有"信仰"的个体才是完善的新个体。

只有"新个体"，才会意识到别人的存在，才会尊重、理解别的个体的意愿、情感和感受，才会尊重、理解和同情别人的弱点、缺陷和不易。只有真正独立的个体才会有"宽容之心""悲悯之心"。

只有"新个体"，才会懂得"合作"的重要。他明白自己的利益所在，也明白自己的局限所在。为了实现自己的最大利益，他会明白一个道理：必须与人"合作"，才能达成自己的最大利益，同时别的个体也在"合作"中达成他的最大利益。

只有"新个体"，才是真正自由的人。因为他的意愿就是他自己的意愿，他的言行就是他自己的言行。他对自己的言行负责，不会屈从于违背其意志的外在要求、命令和规矩；他也不会对别人提出违背其意志的要求、命令或规矩。因为，他像对待自己的意愿、冲动和感受一样对待别的个体的意愿、冲动和感受。

只有"新个体",才会真诚地付出"爱"。他不会有"仇恨"的情绪,他在"合作"的过程中,养成了尊重、理解、同情别的个体的态度,这其实就是"爱"的真谛。他把这种感情推及所有人,因为"合作"关系已经"泛化"为与所有人合作。在"合作"中形成的新群体、新社会,除了"爱"之外,不可能有"恨"的情绪。

"新群体"就是自由人的联合体。"爱"是"新群体"中人与人之间的新纽带、新关系。潘知常倡导由"个体的觉醒"到"信仰的觉醒",其实就是由"新个体"到"新群体"。潘知常说:

> 在这样一个共同体之中,必然存在应许他人也必然存在着的同样的自由行动空间,彼此之间的相互承认与相互尊重,而不是相互否定、相互排斥。彼此之间的拒绝奴役,既不接受对方的奴役,也不去奴役对方,在尊重自己的人格的同时,也尊重他人的人格;维护自己的平等权利的同时,也维护他人的平等权利;在把自己当做目的的同时,也把他人当做目的,而不是工具。①

由"个体的觉醒"到"信仰的觉醒",最终到"爱的觉醒",这其实就是一个从"自然个体"到"新个体",再到"新群体"的过程,也就是"自然生成为人"的过程。从审美活动的角度看,这也是一个从"唯我论"到"主观的普遍必然性"的过程。

"主观的普遍必然性"的获得,不是以某个伟大的人的喜好,代替、统一所有人的喜好,不是强制要求所有人对同一现象统一产生一样的感情和感受;而是每一个独立的个体经过自己自由而独特的审美活动获得大致相同的审美感受,也就是"相通"。潘知常说:

---

① 潘知常:《走向生命美学——后美学时代的美学建构》,中国社会科学出版社,2021年版,第259页。

美学确实不能够再走从个别到一般的道路，但是却可以尝试本源与个别相互阐发的道路。原因很简单，审美活动并不是因为欣赏到了个别而快乐，而是因为欣赏到了相通而快乐。①

生命美学是个体的美学。但是，每个人的审美感受是不同的，如何由"唯我论"的美学走向具有"主观的普遍必然性"的美学？这里的关键就是每个人的审美感受虽然不同，却必定是相通的。每个人都有权自由地审美，并产生"相通"的审美感受，也就是在"新群体"中的共同感受，也就是"自由人联合体"中的"主观的普遍必然性"。

这一章我主要是说明走向当代中国生命美学的三条路径。但在具体阐释过程中，又主要是通过潘知常生命美学来讲的，这是因为这些路径本就是潘知常提出来的。我想强调的是，所有生命美学的提倡者都面对这三条路径。因为，他们都面临潘知常一样的困惑：生命还是实践？一旦选择"生命"，也就会重新审视蔡元培的"以美育代宗教"的命题，只是不少的生命美学倡导者没有关注这一命题罢了。生命美学必然是"个体生命"的美学。所以，所有的生命美学倡导者都反复强调生命美学的个体性。但在他们内心又有一个担心：停留在个体层面，会不会滋生唯我主义、个人主义，甚至神秘主义，会不会局限于"唯我论""独断论""神秘论"，无法达到康德所谓的"主观的普遍必然性"？因此，生命美学应该由"个体"走向"群体"。但这里的"个体"不是以往的"自然个体"，而是"觉醒并独立"了的"新个体"；由这样的"新个体"构成的群体也不再是以往的板结为一体的集体，而是"新群体"。由"新群体"构成的社会自然就是"新社会"。这个"新社会"具有全新的社会关系——"爱"的关系。

---

① 潘知常：《走向生命美学——后美学时代的美学建构》，中国社会科学出版社，2021年版，第322页。

第三章　当代中国生命美学的发展过程（上）

当代中国生命美学诞生于1985年，成型于1991年。自改革开放以来，其发展过程可以分为四个时期：1980—1990年为草创期，1991—2000年为成型期，2001—2017年为兴盛期，2018—2021年为拓展期。

第一节　草创期：生命美学破土发芽

生命美学的草创期可以从1980年起算，到1990年结束。

1978年12月党的十一届三中全会召开，中国进入一个"改革开放"的全新的历史时期，这为生命美学的诞生创造了良好的社会环境和学术环境。没有改革开放，不可能有李泽厚那样的实践美学，也不可能有生命美学。

一、作为标靶的实践美学

徐碧辉在《中国实践美学60年：发展与超越——以李泽厚为例》一文中，认为1950年代至1960年代前期为实践美学的萌芽与雏形时期，1970年代末至

1980年代前期为形成与发展时期，1980年代后期以来，实践美学进入深入与分化时期。在这个过程中，实践美学在中国的主流地位逐渐确立；但同时，又开始分化，渐渐地退出了中心位置。

实践美学的源流其实并不是中国传统美学，说远一点，它发端于苏联1940年代的辩证唯物主义反映论美学。斯大林去世后，苏联掀起"去斯大林化"运动，1950年代掀起美学大讨论，开始强调历史唯物主义，强调实践论美学。这就意味着苏联人开始认为美不是事物的自然属性，而是社会属性；不是事物自身就有，而是通过实践活动创造的。这就是实践美学在中国产生的背景。

1949年之后，需要对知识分子进行改造，在那样的气氛中，对从旧社会过来的朱光潜的美学思想就必须进行批判。1955年发生胡风事件，文艺界清算"资产阶级反动思想"。1956年，朱光潜不得不在《文艺报》上发表了《我的文艺思想的反动性》，全面否定了自己的美学思想，承认自己过去的美学思想"是从根本上错起的，因为它完全建筑在主观唯心论的基础上"[1]。这篇文章一发表，就引来了蔡仪、贺麟、黄药眠等人在《文艺报》和《人民日报》的回应与批判，由此掀起了新中国成立以来的第一次美学大讨论。

李泽厚积极参与了这场美学大讨论，他的主要批判对象之一就是朱光潜，在与朱光潜的反复论争过程中，他建构起了自己的实践美学。杨春时评论说：

> 李泽厚在建立自己的理论体系的时候，把朱光潜列为主要批判对象之一，并未对其理论中有价值的东西有所吸收，而是一概否定，这在一定程度上限制了他美学思想的发展。[2]

事实上，通过"争鸣"或"论争"这种方式来建构理论体系是有问题的。问题之一是研究者会把自己的理论视域局限于有限的几个"论争"的论题，往

---

[1] 朱光潜：《朱光潜美学文集》第3卷，上海文艺出版社，1983年版，第4页。
[2] 杨春时主编：《中国现代美学思潮史》，百花洲文艺出版社，2019年版，第188页。

往忽略了视域之外的重要论题；而且，也容易被牵着鼻子走，跟着论敌的思路进行论证，很难发现新的东西或问题；再者，论敌的深度或广度也限定了自己理论的深度或广度。问题之二是研究者忽视了对基本事实的关注，往往是从一种理论到另一种理论，空对空，跟自己研究的美学基本事实完全无关，而这是学术研究的大忌。除了朱光潜在中华人民共和国成立前以"心理分析"的方法研究过美学的基本事实以外，其他人大抵都是"心中先存有一种哲学系统，以它为根据，演绎出一些美学原理来"①，因忙于论争，美学基本事实完全被忽略、被忘记。我认为，所有的学术研究，必须面向事实，基于事实，而不是基于别人的理论，别人的理论只有参考、借鉴作用。实践美学基本上就是在与各方论争中萌芽、成型的。所以，在我看来，它并不是从美学的基本事实出发建构起来的（美学面对的基本事实是"审美"）。这也是当代中国美学的通病。

在第一次美学大讨论初期，实践美学还是从认识—反映论角度阐述美学问题的。李泽厚认为"美是客观性和社会性的统一"，就是从认识—反映论立论。到讨论的后期，1962年李泽厚发表的《美学三题议》，就从认识—反映论转到实践论来了。他说：

> 只有遵循"人类社会生活的本质是实践的"这一马克思主义根本观点，从实践对现实的能动作用的探究中，来深刻地论证美的客观性和社会性。从主体实践对客观现实的能动关系中，实即从"真"与"善"的相互作用和统一中，来看"美"的诞生。②

至此，实践论美学才算正式登场。

中国第一次美学大讨论结束之后不久，"文革"开始，全国进入动乱时代。而这十年正好是李泽厚潜心研究康德哲学的时期，正是他思想大转变的时

---

① 朱光潜：《文艺心理学》，复旦大学出版社，2005年版，作者自白第1页。
② 李泽厚：《美学旧作集》，天津社会科学院出版社，2002年版，第95页。

期。李泽厚研究康德的可贵之处在于：他较少受到马克思主义的影响。他没有预设立场，也没有批判眼光，而是先求读懂、理解，然后才有自己的"批判"。《批判哲学的批判——康德述评》表明李泽厚的思想发生了质的变化。马克思受到黑格尔的影响，黑格尔的"绝对精神"到了马克思那里成为社会发展的"规律"。"人"成为"规律"的顺应者、推动者、促进者。"规律"至高无上，"人"的主体地位反而丧失了；"文革"动乱也可能让李泽厚看清了"人"没有主体地位是多么可怕。在这种理论和现实面前，康德的"人是目的"论必将引起他的共鸣。但这时的"人"，在李泽厚那里，只有"类"的性质，还不是"个体人"，而是"人类"。

粉碎"四人帮"之后，1978年5月11日，《光明日报》发表特约评论员文章《实践是检验真理的唯一标准》，文章指出，检验真理的标准只能是社会实践，理论与实践的统一是马克思主义的一个最基本的原则，任何理论都要不断接受实践的检验。这是从根本理论上对"两个凡是"的否定。由此引发了一场关于真理标准问题的大讨论。但这样的讨论与政治的关系太过密切，十分敏感。之前，1977年何其芳在《人民文学》第9期刊发了一篇散文《毛泽东之歌》，讲到毛泽东在1961年1月23日与他的一次谈话。毛泽东说："各个阶级有各个阶级的美。各个阶级也有共同的美。'口之于味，有同嗜焉。'"这段话在当时那种形势下很出人意料，确实能起到解放思想的作用。于是，"共同的美"的问题引起美学界关注，由此引发了1980年代的第二次美学大讨论。

既然"实践是检验真理的唯一标准"，它就必然成为引导第二次美学大讨论的隐形指挥棒。连朱光潜都把自己的主客观统一论美学改造成实践美学了，高尔泰的主观美学也引进了"实践"概念，往"实践美学"靠拢。美学界都自觉不自觉地往实践美学靠，李泽厚、刘纲纪、蒋孔阳、朱光潜、周来祥等人撰写了不少实践美学的文章，产生了广泛的影响。

在"文化大革命"期间，李泽厚潜心研究康德哲学，1979年3月，他出版了《批判哲学的批判——康德述评》，提出了"主体性实践哲学"，并在此基础之上对美学问题进行了新的探索，形成了"主体性实践美学"。

20世纪五六十年代谈"实践",只是针对孤立的实体观念及相应的认识—反映模式,强调其作为物质性力量在改造自然与人自身方面的巨大可能性。七八十年代强调的,则主要是"实践"体现着的人所特有的自动、自觉、自为的特性:"脱离了人的主体(包括集体和个体)的能动性的现实物质活动,'社会存在'便失去了它本有的活生生的活动内容,失去了它的实践本性,变成了某种客观式的环境存在,人成为消极的、被决定、被支配、被控制者,成为某种社会生产方式和社会上层建筑巨大结构中无足轻重的砂粒或齿轮。"[1]

李泽厚由重视"物"的实践美学转向重视"人"的实践美学,尽管这一时期的"人"仍然是大写的"人"、群体的"人"、抽象的"人"。他的"主体性"概念也是群体的、抽象的。这一时期,就像朱光潜一样,主张"美是主观的"的高尔泰也发生了大转变,引入了"实践"的概念,认为联系自由与必然的纽带是"实践"。虽然高尔泰成为"社会实践派"的一员,但他的美学思想与李泽厚完全不同。李泽厚重视理性、群体、客观;高尔泰则相反,他重视感性、个体、主观。

实践美学先声夺人,占据了意识形态的高地,它必将走向中国美学舞台的中心,它的主流地位自然就确立了。

20世纪80年代,当时中国美学界的大多数学者都接受了马克思主义的"实践"观点,成为"社会实践派",但在承认美的本源在于"实践"的一致前提下,大家对"美的本质"的认识又有根本的不同。[2]

---

[1] 汝信、王德胜主编:《美学的历史——20世纪中国美学学术进程》,安徽教育出版社,2017年版,第673页。

[2] 杨存昌主编:《中国美学三十年》,济南出版社,2010年版,第214页。

李泽厚的实践美学毕竟是中华人民共和国成立以来，第一个在意识形态之外真正有巨大影响的个人思想体系。虽然他曾自称是马克思主义者（去世前，他否认了自封的"马克思主义者"①），仍然难以遮掩其中的个人主义和自由主义思想倾向，这恐怕是李泽厚在1980年代后期被警告的原因吧。

二、伴随着实践美学的不同声音

实践美学的建构与确立主流地位，都不是一帆风顺的。从始至终都有争议。一边是实践美学的发展壮大，确立主流地位；另一边却是不断有人批评、质疑、问难，明显"不服"。它位于主流地位也就只有十来年时间。1990年代，实践美学开始分化、修正，渐渐退出舞台中心，潘知常的生命美学、杨春时的主体间性超越美学影响越来越大，尤其是生命美学获得许多年轻学人的支持，产生广泛的影响，成为1990年代美学热消退之后"崛起的美学新学派"。

在20世纪50—60年代的第一次美学大讨论中，实践美学就争议不断。蔡仪、王朝闻、朱光潜、洪毅然、高尔泰等人就批评过李泽厚实践美学。

在第二次美学大讨论中，尤西林、高尔泰、潘知常、刘小枫、陈炎等人也批评过实践美学。但是，这一时期实践美学已经奠定了主流地位，要批评它，不是很容易，需要一定的勇气。1983年，高尔太（泰）在《当代文艺思潮》第5期发表的《美的追求与人的解放》，是最早批评"积淀说"的。1985年，潘知常在《美与当代人》发表了《美学何处去》，批评实践美学是"冷冰冰"的美学。1989年，潘知常又出版了专著《众妙之门——中国美感心态的深层结构》，书中明确指出："现代意义上的美学应该是以研究审美活动与人类生

---

① 详见李泽厚：《李泽厚集》，岳麓书社，2021年版，第166页。"我也趁此机会，公开宣布我撤消以前自封的'马克思主义者'的头衔、称号。"李泽厚在《康德新探》（《批判哲学的批判》英译本序）中，回答了自己是否是马克思主义者的问题。他说："Yes and no."。说no有三个理由，说yes只有一条理由。

存状态之间关系为核心的美学。"①同时，针对实践美学主张"美是自由的形式"，提出了"美是自由的境界"的观点。1990年，潘知常在《百科知识》第8期上发表了《生命活动——美学的现代视界》，指出不是"实践活动"，而是"生命活动"，才是美学的现代视界。

1993年，又掀起了第三次美学大讨论。这是一场专门针对"实践美学"的批评。真正对实践美学"伤筋动骨"的就是这次美学大讨论。

2019年初，上海三联书店出版了《学术月刊》编辑部选编的《实践美学与后实践美学：中国第三次美学论争文集》，从文集标题就可以看出，第三次美学大讨论论争的双方是"实践美学"与"后实践美学"。"后实践美学"是杨春时在《学术月刊》1994年第5期上发表的《走向"后实践美学"》一文中提出的概念，大意是指"实践美学之后的美学"。至于这种"实践美学之后的美学"究竟是怎样一种美学，杨春时并没有说清楚，这就导致不同于"实践美学"的美学都被归入"后实践美学"的范畴中，其实这并不准确，比如，生命美学，从时间上讲很难说它是"实践美学之后"的美学，即所谓的"后实践美学"。因为，生命美学并非诞生于"实践美学之后"，早在1985年就出现了，比1994年产生的杨春时的超越美学早了九年。对实践美学的批评，也不仅仅来自"后实践美学"。

陈炎在1993年发表于《学术月刊》的《试论"积淀说"与"突破说"》，被《实践美学与后实践美学：中国第三次美学论争文集》的编辑作为第三次美学论争的"序曲"。既是"序曲"，那时间推远一点，应该是1983年高尔泰发表的《美的追求与人的解放》；1985年，潘知常也发表了《美学何处去》；1991年，潘知常还出版了专著《生命美学》。不论是论文，还是专著，批评实践美学的"序曲"似乎都可以推到更远的时间。为何单单从陈炎那篇文章算起？②

---

① 潘知常：《众妙之门——中国美感心态的深层结构》，黄河文艺出版社，1989年版，第4页。

② 或许《文集》编辑想强调《学术月刊》的引领作用，所以收录的都是发表在《学术月刊》上的文章。参见潘知常：《生命美学引论》，百花洲文艺出版社，2021年版，第121页。

陈炎认为，李泽厚"积淀说"是第一次美学大讨论的重大成果，而"突破说"的出现则是第二次美学大讨论中的重大事件。持"突破说"的学者虽然暴露了自己理论的偏狭和片面，但也尖锐地指出了李泽厚"积淀说"的片面：

> 过多地强调"从过去承继下来的条件"而忽视"人们自己创造自己的历史"，是李泽厚"积淀说"的局限；过多地强调"人们自己创造自己的历史"，甚至企图"随心所欲地创造"，是……"突破说"的局限。①

第三次美学论争的发起者是杨春时。②1993年底，在北京召开的中华美学大会上，杨春时做了"超越实践美学，建立现代美学"的大会发言，引起了激烈的争论。正是在那次会议期间，"在会下的一次闲谈中，杨春时、曹俊峰和我聊到当时中国美学界的沉寂和冷清，不禁回想起60年代和80年代的'美学热'，大家总有点不甘寂寞，于是相约要对当时已经成为当代美学主潮的实践美学进行一番检讨和审视"③。杨春时萌生了对实践美学进行系统批评的想法，之后发表了一系列批评实践美学的文章，也带动了不少人一起批评实践美学。当然，实践美学也进行了回应。朱立元、张玉能、徐碧辉、邓晓芒、易中天等人继续为实践美学辩护，但论争中暴露出的实践美学问题也引起了他们的重视，他们开始各自完善实践美学的不足之处。于是，实践美学开始分化。朱立元构建了他的实践存在论美学，张玉能构建了他的新实践美学，徐碧辉构建了她的实践生存论美学，邓晓芒和易中天也构建了他们的新实践美学。更重要的是，李泽厚也不知不觉从主体性实践美学修正到"情本体"的实践美学。

---

① 陈炎：《试论"积淀说"与"突破说"》，《学术月刊》，1993年第5期。
② 杨春时主编：《中国现代美学思潮史》，百花洲文艺出版社，2019年版，第302页。
③ 张玉能：《新实践美学的创新探索》，《重庆三峡学院学报》，2007年第1期。

三、潘知常的思考

1980年代，潘知常因为年轻人的机敏和深思，常常深感困惑，他称这种困惑为"生命的困惑"，这引导他走上了美学研究之路。

（一）生命的困惑

具体来说，"生命困惑"有三个表现：第一个就是"审美困惑"。"审美"究竟是怎么回事儿？他研读了实践美学，发现实践美学根本解决不了他的审美困惑。根据他少年时候写诗歌的创作经验，他发现实践美学对"为什么要写诗"的解释与他的实际经验完全不同。他因此常思考这是为什么。第二个困惑就是"生命困惑"。1982年初，潘知常大学毕业，留校做了老师，教文艺理论和美学，从此开始正式接触美学，可是，在纷繁的审美现象里，有两个现象是最令他困惑不解的。一个是"爱美之心为什么人才有之（动物却没有）"？第二个是为什么"爱美之心人皆有之"？他希望能够从当时流行的实践美学中找到答案，结果却非常失望。第三个困惑就是"理论困惑"。从一开始潘知常就认为，一个成熟的、成功的理论，必须满足理论、历史、现状三个方面的追问。令人遗憾的是，当时流行的实践美学既没有办法在理论上令人信服地阐释审美活动的奥秘，又没有办法在历史上与中西美学家的思考对接，更没有办法解释当代纷繁复杂的审美现象。

潘知常的"生命困惑"既"困惑"于当时的美学从理论到理论的空想建构，又"困惑"于美学的基本事实没有能够得到理论解释。如此，迫使他去做深入的思考。

1984年，郑州大学筹办一份美学杂志。作为该大学的年轻美学教师，潘知常自然是其中的骨干。为了得到李泽厚的支持，他专程到北京去访问李泽厚。其实，在1960年代，他家与李泽厚家都在北京的和平里9区1号，是只隔着一条街的窗对窗的邻居。1984年6月，为了拜访李泽厚先生，他回到故居自然有一种亲切感。当时，他还有一个任务，就是为《美与当代人》①创刊号撰写一篇类似发刊词的文章。1984年12月12日，他在28岁生日之夜，撰写完成《美学何处去》。与李先生的访谈和他撰写的《美学何处去》一文一起发在《美与当代人》的创刊号上。这篇文章在《美与当代人》上一发表，就引起巨大反响。

这篇文章只有两千余字，信息量却很大。它在美学界这个渐趋平静的水塘里，投下了一块石头，溅起了层层浪花。文章分五个部分：第一部分开门见山直说"相当一段时间内，美学成了'冷'美学"，也就是"理性的富有和感性的贫困"；第二部分直陈"冷"美学的性质"是贵族美学，它雄踞尘世之上，轻蔑地俯瞰着人生的悲欢离合"，不接地气；第三部分直说"真正的美学应该是光明正大的人的美学、生命的美学"，在这里，第一次响亮地点出了"生命的美学"，为"生命美学"的诞生拉开了"序幕"；第四部分指出"美学有其自身深刻的思路和广阔的视野"，它远远不是一个艺术文化的问题，而是一个审美文化的问题，一个"生命的自由表现"的问题；第五部分是总结，以歌德的期望呼唤"建立在现代文明基础上的马克思美学的诞生"。

该文虽没有明确提出"生命美学"这一概念，但"生命美学"的主要精神已经表达得非常清楚了：

> 真正的美学应该是光明正大的人的美学、生命的美学。美学应该爆发一场真正的"哥白尼式的革命"，应该进行一场彻底的"人本学还原"，应该向人的生命活动还原，向感性还原，从而赋予美学以人类学的意义。②

文中已经明确提出了"生命的美学"，"应该向人的生命活动还原"。

---

① 《美与当代人》2002年改为《美与时代》，是由河南省美学学会、郑州大学美学研究所主办的杂志。

② 潘知常：《生命美学论稿：在阐释中理解当代生命美学》，郑州大学出版社，2002年版，第400页。

《美学何处去》一文的重要意义在于：它率先对当时的美学，主要是实践美学进行了根本性的质疑；不是对"实践美学"某一方面或某个问题质疑，而是对整个"实践美学"全面地质疑，一种学科性质的质疑。这种质疑，从根本上动摇了"实践美学"的合理性、合法性。同时，又大胆提出了一种新的美学。

但是，《美学何处去》还只是一个论纲（札记），许多想法还不具体，还需要体系建构与论证。

1985年，潘知常在《文艺研究》第1期上发表了《从意境到趣味》，论述了中国古典美学"中和"——"意境"——"趣味"的演进历程。

1988年，潘知常在《文艺研究》第1期上发表了《游心太玄——关于中国传统美感心态札记》，提出了"美在境界"与"境界本体"的概念，指出作为审美快乐的（逍遥）"游"是"一种最高的、趋于极致的审美境界"。

1988年，潘知常在《中州学刊》第1期上发表了《王国维"意境"说与中国古典美学——中国近代美学思潮札记》，论述了王国维"意境说"与中国古典美学的区别，和"意境"说所独有的"新的眼光"。

1989年3月，学林出版社出版了潘知常29万字的《美的冲突》，论述了中国从明中叶到1920年代三百余年的美学历程，展现了古与今、中与外各种美学思想的碰撞与冲突。刘成纪评价说：

> 上下三百年，美学精神主流一以贯之，就是对人的解放、社会解放道路的不懈探索。无论是李贽的"童心"、黄宗羲的"豪杰精神"、戴震对人的本质之谜的解答，还是近代美学家"别求新声于异邦"，并最终找到马克思主义，一代代美学家的心理指向都在"中国（美学）向何处去"这一总的追问中达成一致。[1]

---

[1] 刘成纪：《冲突与新的综合——读〈美的冲突〉》，《中国图书评论》，1991年第2期。

可见《美的冲突》一书已经把专注的焦点放在"人"上，与实践美学关注的焦点完全不同。

1989年7月，黄河文艺出版社出版了潘知常27万字的《众妙之门——中国美感心态的深层结构》。书中明确指出：

> 现代意义上的美学应该是以研究审美活动与人类生存状态之间关系为核心的美学。①

又说：

> 因此，美便似乎不是自由的形式，不是自由的和谐，不是自由的创造，也不是自由的象征，而是自由的境界。它不是主体的也不是客体的，不是主观的也不是客观的，而是全面的和最高的主体性对象。它不是与人类的生存漠不相关的东西，而是人类安身立命的根据，是人类生命的自救，是人类自由的谢恩。至于审美，则是对于自由的境界的直接领悟。②

由此可见，1989年，潘知常就已经提出了基本正确的生命美学的思路了："现代意义上的美学应该是以研究审美活动与人类生存状态之间关系为核心的美学。"很明显，这一时期，潘知常学术旨趣主要放在对"境界"（意境、意象）的研究上，并首次提出了"美在境界""美是自由的境界"的论断。但在《美学何处去》一文发表之后，他所论述的"境界"就不再是传统的"境界"了，而是与"生命活动"联系起来的具有新意涵的"境界"。

---

① 潘知常：《众妙之门——中国美感心态的深层结构》，黄河文艺出版社，1989年版，第4页。
② 潘知常：《众妙之门——中国美感心态的深层结构》，黄河文艺出版社，1989年版，第3—4页。

（二）生命美学呼之欲出

1990年，潘知常在《百科知识》杂志上发表了预示生命美学诞生的重要文章《生命活动——美学的现代视界》。这篇文章旗帜鲜明地提出了"生命活动是美学的现代视界"的观点，与实践美学的"实践视界"针锋相对。文章说：

> 美学必须以人类自身的生命活动作为广阔的现代视界。换言之，美学倘若不在人类自身的生命活动的地基上重新建构自身，它就永远是无根的美学、冷冰冰的美学，它就休想有所作为。[1]

该文仍没有出现"生命美学"一词，但从其主旨、内容看，显然距离正式提出只有一步之遥了。

潘知常的思考，是从困惑开始的。回顾这一历史时期，我也有一个困惑：潘知常作为一个年轻人，在西方美学思想扑面而来的时候，他肯定如饥似渴地吸收大量西方哲学、美学的养分；但这一时期他的美学思考，不论是论文，还是美学专著，却始终关注着中国传统美学。这是为什么呢？他是不是想通过中国传统美学来解答自己的困惑呢？从1989年出版的《美的冲突》来看，他似乎从中找到了某种变化的线索：三百年来的中国美学发展都在于对"人"的不同认识，而且是一种超越儒道美学的中国的第三种美学——关于人的解放的启蒙美学。归结到"人的解放"，这可能是潘知常解开"生命困惑"的关键一步，决定性的一步。

四、其他学者的思考

同一时期，其他学者关于"生命美学"的思考，要么是直接正面的有意识的探索，要么就是个别人灵光一闪，昙花一现后就消失不见了，也有少数人提

---

[1] 潘知常：《生命美学论稿：在阐释中理解当代生命美学》，郑州大学出版社，2002年版，第32页。

出了自己的生命美学理论，执着于生命美学研究。

就前者而言，表现得最突出的当然是宗白华。一般人称他的美学为"生命美学""意境美学"，甚至有人称之为"散步美学"，但他其实没有直接对"生命活动"进行过论述，也没有直接论述过"生命美学"。只是他的美学思想处处都浸润着生命的光泽。这主要是因为他的美学深深根植于中国传统美学，而中国传统美学的基本精神就是生命，就是生命美学。

看起来高尔泰与生命美学没什么关系，其实不然。他的主观论美学强调个体、感性、感受，其实是与生命美学相通的。他的《美的追求与人的解放》明确宣称"对美的追求，也就是对解放的追求。而追求解放，实际上也就是追求进步"，"但是这种追求，是感性的追求而不是理性的追求"。①在他的《美是自由的象征》一书中，尽管引入了"实践"概念，走向了"实践美学"，其美学思想的基本特征不仅没有改变，反而更加鲜明了。

"突破说"更是强调个体、感性和非理性，同样与生命美学相通。当然，他们都没有意识到"生命视界"，并不是基于生命来研究审美的，因此，不可能提出"生命美学"。

1988年4月宋耀良在《文艺理论研究》杂志上发表了《美，在于生命》一文，提出了"美在于生命"的"新发现"。1988年，上海社会科学院出版社出版了宋耀良的《艺术家生命向力》，考察了艺术家生命向力在艺术创作中的意义。

显然，宋耀良是说"艺术"表现了"生命理性意识"，"美"源于对"艺术"中体现的"生命性相"的研究。可见，宋耀良仍然是在"认识论"的基础上提出"美在于生命"的。他认为"生命"是构成"美"的重要因素。

1989年，花山文艺出版社出版了彭富春的专著《生命之诗——人类美学或自由美学》。彭富春从什么是哲学讲起，指出"哲学是人的生命意识"，又进一步推演出哲学也是人类学。于是，"美学"与"哲学"的关系就变成了"美

---

① 高尔泰：《美是自由的象征》，人民文学出版社，1986年版，第91页。

学"与"人类学"的关系。哲学作为人类学，包含三大板块：认识论、伦理学和美学，"美学"是"人类学"的一个组成部分，[①]但又认为"人类学"应该"美学化"，"美学"应该"人类学化"，并最终走向同一。

1989年，封孝伦在《今日文坛》第2期上发表了《人类的生命追求选择艺术的内容和形式》，阐述了生命追求与艺术的关系。同年，他在《贵州社会科学》第8期发表了《艺术发生的原动力是人类的生命追求》。

1990年，彭庆星在《中国医学伦理学》第4期上发表了《生命伦理学中的美学寻思》，在第5期上又发表了《"优质生命"的审美思考——再谈〈生命伦理学中的美学寻思〉》。两篇文章从伦理学的角度对生命进行美学反思。

1990年，德恒在《辽宁大学学报》（哲学社会科学版）第6期上发表了《对当代西方美学生命轨迹的探试——评〈当代西方美学思潮述评〉》一文，对李兴武《当代西方美学思潮述评》进行评介，探讨了当代西方美学中"生命"范畴的发展轨迹。

1990年，封孝伦在《贵州社会科学》上发表《生命意识对探索美的启示》。文章认为，如果我们承认，艺术的确是人的生命意识的表达，那么显然人类认为美的对象，实际上也就是人类生命追求的对象，于是，一个现成的结论——关于美本质的结论——就呈现了。"很显然，美是人的生命追求的精神实现。"[②]封孝伦这篇文章试图从"生命"的角度给"美"下一个定义。从认为"艺术发生的原动力是人类的生命追求"到"美是人的生命追求的精神实现"，封孝伦的生命美学思想又进了一步。

五、草创期生命美学的特点

有意识的创造和无意识的创造是有很大区别的。前者是在理性指导下的自

[①] 彭富春：《生命之诗——人类学美学或自由美学》，花山文艺出版社，1989年版，第24页。

[②] 封孝伦：《生命意识对探索美的启示》，《贵州社会科学》，1990年第8期。

觉行为，而后者则是完全无意识的不自觉行为。前者可以是"无中生有"的创造，是出于某种目的的故意为之，因而可能是错误的；而后者则是各种时代因素综合作用的结果，并非有意识的追求，只有事后回过头看，才发现有某种客观必然性。在这个意义上，我们可以说，前者是人为的，后者是自然的。综上所述，生命美学在草创阶段具有这样几个特点：

（一）它是自发的

没有人在一开始就想好了要雄心勃勃地创建一门崭新的"生命美学"，至少从我看到的文献中没有发现。高尔泰的美学很接近生命美学，但他一直没有建构"生命美学"，甚至都没有使用这个概念。宋耀良看起来只差临门一脚，其实不然，他的研究方法完全沿袭实践美学的方法，不可能从"生命视界"来透视美学问题。陈乐平评论宋耀良的文章，虽然使用了"生命美学"这一词语，但完全不是今天我们讨论的"生命美学"，它仅仅是"关于生命"的美学，而不是"透过生命"审视美学的美学。就连"生命美学"的首创者和代表人物潘知常，在1985年发表《美学何处去》的时候，也未必想清楚了他要建构"生命美学"。他研读李泽厚的实践美学，发现实践美学很多不尽如人意的地方，正是在对实践美学的反思与批评中，他一步一步地走向了生命美学。到1989年，他才提出了基本正确的生命美学的思路："现代意义上的美学应该是以研究审美活动与人类生存状态之间关系为核心的美学。"彭富春的"人类学美学或自由美学"虽然本质上就是"生命美学"，但他关注的焦点在于"人类学本体论"，这很难说没有李泽厚的影响。

（二）它是散乱的

从1980年到1990年，这十年间，不少学人对实践美学的批评都是个体行为。这就从两个方面体现出散乱：一是参与批评实践美学的学人是散乱的。批评行为是个人化的，介入和退出批评都很自由；其中，具有生命美学倾向的学人因为某种现实原因更是如此。二是其批评的主题也是散乱的、个人化的。有些人把重点放在批评实践美学的方法论，比如，批评其认识论、反映论和理性主义方法；有些人批评其主要观点，比如"积淀说""群体主体性"；还有些人批评其"见物不见人"的理论后果。但是这些批评慢慢地集中到"感性""激情""非理性""个体"等主题上来，渐渐地显现出某种秩序："生命"的概念呼之欲出。

（三）它是合理的

从高尔泰到潘知常、封孝伦、宋耀良、彭富春，在实践美学奠定自己主流地位的过程中，他们都不约而同地埋下了生命的种子。一种与实践美学完全不同的异质因素，已经悄悄地根植在实践美学的土壤中，这种异质因素就是"个体、感性、非理性、生命向力"，说到底，也就是"生命"。只要时机成熟，"生命美学"就会破土而出，发芽、开花、结果。

（四）它正在破土发芽

潘知常发表《美学何处去》之后，从1986年到1990年五年间，他发表了多篇论文和两部专著。关注的焦点在于中国传统美学的"心理结构"和"境界"，而不论是"心理结构"，还是"境界"，都与"生命"相关。1989年，他提出了基本正确的生命美学的思路："现代意义上的美学应该是以研究审美活动与人类生存状态之间关系为核心的美学。"到1990年发表的《生命活动——美学的现代视界》一文，潘知常已经把"生命活动"视为"美学的现代视界"，这标志着一种全新的"生命美学"已经萌芽，等待时机，破土发芽了。

第二节　成型期：生命美学的诞生与成型

从1991年到2000年，是生命美学的成型期。成型期的标志性事件是1991年由河南人民出版社出版的潘知常的《生命美学》。

一、成型期的生命美学研究

1991年河南人民出版社出版潘知常的《生命美学》,标志"生命美学"经过漫长时间的孕育,已经分娩,顺利诞生了。如果说,《生命美学》还是刚刚诞生的婴儿,那么,经过不少学者十年时间的共同努力,到2000年,生命美学已经成型、成熟了。

(一)成型期生命美学研究概况

这十年间有不少有关生命美学的论文和专著(见图3-1)发表。据不完全统计,从1991年到2000年,共计发表有关生命美学的论文73篇,出版有关生命美学的专著25部。专著的出版情况见表3-1。

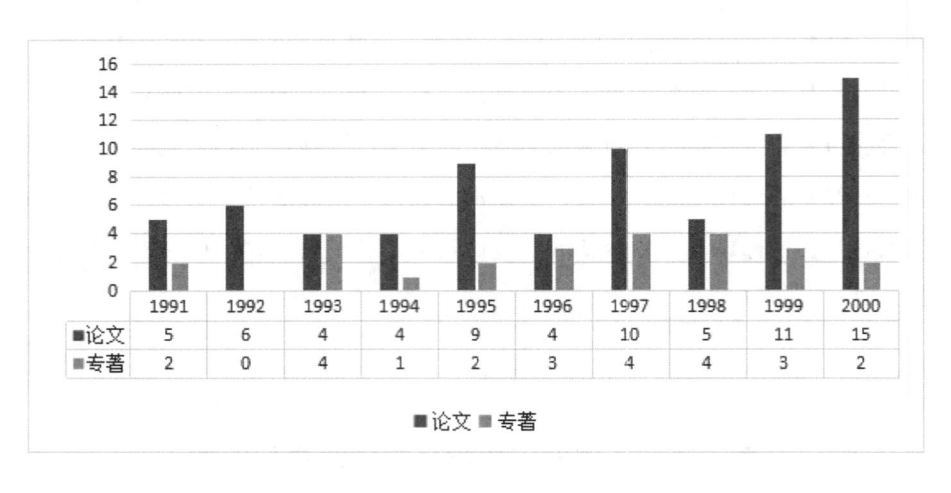

年份	1991	1992	1993	1994	1995	1996	1997	1998	1999	2000
论文	5	6	4	4	9	4	10	5	11	15
专著	2	0	4	1	2	3	4	4	3	2

图3-1 1991—2000年生命美学论文与专著发表/出版对比图

表3-1 1991—2000年生命美学专著的出版情况

序号	时间	著作名称	作者	出版社
1	1991年	生命美学	潘知常	河南人民出版社
2	1991年	感应与生成——感应论审美观	曾永成	成都科技大学出版社
3	1993年	生命的诗境——禅宗美学的现代诠释	潘知常	杭州大学出版社
4	1993年	中国美学精神	潘知常	江苏人民出版社
5	1993年	生命的沉醉——文学的审美本性和功能	马大康	南京出版社
6	1993年	艺术与生命	张涵等	河南教育出版社
7	1994年	人体美鉴赏——人体美学探幽	范藻、赵祖达	华夏出版社
8	1995年	中国艺术的生命精神	朱良志	安徽教育出版社
9	1995年	反美学	潘知常	学林出版社
10	1996年	生命·意志·美	司有仑	中国和平出版社
11	1996年	审美流变论	刘成纪	新疆大学出版社
12	1996年	人生美学导论	张应杭	浙江大学出版社
13	1997年	生与爱	彭锋	东北师范大学出版社
14	1997年	二十世纪中国美学	封孝伦	东北师范大学出版社
15	1997年	论宇宙、生命和美的本质——世界三大根本问题初探	韩世纪	上海交通大学出版社
16	1997年	诗与思的对话——审美活动的本体论内涵及其现代阐释	潘知常	上海三联书店

续表

序号	时间	著作名称	作者	出版社
17	1998年	人生境界与生命美学——中国古代审美心理论纲	陈德礼	长春出版社
18		否定主义美学	吴炫	吉林教育出版社
19		死亡美学	颜翔林	学林出版社
20		美学的边缘——在阐释中理解当代审美观念	潘知常	上海人民出版社
21	1999年	美是自由生命的表现	黎启全	广西师范大学出版社
22		人类生命系统中的美学	封孝伦	安徽教育出版社
23		美在生命——中华古代诗论的生命美学诠释	余福智	中国文联出版社
24	2000年	美是生命力	杨蔼琪	知识出版社
25		中西比较美学论稿	潘知常	百花洲文艺出版社

从图示可以看出，从1991年到2000年，有关生命美学的论文发表数量总体呈上升趋势，仅2000年一年就发表了15篇。这表明，生命美学得到越来越多的学人关注。从论著方面看，在1995年及以前，共计出版9部与生命美学相关的专著，其中1992年没有，1993年有4部专著出版，平均每年有1.8部。1996年开始，五年出版了16部，总量是前五年的近2倍。如果考虑到生命美学还处于成型阶段，这个增长速度还是很快的。

从内容方面再对73篇论文做一个简单的分析，就会发现，直接阐述生命美学的论文有16篇，主要作者有潘知常（8篇）、封孝伦（5篇）、刘成纪（2篇）、黎启全（1篇）。评论生命美学的论文有19篇，且绝大部分都是欢迎、赞赏的态度，其中有2篇论文研究宗白华生命美学思想。越来越多的人通过对中国传统美学的深入研究，认识到中国传统美学就是"生命美学"，进一步阐释了中国传统美学与"生命"的紧密关系,这方面的论文有10篇。还有一类论文是运用生命美学观点对作品或作家进行个案分析,也就是对生命美学原理的具体运用,这样的论文有14篇。另有对国外生命哲学美学的研究与评论8篇。还有述评与生命美学有关的专著论文4篇。另有与生命美学有关的实践美学、马克思主义美学研究论文2篇。

就1991—2000年间的专著而言,潘知常出版了7部有关生命美学的专著。正是这些著作,阐述了"生命美学"的基本理论,又通过对中国传统美学和西方美学的分析、比较和融合,对现代社会的"审美文化"和"审美观念"的深刻阐释,进一步论证了"现代生命视界"的必要性、重要性和遍在性,并深刻阐述了"生命本体论"的美学内涵。"生命美学"在这十年中,一方面通过直接的建构,另一方面通过与"实践美学"的论争,不断成长,不断完善,不断成熟。

与此同时,也有不少学者不约而同地思考美学的"突破",其中有一些人也是从"生命"的角度思考美学问题,他们的思考凝结成美学专著。但有些人的著作并不能算是"生命美学"专著,只是它多少与"生命"有关。比如张应杭的《人生美学导论》,不论研究方法还是研究视角,与"生命美学"都没有多大关系,但多少与"生命"有关。从1991年到2000年,其他学者出版的比较重要的有关"生命美学"的专著有14部。

(二)《生命美学》:生命美学诞生的标志

1980年代,经过宗白华意境美学、高尔泰主观美学的濡染,人们对实践美学愈来愈不满。同时在西方美学的影响之下,一种与实践美学相反相对的新美学呼之欲出。

潘知常在1985年发表了《美学何处去》之后,先研究了中国近三百年来的美学思想的流变。1989年,由学林出版社出版了他的《美的冲突》。在该书中,他认为,中国启蒙美学崛起于明中叶的万历年间,从当时商业资本主义的萌芽到随之而来的外族入侵、西学东渐、马克思主义的传播,这一系列缀满历史时间链条的大事变,一次次打破了封建社会历史发展的固有格局。于是在启蒙美学和近代美学的舞台上，展开了古与今、中与外各种美学思想的对峙和冲突。同年7月，黄河文艺出版社出版了他27万字的《众妙之门——中国美感心态的深层结构》。书中首次明确提出了基本的建构生命美学的思路："现代意义上的美学应该是以研究审美活动与人类生存状态之间关系为核心的美学。"在该书中潘知常提出了"美是自由的境界"说。这两本书都是对中国传统美学的研究。可见，潘知常的美学背景不仅有西方生命哲学美学，还有尼采、海德格尔的思想，更有中国传统美学的扎实根底。

有了这两方面的准备，1991年，生命美学，一个美好的新生命，诞生了。它的出生证明就是《生命美学》。1991年5月，潘知常以"生命美学"为题，由河南人民出版社出版了近25万字的专著。用一部专著的形式提出了"生命美学"这一概念，这沉甸甸的分量，无可争辩地把"生命美学"首创的名分紧紧地握在手里。这标志着生命美学正式诞生，成功登上当代中国的美学舞台。

《生命美学》一出版，就引起学界的高度关注。从1991年到2000年至少有15篇论文评论生命美学。特别是劳承万的两篇文章：1992年，劳承万还只是认为生命美学是"美学园地的一声春雷"①，两年之后，1994年，他就已经认识到潘知常的《生命美学》是"中国当代美学启航的讯号"。他说：

> 作者把"物"的美学彻底地还原为"人"的美学、生命的美学、超越的美学。正是在这个意义上，笔者才认定《生命美学》是中国当代美学启航的信号。②

这个评价是很高的。在劳承万看来，《生命美学》所阐述的"生命美学"思想才是刚刚启航的"中国当代美学"，只有"生命美学"才称得上是"中国当代美学"。

---

① 劳承万：《美学园地的一声春雷》，《郑州晚报》，1992年7月18日。
② 劳承万：《中国当代美学启航的讯号——潘知常〈生命美学〉述评》，《社会科学家》，1994年第5期。

2014年，林早在《20世纪80年代以来的生命美学研究》一文中肯定了《生命美学》作为"中国现代生命美学理论的创生"的标志性意义。2018年，潘知常在《生命美学：归来仍旧少年》一文中，也认同这样的说法。显然，"生命美学"作为一个具有自己独特内涵的学术概念，它来自潘知常1991年出版的《生命美学》专著。1991年为生命美学诞生的元年，是没有争议的。

《生命美学》既是"生命美学"的"出生证"，那么，它究竟说了些什么？

以"生命活动：美学的现代视界"为题的绪论，透露了"当代美学启航的讯号"。它阐明了一个由"实践"向"生命"转换、由"物"向"人"转换、由"认识论"向"本体论"或"意义论"转换的充要理由。它指出了当时的美学研究中"触目惊心的三大失误"：一是研究对象的失误，二是研究内容的失误，三是研究方法的失误。纠正这些失误的方法就是"回到生命本身"，即回到"以人类自身生命作为现代视界的美学"。

围绕着"生命的存在与超越如何可能"的问题，潘知常认为，承认"生命的有限"，才会有"对于生命有限的超越"，这正好是追求"真实的生命"。"超越"有三种："虚无的超越""宗教的超越"和"审美的超越"。从而引出全书的核心概念：审美活动。作者指出：

> 具体来说，审美活动作为生命的最高存在方式，包括四个方面的涵义：同一性；超绝性；终极性；永恒性。[①]

审美活动既然具有如此重要的属性，那就必须对"审美活动"的承载者——人，进行再认识。不能追问"人是什么"。这样的追问，是一种无根的追问。"越是追问，人就越不在；越是追问，人就越消解；越是追问，人就越

---

① 潘知常：《生命美学》，河南人民出版社，1991年版，第24页。

晦蔽。"①那么，应该怎么追问呢？应该像雅斯贝斯所说的那样："人之所以为人，不能从我们所认识的东西上去寻找，而应该穿过他身上的一切可认识的东西。单单从他的起源上予以非对象地体验。"②这是一个非常重要的思想。就是说，要把人当人来把握，就不能采用"认识"的方法，只能"予以非对象地体验"。可以说，这正是潘知常生命美学的根本方法或基本原则。虽然《生命美学》对人的探讨仍是按照自然存在、社会存在和理性存在的路径进行，但因存有"非对象地体验"的方法，从三个方面（从超验而不是经验、从未来而不是过去、从自我而不是对象）来规定人，得出了许多不同的结论，指出了人的"未完成性""无限可能性""自我超越性""未特定性""开放性"和"创造性"等属性。

人的现实存在离不开"需要"。这就需要考察审美活动与"需要"的关系。潘知常指出，尽管"需要"的内涵丰富复杂，审美活动却是人的内在需要，一种最高需要的实现。它表现为个体的"自由个性"。潘知常说："对于个人来说，要实现自由生命和满足最高需要，最根本的就是自由个性的诞生。"③自由个性的内涵包括四个方面：全面性、自主性、能动性和创造性。④

> 因此，我们不仅需要种种必然的铁与血的步伐，不仅需要冷酷无情和血泊淤积的"恶"，而且更需要爱心、需要温情、需要善良、需要谦卑、需要宽恕、需要仁慈、需要诗、需要美、需要梦……⑤

我们需要"带着爱上路"。

面对人类的困境，只有"美"能拯救我们，只有"爱"能救赎我们。

---

① 潘知常：《生命美学》，河南人民出版社，1991年版，第29页。
② 转引自潘知常：《生命美学》，河南人民出版社，1991年版，第31页。
③ 潘知常：《生命美学》，河南人民出版社，1991年版，第54页。
④ 潘知常：《生命美学》，河南人民出版社，1991年版，第54—58页。
⑤ 潘知常：《生命美学》，河南人民出版社，1991年版，第289页。

《生命美学》从"生命的困惑"开始，到"带着爱上路"结束，通过多方面、立体式的考察审美活动，最终解开"生命困惑"，谱写了一曲"生命的赞歌"，这就是"生命美学"。

二、生命美学的建构与成型

如果说《生命美学》是"生命美学"的出生证，那么，从1993年到2000年，潘知常出版的6部生命美学专著，则在《生命美学》的基础上，把"生命美学"这个刚出生的婴儿养育成人。1993年潘知常出版了2部书：杭州大学出版社出版的《生命的诗境——禅宗美学的现代诠释》和江苏人民出版社出版的《中国美学精神》。1995年在学林出版社出版了《反美学》，1996年在上海三联书店出版了《诗与思的对话——审美活动的本体论内涵及其现代阐释》，1998年上海人民出版社出版了《美学的边缘——在阐释中理解当代审美观念》，2000年又由百花洲文艺出版社出版了《中西比较美学论稿》。下面，我们借由对潘知常这6部著作的介绍，弄明白"生命美学"的基本内涵。

（一）思之困惑

在1993年出版的《生命的诗境——禅宗美学的现代诠释》中，潘知常指出，这本书的主旨是对"禅宗美学"的"现代阐释"。"现代阐释"的方法当然应该是"接着讲"。作者先从"思之困惑"讲起，说现代人"至今也没有学会如何思想"。"思"是什么？

> 思想是对人类自身生存的真实性以及生存价值、生存意义的根本追问。思想活动就是为人类生命的命名活动。因此，思想是一种基本的东西、源初的东西。它从人类生存活动出发，去追思人类的生存活动本身。相对于人们往往把种种对象性的思考等同于思想，我们可把我们所说的思想称之为：思想之思想。熊伟先生则极为传神地称之为：思。下面，为了使概念清晰明确，在本书中我将统一地把我所说的思想称之为：思。

思是人类的家园，思也是人类的天命。遗憾的是，人类至今也没有学会如何去思。……他们不断把思对象化、概念化、逻辑化、自以为这就是思，就能够思，其实只是渴望思，却不能够思，因为种种对象性的思考并不思，它们的思维方式及其思维手段决定了它们根本就不会思，亦即不能从人类的生存活动出发去追思人类的生存活动本身。尽管，正是同样的对象性思考，同样的思维方式及其思维手段，曾经并且还将造成科学的昌盛和物质文明的极大丰富。①

如此，人类就走入了困惑。

一方面是人类实际上还没有学会思，一方面却是人类自认为已经学会了思。于是，对象性思维就堂而皇之地登堂入室，僭越取代了思，成为人类思维的唯一的合法形式，也成为人类生存的唯一的合法形式。
……人类由此便为自己种下了隐患和祸根。②

显然，"对象性思维"是一个相当重要的否定性概念，它是与"思"相反相对的。明白了"对象性思维"，也就明白了"思"。"对象性思维"是主客二分的，因而主体把客体放在一个"对象化"位置上以便于观察、研究和认识。这种思维方法不能认识"自我"，因为"自我"在"主体"之中，"主体"要认识"自我"，就得先把"自我"对象化为"客体"。可是，一旦把"自我"对象化之后，那个认识"自我"的主体本身必须有一个"自我"，它才具有认识的能力。那么，这个"自我"，即这个认识"自我"的"自我"又如何被认识呢？根据"对象性思维"方法，只能再把这个"自我"对象化为

---

① 潘知常：《生命的诗境——禅宗美学的现代诠释》，杭州大学出版社，1993年版，第6—7页。

② 潘知常：《生命的诗境——禅宗美学的现代诠释》，杭州大学出版社，1993年版，第9页。

"客体",进行观察、研究与认识。如此,就会导致"无穷后退",这就意味着认识不了"自我"。

> 真正的自我却是绝不可能在这种对象性思维之中出现的,它总是伫立在被对象化的那个自我的后面。这样,尽管我们可以一再地向后退,不断地去在对象化中思考:"我的自我"——"思考我的自我的自我"——"思考我的自我的自我的自我"……我们不断地后退一步以便使自我对象化,然而,那已不是现在的自我而是刚才的自我了。就是这样,在无穷的后退中,我们永远也得不到真正的自我。因为思无所思,思本身也就被对象性思维消解了。[①]

既然"对象性思维"认识不了"自我",它也就没法认识与"自我"密切相关的"人"的一切:生命、灵魂、幸福等等。潘知常正是在此意义上,反对"对象性思维",提倡"思"。这一思路在1997年出版的《诗与思的对话——审美活动的本体论内涵及其阐释》中更进一步展示了出来。

在这一点上,"思",正好与禅宗相通。禅宗实际是在逼迫你跳出一直作茧自缚的对象性思维,从逻辑的专制和概念的片面中解脱出来,从主体与客体二分的心态中超逸而出,寻求一个生命的全面转换的起点,一个全新的观物方式。通过"妙悟与直觉",达到"见山只是山,见水只是水"的涅槃境界。潘知常指出:

> 它(禅宗美学——引者注)使我们越发强烈地认识到:我们的美学研究倘若不能在人类自由生命活动的地基上重新构筑自身,就不可能趋近自己的

[①] 潘知常:《生命的诗境——禅宗美学的现代诠释》,杭州大学出版社,1993年版,第8页。

位置，不可能真正有所作为，也不可能最终建构起当代美学体系的大厦。①

那么，美学如何确定自己的位置，如何给自己定位？潘知常指出：

> 审美活动不仅是一种把握对象的方式，从更为根本、更为源初的角度讲，它还首先是一种生命存在方式。同样，审美活动也不仅是一种认识活动，从更为根本、更为源初的角度讲，它还首先是一种人类自我确证，自我超越、自我发现、自我塑造的自由生命活动。因此，只有在此基础上重新为美学定位，才有可能使它登堂入室，并最终破释审美活动的奥秘。②

在这里，潘知常再一次强调了"审美活动"才是为美学定位的基础。也就是说，"重新为美学定位"，只能"定位"在"审美活动"这个基础上。

（二）中国美学精神

1993年，潘知常还出版了另一本重要的生命美学著作——《中国美学精神》。它是作者对中国传统美学研究的一个总结，它是在1989年出版的《美的冲突》和《众妙之门——中国美感心态的深层结构》以及1993出版的《生命的诗境——禅宗美学的现代诠释》三本书的基础之上完成的。

什么是"中国美学精神"？这个问题，其实有不少学者回答过。其中又有不少人认为"生命"是"中国传统美学"之精神。但是潘知常的回答不仅更具体，还更进一步。他先说什么是"美学精神"：

> 而这种智慧，这种"怎么说"、这种"追问方式"、这种"未被思维

---

① 潘知常：《生命的诗境——禅宗美学的现代诠释》，杭州大学出版社，1993年版，第167—168页。

② 潘知常：《生命的诗境——禅宗美学的现代诠释》，杭州大学出版社，1993年版，第168—169页。

者",我们又可以赋予它一个统一的名称。这就是:美学精神。①

再说中国美学精神:

> 假如说,从某种特定的可能、特定的疆域、特定的对话天地、特定的思想空间去回答"生命的存在与超越如何可能",构成了中国美学的内在根据。那么,蕴含在中国美学之中的智慧、"怎么说"、"追问方式"、"未被思维者",则构成了中国美学精神之为中国美学精神的内在根据。②

如此,这种"中国美学精神"也就必然由"人"所承载。"美学即人类关于生命的存在与超越如何可能的冥思",美学不可能是别的,只能是生命的宣言,生命的自白,是人类对自己精神家园的拳拳忧心。而一切美学所追求的精神就是生命如何安顿的精神,美学精神是关乎生命家园的祈望和回归真实生命的思考。这就是对生命的"终极关怀"。

潘知常区别了两种"终极关怀":一种是西方"外在超验的终极关怀",一种是中国"内在超越的终极关怀"。驳斥了一些人认为中国美学不存在"终极关怀"的论调。区别产生的根本原因在于"对象性思维"。西方运用"对象性思维"把世界二分为主体与客体,追求外在客体的形而上之本质,这就抹杀了"生命"。而中国美学精神没有这种"对象性思维",它在"主客体浑沌合一的虚灵境界"中"直接去拥抱未名的、具体的、原性的世界,并且听任万象掉臂穿行,活跃驰骋",③这就必然要求"生命的内在超越"。

这种"内在超越的终极关怀"最鲜明地体现在"庄子美学"之中。但"庄子美学"也存在内在矛盾:它把"人的自然"与"天的自然"相割裂,造成

---

① 潘知常:《中国美学精神》,江苏人民出版社,2017年版,第4页。
② 潘知常:《中国美学精神》,江苏人民出版社,2017年版,第4页。
③ 潘知常:《中国美学精神》,江苏人民出版社,2017年版,第81页。

"天"对"人"的戕害。到"魏晋美学","庄子美学"的这一缺陷被克服,"个人性情"得到发扬。然而,严酷的现实又将"魏晋美学"中的生命色彩消除殆尽。直到中唐以后出现了"禅宗美学",仿佛接续了"庄子美学"的一线血脉。可惜很快又被宋明理学腐蚀殆尽。明中叶以后"启蒙美学"的诞生,才又高扬"生命"的旗帜,却又终结于曹雪芹的《红楼梦》。《中国美学精神》通过这样的美学传统的梳理,凸显出"中国美学精神"——以"生命"为本体的"内在超越的终极关怀"——的历史流变。让人清晰地看到了中国美学传统中另一条以"生命"为本体的发展脉络。朱良志评论道:

> 该书选择美学精神作为中国美学研究的中心,可以说是从根源上做起,这对于揭示中国美学的精神气质、理论生成以及它和中国文化各个层面的复杂关系,都具有积极的意义。[①]

(三)对传统美学的否定

1995年,学林出版社出版了潘知常的《反美学》;1998年上海人民出版社出版了潘知常的《美学的边缘——在阐释中理解当代审美观念》(以下简称《美学的边缘》)。前者是在阐释中理解"审美文化",后者是在阐释中理解"审美观念"。有人认为后者是前者的"续篇"。[②]潘知常在《反美学》的后记中,也确实提到了将在20世纪末完成的《美学乌托邦》是《反美学》一书的"姊妹篇"。[③]或许《美学的边缘》一书就是潘知常当初要写的《美学乌托邦》?

《反美学》一书出版后好评如潮,一年半的时间内竟印刷三次。原因在于

[①] 朱良志:《谈〈中国美学精神〉的研究方法》,载《东方丛刊》1994年第2辑,广西师范大学出版社,1994年版,第231页。

[②] 张德明:《贯透原创精神的学术研究——评〈美学的边缘〉》,《中国图书评论》,2001年第11期。

[③] 潘知常:《反美学》,学林出版社,1995年版,第448页。

它对当时的审美文化给出了比较合理的解释与批判。在该书的后记中，潘知常首次透露了他的学术研究总体思路：

> "理论、历史、现状"，是我在美学研究中始终注意的三个方面。"理论"方面的研究，已经有了《生命美学》、《人之初：审美教育的最佳时期》，其中《生命美学》在扩充了十余万字后，又要出修订本。"历史"方面的研究，已经有了《美的冲突》、《众妙之门》、《生命的诗境》、《中国美学精神》。"现状"方面的研究，正是本书的任务。①

如此看来，《反美学》与《美学的边缘》就是对"现状"进行的研究了。对"现状"进行研究的方法稍有不同，他强调指出，除了着眼于理论思考外，更注重"意识形态批评方法"。它不同于"左"倾时期的意识形态批评，也不同于传统的意识形态批评，而是一种已经"日常意识化""文化化""商品化"甚至"消费化"的意识形态批评。从这种批评的角度，审视当时的审美文化，在理论形态上，就是一种"反美学"。

有些人对《反美学》产生了误解，以为潘知常又建构了一种"反美学的美学体系"。其实，《反美学》一书的主旨就是：揭示、剖析、阐释当代审美文化对于传统审美文化的"否定"。

> 我们会看到，传统的美和艺术是在早期资本主义——自由资本主义的基础上产生的。随着晚期资本主义的莅临，它的死亡无疑是人类审美历程中的一大进步。因为，新的美和艺术又会在晚期资本主义的基础上产生。它的产生同样是人类审美历程中的一大进步。②

---

① 潘知常：《反美学》，学林出版社，1995年版，第445页。
② 潘知常：《反美学》，学林出版社，1995年版，第165页。

如果说，市场经济改变了美和艺术的目的和性质，那么，现代科技和大众传媒则改变了美和艺术的载体和手段。新的美和艺术具有平面、零散和断裂的特点。对传统的美和艺术的留念与对当代审美文化的拒斥造成了"美学的困惑"。传统美学的逻辑起点是它的理性主义和主体性原则，主体性原则的特殊形式是"实践"原则，而这正是中国"实践美学"的基本原则。如今这些原则被"生命"原则所取代，因此，当代审美文化在一定意义上与"生命美学"相通。

这种理解与传统美学其实是一脉相承的。当代审美文化通过反美学的特定方式来展现自己的美学性质，在这个意义上说，反美学仍是传统美学的一部分，它仍是二元对立的形式，是从二元对立中虚构出来的一个"他者"。

> 反美学是一种美学策略。它的唯一作用就是让我们认清传统美学的古典性质，而我们对于反美学的感受，也可以用一句话来一言以毕之，这就是：终结。传统美学的终结、传统艺术的终结、传统"元叙述"的终结。①

反美学的意义不在于反美学自身，不在于它就是美学，也不在于"否定"了传统美学，而在于在反美学与传统美学的冲突中美学本身的进步。因此，我们最终又回到了美学，一种"反美学的美学"。对于理性主义和主体性的拒绝，对于实践原则的拒绝，是这种美学的新姿态。它高举生命活动原则的大旗，开创一种当代审美文化中的"反美学的美学"，这就是"生命美学"。

《美学的边缘》的主题与《反美学》类似，且都是对"现状"的考察，我们也就放在这儿一并介绍。《美学的边缘》考察的是"现状"中的当代"审美观念"，而不是当代审美文化。通过对"审美观念"的阐释和批判，向中国读者提供理解20世纪西方当代审美观念的更真切、更客观的解释"视界"。通观

---

① 潘知常：《反美学》，学林出版社，1995年版，第371页。

全书，它实际上是在讲传统的美和艺术的边界是如何模糊的，是如何与当代的美和艺术的边界相交融的：正是在这交融之中，二者的边缘模糊了，消失了，它们交融在一起，变成一回事了。张德明评论说：

> 《美学的边缘》敲破一种固定格局，将一己的美学思想与当代美学发展客观实际的清流活水相通，故养之亦固，培之亦厚，卓然见其大，浩然见其正，渊乎见其深。①

这是十分中肯的。

（四）诗与思的对话

1997年潘知常出版了《诗与思的对话——审美活动的本体论内涵及其现代阐释》。这是"生命美学"除《生命美学》外，比较重要的著作。用王世德先生的话说，这是潘知常对"生命美学"的第二次梳理。潘知常说：

> "美学之为美学"首先必须被理解为对于"美学何为"的追问。这意味着一种本体论型的追问。在其中，起决定作用的不再是一种认识关系，而是一种意义关系……当我们在追问"美学之为美学"之时，首先要追问的应该是，也只能是"人类为什么需要美学"即"美学何为"。只有首先理解了美学与人类之间的意义关系，对于"美学是什么"的追问才是可能的。②

美学的学科定位一直是一个问题。原因在于：学者一直把美学与人类的关系理解为认识关系，而不是意义关系。"生命美学"必须完成这个重大转向，

---

① 张德明：《贯透原创精神的学术研究——评〈美学的边缘〉》，《中国图书评论》，2001年第11期。

② 潘知常：《诗与思的对话——审美活动的本体论内涵及其现代阐释》，上海三联书店，1997年版，第2页。

即把美学与人类的关系由过去理解的"认识关系"转向为"意义关系"。

什么是"思"？什么又是"诗"？它们又如何"对话"？"诗"比较好理解，它必然是感性的、具体的、形象的。它就是审美活动。那么"思"呢？在《生命的诗境》一书中，作者已经阐述过了。在那里，他把"思"分为"生命之思"与"对象性之思"。前者才是正确之"思"，后者是不正确的。在《诗与思的对话中》中，潘知常追述了"思"的历史演变，尼采以"诗意之思"与"理性之思"对抗，海德格尔又把"诗意之思"上升为"存在之思"。可见，"思"的含义十分丰富，很难判定。不过，大致说来，这里的"思"相当于尼采的"诗意之思"、海德格尔所说的"存在之思"、潘知常所说的"生命之思"，它是一种没有主体与客体之分的内在超越之思，是另一种具有"主观必然性"的"感性形而上学"，也就是"终极关怀"。正是在这个意义上，它才与"诗"对话。对话的结果自然就是以人类生命本体论为内涵的审美活动，也就是"生命美学"。

这样，思与诗的对话，就体现为审美活动中的本体意义，也就是"自由的境界"。因此，审美活动的本体论内涵就成为美学的根本问题。"显而易见，审美活动的本体论内涵作为美学问题的确立，从根本上改变了美学研究本身。"[1]

从这个角度看，虽然实践美学功不可没，但是它的"实践活动原则"却有"一系列缺憾"。一种新的美学原则产生了，它就是"生命活动原则"。实体原则——主体原则——实践活动原则——生命活动原则，应该说这一变化充分体现了马克思主义的哲学，也是时代精神的必然发展。

生命活动主要包含实践活动、理论活动和审美活动。在这样一种关系中，"这里的审美活动不再被等同于实践活动，而被正当地理解为一种以实践活动

---

[1] 潘知常：《诗与思的对话——审美活动的本体论内涵及其现代阐释》，上海三联书店，1997年版，第29页。

为基础同时又超越于实践活动的超越性的生命活动"①。

　　当我们把审美活动理解为一种以实践活动为基础同时又超越于实践活动的超越性的生命活动之时，不难发现：传统美学一直纠缠不休的被抽象理解了的美、美感、审美关系、艺术，实际上只是审美活动的若干方面，例如，美不过是审美活动的外化、美感不过是审美活动的内化、审美关系不过是审美活动的凝固化、艺术不过是审美活动的二级转化，等等。②

　　显然，作者并没有全盘否定"实践活动"的作用，也没有全盘否定"实践美学"，相反，他是在"实践活动"的基础之上，把"实践活动"推进到"生命活动"，把"实践美学"推进到"生命美学"。在"生命活动"这样一个层次上，能够更简单、更合理地理解美、美感、审美关系和艺术等美学的问题。

　　《诗与思的对话——审美活动的本体论内涵及其现代阐释》把"以实践活动为基础同时又超越于实践活动的超越性的生命活动"——审美活动作为研究对象。从对"美学的当代问题"的反思开始，围绕"审美活动如何可能"以及它的具体展开，即审美活动"是什么"（性质）、"怎么样"（形态）、"如何是"（方式）、"为什么"（根源）作为研究内容，进一步梳理、建构了"生命美学"的体系，使"生命美学"更趋完善。

（五）中西美学的对话

　　2000年由百花洲文艺出版社出版的《中西比较美学论稿》，是一本关于中西方美学对比研究的论文集。中西美学有很大的不同。不仅审美趣味不同、审美形态不同，审美范畴、审美观念也不同，甚至连审美活动都不同（西方二元对立、中国"天人合一"）。全球化趋势又迫使中西方相互接触、碰撞。中国

---

① 潘知常：《诗与思的对话——审美活动的本体论内涵及其现代阐释》，上海三联书店，1997年版，第36页。
② 潘知常：《诗与思的对话——审美活动的本体论内涵及其现代阐释》，上海三联书店，1997年版，第37页。

国门打开之后，美学的建构完全依凭西方话语，成为西方美学框架中的一部分，丧失了中国美学独特的个性，同时也让西方美学无法从中国美学中汲取养分。到1990年代，越来越多的美学学人认识到了这一点，"重建中国美学"的呼声高涨。但如何"重建中国美学"，一时之间也拿不出个好办法。潘知常呼吁中西方的"对话"。"重建中国美学的惟一途径只能是、也必然是：对话！"①

从1991年的《生命美学》到2000年的《中西比较美学论稿》，潘知常撰写出版了7部美学著作。我们从前面简略的介绍可以看出，这一时期，他正辛苦地构建他的"生命美学"，一方面，他直接阐述他的"生命美学"的基本原理，阐述"生命美学"的研究方法、对象、性质和任务，并给予所有"生命美学"基本问题以正面直接的回答；另一方面，他又从中西方的美学思想中探寻"生命美学"的信息，不仅验证着，而且论证着他的"生命美学"，"重建中国美学"。这一工作显然是成功的。通过十年的努力，生命美学已经长大成人了。

三、成型期：其他学人的生命美学

前面已经多次说过了，作为"崛起的美学新学派"，生命美学不是铁板一块。除了潘知常倡导的"以生命为视界"的生命美学，还有各种各样的生命美学：有的考察美学如何表现了或满足了"生命"，有的考察"生命"与"艺术"的关系，有的考察"生命"与"社会"的关系，还有的考察"生命"与"文化"的关系。

（一）1991—1996年生命美学其他学人的专著简介

1991年，成都科技大学出版社出版了曾永成的《感应与生成——感应论审美观》。曾永成倡导生态美学。但他承认，《感应与生成——感应论审美观》

---

① 潘知常：《中西比较美学论稿》，百花洲文艺出版社，2000年版，第8页。

一书的美学思想属于生命美学。

《感应与生成——感应论审美观》紧紧抓住马克思关于"自然向人生成"的指导思想，以生命活动为基础，以审美活动为研究对象，深入探讨了审美活动的原生特性和本质特性，提出了"节律感应"说和"实践生成"说。作者认为，审美活动作为人类的一种特殊的生命活动，乃是一种节律感应活动。什么是节律感应活动呢？

> 在一定条件下，由于事物运动规律的作用，对象的节律形式会激发并调节和引导主体的节律活动，使其与之和谐一致。这样两种节律相激相荡、相生相感、相应相和的运动方式，就是我们所说的节律感应。[①]

这种节律感应活动是一切生命活动共有的。只有在实践活动中，它才由动物的节律感应活动"生成"为人的节律感应活动，"生成"为审美活动。

应该说《感应与生成——感应论审美观》是一部真正的生命美学专著，作者运用系统论和现象学还原的方法建构了一个比较有说服力的生命美学理论。但其中存在不可克服的内在矛盾：如果"自然向人生成"作为自然理性或生态理性是自然史的根本规律，那么，为什么会有不利于"自然向人生成"的现象发生？是什么因素导致自然中的运动出现"否定性的意义"？出现负面的价值？出现了丑的事实？关于这一点，书中的论证似乎还不那么充分。另外，作者认为，自然美是先于人的存在而存在的。这也有违常理，且与作者提出的"节律感应"说和"实践生成"说相矛盾：倘若没有人的存在，实践活动、审美活动即不存在，节律感应从何而来？先于人而存在的自然美又从何而来？

1993年，南京出版社出版了马大康的《生命的沉醉——文学的审美本性和功能》，河南教育出版社出版了张涵等的《艺术与生命》。

[①] 曾永成：《感应与生成——感应论审美观》，成都科技大学出版社，1991年版，第19页。

马大康的《生命的沉醉——文学的审美本性和功能》一书，运用现象学的观点，又参照了俄国形式主义、结构主义诗学、语言哲学、接受理论、解释学、存在主义、西方马克思主义等当代西方美学文学理论，结合中国文学理论研究实际，对"文学的审美本性和功能"进行了具有中国特色的创造性的阐释。

所谓"生命的沉醉"，就是生命在现实生活中"沉醉"于审美世界。马大康关注的是文学的审美本性、功能与意义，并没有关心生命与文学的关系。

张涵等的《艺术与生命》，就不再仅限于"生命的沉醉"了，而是进一步考察生命与艺术的关系。《艺术与生命》从生命、生态和大美学的视界探讨和研究文学艺术。

1994年，华夏出版社出版了范藻、赵祖达合著的《人体美鉴赏——人体美学探幽》。这是范藻第一次用专著的形式对他理解的生命美学进行感性表述。

1995年，安徽教育出版社出版了朱良志的《中国艺术的生命精神》。这是一部很有中国特色的中国传统美学研究著作。贯穿其中的核心概念就是"生命精神"。因此，学界通常也把朱良志的美学思想归入"生命美学"，当然，朱良志本人较少提到"生命美学"这一概念。[①]

朱良志《中国艺术的生命精神》一版再版，这充分证明了它的学术生命力。

1996年和平出版社出版了司有仑的《生命·意志·美》，其内容主要是述评作者所理解的西方生命美学或生命意志美学。

1996年，新疆大学出版社出版了刘成纪的《审美流变论》。该书通过考察艺术与生命关系，审视审美在历史过程中的变化。《审美流变论》应该是"生命美学"成型期的探索性著作。其美学观念还有"实践美学"的影响，且对潘知常呼吁"重建美学"的认识不足，对"生命"取代"实践"这一"转向"的认识也还不够。

[①] 知网中查"作者"朱良志，截至2021年9月10日，有284条论文信息。论文标题中有"生命"或"生命精神"概念的不到十条；有"生命美学"概念的，一条都没有。

1996年，浙江大学出版社出版了张应杭的《人生美学导论》。严格说，这不算"生命美学"，但它与"生命"有关。黑龙江大学教授孙云在《求是学刊》上发表的评论文章《生命意义的美学读解——评〈人生美学导论〉》就把它与"生命意义"联系起来。

（二）1997—2000年生命美学其他学人的专著简介

1997年，出版了3部有关"生命美学"的书。一部是东北师范大学出版社出版的封孝伦的《二十世纪中国美学》，一部是上海交通大学出版的韩世纪的《论宇宙、生命和美的本质——世界三大根本问题初探》，一部是东北师范大学出版社出版的彭锋的《生与爱》。

封孝伦的《二十世纪中国美学》是一部研究20世纪美学发展历史的著作。它以"崇高"这一美学范畴的发展为主线，将这百余年的美学发展史分为四个时期：审美理想转型期（1900—1919）、悲剧美学期（1919—1949）、英雄美学期（1949—1979）和自由美学期（1979年至今）。

韩世纪的《论宇宙、生命和美的本质——世界三大根本问题初探》的主题是考察"世界三大根本问题"，"美的本质"是与"宇宙""生命"相提并论的"根本问题"。

彭锋的《生与爱》考察了古代中国人审美意识中的"生"与"爱"，中国哲学中的"生"与"爱"，和作为一般观念的"生"与"爱"。认为"生"与"爱"具有自然的和文化的根源。宇宙的本体是"生"，道德的本体是"爱"，情感的本体是"乐"。最后归结到"美学与生活"的关系上来。

我注意到，彭锋已经在无意识之中区分了"知道"与"体验"。我们可以"知道"美学、美的很多知识，但这不是"体验"，并没有引起内在的"感受"。这是一个重要的区分，可惜彭锋没有深入研究。

1998年，长春出版社出版了陈德礼的《人生境界与生命美学——中国古代审美心理论纲》，该书从中国古代审美心理的角度考察人生境界与生命美学的关系。陈德礼对中国古代审美心理学做出总体概括：中国古代审美心理学实质上是一种人生论美学，代表一种境界形态；是一种体验论美学，重悟性而不重分析，重总体把握而不重实证，带有浓厚的直觉性、经验性色彩；它是一种超越论美学，是对自我对现实的超越意识。这显示出"人生境界"与"生命美学"的综合。

同年吉林教育出版社出版了吴炫编著的《否定主义美学》，付敏的硕士论文指出："吴炫认为'美是一种未占有的、未完成的、尚未成为"现实化、社会化的存在"的存在。'美只是对否定主义者、存在渴望者、想存在却尚无能力'存在'的人而言的。一旦'存在'存在了，美被占有了，美也就因失去了'彼在性'、'未占有性'而消失。……由于这种存在是'未完成的'，……在形态上便体现为为占有的一种模糊，所以一切结果都具有不确定性和模糊性，这便是浑然性。……吴炫在这里对美的符号和艺术的符号进行区分，阐述艺术符号对于自然符号的否定性，解决了对'自然美'的理解。同时对与美对立的范畴'丑'进行了否定主义美学式的创新，提出'不美'和'丑'，至此吴炫完成了对于美的否定主义式阐释。"①

"否定主义美学"具有"生命"的属性，因为"生命"就是"本体性否定"的存在。因此，"否定主义美学"在某些方面具有与"生命美学"一样的主题。比如，美的"未完成性""不可言说性"等等。

近年来，吴炫开始倡导"中国生命力美学"。在我看来，吴炫的"生命"是一种"泛生命"。当他讲"泛生命"尊严的时候，其实"生命"已经没有"尊严"了。

学林出版社出版了颜翔林《死亡美学》一书，该书从美学、文化哲学、神话学、解释学等视界对人类精神现象学的最高命题——生与死——予以本体论、生存论、价值论的诗意运思，进而进入生存与毁灭和艺术的美学探究，在历史与逻辑相统一的前提下，结合文化史、艺术史的丰富资料，提出一系列富有审美发现意义的见解。

"死亡美学"是"关于生命"的"生命美学"的一个特殊的部门美学，与

---

① 付敏：《吴炫否定主义美学研究》，山西师范大学硕士学位论文，2016年，第18—19页。

"基于生命"的"生命美学"不是一回事。

1999年，广西师范大学出版社出版了黎启全《美是自由生命的表现》一书，该书的主题就是"美是自由生命的表现"。"自由生命"意指"生命"的本质是"自由"。这是因为，社会的"生命生产"是人类社会历史发展和思想进程的起点及基石，也必然是马克思主义哲学思想和美学思想的起点和基石。以此为起点和基石的整个人类社会实践活动都是人的生命的表现。在人类的同一实践活动中，实践主体所表现出来的东西和实践客体（对象）表现的东西是同一回事。既然在艺术审美创造活动中，审美主体表现了全面的生命活力，那么，审美创造的客体（对象）就是审美主体的生命活力的对象化、物化和确证。因此，美是人的全面、丰富、完整的生命活力的自由能动的形象表现。简言之：美是人的生命活力的自由表现。

黎启全对"美的概念"分析，表明他还处于列宁的反映论层次上，与时代已经脱节。《美是自由生命的表现》以马克思主义哲学为指导，得出"美是人的生命活力的自由表现"的结论，也算是对马克思主义一种独特的阐发与运用。

1999年，安徽教育出版社出版了封孝伦的《人类生命系统中的美学》。封孝伦也是"生命美学"重要的提倡者。他在这部专著中建构了他独具特色的"生命美学"。

1999年，中国文联出版社出版了余福智的《美在生命——中华古代诗论的生命美学诠释》。余福智考察了"美"的本义，认为，审美是有功利目的的，它源自生殖崇拜。他说：

> 简言之，重视族类生命繁衍的功利目的，且朝这目的拓展想象和联想，引起愉悦，这是"美"字的本义。[①]

[①] 余福智：《美在生命——中华古代诗论的生命美学诠释》，中国文联出版社，1999年版，导言第3页。

余福智认为中华美学的基本范畴有：气、神、象和意、真；这些基本范畴的底蕴就是生命，所以，中华美学是生命美学，中华古代的诗论具有"生命美学"的属性。

2000年，知识出版社出版了杨蔼琪的《美是生命力》。杨蔼琪《美是生命力》认为，人类爱美、追求美的动力是人的本能：喜新厌旧。美就是生命力，二者是同一的，是恒等的关系。从一开始对美的本质的历史回顾，经过层层推进，最终落实到社会的本质美，杨蔼琪较为有力地论证了"美是生命力"的观点，建立起了一个初步的生命美学体系。

四、成型期生命美学的特点

这一时期，"生命美学"的创始人潘知常出版了7部专著，其生命美学已经成熟与定型。潘知常的"生命美学"，是"以生命为视界"的美学，不是"以生命为对象"的美学。这一点区别至关重要。因此，他的"生命美学"与传统美学截然相反。而有些人，则是把"生命"拿到显微镜下，观察"生命"的本质、属性和"生命"体现出来的美及美的种种样态。这样的"生命美学"其实还是属于"传统美学"的范畴。

与此同时，封孝伦、黎启全、杨蔼琪等人的生命美学也基本成型。

我们说从1991年到2000年，是"生命美学"成型的时期，正是基于上述的事实。在直陈这一事实的时候，不要忘了还有73篇讨论"生命美学"的论文，这些论文和专著一起，营造出这十年"生命美学"生机勃勃的氛围。

这一时期生命美学的特点，我想，应该有如下几点吧：

（一）出版专著数量可观

最显著的特点就是出版了25部与"生命美学"有关的著作。这个数字不算多，但与其他各种美学出版的专著相比较，这个成绩还是不错的。潘知常出版了7部专著。作为"生命美学"的首倡人，通过这些著作，他建构了一个相对成型、成熟的"生命美学"体系。这一时期,潘知常生命美学关注的重点是"个体生命",关注的是"个体的觉醒"。这其实很容易理解:"实践美学"是"冷冰冰的"美学,原因就在于它对"个体的人、一次性的人、未完成的人"不感兴趣,它眼里、心中都是"人类""历史""规律"和"理性"这些忽略了个体丰富性的宏大的概念。要重构一种不同于实践美学的美学,这种美学就必须是一种有"温度的"美学,这种美学只能是关注、关心、关爱个体的美学。

(二)"生命美学"正式登上当代中国美学舞台

虽然说1985年是"生命美学"开始孕育的一年,但真正诞生,还是在1990年代。这是当代中国美学的一件大事,它的意义十分深远。用潘知常的话说,这是"美学的觉醒"。照我看来,"美学的觉醒"有三个方面的意蕴:其一是在引进、学习西方生命美学的大背景下,突然"觉醒"了。我们两千余年的传统文化,不仅具有"美学气质",具有"生命精神",而且它本身就是"生命美学"。虽然王国维、方东美、宗白华等人一直在言说中国艺术中的"生命精神",却从来没有这样清晰、清醒过,这是对中国传统美学的"顿悟"。其二是对美学问题的"觉醒"。西方生命美学的方法不同于过去的方法。这种不同大家都心知肚明,可就是无法清楚、清晰地理解与表达。在与"实践美学"的论争中,人们渐渐地清楚明白起来。人们先是觉得"实践美学"是"冷"美学。但它何以是"冷"的?原来"实践美学"是无"人"的美学。这个"人"应该是具体的个人,也就是"生命"。于是,人们突然觉醒了:要"生命",还是要"实践"?当然是要"生命"。其三就是"重构美学"的"觉醒"。"实践美学"意味着当代中国已经成功建构了自己的美学。但是随着对传统美学的"觉醒"和生命意识的"觉醒",重构美学的意识也"觉醒"了。"重构"的结果就是"生命美学"。

(三)学者积极建构自己的生命美学

这一时期,封孝伦、张涵、曾永成、刘成纪、黎启全、颜翔林、余福智、杨蔼琪等人,也建构了自己独具特色的"生命美学"。封孝伦生命美学的特色在于三重生命论，陈伯海建构了生命体验美学，曾永成生命美学的特色在于"节律感应"说与"实践生成"说的统一，刘成纪生命美学的特色在于审美流变论，黎启全生命美学的特色在于自由生命表现论，颜翔林则在生命活动的基础上建构了"死亡美学"，杨蔼琪的生命美学特色在于生命力论，而范藻这一时期还把注意力放在人体美的鉴赏方面。我们看到，有些人的生命美学体系还不够完善，还没有成型。比如范藻与人合著的《人体美鉴赏——人体美学探幽》，把关注的重点放在人体美的鉴赏上，虽有对生命美学基本理论方面的研究，但还没有形成体系，直到他后来撰写的《叩问意义之门——生命美学论纲》，才算建构起了自己的生命美学体系。有些人对自己的生命美学体系还不是很满意，他们后来又有专著对自己的生命美学进行补充使它更加完善、完美。封孝伦认为自己的美学思想还缺乏生命哲学基础，应该要把这个基础打牢；刘成纪认为自己的生命美学还没有把生命与艺术的关系讲深讲透，需要再讲。还有一些人则认为自己的生命美学体系已经比较完善了，没什么说的了，转而去做其他研究，比如黎启全、杨蔼琪，二位在21世纪几乎不再有发声。

（四）产生了三种类型的生命美学

细心研读这一时期全部有关生命的美学著作，就可以发现，它们可以分为三类：一类是"基于生命"的美学，代表人物是潘知常。一类是"关于生命"的美学，代表人物是封孝伦。还有一类是"有关生命"的美学，代表人物是张涵。"基于生命"的美学是以生命为视界，透过生命的目镜，观察描述世界万物，关注的焦点是审美活动。"关于生命"的美学，则是用审美的眼光透视生命活动，关注的焦点是生命活动或生命力。"有关生命"的美学，严格说，并没有生命美学体系，只有生命美学思想。他们关注的焦点既不是生命活动也不是审美活动，而是艺术、文化或社会问题。这些学人的艺术、文化或社会研究与生命有关，其论述具有丰富的生命美学思想，我们从较为宽泛的意义上也可以称之为"生命美学"。

第四章　当代中国生命美学的发展过程（下）

第一节　兴盛期：生命美学的发展与兴盛

生命美学兴盛期，应该从2001年算起，直到2017年底。

2000年，潘知常离开了美学界；2018年初，潘知常又回归美学界。他在2018年《美与时代》杂志下旬刊第1期上发表了一篇文章：《生命美学："我将归来开放"——重返20世纪80年代美学现场》。在这篇文章中，他说：

> 鉴于我从2001年开始，大约在十几年中都没有涉足过美学界，因此确实也不太清楚生命美学的具体发展状况。[①]

关于离开美学界的时间，该文另一个地方说得更清楚：

[①] 潘知常：《生命美学："我将归来开放"——重返20世纪80年代美学现场》，《美与时代》（下旬），2018年第1期。

回首前尘,从2001年到2015年,我大约完全离开了美学界十五年左右。①

在2021年出版的《生命美学引论》中,潘知常做了修正:

回首前尘,从2000年到2018年我完全离开美学界十八年左右。②

从行文语义来看,所谓"十八年",其实是不包括2018年的。整个2018年,潘知常都在主持《美与时代》杂志的"生命美学专题",以此为标志,表明他已经归回了美学界,回归美学研究。因此,潘知常真正离开美学界的时间段应该是从2001年到2017年共计十七年时间。

潘知常离开美学界这十七年,生命美学不仅没有停止发展,反而出现勃勃生机,在全国无数美学学人的学术活动中,生命美学得到蓬勃发展。我们把潘知常离开美学界这十七年作为当代中国生命美学发展的一个重要阶段,是当代中国生命美学的兴盛期。这一时期,生命美学的首创人潘知常虽然因为种种原因,离开了美学界,但他播下的星星火种却形成了燎原之势:生命美学在我国不仅得到广泛的传播,而且得到广泛的运用。

一、兴盛期的生命美学研究

生命美学兴盛期的"兴盛",主要表现在两个方面:一个是研究生命美学基本理论和研究潘知常、封孝伦等人的生命美学的论文大幅增加,这17年共计

---

① 潘知常:《生命美学:"我将归来开放"——重返20世纪80年代美学现场》,《美与时代》(下旬),2018年第1期。
② 潘知常:《生命美学引论》,百花洲文艺出版社,2021年版,第4页。

发表了959篇；二是研究生命美学的专著大幅增加，十七年共出版了42部。[①]

（一）有关生命美学论文的基本情况

以"生命美学"为关键词，在知网数据库中查询，从2001年年初到2017年年底，这十七年中，共有959篇论文（不含硕博论文8篇），平均每年发表56.4篇。每年度发表的论文数量，见下表（表4-1）：

表4-1 2001—2017年有关生命美学论文发表数量统计

年度	数量（篇）	年度	数量（篇）
2001	26	2010	91
2002	33	2011	84
2003	24	2012	50
2004	31	2013	56
2005	44	2014	71
2006	49	2015	72
2007	52	2016	83
2008	57	2017	73
2009	63		

显然，从2001年到2017年研究生命美学的论文数量呈快速增长趋势，2017年73篇是2001年26篇的2.81倍，增长了181%。2010年是一个分界线，这一年就发了91篇。前九年共发表379篇，后8年发表了580篇，相较于前九年论文总量增长了53.03%。2012年论文数量突然从前一年的84篇降到50篇，之后，又逐渐增加。

（二）有关生命美学专著的基本情况

上述是对有关生命美学论文的基本事实描述。我们再来看看这17年来生命美学专著的出版情况（见表4-2）。

[①] 此统计仅限于知网和当当网以及孔夫子旧书网。

表4-2　2001—2017年生命美学专著出版情况

序号	责任者	专著书名	出版时间	出版单位
1	姚全兴	生命美育	2001年	上海教育出版社
2	雷体沛	存在与超越：生命美学导论	2001年	广东人民出版社
3	杨建葆	阅读生命	2001年	南方日报出版社
4	刘成纪	美丽的美学——艺术与生命的再发现	2001年	河南大学出版社
5	潘知常	生命美学论稿：在阐释中理解当代生命美学	2002年	郑州大学出版社
6	范藻	叩问意义之门——生命美学论纲	2002年	四川文艺出版社
7	周殿富	生命美学的诉说	2004年	人民文学出版社
8	成复旺	走向自然生命——中国文化精神的再生	2004年	中国人民大学出版社
9	王晓华	西方生命美学局限研究	2005年	黑龙江人民出版社
10	潘知常	王国维　独上高楼	2005年	文津出版社
11	刘承华	艺术的生命精神与文化品格	2005年	中国文史出版社
12	张涵	艺术生命学大纲	2005年	河南人民出版社
13	朱寿兴	美学的实践、生命与存在——中国当代美学存在形态问题研究	2005年	中国文史出版社
14	刘承华	艺术的生命精神与文化品格	2005年	中国文史出版社
15	雷体沛	艺术与生命的审美关系	2006年	人民日报出版社
16	陆扬	死亡美学	2006年	北京大学出版社
17	乔迁	艺术与生命精神：对中国青铜时代青铜艺术的解读	2006年	河北教育出版社
18	萧湛	生命·心灵·艺境：论宗白华生命美学之体系	2006年	上海三联书店
19	刘纲纪	《周易》美学（新版）	2006年	武汉大学出版社

续表

序号	责任者	专著书名	出版时间	出版单位
20	潘知常	谁劫持了我们的美感——潘知常揭秘四大奇书	2007年	学林出版社
21	朱鹏飞	直觉生命的绵延——柏格森生命哲学美学思想研究	2007年	中国文联出版社
22	潘知常	《红楼梦》为什么这样红——潘知常导读《红楼梦》	2008年	学林出版社
23	文白川	美学、人学研究与探索	2008年	安徽大学出版社
24	潘知常	我爱故我在——生命美学的视界	2009年	江西人民出版社
25	蒋继华	媚：感性生命的欲望表达	2009年	学林出版社
26	王庆杰	宿孽总因情：《红楼梦》生命美学引论	2010年	光明日报出版社
27	李雄燕	从生命美走向生态美——《南华真经》四家注中的美学思想研究	2011年	西南交通大学出版社
28	陈伯海	生命体验与审美超越	2012年	生活·读书·新知三联书店
29	潘知常	没有美万万不能：美学导论	2012年	人民出版社
30	陈伯海	回归生命本原——后形而上学视野中的"形上之思"	2012年	商务印书馆
31	刘伟	生命美学视域下的唐代文学精神	2012年	中国社会科学出版社
32	封孝伦 袁鼎生	生命美学与生态美学的对话	2013年	广西师范大学出版社
33	熊芳芳	语文：生命的，文学的，美学的	2013年	教育科学出版社
34	刘萱	自由生命的创化——宗白华美学思想研究	2013年	辽宁人民出版社
35	王凯	道与道术——庄子的生命美学	2013年	人民出版社
36	封孝伦	生命之思	2014年	商务印书馆
37	封孝伦	美学之思	2014年	贵州人民出版社

续表

序号	责任者	专著书名	出版时间	出版单位
38	司有仑	生命本体论美学	2014年	中国传媒大学出版社
39	谭扬芳 向杰	马克思主义视阈下的体验美学	2014年	社会科学文献出版社
40	张永	生活美学："生命·实践"教育学审美之维	2015年	华东师范大学出版社
41	袁济喜	兴：艺术生命的激活	2017年	百花洲文艺出版社
42	潘知常	中国美学精神	2017年	江苏人民出版社

据不完全统计，从2001—2017年十七年间，共计出版了有关生命美学的专著42部，其中，2001年4部，2002年2部，2004年2部，2005年6部，2006年5部，2007年2部，2008年2部，2009年2部，2010年1部，2011年1部，2012年4部，2013年3部，2014年5部，2015年1部，2017年2部。2005、2006、2014这三年最亮眼，2012年的亮点是陈伯海出版了2部专著，2014年封孝伦出版了2部专著，进一步系统化他的生命美学。另有6部评述现当代中国美学的专著，设专章或专节评述了生命美学及其意义。共计48部。这一时期，作为生命美学的创始者、首倡者，潘知常出版了7部专著（包括修订再版1部）。但在2013年至2018年的六年中，他仅有1部专著出版。2016年之后，生命美学通俗化、生活化倾向十分突出。一些作家从生命美学的角度写了不少的随笔、散文。

二、潘知常的"转向"

对于潘知常来说，2000年前后是不平凡的岁月。"不平凡"有较为丰富的意义。一方面是指他在"生命美学"的建构方面已经取得了决定性的胜利，"生命美学"业已成型。另一方面各种批评、指责，甚至是霸道的"训斥"，也接踵而来。这些批评，有的是单纯的学术论争，这有利于"生命美学"的建构，是一件好事；但有的是哗众取宠，无事找事；更有少数人明里暗里上纲上线，从意识形态角度指斥为"资产阶级自由化"。

还在二十世纪八十年代中叶，我刚开始提倡生命美学的时候，就已经开始了磕磕碰碰。仅仅是作为"资产阶级自由化"被加以公开批判，就有两次，还在北京的一次学术会议上作为"资产阶级自由化"被美学界的代表点名批判一次。其他的曲折，就更不用去说了。①

一旦扣上"资产阶级自由化"这顶帽子，在当时那样的社会环境里，还能进行"生命美学"研究吗？不得已，潘知常在这种上纲上线中于2000年后离开了美学界。

从2000年到2018年，我完全离开美学界十八年左右。我离开的时候，是四十四岁，当时，我已经在美学界做成了创始生命美学这件事情，相比很多人的四十四岁，算是没有青春虚度。可是，我却不得不选择了离开。无疑，这"离开"当然不是我的主动选择。②

虽然被迫离开，但潘知常"自认为仍旧还是一个美学爱好者"，并没有放弃思考与写作。

（一）"两次感悟"引起的"转向"

如果说，上一个十年，从1991年到2000年，潘知常主要是从"个体觉醒"的角度建构"生命美学"，那么，从2001年开始的生命美学兴盛期，他就开始了"转向"。这个转向就是：从"个体的觉醒"转向"信仰的觉醒"。

---

① 潘知常：《生命美学引论》，百花洲文艺出版社，2021年版，第7页。
② 潘知常：《生命美学引论》，百花洲文艺出版社，2021年版，第4页。

在《叩问美学新千年的现代思路——潘知常教授访谈》这篇文章中，潘知常第一次说明了他的"两次感悟"：

> 一次是在1984年的12月12日，是我28岁的生日。也就在那天晚上，在中原寒冷的冬夜我度过了一个不眠之夜。在那个夜晚，我第一次意识到了审美活动与个体生命的逻辑对应。美学之为美学，应该是对于人类的审美活动与人类个体生命之间的对应的阐释，这就是我所提出的生命美学所要面对的美学问题。①

> 另一次是在2001年的春天，新世纪伊始，我在美国、加拿大。在上个世纪90年代，我因为生命美学而"邂逅"了不少卑鄙与龌龊，但是我却始终"虽九死而不悔"，不但不悔，而且还在执着地思索着新的美学问题……那一天，我在圣巴特里克大教堂深思了很长时间，终于第一次清晰地理清了十五年来的纷纭思绪：个体的诞生必然以信仰与爱作为必要的对应，因此，必须为美学补上信仰的维度、爱的维度。②

> 换言之，在上个世纪是对于人类的审美活动与人类个体生命之间的对应的阐释，新世纪伊始，则开始转向对于人类的审美活动与人类的信仰维度、爱的维度的对应的阐释。③

这三段文字，十分清楚地说明了潘知常在"新世纪伊始"的生命美学研究"转向"。这个"转向"就是从20世纪的"审美活动与个体生命"的对应转向

---

① 潘知常、邓天颖：《叩问美学新千年的现代思路———潘知常教授访谈》，《学术月刊》，2005年第3期。
② 潘知常、邓天颖：《叩问美学新千年的现代思路———潘知常教授访谈》，《学术月刊》，2005年第3期。
③ 潘知常、邓天颖：《叩问美学新千年的现代思路———潘知常教授访谈》，《学术月刊》，2005年第3期。

到21世纪伊始的"审美活动与人类的信仰维度、爱的维度"的对应,美学之为美学,不但应该是对于人类的审美活动与人类个体生命之间的对应的阐释,而且还应该是对于人类的审美活动与人类的信仰维度、爱的维度的对应的阐释。这也是从"个体"走向"群体"的必然归宿。

翟崇光、李永杰、赵彦辉三人最先注意到了这个"转向",他们在《从批判到悲悯:生命美学的"大事因缘"——潘知常美学转向初探》一文中对这一转向给予了肯定:

> 潘知常于上世纪90年代初曾是与实践美学进行论证的主将之一,当时他试图实现其心目中"个体的觉醒"。在新世纪的开头,他又试图给美学引进信仰、神性、爱之维度,以期能够实现个体"信仰的觉醒",他的观点得到了很多同仁的支持。[①]

奇怪的是翟崇光在与姚新勇合作的文章《潘知常生命美学"信仰转向"现象批判》中却对潘知常进行了"批判":

> 潘先生经常自诩、四处"讲道",却放大了其知识上的欠缺和学理上的轻率,也使得他的"生命美学""信仰"和"爱",远离了肉身与灵魂的沉重,成为消费时代的时尚,浮华为空洞美丽的辞藻、无所不能的爱之"心灵鸡汤"。"布道"所指高远,结果却失之浅近,虽有浮华时代之因,但既以"信仰"与"宣道"为己任,恐首先当自省。[②]

通读全文,给人以强烈的"为批判而批判"的感觉。

---

① 翟崇光、李永杰、赵彦辉:《从批判到悲悯:生命美学的"大事因缘"——潘知常美学转向初探》,《电影评介》,2010年第24期。
② 翟崇光、姚新勇:《潘知常生命美学"信仰转向"现象批判》,《学术月刊》,2021年第2期。

著名美学家王世德先生赞赏生命美学。他花了大量精力研读潘知常的生命美学著作，他也注意到潘知常的美学转向。他说：

> 1991年在河南人民出版社出版《生命美学》，围绕个体生命阐释审美活动。这是他对生命美学的发展过程的第一遍大梳理。
>
> 第二遍梳理的产物，是1996年在上海三联书店出版的《诗与思的对话》；第三遍梳理的产物是2002年在郑州大学出版社出版的《生命美学论稿》，这是他的美学研究中"个体的觉醒"的阶段……
>
> 2009年他在江西人民出版社出版《我爱故我在——生命美学的视界》，继而又于2012年在人民出版社出版了《没有美万万不能——美学导论》，这是他对生命美学的第四遍梳理。他此时已进入了"信仰的觉醒"的阶段，他对生命美学的思考也基本趋于定性与成熟。[①]

王世德这一说法也得到了潘知常的认可，潘知常说：

> 至此，经过三十年的努力，在"个体的觉醒"与"信仰的觉醒"的基础上，我关于生命美学的思考基本趋于定型，也基本趋于成熟。[②]

这个"转向"，潘知常自己说得更清楚：

> 生命美学的发展也有一个过程。在最初的十年里，我主要是围绕着个体生命的角度来阐释审美活动。1997年，我把自己关于生命美学的想法做了第二遍的梳理，出版了《诗与思的对话——审美活动的本体论内涵及其现代阐释》（上海三联书店）。2002年，我又出版了《生命美学论稿》

---

① 王世德：《潘知常生命美学体系试论》，《上海文化》，2017年第6期。
② 潘知常：《生命美学引论》，百花洲文艺出版社，2021年版，第19页。

（郑州大学出版社），这意味着我把自己关于生命美学的想法又重新梳理了第三遍。也因此，我一般都把自己从1984年底开始的美学研究称为"个体的觉醒"。然而，随着时间的推移，我逐渐发现，仅仅从个体的角度去研究美学还是不够的，审美活动虽然是"主观"的，但是，它所期望证明的东西却是"普遍必然"的。①

为什么"从个体的角度去研究美学还是不够的"？因为"个体"是主观的、具体的、特殊的，它还不是"普遍必然"的。潘知常说：

> 审美活动能够表达的，只是"存在者"，但是，它所期望表达的却是"存在"；审美活动能够表达的，只是"是什么"，但是，它所期望表达的却是"是"；审美活动能够表达的，只是"感觉到自身"，但是，它所期望表达的却是"思维到自身"；审美活动能够表达的，只是"有限性"，但是，它所期望表达的却是"无限性"。这样，对于"普遍必然""存在""是"和"思维到自身"的关注，简而言之，对于"无限性"的关注，让我意识到了信仰维度在美学思考中的极端重要性。②

这就十分清楚了：正是对"普遍必然"的追求，要求超越"个体的觉醒"，达到民族"信仰的觉醒"。这是从理论逻辑思考的结果，它意味着这个"转向"在理论体系上的必然性和必要性。

"普遍必然"究竟是指什么？具体地说，它就是康德特别强调的"主观的普遍必然性"。潘知常说：

> 审美活动的根本奥秘在于：它是主观的客观，又是客观的主观；它

---

① 潘知常：《生命美学引论》，百花洲文艺出版社，2021年版，第17—18页。
② 潘知常：《生命美学引论》，百花洲文艺出版社，2021年版，第18页。

是客观的生命活动，然而又偏偏是以主观的精神活动的形式表现出来。因此，只要从"审美活动使对象产生价值与意义"的角度出发，就不难进而破解审美活动的奥秘。①

这个奥秘很快就找到了。2001年的春天，在美国纽约圣帕特里克大教堂的冥思让潘知常找到了"通向生命的门"。这一番"冥思"，终于找到了通向"主观的普遍必然性"的路径：

> 那一天，我在纽约的圣帕特里克大教堂深思了很长时间，从下午一直到晚上关门。在走出圣帕特里克大教堂的时候，我已经清楚地意识到：个体的诞生必然以信仰与爱作为必要的对应，因此，为美学补上信仰的维度、爱的维度，是生命美学所必须面对的问题。这就是说，人类的审美活动与人类个体生命之间的对应也必然导致与人类的信仰维度、爱的维度的对应。美学之为美学，不但应该是对于人类的审美活动与人类个体生命之间的对应的阐释，而且还应该是对于人类的审美活动与人类的信仰维度、爱的维度的对应的阐释。②

这个"通向生命之门"的路径，就是"人类的信仰维度、爱的维度"。接下来，就是把在这一路径上的思考记录下来，这就是潘知常这一时期的6部专著：2002年出版的《生命美学论稿：在阐释中理解当代生命美学》、2005年出版的《王国维　独上高楼》、2007年出版的《谁劫持了我们的美感——潘知常揭秘四大奇书》、2008年出版的《〈红楼梦〉为什么这样红——潘知常导读〈红楼梦〉》、2009年出版的《我爱故我在——生命美学的视界》和2012年出版的《没有美万万不能：美学导论》。

---

① 潘知常：《生命美学引论》，百花洲文艺出版社，2021年版，第20页。
② 潘知常：《生命美学引论》，百花洲文艺出版社，2021年版，第18页。

（二）论著内容简介

下面我们通过介绍上面这6部专著，看看潘知常这个"转向"是怎么完成的。

1.《生命美学论稿：在阐释中理解当代生命美学》

2002年，郑州大学出版社出版了潘知常的《生命美学论稿：在阐释中理解当代生命美学》（以下简称《生命美学论稿》）。这本书是一个意外的结果。作者本想写一部《生命的悲悯》，作为生命美学的第三次阐释。可机缘不巧，他转入了南京大学新闻传播学系工作，"美学研究暂时成为业余，此书自然也就无法按时完成"[①]。恰在这时，郑州大学要出版一套美学方面的丛书，向他约稿。于是他在完成的文稿中选了一部分，加上部分已经发表过的论文，构成了这部著作。尽管如此，这部书仍然获得学界的重视，王世德先生就说它是潘知常对自己生命美学思想进行第三梳理的结果。[②]"生命的悲悯"，显然是该书的重要主题。这意味着潘知常从《生命美学》到《诗与思的对话》中所体现出的对生命的召唤与肯定，更进一步深化为对"生命的悲悯"；也意味着潘知常的"转向"。这个"转向"标志着潘知常开始摆脱实践美学的论域，不再受到实践美学的牵制和影响，开始了独自跋涉，向一个陌生的未知的领域冲刺。

《生命美学论稿》有一个严密的理论体系，其中的红线就是"奥斯维辛"所暴露出来的"美学危机""美学困惑"，所以需要"重建美学"。从"奥斯维辛"出发，重建的美学也就必然是、也只能是生命美学。而生命美学中个体生命之间的"相互主体性"（潘知常没用"主体间性"这个概念）必然引向"信仰之维、爱之维"的产生：

> 思入"神性"，为信仰而绝望，为爱而痛苦，这是最后的希望。生命

---

① 潘知常：《生命美学论稿：在阐释中理解当代生命美学》，郑州大学出版社，2002年版，第409页。

② 王世德：《潘知常生命美学体系试论》，《上海文化》，2017年第6期。

之树因此而生根、发芽、开花、结果。①

2.《王国维　独上高楼》

2005年文津出版社出版了潘知常的《王国维　独上高楼》。这既是一部研究王国维美学思想的专著，也是一部追索生命美学在现代中国源头的专著。

潘知常指出，人与自然的维度是我—它关系，这是第一进向；人与社会的维度是我—他关系，是第二进向。二者合称为现实维度，是人类求生存的维度。人与意义的维度正是我—你关系，这就是第三进向。这正是我们"阙如"的一个进向。第三进向的人与意义的维度正是一种区别于现实关怀的终极关怀，也是一种对于一切外在必然的超越。

> 就是这样，人与意义的维度使得最为根本的意义关联、最终目的与终极关怀成为可能，也使得作为最为根本的意义关联、最终目的与终极关怀的集中体现的爱成为可能。至于审美，毫无疑问，作为人类最为根本的意义关联、最终目的与终极关怀的体验，它必将是爱的见证，也必将是人与意义的维度、信仰的维度的见证。②

潘知常认为，王国维的主要贡献就是中国美学历史中石破天惊的千古一问：个体的生命存在如何可能？这是与"忧生"俱来的生命困惑。

> 由此，王国维得以轻松地跨越"忧世"的思考，跨越直接服务于社会的美学，转而以"忧生"的思考来救度精神的饥荒、灵魂的空虚、心灵的困惑。③

---

① 潘知常：《生命美学论稿：在阐释中理解当代生命美学》，郑州大学出版社，2002年版，第245页。

② 潘知常：《王国维　独上高楼》，文津出版社，2005年版，第4—5页。

③ 潘知常：《王国维　独上高楼》，文津出版社，2005年版，第65—66页。

因此，在王国维那里，生命被还原为个体。个体唯余"痛苦"，个体就是"痛苦"。结果，与传统的"生生不已"的生命美学形成"反讽"，一种全新的充满悲剧意识的生命美学诞生了。遗憾的是，王国维为这一全新的发现而手足无措：既然个体必亡，既然个体生存的虚无再也无法用"天下""汗青"之类去遮掩，生命也就进入一种孤立无援的绝境。在21世纪，我们必须扪心自问，我们怎样能比王国维、鲁迅走得更远？显然，美学应该被补上的极为重要也是唯一正确的新的一维也就是：信仰之维、爱之维。这就是我们所能够超越王国维、鲁迅并且比他们走得更远之所在。

因此，跨入21世纪的门槛，要在美学研究中拿到通向未来的通行证，就务必为美学补上素所缺乏的信仰之维、爱之维，务必要为美学找到那些我们值得去为之生、为之死、为之受难的所在。而这个所在，在我看来，就是：为爱作证！①

3.《谁劫持了我们的美感——潘知常揭秘四大奇书》

这一时期，潘知常出版了一系列讲义、讲座形式的"导读"书籍。比如，《谁劫持了我们的美感——潘知常揭秘四大奇书》（学林出版社，2007）、《〈红楼梦〉为什么这样红——潘知常导读〈红楼梦〉》（学林出版社，2008）、《说〈红楼〉人物》（上海文化出版社，2008）、《说〈水浒〉人物》（上海文化出版社，2008）、《说〈聊斋〉》（上海文化出版社，2010）等等，虽与生命美学也有紧密关系，但鉴于潘知常本人将之视为普及读物，不算学术著作，笔者也就不予一一介绍。但其中有两部著作影响较大，与生命美学的关系较为密切，我无法割舍，只得做个简单介绍。2007年学林出版社出版了《谁劫持了我们的美感——潘知常揭秘四大奇书》，第二年，又出版了

---

① 潘知常：《王国维　独上高楼》，文津出版社，2005年版，第235页。

《〈红楼梦〉为什么这样红——潘知常导读〈红楼梦〉》。二书系大众文化读物，以系列讲座为基础编撰而成。

《谁劫持了我们的美感——潘知常揭秘四大奇书》一书，主旨就在于考察如何正确地审美。该书以中国四部著名的古典小说《三国演义》《水浒传》《西游记》《金瓶梅》为解读蓝本，通过分析这四部文学名著产生、反映的时代及政治文化背景和小说中的典型情节、细节，考察典型人物所体现出来的价值取向与审美意义，提出了传承中国优秀文化应以《红楼梦》代表的"忧生"的美学传统取代"三国气""水浒气"的"忧世"的伪美学传统的重要思想。潘知常说，他以前主要考察什么是美的，近几年开始考察什么是不美的。正是从这个思路出发，四大奇书和中国传统美学就进入了他的学术视野。这正是一种用"第三只眼"去看四大奇书的方法。

> 我们有必要借助隐匿在心灵深处的那第三只眼睛，去明察秋毫，去透视世界的另一面，甚至是另一面的另一面，从而把美的还原为美，把丑的还原为丑，把悲剧的还原为悲剧。①

4.《〈红楼梦〉为什么这样红——潘知常导读〈红楼梦〉》

《〈红楼梦〉为什么这样红——潘知常导读〈红楼梦〉》一书从生命美学的角度，深入浅出地解读了《红楼梦》中的贾宝玉、林黛玉、薛宝钗、王熙凤、妙玉、尤三姐等一系列典型艺术形象及其生动故事，精辟地解读了《红楼梦》的文化意义与美学精神，给予广大读者十分有益的文化启迪与美学熏陶。

潘知常指出，《红楼梦》是"爱的圣经"，又是一部"忏悔录"，又是一曲"可歌的悲剧"。正是《红楼梦》，第一次走出了《三国演义》《水浒传》之类的老套，而使自己成为第一本还泪之书、赎罪之书、爱之书。

---

① 潘知常：《谁劫持了我们的美感——潘知常揭秘四大奇书》，学林出版社，2016年版，导论第13页。

可惜，《红楼梦》是"未写成的'爱'"。为什么呢？

《红楼梦》尽管竭力提倡爱，因此而开创了中国美学的全新方向，但是却并未完成信仰维度的建构，因此，它对于爱的提倡就也必然有其可疑之处。要知道，所有的信仰都肯定包含了爱，但是却并非所有的爱都必然与信仰相关。"爱"并不必然"可爱"，"爱"必须与"信仰"相关，它才是"可爱"的。①

《红楼梦》既然是"未写成的爱"，那就要求我们带着爱上路，去建构有爱的信仰。

5.《我爱故我在——生命美学的视界》

2009年，江西人民出版社出版了潘知常美学论文集《我爱故我在——生命美学的视界》，该书代表了潘知常在21世纪的新思考、新探索。在前言中，潘知常把它与21世纪以来已经出版的美学著作，尤其是其中的《生命美学论稿》做了比较：

《生命美学论稿》涉及的主要是我在前面提到的第"一个东西"，也就是"个体的觉醒"，……而本书则与《生命美学论稿》既有一致之处但也有不同之处，所谓一致之处，是指的本书同样也是对于美学基本理论的研究，所谓不同之处，则是指的本书主要涉及的是我在前面提到的另外"一个东西"，也就是"信仰的觉醒"，而在美学的思考中，"信仰的觉醒"无疑要比"个体的觉醒"更为艰难而且也更为重要，因为只有通过"信仰的觉醒"才能够最终走向作为"终极关怀的爱的觉醒"。②

---

① 潘知常：《〈红楼梦〉为什么这样红——潘知常导读〈红楼梦〉》，学林出版社，2008年版，第295—296页。

② 潘知常：《我爱故我在——生命美学的视界》，江西人民出版社，2009年版，前言第6页。

在追问"爱是什么"之前，似乎先要摸清个体的人生存的真实状况，在这种状况之下再做一个理性的选择。潘知常有时会用"赌"这个词：赌爱存在。其实不用"赌"，在明白了个体的人的真实存在状况之后，个体的人要生存下去，他基本上"只能"选择"爱"，他没有更好的选择。

什么是爱？

其实，爱并不是针对一个具体的东西的，例如爱人，例如爱祖国，而是你对这个世界的态度。这是一种你对这个世界的绝对负责的态度，是一种你对美好的东西的绝对坚信的态度。它不是指爱一个东西，而是指"爱"本身。所以，美学一般所说的爱都是指一种精神的维度，一种精神的眼光，一种人类的生存态度。或者说是生命的地平线。[1]

爱是自我的一种需要，与外界无关，与别人无关，是无条件的，也不求回报。爱是无缘无故的。

我们还没有这样一种成熟的观念，那就是：爱是我的选择，我要爱，我不管对方是不是回报我。爱不是因为你爱我我才爱你，而是因为我爱你，是因为我的人性的舒展的需要。这种观念我们还没有，也因此，条件的转变偏偏会导致爱的消亡和恨的诞生，因为条件转变以后，爱也就转变了。[2]

那么，什么叫无缘无故的爱呢？它不是以对象为转移的。它不是一种刺激反应，而是一种内在需要，你就是因为爱这个世界，你才做，这个世

---

[1] 潘知常：《我爱故我在——生命美学的视界》，江西人民出版社，2009年版，第60页。
[2] 潘知常：《我爱故我在——生命美学的视界》，江西人民出版社，2009年版，第181—182页。

界给不给你回报，无所谓！这就是爱。①

宽恕也是爱，是"无缘无故的爱"的具体表现。

所谓宽恕并非宽恕可以宽恕者，而是宽恕不可宽恕者，只有不可宽恕者存在，宽恕才存在。宽恕来自神圣维度、爱的维度。②

只有像海子等人一样，宽恕了不可宽恕者，才能实现"华丽的转身"，背对黑暗、背对苦难，面向光明、面向爱。美学在进入新千年之际，也面临一次是否"转身"的选择。在潘知常看来，我们这个民族、我们的美学必然面临一场从来没有过的"天路历程"。

爱，不是万能的，没有爱，却是万万不能的。

而我们存在的全部理由，无非也就是：为爱作证。"信仰"与"爱"，就是我们真正值得为之生、为之死、为之受难的所在，生命之树因此而生根、发芽、开花、结果。因此，我们虽置身黑暗，但是却既不仅仅痛苦、解脱，也不仅仅反抗、绝望，而是为信仰而绝望，为爱而痛苦，劈骨为柴，燃心为炬，去为爱作证，也为爱的未能莅临而作证。③

从这个意义上说，如果"生命"是美学的本体，那么，"爱"就是"生命"的本体。因为，"我爱故我在"，是"生命美学的视界"。

6.《没有美万万不能——美学导论》

2012年，人民出版社出版了潘知常《没有美万万不能——美学导论》一书，该书在潘知常生命美学思想体系中的地位，王世德先生有这样的看法：

---

① 潘知常：《我爱故我在——生命美学的视界》，江西人民出版社，2009年版，第209页。
② 潘知常：《我爱故我在——生命美学的视界》，江西人民出版社，2009年版，第100页。
③ 潘知常：《我爱故我在——生命美学的视界》，江西人民出版社，2009年版，第230页。

2009年他在江西人民出版社出版《我爱故我在——生命美学的视界》，继而又于2012年在人民出版社出版了《没有美万万不能——美学导论》，这是他对生命美学的第四遍梳理。他此时已进入了"信仰的觉醒"的阶段，他对生命美学的思考也基本趋于定性与成熟。[1]

就是说，王世德先生把它与《我爱故我在——生命美学的视界》一起，视为潘知常对自己的生命美学思想进行的第四次梳理。标志着潘知常生命美学由关注"个体觉醒"的阶段进入了"信仰觉醒"的阶段，生命美学"基本趋于定性与成熟"。

既然，没有美万万不能，那么，美是什么？潘知常指出，美是审美对象在审美活动中呈现出来的一种特定的能够满足人类自身的共同的价值属性。这个"共同的价值属性"又是什么？它就是境界。正是在这个意义上，我们说：美是自由的境界。为什么不直接说"美是境界"，而要在"境界"一词前面加上"自由"的限定词呢？因为还存在其他境界，比如人生境界、宗教境界。只有自由的境界才是美。自由有两个层次：一个层次是认识必然的自由，另一个层次是超越必然的自由。前者是客观的、现实的，后者是主观的、超越的。前者是自由的基础和条件，后者才是自由本身。而人之自由就在于：在把握必然的基础上所实现的自我超越。因此，只有超越必然的自由才是审美活动所要求的自由。

因此，我们也就可以合乎逻辑地做一个置换：美是人类对象性地运用"未特定性"、"无限性"、"超越性"的境界，美是人类对象性地运用"自我"的境界，其实也就是美是对于必然的超越的自由的境界。

---

[1] 王世德：《潘知常生命美学体系试论》，《上海文化》，2017年第6期。

再简单一点：美是自由的境界。①

以上，我们对潘知常21世纪以来6部生命美学专著的简单介绍，确实印证了他的"转向"：从20世纪"个体的觉醒"阶段进入了21世纪"信仰的觉醒"阶段。不过，我认为"转向"一词并不严谨。严格说，这不是"转向"，而是"发展"。从20世纪的"个体的觉醒""发展"到了21世纪的"信仰的觉醒"。

三、兴盛期：其他学人的生命美学

这一时期（2001—2017年），生命美学获得了许多学人的认可，不仅撰写了大量的论文和不少专著，还把生命美学的基本理论运用到许多方面，进行实证或应用研究。本书作为当代中国生命美学史的研究，无力对那许多关涉生命美学的论文一一介绍，只能对生命美学专著做个简介。

（一）2001—2010年生命美学专著简介

在2001年，出版了4部书，一部是姚全兴的《生命美育》，一部是雷体沛的《存在与超越：生命美学导论》，一部是刘成纪的《美丽的美学——艺术与生命的再发现》，还有一部是杨建葆的《阅读生命》。

上海教育出版社出版的姚全兴的《生命美育》指出，生命美育的核心，是人的生命美。姚全兴讨论了生命美育与审美教育、素质教育和终身教育的关系。指出生命美育是审美教育的一种，具有美育的一般作用。而终身教育也离不开生命美育。

广东人民出版社出版的雷体沛的《存在与超越：生命美学导论》从探寻生命与艺术的关系入手，解释生命的全部意义。雷体沛指出，人类的全部活动，其目的和意义就在于：存在及对存在的超越。艺术活动是其中的一种活动，它

---

① 潘知常：《没有美万万不能——美学导论》，人民出版社，2012年版，第363页。

必然指向存在和对存在的超越。

> 艺术是以超越为己任，并在超越中获得自身的意义和价值。没有超越就没有艺术，只要艺术存在，就必然有鲜明的超越意识。[1]

所有人类活动（科学活动、哲学活动、艺术活动、宗教活动等等）的直接基点和全部目的、意义，都是为了人类的存在及对存在的超越。这是人之为人，即人作为"宇宙的精华，万物的灵长"的智慧体现。这是该书的逻辑出发点，是大前提，也是书名"存在与超越"的根据。

雷体沛认为，美学，便是对艺术活动和审美活动的把握、揭示和弘扬。因此，雷体沛始终关心的核心论题就放在艺术与生命的关系上。存在与超越就是生命的存在与超越（或发展）问题，没有生命的存在与发展，也就没有艺术，更没有审美。

河南大学出版社出版的刘成纪的《美丽的美学——艺术与生命的再发现》一针见血指出了"美学不美"的问题。遵循科学的规则不应该影响到人们对自然、人生和艺术的挚爱，否则，搞美学的结果就只能使人们形若槁木、心如死灰，变成不会哭、不会笑的假面人。这样搞出来的美学必定是不美的美学。

在中国古代，人们很少能看到西方那种让人望而生畏的美学巨著，但中国先哲们对美的见解却往往让人时时体验到一针见血的到位感。究其原因，无非是因为中国先哲们很少将美学研究作为纯粹书斋里的活计，而是和自己当下的审美体验紧密地结合在一起。

我完全赞同刘成纪这一观点。"美学不美"的根本原因是研究方法的错误。

南方日报出版社出版的杨建葆的《阅读生命》，以生命的生与死为经，以人体各部分器官为纬，用图片和文字的形式详尽地展示和描述了人体的生命之

---

[1] 雷体沛：《存在与超越：生命美学导论》，广东人民出版社，2001年版，第119页。

美，由此延伸到人体的艺术之美，是一曲对生命的赞歌。

2002年，四川文艺出版社出版了范藻的《叩问意义之门——生命美学论纲》。王世德评价该书：文笔流畅、语言优美、富有诗情和哲理，从引论"生命的困惑"到结论"生命的意义"，首尾呼应，自成一体。还说，该书在行文上，努力追求诗情、画意、哲理三位一体的审美效果；作者不时将自己的情感投入，使文章富于理性的激情和诗意的哲理，从而一扫美学理论著作晦涩难懂、玄妙抽象的文风。①

范藻指出，为无意义的自然生命赋予意义，人类可以不寄希望于来世，也不奢望上帝的恩宠，而只能依靠自己。方法就是"文而化之""美而育之"。生命再经过一场"凤凰涅槃"一般悲壮的巨变之后，走向专注"过程"的生命美学。

2004年人民文学出版社出版了周殿富的《生命美学的诉说》。在该书的"编辑絮语"中，开门见山就为这部书定了性：这是一部以生命美学为主题的思想散文作品，把深邃的思想与优美的文学手法有机地融为一体，把理想的追问与现实生活相结合，并形成了一种特有的文体风格样式。

我赞赏《生命美学的诉说》这种写法。我一直认为，美学尤其是生命美学应该是感性与理性的交融，就像《文心雕龙》一样。《生命美学的诉说》不能说没有体系，但它显然太过臃肿，不够简明，更缺乏精确与严密。

2004年，中国人民大学出版社出版了成复旺的《走向自然生命——中国文化精神的再生》。成复旺指出，他的全部思考"逐渐集中于一点，那就是'生命'"。他从中西文化的对比入手，借德国学者彼得·科斯洛夫斯基提出的两种模式——技术模式和生命模式——的对比，指出西方后现代文化与中国传统文化是"相通"的。从而证明"走向自然生命"是复兴中国传统文化的必由之路。

---

① 范藻：《叩问意义之门——生命美学论纲》，四川文艺出版社，2002年版，序第4—5页。

成复旺信心满满地问："我们是否应该呼唤，'盈天地间只是一个大生'这种中国传统文化观念的伟大再生？"①

2005年，黑龙江人民出版社出版了王晓华的《西方生命美学局限研究》。王晓华认为，以审美主体的言说依据为尺度，全部西方美学史可以划分为三个阶段：（1）直接断言美阶段——原始美学时期；（2）以精神活动为根据观照—阐释—断言美阶段——精神美学时期；（3）以生存实践为终极根据建构—发现—阐释世界阶段——生命美学时期。西方生命美学的三个维度：身体美学、实践美学与生态美学。因此：

> 生命美学的最确切定义应该是以人实在的生命活动为言说依据并以生命整体为研究对象的美学。这个定义的合法性可以通过美学史的逻辑进展获得证明。②

王晓华最后强调：

> 西方生命美学的最大局限就是未完成身体美学—实践美学—生态美学的三元整合，因此，中国生命美学只有实现了这三元整合才能真正超越之。在这个过程中西方生命美学作为思想资源将被最大限度地摄入，中国本土生命美学既有形态的局限也会在创造性的借鉴（对西方）和回归（对传统）中而被逐步消解。所以，走向身体美学—实践美学—生态美学的三元整合是超越中西方生命美学局限的具体道路。③

2005年，中国文史出版社出版了刘承华的《艺术的生命精神与文化品

---

① 成复旺：《走向自然生命——中国文化精神的再生》，中国人民大学出版社，2004年版，第408页。
② 王晓华：《西方生命美学局限研究》，黑龙江人民出版社，2005年版，第3—4页。
③ 王晓华：《西方生命美学局限研究》，黑龙江人民出版社，2005年版，第322页。

格》。刘承华认为，就我们中国人而言，最高的审美范畴不是"美"，而是"韵"。

> 中国人所谓的美，往往只是指漂亮，与西方的Beauty意思相近。而中国艺术所追求的并不是这种美，而是另一种更内在的东西。北宋范温就曾指出过"美而病韵"的现象，也说明了美与韵的不同。①

"美"与"韵"是中西方根本不同的最高审美范畴。这一观点很有启发意义。

2005年，中国文史出版社还出版了朱寿兴的《美学的实践、生命与存在——中国当代美学存在形态问题研究》。朱寿兴认为，"生命美学"有"狭义的"和"广义的"两类。潘知常所建构和阐发的"生命美学"可视为狭义的生命美学之一种，广义的生命美学，则不仅指包括潘知常的生命美学在内的以生命为其本体的"生命美学"诸形态及其总汇，而且包括美学的生命在当代中国人的生活状态中的具体呈现。而且，"狭义的生命美学"更趋近于"实践"范畴，而"广义的生命美学"更趋近于"存在"范畴。

朱寿兴主张"广义的生命美学"，但在实际的论述中，又把"广义的生命美学"替换为"广义的美学"，大概他认为二者是一回事。

2005年，河南人民出版社出版了张涵的《艺术生命学大纲》。张涵认为，21世纪人类面临生存困境，而解决这一困境的"大策"就是要建立以大生命哲学和大生命美学为"头脑"、以新的艺术革命和科技革命为"双翼"的人类文明发展新范式，这就是艺术生命学。21世纪呼唤艺术生命学的诞生。正是在关于"上帝死了""人死了"的哲学反思的"涅槃"上，诞生了我们称之为大生命哲学和大生命美学的新"凤凰"。

2006年，人民日报出版社出版了雷体沛的《艺术与生命的审美关系》。浙

---

① 刘承华：《艺术的生命精神与文化品格》，中国文史出版社，2005年版，第66页。

江工商大学公共管理学院副教授、文学博士魏彩霞在她的《艺术理想与生命关怀——评雷体沛教授新作〈艺术与生命的审美关系〉》一文中,从"大众艺术时代的理想诉求"和"艺术解读的生命视野"两个方面给予好评。该文认为:"对于艺术本质的拷问,是《艺术与生命的审美关系》一书的核心内容。雷体沛教授从生成与体验这两个基点出发,考察了艺术与生命的关联。在他的书中,对于'生命'的张扬,成为一根主线。这种思考,为我们这些科技理性时代的迷失者,指明了可以归依的精神家园。"[1]

2006年,北京大学出版社出版了陆扬的《死亡美学》。陆扬指出:

> 死亡的审美价值从根本上说,在于人类怎样以他们的自由精神来超越对死亡的恐惧和困顿。本书以死亡的美学角度为出发点,用充满哲理和诗歌一样的语言探讨了中、西方文化中的生死观念以及死亡与崇高、悲剧、宗教、灵魂鬼怪世界的审美关系,并解析了死亡的现代意识和种种自杀现象。[2]

陆扬对作家自杀的考察失之偏颇。在我看来,只有在追求比生命更崇高的价值时,自杀和被杀才有意义,屈原之死与顾城之死虽然具体原因不同,但同样毫无意义和价值:他们都是与现实搏斗的败将,因个人的痛苦和绝望而选择自杀,体现了他们人格中的懦弱,并没有彰显死亡的崇高。

2006年河北教育出版社出版了乔迁的《艺术与生命精神——对中国青铜时代青铜艺术的解读》。乔迁从"对中国青铜时代青铜艺术的解读"入手,揭示艺术与生命精神之间的关系。视角独特,给人启发。

2006年,武汉大学出版社出版了刘纲纪的《〈周易〉美学》(新版),这是一本公认的生命美学专著,他自己也承认。刘纲纪是"实践美学"的代表人

---

[1] 魏彩霞:《艺术理想与生命关怀——评雷体沛教授新作〈艺术与生命的审美关系〉》,《浙江工商大学学报》,2008年第2期。

[2] 陆扬:《死亡美学》,北京大学出版社,2006年版,封二。

物之一,却写了一本"生命美学"的书,很有意思。《〈周易〉美学》以周易为中国古代美学研究的切入点,找到一条中国古代美学研究的好路径,并从中西比较的视角深入阐释了周易所包含的生命美学内涵。曾繁仁认为:

> 刘先生《周易》生命论美学的阐发提出了一条富有成效的中国古代美学走向现代与走向世界之路。①

2006年,上海三联书店出版了萧湛的《生命·心灵·艺境——论宗白华生命美学之体系》。该书将宗白华美学放在20世纪30—40年代出现的生命哲学思潮的背景下来理解,揭示了宗白华对生命本体理解的前后变化,以及其学术理论由生命哲学转向生命美学的必然性。

2007年,中国文联出版社出版了朱鹏飞的《直觉生命的绵延——柏格森生命哲学美学思想研究》。朱鹏飞考察了柏格森的生命哲学思想和生命美学思想。

朱鹏飞指出,在对柏格森的哲学思想浏览一遍之后,就会发现,无论是他的哲学本体论、认识论或者价值论,都是围绕着"绵延"与"直觉"这两条线展开的。于是,从生命美学的角度讲,就有了"直觉绵延之美"。柏格森的美学思想更是其生命哲学本体论、认识论与价值论思想的合理延伸,在美学思想中,柏格森的"绵延"说、"直觉"说以及"自由"学说的精髓都得到了最真切的体现。

2008年安徽大学出版社出版了文白川选编的论文集《美学、人学研究与探索》(19篇论文)。该书把关注的重点放在了"生命美学"上,认为越来越多的学者认同"美的本质是在于客观事物的情形契合人的内在生命尺度",即认同"生命美学"的理论。

---

① 曾繁仁:《刘纲纪教授有关〈周易〉生命论美学研究的重要价值与意义》,《中南民族大学学报》(人文社会科学版),2013年第1期。

2009年,学林出版社出版了蒋继华《媚:感性生命的欲望表达》。蒋继华应该是第一个从感性生命的角度专门考察女性的审美心理和特点的人。他抓住最具有女性特征的审美范畴"媚",全面、深入地分析了"媚"的内涵、产生机制和基本特征。

蒋继华认为,从生命美学的角度讲,媚,首先体现为女性生命存在的样态,然后才是一种审美趣味。该书无疑是对生命美学中一个很重要的范畴的深入分析,但它仅仅是一个就事论事的实证分析,并没有上升到从生命美学的高度考察"媚"这一范畴。正因为如此,蒋继华对"媚"的审美价值的评判,对王朔、池莉、刘震云等作家表现小人物生活的作品的评价就难免有失公允。

(二)2010—2017年生命美学专著简介

2010年,光明日报出版社出版了王庆杰《宿孽总因情:〈红楼梦〉生命美学引论》。王庆杰考察了生命美学的意涵,然后阐释了《红楼梦》生命美学的向度和内涵。

2011年,西南交通大学出版社出版了李雄燕的《从生命美走向生态美——〈南华真经〉四家注中的美学思想研究》。李雄燕梳理了唐代成玄英、宋代陈景元、明代陆西星及程以宁对《南华真经》的注疏,从中概括出了四人的生命美学思想、生态美学思想,认为他们蕴含在《南华真经》注疏中的美学思想,既关注个体自身的生命,更由个体自身生命的长久,走向了对整个宇宙生命的关爱,由生命之美走向了生态之美。

2012年,生活·读书·新知三联书店出版了陈伯海的《生命体验与审美超越》,商务印书馆又出版了他的《回归生命本原——后形而上学视野中的"形上之思"》。二书有内在的逻辑联系,陈伯海在《生命体验与审美超越》一书的后记中说这两本书是同时构思、交叉写作的姊妹篇。《回归生命本原》一书是美学专著《生命体验与审美超越》一书的哲学基础。

陈伯海致力于生命体验美学的当代建构。生命体验美学"以'生命'为本原、以'体验'为核心、更以'自我超越'为其精神指向,由三者构成审美活动的必要环节和基本途径,并在实现这一途径的过程中逐步展现审美自身的性能"①。由此可见，陈伯海先生倡导的生命体验美学，既承认审美活动是生命活动，又突出强调了"审美体验"和"审美超越"的重要性。

2012年，中国社会科学出版社出版了刘伟的《生命美学视域下的唐代文学精神》，在广泛梳理材料的基础上，刘伟选取人文审美的视角，以诗性的激情，对唐代文学的本质特征进行全面挖掘，对蕴涵其中的生命美学精神进行阐释。以"生命美学"作为学术切入点，为唐代文学研究提供了一种新的学术视角和解读方式。

2013年，广西师范大学出版社出版了封孝伦、袁鼎生二人主编的《生命美学与生态美学的对话》。《生命美学与生态美学的对话》由20余篇文章组成，话题转换自由，生命美学与生态美学交叉呈现，轻松活泼。主要是观点的交流与对话，并没有在意全书内在的逻辑体系。该书的核心内容主要集中在三个方面：一是对基础理论的研究，如对人类生命的、生命美学的理论源流及以生态美学发展为基础学科的潜质、整体论方法、审美生态观、生态美感等问题的深入研究；二是不同学科之间的交汇、碰撞与对话，例如对生命美学、实践美学与生态美学关系学科发展的生态疆域等问题的研究；三是对生命美学与生态美学的具体应用性研究，例如，对中国古代乐论的生态美学思想、龙胜梯田生态审美意蕴、苗族生态审美观、毛南族艺术、雕塑艺术、身体美学等维度与领域的探索与研究。这几个方面的研究丰富并充实了生命美学与生态美学研究的内容，拓展了其对话的空间。

2013年，教育科学出版社出版了熊芳芳的《语文：生命的，文学的，美学的》。"生命语文"是熊芳芳提出的语文教育理念，也是她坚持了十多年一线实践所打造的教学风格。熊芳芳指出："'生命语文'教育，即以生命为出发点，遵循生命的本质属性，与生活牵手，让生命发言，让语文进入生命，唤醒生命，并内化为深厚的文化底蕴和丰富的人格内涵，是为帮助我们认识生命的美丽与宝贵，探索生命的方向与意义，提升生命的质量与品位，使生命变得更

---

① 陈伯海：《生命体验与审美超越》，生活·读书·新知三联书店，2012年版，第178页。

加美好、更有力量、更有意义而进行的语文教育。"①

"生命语文"的教育理念一经提出,就赢得强烈反响,口碑很好。

2013年,辽宁人民出版社出版了刘萱的《自由生命的创化——宗白华美学思想研究》。刘萱考察了宗白华的美学思想,关注的重点放在"自由生命的创化"。刘萱认为,宗白华的美学思想源于中国古代"天人合一"的哲学思想,这种哲学观使得宗白华在从事美学研究过程中坚持将以人为本和人与宇宙万物的和谐作为立足点。西方现代的人文意识启示着宗白华的思想观念,他把柏格森的绵延创化论思想吸收到他的美学思想研究中。意境创构的三层次是他对于意境理论的又一个重大的贡献。

刘萱指出,美的本质是什么是长久以来学术界探讨的一个问题。宗白华对这个问题没有做出直接的回答,从他的学术论文和他所从事的美学研究中,可以得出他对美的本质的规定:美的本质在于自由生命的创化。

2014年,人民出版社出版了王凯的《道与道术——庄子的生命美学》。该书以"道"与"道术"为主题,对庄子的生命哲学及其生命美学进行了深入的、独具特色的研究。

2014年,商务印书馆出版了封孝伦的《生命之思》,贵州人民出版社出版了他的《美学之思》。封孝伦的《生命之思》和《美学之思》与他早先出版的《人类生命系统中的美学》一起,构成了一个完整的"生命美学"体系。《生命之思》是哲学基础,是"生命哲学",《美学之思》与《人类生命系统中的美学》构成"生命美学"体系。

司有仑在1996年出版了《生命·意志·美》,八年之后,也就是在2014年,出版了《生命本体论美学》。二书虽然在研究西方代表性的生命美学家及其理论时,多有重复,但在具体内容上,又不相同,《生命本体论美学》更深入、更全面。该书重点考察西方生命本体论美学。对其中的生命意志论美学、强力意志论美学、生命体验论美学、生命直觉论美学、潜意识美学、集体潜

---

① 熊芳芳:《生命语文》,漓江出版社,2017年版,第2页。

识美学等进行了评述。全书结构清晰，述评简明扼要，对美学研究者具有借鉴意义。

2014年，社会科学文献出版社出版了谭扬芳、向杰合著的《马克思主义视阈下的体验美学》。该书没有讨论"生命"，但"生命"却在其中。因为"体验"必然是"生命的体验"。该书写作于1980年代中期，直到2014年才出版，等待了三十余年。该书认为，美是主客体的融合，是矛盾的解决。主体与客体是最核心的一对矛盾，其他所有矛盾都因此而起。一旦主体与客体的矛盾获得解决，其他所有的矛盾也就获得解决。而矛盾的解决就是互融互含，就是融合，因此审美主体与审美客体的融合就是美的本质。

> 美不是形式，美也不是内容；美不是属性，也不是符号。美存在于主体与客体的关系中。没有离开主体的美，也没有离开客体的美。美是主体与客体之间的一种关系，一种融合关系。更进一步地说：美就是矛盾的解决！①

这种主客体的融合要成功实现，还需要一个中介过程：审美体验。体验，就心理学的角度说，是指主体全心全意重现客体的心理活动。

> 体验是主体的心理活动。在这种活动中，主体自觉不自觉地重现客体，并且在重现的过程中，主体在无意识中明确地意识到自己的存在。
> 从哲学的意义上讲，体验的实质是主客体双方的相互融合。本来客体是存在于主体之外的。可是体验要求主体在自己的内心重现客体，或者深入到客体内部去过它的生活，以至于主体消失在客体中，客体消失在主体

---

① 谭扬芳、向杰：《马克思主义视阈下的体验美学》，社会科学文献出版社，2014年版，第106页。

中，这难道不是主客体的融合么？[①]

《马克思主义视阈下的体验美学》以体验为核心范畴，把审美主体与审美客体融合起来揭示美的本质。指出美就是主客体的融合，是矛盾的解决，也就是对矛盾各方规定性的超越。谭扬芳、向杰已经清醒地意识到，人作为审美主体在审美活动中的重要作用和意义。但囿于他们当时的眼界，其思想显得还不够成熟。

2015年，华东师范大学出版社出版了张永的《生活美学："生命·实践"教育学审美之维》。张永从"生活美学"的角度切入"生命·实践"教育学的审美属性，虽然实践与"生命"有一定联系，却是放在"生活"这个大概念中的。

2017年，百花洲文艺出版社再版了袁济喜的《兴：艺术生命的激活》。书中全面系统地对"兴"这个中国美学的重要范畴在中国传统美学中的历史地位、发展历程、核心思想及精神实质做了探讨。袁济喜认为，"兴"之诞生，肇自华夏民族的生命冲动。"兴"中保留着中华远古生民天人感应、观物取象、托物寓意等文化观念痕迹。从审美与艺术活动的角度来说，"兴"是现实人生向艺术人生跃升的津梁，是使艺术生命得到激活的中介，它是中国古典美学有价值的传统之一。

四、兴盛期生命美学的特点

2001—2017年这十七年，是生命美学的兴盛期。这一时期，一个十分突出的特点是：生命美学不仅没有因为其首倡人潘知常离开美学界而衰落，反而更加兴盛。

[①] 谭扬芳、向杰：《马克思主义视阈下的体验美学》，社会科学文献出版社，2014年版，第147页。

(一)潘知常"离而未去"

这其实有两个重要原因。一个原因是潘知常虽然离开了美学界,却没有离开美学。在这十七年中,他除了新闻传播方面的教学与研究工作外,还出版了6部、修订再版了1部生命美学专著(见表4-3)。

表4-3 潘知常离开美学界后的生命美学专著

序号	书名	出版机构	出版时间
1	生命美学论稿:在阐释中理解当代生命美学	郑州大学出版社	2002年
2	王国维 独上高楼	文津出版社	2005年
3	谁劫持了我们的美感——潘知常揭秘四大奇书	学林出版社	2007年
4	《红楼梦》为什么这样红——潘知常导读《红楼梦》	学林出版社	2008年
5	我爱故我在——生命美学的视界	江西人民出版社	2009年
6	没有美万万不能:美学导论	人民出版社	2012年
7	中国美学精神(修订再版)	江苏人民出版社	2017年

2009年以前,出版密度还是较大的,2009年以后八年时间出了2部书。另一方面,在知网上搜索"潘知常""生命"这样的关键词,可以看到潘知常在这时期发表了38篇生命美学论文,平均每年2篇。以他7部专著的出版和近40篇论文的发表,足以推动生命美学的发展。何况,在这一时期,潘知常生命美学关注的重点发生了"从'个体觉醒'到'信仰觉醒'"的转变。这就让人更加关注生命美学,也推动了当代中国对生命美学的关注。

(二)众人拾柴火焰高

另一方面,这也说明了生命美学获得了越来越多的学人的认可。他们不仅仅是"认可"生命美学,还从自己的立场出发,建构起自己的生命美学。他们的生命美学独具特色,与潘知常的生命美学大异其趣。比如,封孝伦的生命美学就建立在"三重生命说"的基础之上。他把重点放在对"生命"的阐释上,他的生命美学是基于对"生命"的深刻认识而建立起来的，是"关于"生命的美学。潘知常把"生命"当成美学的"本体"，但他是通过这个本体"透视"宇宙、世界和人生，所以，他的生命美学是"基于"生命的美学，是"大美学"。陈伯海的生命体验美学，可以说是建立在"生命体验"之上的美学，重点在"体验"上，与潘知常生命美学更近一步，但也有根本不同。潘知常也强调"审美体验"，但它在他的生命美学体系中似乎没有在陈伯海那里重要。其他一些人也建构了生命美学，比如雷体沛、范藻、姚全兴、周殿富、王庆杰等人。雷体沛关注艺术与生命的关系；范藻和姚全兴关注对生命的美化与美育；周殿富用哲理性散文的形式表达对生命美学的体悟；王庆杰把重点放在生活与生命的关系上，似乎有补救阎国忠对生命美学脱离现实社会的批评的作用，令人印象深刻。总之，这十七年的30多部（除去潘知常7部）著作，除了少数是美学史方面的研究，一部分是生命美学应用研究外，就生命美学基础理论研究而言，可说是百花齐放。

为什么越来越多的美学学人会认可、接受，并试图建构自己的生命美学？这背后其实就是潘知常提出的"生命还是实践"的第一美学问题。第一个原因，就是实践美学的不足之处被越来越多的人认识，对实践美学的不满越来越多，也越来越强烈。第二个原因，就是"个体的觉醒"，个体对"生命"的自我意识越来越强烈，对"生命"的关注，就是对"个体"的关注，因为，"生命"只能以"个体"的形式存在。这是与中国传统美学强调的"天人合一"有机整体的"生命"观的本质区别。当代中国生命美学的进步性就在于此。正是因为越来越多的人意识到"个体生命"才是"生命"的具体存在，他们才开始关注"生命"，试图重建"生命本体论"美学。

上述两个原因的结合，促使不少学人自觉建构了自己独具特色的"生命美学"，也壮大了"生命美学"。

（三）崛起的美学新学派

也正是在这一时期，生命美学成为"崛起的美学新学派"。2016年，范藻在《中国社会科学报》上发表《生命美学：崛起的美学新学派》一文，成为生命美学崛起的标志性事件。早在2000年，刘士林就在光明日报上撰文明确指出：生命美学是世纪之交的美学新收获。他说：

> 从80年代开始，越来越多的美学家先后投入生命美学的研究，不仅在美学基本理论方面有所发现、有所创造，而且把学术视野拓展到了中国美学、西方美学、当代审美文化，推出了一大批学术专著、专论，涉及到了美学基本理论、中国美学、西方美学、当代审美文化等各个方面，从而极大地开掘出生命美学的学术资源，并且以无可辩驳的事实证明：就20世纪出现的以蔡仪为代表的认识美学、以李泽厚和刘纲纪为代表的实践美学、以潘知常为代表的生命美学这三大美学构想而言，只有以潘知常为代表的生命美学的构想，才真正与中、西方审美实践以及当代审美实践一脉相承、相得益彰。①

刘士林认为：

> 生命美学的崛起与中国的美术界自90年代开始走向生命美学，都是不可避免的。②

他在这里已经说到了"生命美学的崛起"。不过，认真说来，尽管1990年代有不少人加入生命美学研究队伍，对生命美学的基本理论研究、实证研究和应用研究，都有令人印象深刻的成就，但与2001年至2017年这十七年相比，其参与人数、研究范围的广度和深度都要差一点。所以，范藻在2016年提出生命美学已经成为一个崛起的美学新学派是符合事实的，合理的。

上述事实至少说明了这样几点：

---

① 刘士林：《生命美学：世纪之交的美学新收获》，《光明日报》，2000年9月5日。
② 刘士林：《生命美学：世纪之交的美学新收获》，《光明日报》，2000年9月5日。

1. 对生命美学的研究蔚然成风，且已经运用到方方面面。比如对沈从文、史铁生、迟子建、毕淑敏、宗璞、陶渊明、李白、晏殊等作家作品的分析，对《周易》《庄子》《山海经》《淮南子》《文心雕龙》等古代经典著作的生命美学阐释，对水族、侗族、傣族等少数民族的风俗习惯、民居与服饰的分析，对语文、体育、数学甚至生物学等课程的生命美学分析，等等。这一时期，还建构了基于生命美学的休闲、旅游等部门美学。

2. 生命美学的倡导者越来越多。除了生命美学的首倡者潘知常以外，大力倡导生命美学的学人还有：封孝伦、陈伯海、张涵、刘成纪、朱良志、成复旺、范藻、雷体沛、司有仑、薛富兴、姚全兴等人。还有一些著名学者，比如袁世硕、俞吾金、刘再复、阎国忠、王世德、劳承万等人，也热心支持、倡导生命美学。与1991—2000年的成型期相比，兴盛期倡导者们撰写了大量的生命美学论文，出版了专著。另一个更值得注意的现象是，有不少的学人开始研究生命美学倡导者的生命美学思想。据不完全统计，这一时期研究潘知常生命美学的文章有40篇，研究封孝伦生命美学的文章有18篇，研究陈伯海、刘成纪、范藻、黎启全等生命美学倡导者的论文也有一定数量。这意味着，不管是赞成还是批评、反对生命美学，生命美学已经成功进入人们的学术视野之中，人们不得不正视、承认它的存在。

3. 这种思潮已成独立运动，它不受任何人的影响与支配。即使是生命美学的创始人、首倡者潘知常的离开都不可能使其减缓发展势头。一个重要事实是，这一时期，恰恰是生命美学创始人潘知常缺席的时期。2000年前后，潘知常因为种种原因，不得不离开美学界，离开他心爱的美学研究。直到十七年之后才回归美学界。在这期间，他虽然也发表了不少美学论文，出版了6部（不含1部修订再版）专著，但对中国美学界的现状，也包括生命美学的研究现状并不十分了解。应该说，这十七年中国生命美学的发展是在获得了众多支持者之后的集体自发行动。这表明，潘知常开创的生命美学不仅符合现代中国美学发展的历史趋势，而且，它具有历史必然性，契合了时代的发展精神和基本要求。否则，它会像历史上不少思想运动一样，首倡者一旦离开，所倡导的思想、主张也就跟着消失。从这个意义上说，潘知常开创的生命美学，不是他一个人的生命美学，而是整个当代中国的生命美学。

4. 生命美学的倡导者们各自的生命美学并不一样。但是我们也注意到，在各种不同的生命美学中，首倡者潘知常主张的"以生命为现代视界"的生命美学影响最大，受到的鼓励与批评也较多，误解也较多。基本上，人们一说到"生命美学"，除非特别说明，指的都是潘知常提倡的生命美学。而且，封孝伦、陈伯海、张涵、刘成纪、朱良志、成复旺、范藻、雷体沛、司有仑、薛富兴、姚全兴等人的生命美学也各不相同，除了以"生命"为本体、为逻辑起点这一共同之处外，他们各自的理论主张各不相同，甚至完全不一样。

5. 从2016年开始，"生命美学"渐显颓势。虽然范藻的《生命美学：崛起的美学新学派》发表于2016年，但2017年生命美学研究不仅没有专著出版，连论文也仅发表了几篇。2018年，潘知常强势回归，《美与时代》《四川文理学院学报》等学刊专设"生命美学"专栏，所发论文才多了起来，生命美学学人们发表了论文34篇，仍没有专著出版。

（四）生命美学获得学界广泛承认和充分肯定

在这一时期，至少有6部述评现当代中国美学研究现状的专著设专章或专节述评了生命美学。

2006年，首都师范大学出版社出版了戴阿宝、李世涛合著的《问题与立场 20世纪中国美学论争辩》和薛富兴的《分化与突围 中国美学1949—2000》，同年，北京大学出版社出版了章辉的《实践美学：历史谱系与理论终结》；2007年，中国社会科学出版社出版了刘三平的《美学的惆怅——中国美学原理的回顾与展望》；2015年，商务印书馆出版了阎国忠的《走出古典——中国当代美学论争述评》，同年，商务印书馆又出版了阎国忠、徐辉、张玉安、张敏合著的《美学建构中的尝试与问题》。这些论著所述评的生命美学，基本上都是以潘知常生命美学为代表。

在《走出古典——中国当代美学论争述评》一书中，阎国忠指出：

潘知常的生命美学坚实地建立在生命本体论的基础上，全部立论都是围绕审美是一种最高的生命活动这一命题展开的，因此保持了理论自身的一贯性与严整性。与实践美学相比，它更有资格被称为一个逻辑体系。①

在《美学建构中的尝试与问题》中，作者考察了7种美学建构方式。在第7种美学建构方式中，作者较为全面地评述了潘知常的生命美学。②

6部评述当代中国美学研究现状的专著都述评了生命美学，这表明生命美学的发展壮大和它越来越大的影响力，已经是一个不容忽视的基本事实。研究当代中国美学现状的学者，不能无视生命美学的存在。实际上，生命美学不仅获得了无数爱好者的承认与肯定，也获得了学界广泛的认可。

第二节　拓展期：生命美学的拓展与升华

2018年到2021年，为生命美学的拓展期。相对于"兴盛期"，生命美学的拓展期到本书的写作时期为止仅有短短的三四年时间。但在这三四年时间里，生命美学研究的深度和广度都有极大的拓展。

一、拓展期的生命美学研究

2018年，《美与时代》杂志为庆祝改革开放四十周年而开设"生命美学专题"，并邀请潘知常做主持人。这一事件意味着潘知常正式回归他离别了十七年的美学界。这一年，潘知常在《美与时代》杂志主持"生命美学专题"，该专题共计发表了不同作者的24篇（不含潘知常本人的2篇）研究论文；这一

---

① 阎国忠：《走出古典——中国当代美学论争述评》，商务印书馆，2015年版，第330页。
② 参见阎国忠、徐辉、张玉安、张敏著：《美学建构中的尝试与问题》，商务印书馆，2015年版，第203—221页。

年，潘知常在《美与时代》杂志的下旬第1期上发表了《生命美学："我将归来开放"——重返20世纪80年代美学现场》一文，总结了生命美学将近四十年的发展成果和取得这些成果的主要原因，并考察了当代中国美学研究的现状以及与中外美学传统的关系，该文的发表表明潘知常正式回归美学界，回归美学研究。因此，2018年成为当代中国生命美学拓展期的开始年，应该是没有问题的。

同年，在《美与时代》下旬第12期上又发表了《生命美学：归来仍旧少年》一文，这是他对一年来主持《美与时代》杂志的"生命美学专题"研究的工作总结，更是他对自己过去的生命美学研究的概略式回顾。

像《美与时代》杂志这样专门开辟"生命美学专题"栏目的刊物还有一些。比如，早在2015年，《贵州大学学报》（社会科学版）开设了生命美学研究专栏；《四川文理学院学报》从2016年开始，每年都有1至2期生命美学研究专题。

在知网搜索关键词"生命美学"，从2018年到2021年11月，知网收录有关生命美学的总库词条计有365条，除去非论文和与生命美学无关的部分，共计有342篇研究论文，其中，硕士论文48篇，博士论文3篇。

这四年中，2018年有82篇，2019年有74篇，2020年有91篇，2021年到11月只有95篇。从论文的研究层次看，基本理论研究有38篇，具体应用研究有24篇，绝大部分为文学、艺术和传统文化典籍的实证研究。这些实证研究，一方面运用生命美学的基本理论理解、阐释或分析文学、艺术或古典文化典籍，另一方面，又通过这样的分析反过来印证了生命美学。

这四年来，有关生命美学的专著共计出版了13部。其中潘知常出版了4部，另与赵影一起主编了生命美学论文集《生命美学：崛起的美学新学派》。表4-4为统计到的2018—2021年有关生命美学的论著：

表4-4　2018—2021年生命美学论著一览表（不完全统计）

序号	书名	责任者	出版时间	出版机构
1	美学化生存：让爱与美升华生命和文学	徐肖楠、徐培木	2018年	广东高等教育出版社
2	生命与符号：先秦楚漆器艺术的美学研究	余静贵	2019年	人民出版社
3	先秦生命哲学与中国艺术生命论	聂振斌	2019年	中国社会科学出版社
4	生命之镜——中国美学与艺术散论	范明华	2019年	武汉大学出版社
5	生命美学：崛起的美学新学派	潘知常、赵影	2019年	郑州大学出版社
6	信仰建构中的审美救赎	潘知常	2019年	人民出版社
7	情理圆融的生生之美——方东美的生命美学思想及其现代意义研究	刘欣	2020年	陕西人民出版社
8	生命与艺术：朱光潜心理美学思想研究	孟姝芳	2020年	山西人民出版社
9	中国生命美学的两个体系	张俊	2020年	人民出版社
10	语文：生命的 文学的 美学的	熊芳芳	2020年	教育科学出版社
11	通向生命的门：潘知常美学随笔	潘知常	2022年	安徽教育出版社
12	生命美学引论	潘知常	2021年	百花洲文艺出版社
13	走向生命美学——后美学时代的美学建构	潘知常	2021年	中国社会科学出版社

2018—2021年这一时期，一个突出的亮点是有关生命美学的硕士论文大幅增加，短短四年时间，竟然有48篇硕士论文，还有3篇博士论文（见表4-5）。这表明，生命美学不仅获得了美学界的大力倡导，还获得了后继者们的热情

追捧。

表4-5　2018—2021年硕士、博士有关生命美学论文一览表（不完全统计）

序号	篇名	作者	类别	时间	学校
1	熊芳芳"生命语文"研究	刘方	硕士	2018年	西华师范大学
2	高中语文教师审美素养提升策略研究	余晗	硕士	2018年	西南大学
3	核心素养背景下初中生语文审美素养的提升研究——以河南省T市为例	谢静静	硕士	2018年	西南大学
4	试论明清章回小说评点中的生命化批评	曹伟娟	硕士	2018年	湖北大学
5	《雪国》在中国的研究	张晓诺	硕士	2018年	湖南大学
6	宗白华意境美学思想的西学渊源新探	柯伟	硕士	2018年	江苏师范大学
7	葛亮小说中的生命美学研究	王雷星	硕士	2018年	广西师范学院
8	"日本治愈系电影"的生命美学特征研究——以四部影片为例	王亚西	硕士	2018年	温州大学
9	生命美学视域中《坛经》思想阐释	张苗	硕士	2018年	西安电子科技大学
10	论《世说新语》人物品藻的生命审美意识	杨洋	硕士	2018年	贵州大学
11	庄子之"游"的生命美学阐释	李翠婷	硕士	2018年	东北师范大学
12	中医与中国美学的生命精神	万雯雯	博士	2018年	南京师范大学
13	论黄公望山水画中的生命精神	黄舒婷	硕士	2018年	江西科技师范大学
14	新时期美学论争现场透析与学理反思	赵耀	博士	2018年	吉林大学

续表

序号	篇名	作者	类别	时间	学校
15	生命生产理论在审美发生理论版图中的定位	范钦莜	硕士	2018年	鲁迅美术学院
16	熊芳芳"生命语文"教学理念研究	邬日琴	硕士	2018年	江西师范大学
17	霍达小说生命意识的美学研究	吕凌云	硕士	2018年	山东师范大学
18	叶嘉莹词学理论研究——以其"词体美感特质"论为中心	夏文莉	硕士	2019年	安徽大学
19	生命美学：约翰·多恩《哀歌集》主题研究	王丹妮	硕士	2019年	西南大学
20	帕坦伽利《瑜伽经》的美学解读	东方蓝莹	硕士	2019年	暨南大学
21	基于生命美学视角下的美术鉴赏教学探究	马妍媛	硕士	2019年	河南师范大学
22	从生命美学角度看蒋勋美论	陈彦霖	硕士	2019年	南宁师范大学
23	叶嘉莹诗词评赏方式在高中古诗词教学中的应用	刘雅昀	硕士	2019年	江西师范大学
24	初中现当代散文教学中的生命教育研究——以部编本初中语文教材为例	徐茜	硕士	2019年	陕西师范大学
25	实践美学与后实践美学辨析	张畅	硕士	2019年	鲁迅美术学院
26	生命之和——《礼记·乐记》的生命美学思想研究	兰雪	硕士	2019年	贵州大学
27	痛苦的纳蕤思——探寻穆旦诗歌中的身体诗学	卢阿涛	硕士	2019年	湖南师范大学

续表

序号	篇名	作者	类别	时间	学校
28	华裔美国诗歌的生命审美探索——梁志英、陈美玲诗歌研究	李卉芳	博士	2019年	暨南大学
29	《六祖坛经》"顿"法研究	李鑫鑫	硕士	2019年	河北师范大学
30	李佩甫小说的生命美学	董明明	硕士	2019年	广西大学
31	潘知常生命美学研究	杨帆	硕士	2019年	山西师范大学
32	方东美生命美学思想研究	柏敏	硕士	2019年	山东师范大学
33	论杜夫海纳先天概念的美学内涵	牟田莉	硕士	2019年	厦门大学
34	《淮南子》空间建构的审美内涵研究	刘刚静	硕士	2020年	四川师范大学
35	王国维"生命美学"研究	白亭亭	硕士	2020年	西北民族大学
36	生命美学视角下的毛姆小说研究	付晓斐	硕士	2020年	山东师范大学
37	封孝伦生命美学思想研究	茹艳	硕士	2020年	山西师范大学
38	《文心雕龙》中的"人化文评"现象研究	詹文伟	硕士	2020年	哈尔滨师范大学
39	生命美学视域下的建筑形态研究	贺洋	硕士	2020年	哈尔滨师范大学
40	宗白华美学思想管窥	展叶青	硕士	2020年	伊犁师范大学
41	成中英本体美学思想研究	张家铭	硕士	2020年	华东师范大学
42	论庄子的身体思想及其审美意义	宋娜	硕士	2020年	山东大学
43	论李渔《闲情偶寄》的生命审美观	陈旭	硕士	2020年	山东大学
44	莫言作品的生命书写研究	张露	硕士	2020年	中国矿业大学
45	嵇康形象的历史建构和美学意蕴	邓丽娟	硕士	2020年	广东外语外贸大学

续表

序号	篇名	作者	类别	时间	学校
46	苏童小说生命异化的美学研究	王婷婷	硕士	2020年	上海财经大学
47	论福柯"生存美学"在艺术创作中的运用与体现	侯可莹	硕士	2021年	湖北美术学院
48	论文学中的疾病书写	宁静	硕士	2021年	广西师范大学
49	语文核心素养视域下初中现当代散文美育研究	卢抗抗	硕士	2021年	辽宁师范大学
50	狄尔泰的诗人论研究	顾云白	硕士	2021年	河北大学
51	宗白华生命美学思想及其生态意蕴研究	李浩	硕士	2021年	山东大学

我们看到，不论是出版的专著，还是硕士、博士的研究论文，其研究的广度和深度都有大幅拓展。首先是生命美学首创者潘知常的4部专著把我们带向"大美学""未来哲学"，让生命美学"更上一层楼"；其次是众多的学者、学人的论著拓宽了生命美学的论域，关于身体、疾病和中医的生命美学思考，关于中学语文教学的生命美学论述，以及名家名作的生命美学阐释，不仅大大开阔了我们的眼界和思路，更使我们获得了过去不曾有过的新观点、新看法和新感受。

如果说，生命美学兴盛期的标志性事件，是范藻2016年在《中国社会科学报》上发表《生命美学：崛起的美学新学派》一文的话，那么，我们可以把2021年《走向生命美学——后美学时代的美学建构》一书的发表当成生命美学拓展期的标志性事件。

二、潘知常"归来仍旧少年"

2018年，以潘知常主持的《美与时代》为庆祝改革开放四十周年而专门开设生命美学专栏为标志，生命美学首创人潘知常正式回归美学界。生命美学进入一个蓬勃发展的拓展期。

（一）潘知常离开"美学界"

潘知常是在2000年离开美学界的。一个创立了"生命美学"的知名学者突然离开了自己热爱的美学和美学界，这是一个很奇怪的事情。其中的原因值得人们思考。就美学圈内来说，1990年代"美学热"开始降温，"温度"一低了，秩序与结构就出现了，对于新的东西、新的思考、新的理论就不会那么宽容了，于是对年轻的潘知常的批评声浪越来越高，甚至开始点名批评了。就潘知常本人而言，1988年特批副教授，1993年特批教授，年龄都是当时全省最年轻的，属于年少成名。这当然是好事，但是，也可能不是好事。到了2000年，潘知常选择离开南京大学中文系。但是，潘知常没有选择离开南京大学。因为南京大学的其他几个文科系都欢迎他去。最后，他选择了新的工作单位：南京大学新闻传播学系，研究方向为传播学，并且担任了系主任助理、系学术委员会委员、研究中心主任。由此，潘知常也完全离开了美学界。2007年，他又暂别南京大学，全职到澳门科技大学工作，担任特聘教授，并曾经担任澳门科技大学人文艺术学院副院长（主持工作），而且担任了两届澳门特别行政区文化产业委员会委员，后来又去负责筹建澳门电影电视传媒大学。直到2019年，才完全回归内地。

（二）潘知常强势归来

2018年年初，潘知常在《美与时代》杂志上发表了《生命美学："我将归来开放"——重返20世纪80年代美学现场》，年底又发表了《生命美学：归来仍旧少年》一文。潘知常的回归，不仅是生命美学"新学派"的大事，也是"生命美学"的大事。

潘知常回归美学界，担任南京大学美学与文化传播中心主任，立即开展大量活动：组织了"美学高端战略论坛""全国高校美学教师高级研修班"，主编美学丛书，同时，还撰写了多部生命美学专著。

2019年12月，潘知常与赵影（《美与时代》主编）合编了论文集《生命美学：崛起的美学新学派》，收录了改革开放四十年来国内著名学者、专家关于生命美学的部分评论文章。应该说，这部书的出版，回应、确认了2016年范藻在《中国社会科学报》上发表的《生命美学：崛起的美学新学派》，表明一个美学新学派正式获得了学界的承认。

书中收录了著名哲学家俞金吾发表在2000年第1期《学术月刊》上的《美学研究新论》。俞金吾认为美学研究的现状存在问题：美学什么都有了，就是没有生命，没有激情。这既是对"实践美学"的批评，也是对"生命美学"的肯定。

自回归美学界、回归美学研究之后，潘知常可以说迎来了美学研究的"第二春"。他组织的"美学高端战略论坛"，已经召开了两次；组织的"全国高校美学教师高级研修班"，计划每年开班一次，已经开班两次；又主持主编了3套美学丛书："中国当代美学前沿丛书"5种、"西方生命美学经典名著导读"20种、"生命美学研究丛书"6种；完成了"潘知常生命美学系列"8种；同时，他又撰写出版了3部美学新著。

（三）归来后的生命美学专著简介

1.《信仰建构中的审美救赎》

2019年12月，人民出版社出版了潘知常的《信仰建构中的审美救赎》。这一部55万字的新著，回答了"第一美学命题"：百年前蔡元培先生提倡的"以美育代宗教"究竟可不可行？回答是否定的：

> 事实上，蔡元培先生的"以美育代宗教"在逻辑上、学理上都根本无法成立。[1]

原因在于，蔡元培先生对宗教的看法是错误的，他对美育的看法也是不正确的，关于"以美育代宗教"的必要性和可能性的讨论也根本站不住脚。[2]

---

[1] 潘知常：《信仰建构中的审美救赎》，人民出版社，2019年版，第12页。
[2] 参见潘知常：《信仰建构中的审美救赎》，人民出版社，2019年版，第12—20页。

潘知常详尽考察了西方社会从宗教到信仰的发展过程，也就是"信仰"的建构过程。他认为，从宗教中诞生了信仰，信仰又超越了宗教，在无宗教的社会中也能发挥强大的作用。这种强大的作用是通过"审美救赎"表现出来的。"建构信仰"与"审美救赎"其实是一体两面的关系。

"中国的救赎"显然是全书的落脚点。潘知常指出，向全世界的共同价值看齐，应该是全世界不同文明都必须去追求的共同目标。一旦我们以开放心态走上共同价值的道路，那么，发端于清末民初的中华文明第三期就将揭开绚丽的序幕。这个"共同价值"是什么呢？共同价值不同于西方价值，它是必须通过不同的人类文明的不同特色来展现的。共同价值作为一个公约数，必须是从多样性的文明中约分出来，而且还必须通过那些无法约分的部分（例如"民族特色""中国特色"）来加以呈现。

中华文明第三期要放异彩于世界，就必须与异邦文明对话，主要就是与西方文明对话。通过对话，找出差异，中西互补。作者指出：

> 中国文化是理应走向世界、走向现代化的，但是，这却绝对不意味着理应走向西方，更不意味着理应走向基督教。在这当中，唯一正确的途径，必须是也只能是：在坚持中国文化本身的立场上的多极对话。[①]

就信仰建构而言，它应该是从"信赖"到"信念"再到"信仰"的提升。在这个过程中，只有人类生存中的终极价值，只有人类生存中的那些必须恪守的东西，才会逐步递升而出，成为信念之中的信念，信念之上的信念，并且被"先天性判断为真"。这个过程还应该是一个逐步远离"物"的世界、现实的世界，并且转而融入"心"的世界、精神的世界的过程，一个从"自然的本能"向"精神的本能"提升的过程。因此：

---

① 潘知常：《信仰建构中的审美救赎》，人民出版社，2019年版，第341页。

> 至于中国的信仰建构中的希望,则可以一言以蔽之,就是:人是目的。①

这就必然衍生出生命美学来。因为美学必须以人类自身的生命活动作为自己的现代视界,美学倘若不在人类自身的生命活动的地基上重新建构自身,它就永远是无根的美学,冷冰冰的美学,它就休想真正有所作为。因此所谓生命美学当然也就是人类对于人为"造就"自己所做出的逻辑阐释。

生命美学关注的第一个问题,是对美学学科本身的反省与思考。所谓的"美学终结"其实只是传统的知识论美学的终结。

> 就生命美学而言,它的"所能"仅仅在于:在"后美学"以及"非美学的思想"的基础上的重新的自我定位。这就是:后美学时代的审美哲学、后形而上学时代的审美形而上学、后宗教时代的审美救赎诗学。②

生命美学关注的第二个问题,是对审美的本体论维度的反省与思考。基本思路就是:走向审美形而上学。它涉及的是审美本体论的维度。

> 也因此,在生命美学看来,生命从根本上来看,其本身就是审美的,这就是审美形而上学;换言之,审美对于个体生命而言,就是生命的形而上的需求,这也就是审美形而上学;再换言之,审美对于人的生存而言,具有本体论的意义,只有审美的生存,才是真正的人的生存,这还是审美形而上学。③

生命美学所关注的第三个问题是对审美的价值论维度的反省与思考。这源

---

① 潘知常:《信仰建构中的审美救赎》,人民出版社,2019年版,第343页。
② 潘知常:《信仰建构中的审美救赎》,人民出版社,2019年版,第443页。
③ 潘知常:《信仰建构中的审美救赎》,人民出版社,2019年版,第449页。

于宗教的退场和后宗教时代的到来。人类面临虚无主义，因此必须被救赎。生命美学正是对虚无主义的克服，也是对于"审美救赎诗学"的呼唤。

> 在生命美学看来，审美生存，就是生命的理想状态，因此，审美的人生是人类失去了的理想生命的赎回，这就是审美救赎诗学；换言之，对于虚无主义的文化而言，审美生存，是起死回生的良方，这也是审美救赎诗学；再换言之，审美生存不是人类众多生存方式中的一种，而是人类生存方式的顶点，至于其他的人类生存方式，都只有在审美生存的尺度下才能够被理解与阐释，这还是审美救赎诗学。[1]

在无神的时代，尤其是在无神的中国，审美救赎如何可能呢？潘知常指出：

> 事实上，21世纪的中国，同时面临着从前现代化到现代化和从现代化到后现代化这样两个截然相反的主题。所谓从前现代化到现代化的问题，包括市场经济、现代科技、工业化以及人的尊严、民主、自由等等，意在改变传统的人身依附，使个人获得前所未有的独立；而所谓从现代化到后现代化的问题，则包括全球问题、人的物化等问题。[2]

这两个截然相反的主题，造成了相当大的困惑。潘知常认为：

> 前启蒙所导致的愚昧、专制需要批判，启蒙所导致的物化、异化也需要批判。没有经过思想启蒙的现代化是不可能的，没有经过美学批判的后现代化也是不可能的。[3]

---

[1] 潘知常：《信仰建构中的审美救赎》，人民出版社，2019年版，第453页。
[2] 潘知常：《信仰建构中的审美救赎》，人民出版社，2019年版，第458页。
[3] 潘知常：《信仰建构中的审美救赎》，人民出版社，2019年版，第459页。

处于前现代化则需要启蒙,而向后现代化过渡则需要反抗启蒙。这个矛盾如何解决?潘知常说:

> 总结百年来的经验与教训,我认为,关键是要回到文化发展的唯一坦途:中庸之道。①

如何实现审美救赎呢?相对于西方的侧重理性的丰富性,以便给予自我感觉以充分的形而上的根据,中国则应当侧重自由意志与自由权利,以便使得自身的自由感觉能够现实地加以展开。

> 自由意志与自由权利的成长,因此而成为审美救赎的中国特色、中国方案。②

中国的审美救赎的重点,是自由意志的成长,也是自由权利的成长。这也正是审美与艺术在中国实现审美救赎的核心取向所在。

> 因此,以爱的名义去关注人间苦难,而不是以动物的名义、以仇恨的名义去关注人间苦难;推崇灵魂原则,而不是生存原则;推崇美魂,而不是匪魂,生而自由、生而平等以及生命权、财产权、幸福权的被呵护,就正是中国的审美救赎的当务之急。③

2.《走向生命美学——后美学时代的美学建构》

2021年,潘知常出版了2部书:8月,百花洲文艺出版社出版了《生命美学

---

① 潘知常:《信仰建构中的审美救赎》,人民出版社,2019年版,第459页。
② 潘知常:《信仰建构中的审美救赎》,人民出版社,2019年版,第464页。
③ 潘知常:《信仰建构中的审美救赎》,人民出版社,2019年版,第472—473页。

引论》；10月，中国社会科学出版社出版了《走向生命美学——后美学时代的美学建构》。我们这里，先介绍后一本书，因为，《走向生命美学——后美学时代的美学建构》与前面介绍的《信仰建构中的审美救赎》关系非常密切，可以看成是"姊妹篇"，它们构成一个整体，成为潘知常生命美学的"第五次梳理"。说成"梳理"，还不够恰当，准确地说，这两部书构成了潘知常生命美学的一个极大的"跨越"：这是后美学时代的生命美学，也是未来哲学。

如果说，《信仰建构中的审美救赎》回答了百年来的"第一美学命题"，那么，《走向生命美学——后美学时代的美学建构》则是对百年来"第一美学问题"的回答：美学是选择实践，还是选择生命？我们看到，《走向生命美学——后美学时代的美学建构》对此做出了毫不含糊的回答。那就是美学必须走向生命，走向生命美学。

《走向生命美学——后美学时代的美学建构》除开篇导论外，分3篇共计14章，计有近72万字，无论从哪方面说都是鸿篇巨制。开篇导论部分从百年来的"审美现代性与启蒙现代性的双重变奏"说起，既交代了写作该书的缘由，又阐述了该书的主要观点。

> 百年中国现代美学的主旋律其实就是两家：启蒙现代性的美学（实践美学）与审美现代性的美学（生命美学与超越美学），因为只有它们是贯穿始终的。[①]

这是该书的逻辑起点。两条线索交错发展，启蒙现代性必然导向实践美学；而审美现代性的复兴，又迫使现代美学从实践美学"走向生命美学"。

因此，作者在上篇用5章的篇幅考察实践美学"自然的人化"思想内在的矛盾。这个内在矛盾的关键就是：实践美学的思路出了问题，它以理解"物"

---

① 潘知常：《走向生命美学——后美学时代的美学建构》，中国社会科学出版社，2021年版，第11页。

的方式来理解"人"。

"以理解物的方式来理解人"的思维方式是一种"冷"思维,也是一种"与物对话的方式","生命在这虚假的繁荣中被可怜地冰僵",则是其必然的结果。它源自西方的理性主义的传统。①

美学既然存在如此不可克服的"困惑",那就面临一个必然的选择:实践,还是生命?李泽厚后期对自己实践美学的修正——提出情本体——至少部分地说明了问题:不能不重视个体人的存在,只有个体人才会"有情有义"、有生命。在潘知常看来,这是李泽厚的实践美学向生命美学靠拢。一旦选择了"生命",那就犹如选择了另一双眼睛,世界还是同一个世界,但看到的景象却是全然不同了。

在生命美学看来,审美活动是一种以审美愉悦("主观的普遍必然性")为特殊的价值活动、意义活动。它是人类生命活动的根本需要,也是人类生命活动的根本需要的满足;它是人之为人的本质的享受,也是人之为人的本质的生成。因此,美学之为美学,就是研究进入审美关系的人类生命活动的意义与价值的美学,就是关于人类审美活动的意义与价值之学。②

显然,"爱美""审美"是人的本质属性,因此,"我审美,故我在"。这个笛卡尔式的存在论断语可以从四个方面来理解:

---

① 潘知常:《走向生命美学——后美学时代的美学建构》,中国社会科学出版社,2021年版,第25页。
② 潘知常:《走向生命美学——后美学时代的美学建构》,中国社会科学出版社,2021年版,第95页。

围绕着"审美活动的奥秘",生命美学可以展开为四个维度:"为什么"、"如何是"、"是什么"与"怎么样"。其中的关键难点在于第一个、第二个维度:"为什么"和"如何是",也就是"因生命,而审美"与"因审美,而生命"。"为什么"是其中的第一个重点。涉及的是人类的特定需要,"人类为什么需要审美"直面的困惑是:审美活动从何处来?人类究竟是怎样创造了美?结论是:从生命的角度看,审美活动无非是生命的最高存在方式。人的生命必然走向审美。审美是生命的最高境界。因此,审美活动是人的理想本质的享受,可以简称为:生命的享受。所以,"因生命,而审美"。"如何是"是其中的第二个重点,涉及的则是审美活动的对于人类的特定需要的特定满足,"审美为什么能够满足人类"直面的困惑是:审美活动向何处去?美如何创造了人类?结论是:从审美的角度看,生命也无非是审美活动的创造。只有审美才能满足生命,因此,审美活动还是人的理想本质的生成,可以简称为:生命的生成。所以,"因审美,而生命"。此外,第三、第四个问题是"是什么"与"怎么样"。这是生命美学的具体描述层面的内容,但是,作为美学的思考内容也是不可或缺的。因为只有如此才可以准确具体地了解作为人类生命活动的必然和必需的审美活动。①

审美活动必然要有审美对象。那么在生命美学看来,审美对象又是什么呢?审美对象不是形象、不是实体,不是属性,而是关系、价值和意义,它们构成一种境界。

归根结底,审美对象不是实体范畴,而是关系范畴。审美对象不是客体的属性,也不是主体的属性,而是关系的属性。审美对象是在审美活

---

① 潘知常:《走向生命美学——后美学时代的美学建构》,中国社会科学出版社,2021年版,第95—96页。

动中建立起来的关系属性，是在关系中产生的，也是在关系中才具备的属性。①

审美对象涉及的不是外在世界本身，而是它的价值属性，也就是境界。具体来说，境界就是：

> 当客体对象作为一种为人的存在，向我们显示出那些能够满足我们的需要的价值特性，当它不再仅仅是"为我们"而存在，而且也"通过我们"而存在的时候，才有了能够满足人类的未特定性和无限性的"价值属性"，这就是所谓的境界。②

由此，水到渠成地得出了美的定义：美是自由的境界。

潘知常指出，"去实践化"究其实质，固然意味着"去本质化"，事实上，它还意味着"去美学化"。这里的"去美学化"，是以西方的美学为参照系的，也可以理解为是"去西方美学化"。

> 中国的思想传统从来就是基于生命的，是生命哲学，也是生命的学问。它追问的是爱之智而不是智之爱，是爱的智慧而不是智慧的爱。也因此，它从来孜孜以求的都是爱的智慧而不是爱智慧，是"成人之美"，也是提升生命的境界。无疑，这个思想传统是无法被归纳到西方的本质主义的思想传统之中的。③

---

① 潘知常：《走向生命美学——后美学时代的美学建构》，中国社会科学出版社，2021年版，第134页。
② 潘知常：《走向生命美学——后美学时代的美学建构》，中国社会科学出版社，2021年版，第135页。
③ 潘知常：《走向生命美学——后美学时代的美学建构》，中国社会科学出版社，2021年版，第156页。

在此基础之上，潘知常提出了自己的"万物一体仁爱"的生命哲学与情本境界生命论美学。显然，这样的生命哲学和生命美学，是西方的美学甚至是西方的生命美学无法简单地相等同的，它理应为"后美学"。后美学的具体内涵是什么？潘知常说：

> 所谓后美学不仅包含而且首先就应该包涵笔者从1985年以来就始终在提倡的生命美学。它奠基于"万物一体仁爱"的新哲学观（简称"一体仁爱"生命哲学），可以称之为情本境界论生命美学，也可以称之为情本境界生命论美学。至于它所关注的重点，则主要体现在：后美学时代的审美哲学、后形而上学时代的审美形而上学、后宗教时代的审美救赎诗学三个领域。①

回到生命，也就是回到前概念、前逻辑和前反思的领域，回到本真世界。后美学意识到：在那里，理性恰恰是思想最为顽固的敌人。因此，不是放弃思想，而是学会重新思想。这就是思的任务。

中篇的主题是"自然界生成为人"，也用了5章的篇幅来考察这个主题。

美学的根本问题是人的问题，因此，美学的重建，就必须从对人的重新思考开始。历史上美学家们把关注的重点放在"什么是美""什么是美学"这些问题上，而没有意识到，在这些问题的后面，还有一个正在提问的"人"。正是"人"从自己特定的立场去提出一些关注的问题。对"人"的不同理解决定了提出问题的立场，这些立场又决定了特定的方法，这些特定的方法又规定了人所提出的问题只能是那样的一些特定的问题。正是出于对人的不同理解，西方人和中国人才有对美的不同理解。

中国人对"人"的理解就完全不一样。如果说西方的"人"是预成论的，

---

① 潘知常：《走向生命美学——后美学时代的美学建构》，中国社会科学出版社，2021年版，第176页。

"人"是外在于自然界的，需要把"自然界人化"；那么中国的人就是生成论的，"人"是内在于自然界的，是"自然界生成为人"。而这正是生命美学的逻辑基础。

> 总之，大自然中的一切，都是它自身发展进化的结果。自然本身在进化过程中始终禀赋着创造性的。因此，人类的"小生命"与宇宙的"大生命"息息相关。自然史是一个"过程"，一个"生成"性的过程，一个"向人"生成的过程，包括了"历史"即"社会"和"世界史"在内。[1]

自然史是一个"向人"生成的过程，这是一个很大胆的观点，也是十分重要的观点。从这个基点出发，它至少确证了人在这个自然界之内而不是在自然界之外，可以重新确立人和自然界、人和世界的关系，这关系就是生命美学的关系。

就个体而言，也同样面临一个生成为人的问题。一个人的"出生"，只能表明他来到了这个世界上，还不能表明他是一个"人"。人之为人，关键在于他的第二次"诞生"，倘若没有这第二次诞生，他只不过是人形动物，一种物质存在。这第二次"诞生"的过程，也就是他生成为人的过程。

> 在"第二次诞生"中，人不但有肉体的生长，而且有了精神的成熟，有了健全的灵魂，人格和自我。他不断的向意义生成，不断地超越形形色色的必然性，不断地满足着和创造着生命的最高需要。[2]

"做一个人，就是去成为一个人"，其中的关键就是自由。自由之为自由，就在于它的不可定义性、不可规定性、无限可能性。但却可以从描述的角

---

[1] 潘知常：《走向生命美学——后美学时代的美学建构》，中国社会科学出版社，2021年版，第192—193页。
[2] 潘知常：《生命美学》，河南人民出版社，1991年版，第52页。

度去加以考察：

> 人类生命活动所面对的自由，无论它的内涵如何难以把握，但必然包含着两个方面。这就是对于必然性的改造、认识，以及在此基础上的对于必然性的超越。前者是自由实现的基础、条件，后者则是自由本身。①

在现实生活中，人可以有认识必然的自由，却没有超越必然的自由；超越必然的自由只能存在于理想世界之中。在理想世界中人们可以现实地实现理想，但在现实世界中人们却只能够理想地实现理想。因此，审美活动就成为人实现理想的唯一手段，成为人之为人的必须。因为理想世界只能存在于审美活动之中。

> 原来，不论是在一个决定性的世界还是在一个非决定性的世界，自由都并不存在。只有在一个可能的世界，自由才应运而生。而人类的主观选择，就正是自由之为自由的最为核心之处。没有选择，就没有自由。②

自主选择，意味着人的自由意志的存在。而自由意志又是人区别于动物的根本标志。因此美之为美，也就不可能是预设的，更不可能是被"积淀"的。

美学背景的转换体现为"我的觉醒"与"美学的觉醒"。具体来说，它体现为从"人是目的"到"个人就是目的"的转换，从"我们的困惑"到"我的困惑"的转换。在此意义上，"审美活动是个体生存的对应形式"。③

个体即自我。真正的自我就是"真我"：

---

① 潘知常：《走向生命美学——后美学时代的美学建构》，中国社会科学出版社，2021年版，第199页。
② 潘知常：《走向生命美学——后美学时代的美学建构》，中国社会科学出版社，2021年版，第255页。
③ 参见潘知常：《走向生命美学——后美学时代的美学建构》，中国社会科学出版社，2021年版，第215—226页。

它"随处作主,立处皆真","著即转远,不求还在目前,灵音属耳"。既不执有无,也不落有无,我是我,你是你,此是此,彼是彼,同时又我是你,你是我,此是彼,彼是此。①

倘若生命是一种具体的、有血有肉的、活生生的生命,那么生命美学就必然是个体的生命美学。从个体走向群体这是生命美学的内在要求,这是生命美学区别于实践美学的又一重要特征。从这个意义上说,审美活动的出现,源于生命存在方式的改变。生命不仅是一种自然的存在,它更是一种自觉的存在,是一种意识到生命自身的觉醒了的存在。如此,审美活动作为生命活动最为核心的东西就必将出现。

如此一来,生命美学的诞生也就水到渠成,理所当然。

那么生命美学"是什么"?作者从三个方面进行了阐述:第一,生命美学所要面对的"活生生的东西""'不可说'的东西",就是生命美学面对的问题;第二,在自由体验中形成的"活生生的东西""'不可说'的东西",就是生命美学的特定视界、根本规定;第三,阐释那在自由体验中形成的"活生生的东西""'不可说'的东西",也就是美学的特定范型、逻辑规定。

生命美学超越主客关系,走出了主客二元对立的美学所面临的困境。什么是超主客关系?通过对海德格尔思想的分析,潘知常指出:

显然,这种更为根本、更为原初的关系不可能是什么知识论意义上的主客关系,而只能是超主客关系的生存论关系。由此,海德格尔提出了由此在与世界所构成的"在之中"这一人与存在一体的思路。这个此在与世

---

① 潘知常:《走向生命美学——后美学时代的美学建构》,中国社会科学出版社,2021年版,第227页。

界所构成的"在之中",是"存在的敞开状态",是主客关系的超越。①

人在世界之中,而不是在世界之外,并非对象化地认识世界,而是在"生命一体化"之中体验世界,这就构成人与世界的超主客关系。

因此,生命美学实际上就是中国美学。那么这种中国美学有何贡献与意义呢?

> 中国美学无疑就是在这一生命的传统、爱的传统的基础上形成的,是"因爱而美"的美学,是"我仁(爱)故我在"而导致的"我审美故我在"。因此,它孜孜以求的,是呵护生命,是以万物为一体的仁爱的实现,是人与万物、我与他人的共在,是以通过自我的创造性转化来实现天人合一的终极关怀,是参赞天地化育的天人一体的审美境界。②

生命美学在西方的历史并没有其在中国的历史那么悠久。西方生命美学当然有它的伟大意义,但它也有显著的不足之处:

> 西方的生命美学的缺陷也十分明显。首先,是失误在片面张扬非理性、无意识的因素,使得生命在另外一个极端被放逐了。其次,是局限在人的生命层面讨论,忽视了失落了在形上思考所必须具备的自然生命层面。③

潘知常指出:"我所提出的生命美学是马克思主义关于生命美学的思考、

---

① 潘知常:《走向生命美学——后美学时代的美学建构》,中国社会科学出版社,2021年版,第293页。
② 潘知常:《走向生命美学——后美学时代的美学建构》,中国社会科学出版社,2021年版,第381页。
③ 潘知常:《走向生命美学——后美学时代的美学建构》,中国社会科学出版社,2021年版,第416页。

西方美学尤其是现当代美学、中国古代的美学传统、中国百年来的生命美学探索以及中国当代的审美实践这五方之间的积极对话与融会贯通，是在'五方'基础之上的'接着讲'而并非闭门造车，更并非'国外流行国内模仿'。"①

潘知常指出，生命美学就是未来哲学。生命美学的关键在下半场。这个下半场的关键又面临着一个"向上走"还是"向下走"的选择：不少人选择了"向下走"，也称"泛美学化"的道路。他们走向生命美学的艺术之维、文化之维、生态之维、生活之维、身体之维等等，"向下走"固然也很重要，却并非生命美学自身的逻辑必然，生命美学自身发展的逻辑必然选择应该是"向上走"，走向哲学。

> 在笔者看来，生命美学所亟待走向的，无疑并不是这些，也就是说，它亟待选择的绝对不应该是向下走，而只能是向上走，这意味着：应当走向的，只能是哲学。换言之，在笔者看来，回归哲学，才是美学之为美学的必然的归宿。②

这种未来哲学，已经不是城邦思维而是游牧思维，已经不是系统哲学而是教化哲学，已经不是大写的哲学而是小写的哲学。它不再关注命题的真理而是去关注存在的真理。它是从未来关注现在，而不是从过去关注现在。③

> 所谓"知识形而上学""终极知识"，指向关于世界的某种普遍的终极的知识，是需要以认识去验证的，是试图以理性的方式获得对于经验世界背后的本质，而且已经被证明根本就不存在，因此已经走到了穷

---

① 潘知常：《生命美学的原创性格——再回应李泽厚先生的质疑》，《文艺争鸣》，2020年第2期。
② 潘知常：《走向生命美学——后美学时代的美学建构》，中国社会科学出版社，2021年版，第487页。
③ 潘知常：《走向生命美学——后美学时代的美学建构》，中国社会科学出版社，2021年版，第490页。

途末路。①

美学作为未来哲学，这是一个时代性课题。只有在无神的时代，通向上帝的通天塔坍塌为无数通幽小径的时候，美学才能作为未来哲学，那么，它面临的第一课题，自然就是"信仰的问题"。无神的时代还要不要信仰？如果需要信仰，这信仰又是什么？它通过什么来昭示自己？

神的退场，为我们留下一个虚无主义的空场，只有信仰才能为我们充实这个空场，才能为我们的生存提供意义与价值的支撑。潘知常指出，"信仰是第一生产力"。就生命美学而言，在无神、无宗教的时代，信仰可以通过审美活动昭示出来。

> 在无神的时代，要实现无神的信仰，借助于审美，也就是完全可能的。要"让一部分人先信仰起来"，就必须"让一部分人先美起来"，也同样是完全可能的。②

"人是目的"这一信仰，必然呼唤爱的出场。为信仰转身，也就是为爱转身。将审美活动与爱联系起来，往往被误以为是在提倡一种美学之外的东西。其实，只要我们清楚，爱不仅是一种"将自由进行到底"的"让自由"，还可以表述为生存论意义上的情感判断。

> 不难想象，爱的维度，作为一种精神维度，作为一种只有人才有的生存态度，一旦在我们的美学研究中得以充分展开，人类生命活动的无限之维也就得以充分展开，人类生命活动的终极根据也就同样得以充分敞开。

---

① 潘知常：《走向生命美学——后美学时代的美学建构》，中国社会科学出版社，2021年版，第491页。

② 潘知常：《走向生命美学——后美学时代的美学建构》，中国社会科学出版社，2021年版，第544页。

美学之为美学，也将由此踏上广阔的现代征程。①

如此一来，未来哲学就是自由的哲学，就是爱的哲学。当然也就是生命的哲学。并不是所有的美学与哲学都能等同起来，只有"因美而爱"的未来哲学与"因爱而美"的生命美学才能等同起来。这就意味着"后哲学"走向"后美学"，"后美学"走向"后哲学"，它们实质上是合二为一的关系，这就是未来哲学。

在未来哲学，是因美而爱；在生命美学，是因爱而美。这意味着：就内在而言，生命美学的"我审美故我在"与未来哲学的"我爱故我在"是彼此一致的。尽管它们分别是生命美学与未来哲学的主题。但是"我爱故我在"是"我审美故我在"的前提，"我审美故我在"则是"我爱故我在"的呈现。贯穿其中的，是一种共同的把精神从肉体中剥离出来的与人之为人的绝对尊严、绝对权利、绝对责任建立起一种直接关系的全新的阐释世界与人生的生命模式，是"让一部分人先美起来"，也是"让一部分人先爱起来"。②

潘知常指出，从后美学时代的美学建构的角度来看，所谓的生活美学、身体美学、生态美学、环境美学存在不可克服的美学困局。

《走向生命美学——后美学时代的美学建构》是潘知常对自己四十年来的生命美学的全面总结，是生命美学的成熟之作、巅峰之作、代表之作。该书一出版，就立即获得全国媒体的广泛介绍与推荐，在学界和美学爱好者中好评如潮。这不是偶然的，该书不仅集中回答了"美学问题"，也回答了生命美学自

---

① 潘知常：《走向生命美学——后美学时代的美学建构》，中国社会科学出版社，2021年版，第551页。
② 潘知常：《走向生命美学——后美学时代的美学建构》，中国社会科学出版社，2021年版，第574页。

身的关键问题，让不少原本晦暗不明的生命美学问题变得澄明起来。但它并没有回答"美学的问题"，即生命美学体系内部的问题。这是潘知常计划中的另一部同样是70万字左右的著作《我审美故我在——生命论纲》（中国社会科学出版社拟2023年出版）的任务。

2021年，潘知常另一部重要著作是《生命美学引论》。收录在潘知常主编的"中国当代美学前沿丛书（第一辑）"中。这部书体量就没有这么大了，不到20万字，但我觉得它是进入潘知常生命美学的"捷径"：它是学习"生命美学"的入门教材。能让人既学习到生命美学的基本理论，又了解生命美学的发展历程，也能让人对生命美学既有感性的认识，又有理性的认识。所以，它叫"引论"。"引论"者，引入"正殿"之论也。

现在，让我们回过头来看看潘知常回归美学界之后，在生命美学的拓展期，为生命美学带来了什么新东西？四十年来，反复申说"生命美学"，已经很不容易了，而每一个阶段还要带来新东西，肯定更不容易。前文已经总结了他对生命美学的"四次梳理"，这一次"回归"，带来的肯定是"第五次梳理"，但仅仅说是"梳理"，我以为还不够：这是一次"后美学重构"。前四次梳理，是生命美学在传统美学时代的"突围"，而这一次，是成功突围之后的"蝶变"：在"后美学"时代，重构的生命美学就是未来哲学。

这四十年来，潘知常一直与"实践美学""较真"，近乎"固执"地追问：是"实践"，还是"生命"？如今，李泽厚先生已经作古，令人痛惜，令人怅然若失。在后李泽厚时代，美学江湖，谁主沉浮？在我看来，生命美学以其强大的影响力、生命力和创造力，已被时代选定，不由自主地被推向台前，占据了主流地位。

三、拓展期：其他学人的生命美学

这一时期，除了潘知常的著述外，还有不少高水平、高质量的有关生命美学的论著出版。聂振斌的《先秦生命哲学与中国艺术生命论》，徐肖楠、徐培木二人合著的《美学化生存：让爱与美升华生命和文学》，余静贵的《生命与符号：先秦楚漆器艺术的美学研究》，范明华的《生命之镜——中国美学与艺术散论》，都是有思想、有深度、不可多得的好书。

（一）2018—2019年拓展期其他学人生命美学专著简介

2018年，广东高等教育出版社出版的徐肖楠、徐培木二人合著的《美学化生存：让爱与美升华生命和文学》是一部形式独特的美学著作。该著作者指出：人必须美学化地活着才能从此刻到未来，这不但是人类的天性，而且是人类的最终命运，这个最终命运的核心是爱与美，这就可以简洁地命名我们的命运：爱与美是我们共同的命运。

2019年5月，人民出版社出版了余静贵《生命与符号：先秦楚漆器艺术的美学研究》。余静贵认为，根据丹纳的艺术理论，研究一种艺术形式往往要深入到它背后的种族、时代和环境等因素，不能脱离其背后的文化内涵的考察。楚文化是一个宽泛的概念，包括先秦楚国创造的物质文化与精神文化。然而，神巫思想却是楚文化的重要特征，由此而衍生的道学与骚学是楚文化的根本。同中原、北方比较，楚文化的根本特征是依存于原始氏族社会形态的原始巫文化，正是它造就了楚漆器艺术与中原、北方迥然相异的风格样式。楚漆器艺术如虎座飞鸟、镇墓兽、鹿角立鹤等奇异夸张的造型无一不是原始神巫因子的形象化阐释。这样一种植根于南方楚地的原始巫文化的存在，形成了楚文化中极具特色的楚宗教体系，也形成了楚人强烈的生命意识，生命问题是研究楚漆器艺术精神的关键所在。

2019年9月，中国社会科学出版社出版了聂振斌的《先秦生命哲学与中国艺术生命论》。该书的主要内容是考察先秦生命哲学及其与中国艺术生命论的渊源关系。聂振斌在后记中谈到他的几点新认识：古代生命哲学原创论是中国的元哲学，是中国学术思想的源头；礼乐教化是古代中国生命哲学论述的主要对象，因为礼乐教化是人的高尚的生命活动；礼乐教化是中华民族走上文明的主要教育举措；人的生命活动把中国古代生命哲学与礼乐教化不可分割地联系在一起。聂振斌认为："生命哲学"就是研究生命尤其是人的生命的哲学，是哲学门类中的特殊品种。从研究对象来说，它研究生命的起源、养育、进化，主要研究人的生命活动的特征及其生命精神表现；从研究主体来说，它研究主体的把握方式与表现方式。在中国古代也就是"仰观俯察"的直觉观照与体验，是生命的整体把握方式，是"近取诸身，远取诸物"而"立象以尽意"的表现方法。聂振斌指出，"艺术哲学""美的哲学"其实就是"生命哲学"。艺术与美是有生命的，艺术活动、审美活动都是人的生命活动。从哲学角度研究艺术活动、审美活动，当然都属于生命哲学。聂振斌指出，先秦生命哲学论述的主要对象是人的生命活动与礼乐教化的关系，论述个体生命与社会"大生命"——治国、民生的关系。礼乐教化作为人的高尚的生命活动，是调节个体生命活动与社会"大生命"活动的根本举措。礼乐教化追求"和"的境界，"和"是社会各种关系的凝聚力。因此，礼乐教化是古代华夏民族走向人类文明的主要举措，是中华民族健康发展的精神动力与长治久安的调节剂。作为中国"元艺术"的"先王之乐"，是以实现人生为题材而创作的艺术，主要描写先王立国创业之功德，很少涉及鬼神怪异的虚幻之事。从"先王之乐"的性能上看，它已包含"礼"的内容——"乐"的性能主要是起礼治作用。聂振斌进一步指出：

> 也就是说，以诗、礼、乐三者进行综合教育，不仅使人格精神成其"高"。也使人格精神成其"全"，完美人格"成于乐"。"乐"无论是作为人的精神状态（快乐），还是作为艺术境界（美），都是一种人生理想境界。[①]

聂振斌指出，生命论的整体把握方式和生命论"象"的思维方法，与科学论的把握方式和思维方法虽然不同，却不是对立、矛盾的关系，而是相辅相

[①] 聂振斌：《先秦生命哲学与中国艺术生命论》，中国社会科学出版社，2019年版，第14页。

成、相反相成的关系。"如同人的左右两腿，都是人的生命活动需要，缺谁都是一种缺陷、残疾，无法走向完美的人生。"①

聂振斌认为生命论的把握方式和思维方法与科学论的把握方式和思维方法不同，这一点许多学者已经指出过了，但他认为二者不可偏废，就像人的"左右两腿"，缺谁都不行。我完全赞同这一观点。尤其是在后现代思想大受欢迎的时代，指出这一点更是难能可贵。但他对礼乐教化的过分强调，则失之偏颇。

2019年11月，武汉大学出版社出版了范明华《生命之镜——中国美学与艺术散论》。这是一部论文集。范明华认为，就中国传统美学的历史背景而言，约略可以从四个方面来考察：首先是农耕文明，其次是血缘社会，再次是巫术信仰，最后是文官政治。就中国传统美学的哲学基础而言，主要有三个最基本的东西：一是关于天地（宇宙）的理论，二是关于人心（心）的理论，三是关于技艺（技术或人造事物）的理论。

《生命之镜——中国美学与艺术散论》虽然是一部论文集，但它对中国传统文化（哲学和美学）的分析十分精辟，也十分简明清晰，给人深刻的印象。

（二）2020—2021年拓展期其他学人生命美学专著简介

张俊的《中国生命美学的两个体系》由人民出版社于2020年11月出版，介绍了中国现当代生命美学的"两个体系"。张俊指出，不论是方东美的新儒家生命美学，还是罗光的新士林生命美学，都可以称为一种古典美学的现代建构。中国美学的自觉与自信，包括美学中国话语的建设，无论如何都绕不开生命美学。复兴古典的生命美学可以不止一条路径，前人得失，可为今人借鉴。

张俊似有抬高港台生命美学贬抑内地（大陆）生命美学之意，这是不对的。方东美的新儒家生命美学建立在传统文化"生生之谓易"基础之上，与当代生命美学不可同日而语；而罗光的新士林生命美学几乎就是勉强拼凑的东

---

① 聂振斌：《先秦生命哲学与中国艺术生命论》，中国社会科学出版社，2019年版，第297页。

西。姑且不说罗光如何把西方的新士林哲学与中国的儒家学说结合起来，只说他关于"美"的"属性论"观点，就落后内地（大陆）生命美学一大截。张俊看不到内地（大陆）生命美学的成就，似乎不能用"灯下黑"来解释。

山西人民出版社2020年出版的孟姝芳《生命与艺术：朱光潜心理美学思想研究》，全书共有5章，主要考察朱光潜的心理美学中生命与艺术的复杂关系。孟姝芳对朱光潜心理美学的研究方法（缺乏实验的非科学方法）持批评态度，但她对朱光潜心理美学思想中生命与艺术的关系的认识是不够的。朱光潜的心理美学并非完全建立在科学心理学的基础之上，它多少有中国文化中心性哲学的色彩，所以不能完全用科学心理学的方法去衡量朱光潜的美学研究。

2020年陕西人民出版社出版了刘欣的《情理圆融的生生之美——方东美的生命美学思想及其现代意义研究》，该书由6章构成，主要考察了在现代新儒家的美学致思方向的大背景中，方东美的生命本体论、美感生成论、艺术创造论和审美境界论。该文论述全面，有一定深度，是近年来研究方东美生命美学的一部较好的专著。

2021年出版的生命美学专著基本上都是潘知常的，前文已有介绍，此处从略。

四、拓展期生命美学的特点

这一时期有如下几个特点：

（一）生命美学首创人潘知常的回归

潘知常从2000年离开美学界十七年，到2018年回归美学界，这应该是生命美学界的一件大事。自回归以来，他做了很多事情：首先，他主持了《美与时代》杂志社为"改革开放四十年纪念"开设的"生命美学"专题栏目一年，刊发不同作者的24篇（不含潘知常的2篇）美学研究论文，潘知常本人在第1期和第12期分别发表了《生命美学："我将归来开放"——重返20世纪80年代美学现场》《生命美学：归来仍旧少年》2篇长文。然后，在2019年推出《信仰建构中的审美救赎》，荣获江苏省第16届哲学社会科学优秀成果一等奖。这一年底，潘知常与赵影合作主编了《生命美学：崛起的美学新学派》。同年南京大学成立"南京大学美学与文化传播研究中心"，潘知常担任主任职务。"中心"成功组织了"美学高端战略论坛"，邀请全国著名的美学专家学者交流切磋；又组织了"全国高校美学教师高级研修班"，邀请国内著名专家学者做主题演讲，邀请著名刊物编辑与参会者对话。尽管因为疫情原因改为线上举行，但是仍有千余人参与了这次活动，取得圆满成功。2020年，潘知常策划、主编了"中国当代美学前沿丛书"5种、"西方生命美学经典名著导读丛书"20种、"生命美学研究丛书"6种，还重新修订再版"潘知常生命美学系列"8种。2021年，又出版了3部生命美学专著。其中的《走向生命美学——后美学时代的美学建构》，与2019年出版的《信仰建构中的审美救赎》一起，把生命美学提升到一个新的高度：后美学时代的大美学，也是未来哲学。

（二）基本理论研究、实证研究和应用研究都得到了极大的拓展

首先是潘知常的研究把生命美学的基本理论研究提升到了一个新的高度；然后是不少人的实证研究，除了对中国传统文化中的儒道释的现代阐释外，还拓展到了对身体、疾病、中医、教育等领域中表现出的生命美学精神的挖掘；最后是应用研究，许多学者，尤其是不少的研究生把生命美学的基本理论应用于中学语文教育研究、少数民族文化、习俗研究、城市规划与环境、生态研究等等领域中，发展态势十分喜人。

（三）相对而言，个别倡导者，在这一时期反倒沉寂了

原因可能是，这些生命美学倡导者已经成功建构了自己的生命美学，该说的话已经说完了，没什么话可说了，所以，不论是论文，还是论著，都少了，甚至没有了；另一个更为重要的原因是他们的学术兴趣发生了转移。比如，这一时期，还有人研究封孝伦的生命美学思想，但封孝伦本人除了有少许论文发表外，没有生命美学方面的专著出版。类似事例还很多，这里就不一一列举了。这就出现一个比较奇怪的现象：越来越多的年轻学人对生命美学充满更大的兴趣与热情，已经蔚然成风；而当年的一些生命美学倡导者却沉默了，这也是这一时期生命美学专著出版少的一个原因。

（四）论著质量越来越高

这一时期，一个突出亮点是硕士论文激增。从2018年到2021年，短短四年时间，竟然有48篇硕士论文，还有3篇博士论文。

2018年，广东高等教育出版社出版的徐肖楠、徐培木二人合著的《美学化生存：让爱与美升华生命和文学》，首次把"爱"与"美"当成两个并列的范畴，提出"让爱与美升华生命和文学"的"美学化生存"，让人眼前一亮。2019年人民出版社出版的余静贵的《生命与符号：先秦楚漆器艺术的美学研究》，通过研究"先秦楚漆器艺术"考察其中生命与符号的关系，充满了不少睿智的见解。2019年中国社会科学出版社出版的聂振斌的《先秦生命哲学与中国艺术生命论》，把礼乐教化与生命活动联系起来，考察二者的关系，提供了一个新的视角。同年武汉大学出版社出版的范明华的《生命之镜——中国美学与艺术散论》，是一部很有内涵的论文集，对中国美学的历史背景、哲学基础和生命精神的总结，言简意赅，令人耳目一新。

总之，这一时期的生命美学在一个新的更高的层面发展。不论是从体系建构、理论研究方面说，还是从学派优势、学术队伍方面讲，生命美学都正在向中国美学舞台的中央进发。

第五章　生命美学：后美学时代的美学建构

潘知常称自己的生命美学为"情本境界论生命美学"或"情本境界生命论美学"。原因在于：他的美学是"以生命为视界"，以"情感为本""境界取向"的美学。他通常称呼自己的美学为"生命美学"。这也是他建构这门学科时，一本专著的书名。我们在前文辨析"生命美学"这一概念的内涵时，专门指出了这一点：更为狭义的生命美学，就是情本境界论生命美学或情本境界生命论美学，就是指潘知常的生命美学。毫无疑问，潘知常生命美学在当代中国生命美学这个"崛起的美学新学派"中，占有核心地位。

第一节　生命美学的创始人：潘知常

1982年，潘知常在河南郑州大学毕业留校教书。一个年轻人赶上那个改革开放自由奔放的伟大时代，自然是朝气蓬勃，昂扬向上。为了学习、研究美学，他组织了一个美学爱好者协会，同一些志同道合的朋友定期开展美学学术活动。1988年，潘知常和一些年轻朋友在郑州组织了河南省美学会的二级组织——"美的人生联谊会"。从1988年到1990年，每逢周日必组织大型审美教育活动，影响很大，很多媒体都报道过。后来因为潘知常1990年10月调到南京大学，"美的人生联谊会"的活动才逐渐停歇下来。不少志同道合的青年美学才俊和时代精英，如今已成为中国各著名高等院校的研究员、教授和长江学者，或成为国家单位、事业企业单位的中流砥柱。"美的人生联谊会"当时的公关部长柳宇（笔名青柳）曾经写了一首诗，其中写道：上个世纪80年代/在中原大地/一位名叫潘知常的文化学者/竖起大旗/开创了一个美学新时代。（《火红的生活　沸腾的年代——颂"美的人生联谊会"》）

1985年，潘知常发表《美学何处去》，标志生命美学的诞生；1991年，潘知常出版《生命美学》，标志生命美学的成型；中间经过《诗与思的对话——审美活动的本体论内涵及其现代阐释》梳理，到2002年出版《生命美学论稿》，标志着生命美学已经成熟，具有广泛的影响。2000年，潘知常转入南京大学新闻与传媒学院，从2007年到2019年，在澳门的大学工作。离开了美学界十七年，美学研究作为业余爱好却一直没有停止。2018年，潘知常回归美学界，回归美学研究，2019年出版《信仰建构中的审美救赎》，2021年一口气出版了两本美学专著：《生命美学引论》和《走向生命美学——后美学时代的美学建构》。至此，仅美学专著，从1988年以来就出版了20余部。

潘知常的生命美学研究没有局限于纯理论的研究，他以极大的热情关注和投身美学实践。他对《红楼梦》的研究其实可以看成是生命美学的实证研究，即通过对某一艺术作品的具体深入的研究，验证和深化生命美学的基本理论。只是因为《红楼梦》的特殊性，研究《红楼梦》本身就是一门显学，即"红学"，所以，潘知常的《红楼梦》研究几乎成为独立于生命美学之外的又一巨大成就，在"红学界"产生巨大影响，成为"今日头条频道"根据6亿电脑用户调查排名第4的"全国关注度最高的红学家"；他在喜马拉雅讲授《红楼梦》，粉丝就有840万。天津师范大学教授、中国红楼梦学会副会长赵建忠评议说：

潘知常对《红楼梦》文本阐释的穿透力很强，尤其是透过"红学热"由表及里对红学史上诸流派的发展历程进行的冷静反思，不仅是潜心学术的理性思考，而且使人体味到，其视野投向饱含着对未来红学走向的期盼。[①]

另一方面，他又积极参与了近年河南省修武县兴起的县域美学的探索，在出席修武县举行的"全国首届美学经济论坛"上冷静地提出，要防止"小马拉大车"。他认为，修武县所开创的县域美学工作，最为闪光的地方在于审美经济背后的观念的创新。作为一个美学家以及一位咨询策划学家，他还在修武县美学实践经验的基础上，提出了"审美社会主义""审美生产力""美是生命的竞争力、美感是生命的创造力、审美力是生命的软实力"等新的理念。这些极具创造性的理论发现，除了英国著名文艺理论家伊格尔顿提到过"艺术生产力"以外，还没有人予以阐述。

近年来，由潘知常担纲主持工作的南京大学美学与文化传播研究中心，主办了两项大的活动，一是"美学高端战略峰会"，二是"全国高校美学教师高级研修班"。"美学高端峰会"已经召开了两届，促成了当代美学各个研究领域领军人物的交流与对话。各个研究领域的领军人物欢聚一堂，华山论剑，在此之前从未有过，这是中国美学界一次"零的突破"。潘知常在代表主办方的致辞中，力主重新回到传统的"问难扬榷、有奇共赏、有疑共析"的研讨方式——而不是小圈子互相吹捧，自我欣赏。他曾受邀主持《美与时代》杂志的《生命美学对话》专栏，整整一年，刊发了数十篇对话文章，却没有发表他的学生参与专栏讨论的文章，反而诚邀马正平先生发表批评生命美学的文章。

"全国高校美学教师高级研修班"在全国防疫的大背景下，已经举办了两期，非常不容易。近300位青年教师中，四分之一是教授或副教授，"研修

[①] 赵建忠：《〈红楼梦〉为什么这样红——当代美学家潘知常红学专著读后》，《中华英才》，2022年第3—4期。

班"学习没有"热点话题""时髦话题",不涉及"科研项目申报指南",更没有"核心期刊投稿向导"。潘知常倡导打破学术界"唯论文、唯职称、唯学历、唯奖励"的"四唯"功利目的,不做以跟踪、模仿和附和别人为主的第二手科研,反对假科研、伪科研、以发表C刊论文为目的的科研。潘知常自己就有二十余年时间没有申请过项目,没有报奖,不计功利,不计回报,孜孜以求于生命美学的研究,他的学术思想反而独树一帜,影响了美学界、思想界。

潘知常对于美学实践的高度关注,还体现在他参与的南京、澳门等许多地区、企业的形象策划工作,被称为著名的"政府高参、企业顾问、媒介军师"。2000年后,他转入南京大学新闻传播学院,教学与研究方向转为新闻传播与传媒研究。干一行通一行,凭着对新闻、对传媒的深刻理解,他开始涉足策划,成为"政府高参、企业顾问、媒介军师"。他策划了《南京世界青年奥运会申请书》《澳门文化产业发展战略研究》《南京城市文化形象研究》;南京仙林大学城的文化特色、南京河西新区的文化特色、南京白下区的形象乃至南京市的城市形象;以及江苏文化大省建设的策划,苏州沿江旅游形象的策划;以及淮安、连云港等地的旅游形象策划,浙江温州文成县的旅游发展战略策划等等。他还是蜚声全国的"媒介顾问",《南京零距离》《直播南京》《1860新闻眼》等品牌节目,以及海南电视台、海口电视台、安徽电视台等媒体的许多节目,都是他直接参与策划的。甚至,他还身体力行,亲自登台,在上海电视台、江苏电视台、安徽电视台以及南京电视台主讲了《红楼梦》《水浒传》《聊斋》等文学名著,广受好评。①

潘知常把科研论文写在祖国的大地上。在美学研究的学者中,他是做咨询策划工作最为成功的;而在做咨询策划的学者中,他又是研究美学基本理论最为成功的。他把"实践美学"变成了"美学实践",从书斋走向社会,走向民众,走向田野,把生命播撒在祖国的大地上,也把生命美学带给所有"爱美

---

① 参见范丽庆:《专访当代著名美学家、南京大学博士生导师潘知常:美学亟待从"实践"走向"生命"》,《中华英才》,2022年第3—4期。

的人"。

潘知常2007年提出的"塔西佗陷阱",目前网上相关信息有1290000条,被网友誉为"一个中国美学教授命名的西方政治学定律"。古罗马历史学家塔西佗在所著的《塔西佗历史》中,评价一位罗马皇帝时说:"一旦皇帝成了人们憎恨的对象,他做的好事和坏事就同样会引起人们对他的厌恶。"这一现象被潘知常在《谁劫持了我们的美感——潘知常揭秘四大奇书》一书中命名为"塔西佗陷阱"。2011年后,这一概念被社会各界广泛运用。2014年3月18日,习近平总书记在河南兰考县委常委扩大会议的讲话中,提到了"塔西佗陷阱",之后这就成为一个政治学概念,指当政府部门或某一组织失去公信力时,无论说真话还是假话,做好事还是坏事,都会被认为是说假话、做坏事,失去民众的信任。国务院研究室原副主任韩文秀在《"四个陷阱"的历史经验与中国发展面临的长期挑战》一文中指出:"塔西佗陷阱"只有中文表述,外文中没有对应的概念,这一概念正是出自南京大学新闻传播学院潘知常教授在2007年8月的一篇讲稿。并且评价说:"中国学者作出这种概括有其道理,可以说具有原创性,开了风气之先,如果在国际上被广泛接受,则可以看作中国学者对社会科学世界话语体系的一个贡献。"[①]

潘知常反对实践美学,却坚持美学实践。不仅参与许多地区、企业的形象策划工作,参与地方县域美学经济的建言献策,还组织、参与各种美学学术活动。被人称为"爱的教父""爱的布道者",这都证明了他不是一个书斋里的学究,而是一个自己美学理论的积极主动的践行者。潘知常继承了王阳明"心学",将王阳明"万物一体之仁"发展为"万物一体仁爱",将其作为自己生命美学的哲学基础,是王阳明"知行合一"主张的践行者。这本身也是生命美学的内在要求。"美学实践"是"生命活动"的形式之一,也就是说,生命活动体现为"美学实践",因此,生命美学必然要求在现实生活中去"实践"、去"创造"。

[①] 韩文秀:《建言中国经济成长》,中国言实出版社,2018年版,第306页。

通过美学实践，也就是在现实生活中的"审美活动"，能够解决"超越必然的自由"与"认识必然的自由"之间的矛盾。潘知常认为，后者不算"自由"，它只是实现真正自由的条件。"超越必然的自由"只能在现实社会中"理想"地实现，在理想社会中"现实"地实现。所谓在现实社会中"理想"地实现，也就是通过"艺术"、通过"审美"来实现。阎国忠批评这是"理想"与"现实"的割裂，让人觉得在"艺术""审美"之外的现实社会中，没有给"理想"留下存在空间，令人遗憾。但是，通过"美学实践"即王阳明"心学"主张的"知行合一"，可以解决这一"割裂"。通过"美学实践"，即在现实生活中的"审美活动"，并不存在"艺术""审美"之外的现实社会，全部现实生活都被"生命美学"的烛光照亮，"超越必然的自由"即真正的自由通过"美学实践"在现实生活中体现出来。在全面、充分的"审美活动"中，并没有"理想"与"现实"的割裂。

另外，潘知常生命美学强烈的现实针对性，也具有"美学实践"的性质。从现实层面上讲，潘知常生命美学提出之始就是为了纠正"实践美学"所造成的问题，比如实践美学对"生命"的冷漠。这使得潘知常生命美学本身就具有"实践"的属性。

这就是潘知常如此重视"美学实践"的原因吧。

第二节　从整体上把握潘知常生命美学

潘知常生命美学，他自己称之为情本境界论生命美学，或情本境界生命论美学。

生命美学（情本境界生命论美学）不是凭空产生的。除了美学这一学科的自身发展逻辑和东西方影响之外，它还有更为急迫的现实根源。对实践美学的不满，归根到底也是因为这现实根源。潘知常明确指出：

生命美学起源于"使人不成其为人"的技术文明与虚无主义，这是就世界的一般背景而言，与此相应，这个时代所面对的也已经不再是马克思所批判的"贫困的疾病"，而是"富足的疾病"。就中国的特殊背景而言，生命美学起源于"把人不当作人"的人权与尊严的空场。①

一、情本境界生命论美学的理论资源

潘知常生命美学并非闭门造车，向壁虚构出来的。而是借鉴了方方面面的理论资源，其理论资源十分丰富。他说：

> 我所提出的生命美学是马克思主义关于生命美学的思考、西方美学尤其是现当代美学、中国古代的美学传统、中国百年来的生命美学探索以及中国当代的审美实践这五方之间的积极对话与融会贯通，是在"五方"基础之上的"接着讲"而并非闭门造车，更并非"国外流行国内模仿"。②

这就是说，他的理论来源于马克思主义、实践美学、中国传统美学、西方生命哲学与美学和中国近百年来的生命美学探索。在《走向生命美学——后美学时代的美学建构》的一个脚注中，他强调他的理论来源于四个方面，他没有提到中国近百年来的生命美学探索。③

（一）马克思主义

马克思主义作为中国社会意识形态指导思想，每个学者都是无法绕过的。潘知常自己就多次说过，马克思主义是他生命美学的指导思想，具有十分重大的作用。在一个脚注中，他说：

---

① 潘知常：《生命美学引论》，百花洲文艺出版社，2021年版，第198页。

② 潘知常：《生命美学的原创性格——再回应李泽厚先生的质疑》，《文艺争鸣》，2020年第2期。

③ 潘知常：《走向生命美学——后美学时代的美学建构》，中国社会科学出版社，2021年版，第92页注①。

因此生命美学与马克思主义美学直接有关。具体来说，生命美学是从马克思的《1844年经济学哲学手稿》"接着讲"的。①

潘知常指出，马克思的《1844年经济学—哲学手稿》尽管是以"人的解放"为核心，但是隐含着两种不同的指向，一种是科学视界、科学逻辑，亦即唯物主义的马克思主义与科学主义的马克思主义；另一种是人文视界、人文逻辑，亦即人道主义的马克思主义与人本主义的马克思主义。这两种不同的指向中，前者经过《德意志意识形态》乃至《资本论》，已经形成了马克思所谓的"唯一的科学，即历史科学"。后者却被暂时剥离了出来，亟待拓展。后者意味着与"历史科学"相匹配的"价值科学"的建构。生命美学并不直接与马克思的实践唯物主义历史观、政治经济学和科学社会主义相关，而是直接与这三者所无法取代的马克思的人学理论相关。

由此可见，潘知常的马克思主义主要来源于两个方面：一是青年马克思的《1844年经济学—哲学手稿》，一是马克思关于"人"的一系列论述。潘知常多次指出：

> 生命美学并不直接来源于西方的生命美学，而是直接来源于马克思主义的生命美学。②

在潘知常生命美学中，马克思主义十分鲜明地体现在这样两个方面：

一是马克思的实践观念是生命美学的基础。但与"实践美学"的"实践本体论"不同，潘知常的实践指的是生命活动特定阶段的产物。因此，在潘知常

---

① 潘知常：《走向生命美学——后美学时代的美学建构》，中国社会科学出版社，2021年版，第65页注①。
② 潘知常：《走向生命美学——后美学时代的美学建构》，中国社会科学出版社，2021年版，第65页。

那里,"实践"不能成为"本体",只有"生命"才是本体。就"实践"的具体内涵来说,潘知常认为,"实践美学"所说的"实践"是指制造和使用工具的行为,这其实是有问题的,其含义过于狭隘。而且现代研究证明,能够制造和使用工具的行为不是只有人类才有,某些动物也有。因此,以是否能够"制造和使用工具"来定义人的"实践"是极不科学的。照潘知常看来,"实践"也是一种生命活动,是生命发展到特定阶段的产物。潘知常说:

> 因此,笔者在提倡生命美学的时候,会特别推重马克思的两句话:
> 整个所谓世界历史不外是人通过人的劳动而诞生的过程,是自然对人来说的生成过程。
> 历史本身是自然史的一个现实部分,即自然界生成为人这一过程的一个现实部分。①

而且,人类技术文明作为一种实践活动造成了"自然与文明"的冲突,这是"实践美学"没有意识到的。因为,"实践美学"的"实践"恰恰主张对大自然的改造与征服,认为"文明"正是这种征服的结果。从生命美学的角度来看,就得出相反的结论:大自然生成为人,它是人的"无机的身体"(马克思语),对人的"身体"的改造与征服就是对"人"自己的改造与征服,就是"人的异化"。

二是马克思关于"人"的一系列论述。从前人们在理解马克思关于"人"的系列论述时,关注的重点是"类"的人,亦即"人类"。李泽厚也多是从"类"的角度来理解马克思的"人"的。潘知常关注的重点则是个体的"人",这是一个重要的转变。马克思下面一段话成为潘知常关注的重点:

---

① 潘知常:《走向生命美学——后美学时代的美学建构》,中国社会科学出版社,2021年版,第61页。

对宗教的批判最后归结为人是人的最高本质这样一个学说，从而也归结为这样一条绝对命令：必须推翻那些使人成为受屈辱、被奴役、被遗弃和被蔑视的东西的一切关系。①

另一段话是：

生命活动的性质包含着一个物种的全部特性、它的类的特性，而自由自觉的活动恰恰就是人的类的特性。②

还有一段话也是他经常引用的：

假定人就是人，而人同世界的关系是一种人的关系，那么你就只能用爱来交换爱，只能用信任来交换信任，等等。③

潘知常指出，人不仅仅是实践活动的结果，还是实践活动的前提。离开实践活动来研究人固然是不妥的，离开人来研究实践活动也是不妥的。人是实践活动的主体，也是实践活动的目的，实践活动毕竟要通过人、中介于人。人的自觉如何，必然会影响实践活动本身。没有人就没有实践活动的进步，因此马克思指出："个人的充分发展又作为最大的生产力反作用于劳动生产力。"④何况，实践活动的进步又必然是对人的肯定。这就是所谓的"以人为本""人是目的"。因此，从实践活动对于人的满足程度来评价实践活动的进步与否，也是十分必要的。人，完全可以成为一个独立的研究对象。它所涉及的是：

---

① 马克思、恩格斯：《马克思恩格斯全集》第1卷，人民出版社，1956年版，第460—461页。
② 马克思：《1844年经济学—哲学手稿》，刘丕坤译，人民出版社，1979年版，第50页。
③ 马克思、恩格斯：《马克思恩格斯全集》第42卷，人民出版社，1979年版，第155页。
④ 马克思、恩格斯：《马克思恩格斯全集》第46卷下册，人民出版社，1980年版，第225页。

人性、人权、个性、异化、尊严、自由、幸福、解放,"我们现在假定人就是人""通过人而且为了人""作为人的人""人作为人的需要""人如何生产人""人的一切感觉和特性的彻底解放""人不仅通过思维,而且以全部感觉在对象世界中肯定自己",以及区别于"人的全面发展"的"个人的全面发展",等等。毫无疑问,在这条道路的延长线上,恰恰就是生命美学。

也就是说,发端于马克思《1844年经济学—哲学手稿》的两条道路:一条是科学视界、科学逻辑,亦即唯物主义的马克思主义与科学主义的马克思主义;另一条是人文视界、人文逻辑,亦即人道主义的马克思主义与人本主义的马克思主义。前者已经都通过《德意志意识形态》和《资本论》得到了发展,形成了"历史科学";而后一条道路却被忽视了,至今还亟待开拓,没有形成"价值科学"。生命美学恰好行进在这条道路上,正努力建构马克思主义的"人学",即"价值科学"。

马克思关于"人"的一系列论述,尤其是马克思关于人性、人权、个性、异化、尊严、自由、幸福、解放等观念,深刻影响了潘知常的生命美学,是潘知常生命美学的第一理论来源。潘知常的生命美学本质上就是一种马克思主义的"人学",因此,马克思关于"人"的系列论述,不仅成为潘知常生命美学的指导思想,还成为其基本内容。潘知常指出:

> 通过追问审美活动来维护人的生命、守望人的生命、弘扬人的生命的绝对尊严、绝对价值、绝对权利、绝对责任,这正是生命美学的天命。[1]

从这个意义上说,潘知常生命美学也就是马克思主义的人学。如果说,实践美学是唯物主义的马克思主义与科学主义的马克思主义在中国社会的发展的话,那么,生命美学就是人道主义的马克思主义与人本主义的马克思主义在中

---

[1] 潘知常:《走向生命美学——后美学时代的美学建构》,中国社会科学出版社,2021年版,第65页注①。

国社会的创生。

（二）实践美学

与实践美学的论争，对生命美学具有决定性的影响。这一点，潘知常自己也是承认的。他认为，人不仅仅是实践活动的结果，还是实践活动的前提。离开实践活动去研究人固然是不妥的，但是，离开人来研究实践活动也是不妥的。人是实践活动的主体，也是实践活动的目的。但是，实践美学把实践本体化、绝对化，完全无视人的主体作用，这是完全错误的。实践美学起到了一个"靶标"的作用。具体来说，实践美学至少从三个方面规定了生命美学：

1. 实践美学提供了一个论题域。对实践美学的不满源于其对"生命"的冷漠。实践美学对"生命"的冷漠是从方方面面体现出来的，所有这些方面都必须清算，这就引起了全面的论争，这些论争构成了一个"论题域"：论争双方都被限定在这个论题域中。生命美学也在这些论争中（实践美学的否定面）汲取"实践美学"的理论资源。

2. 实践美学提供了一个现实场。实践美学与生命美学都存在于一个共同的背景之中：中国社会改革开放的新时代。这个新时代具有一种复杂性，正是这种复杂性，使"实践美学"具有强烈的问题意识。而生命美学同样也具有强烈的问题意识，就是说，因为"实践美学"对现实问题的应答，迫使有不同观点的生命美学必须做出回应。这意味着"实践美学"的应答提供了一种现实问题的场域，生命美学不仅只能在这个场域中面对现实问题，而且只能面对"实践美学"揭示出的那些问题。比如，"实践美学"从自己的立场出发，提出了"启蒙现代性"的问题，具有十分强烈的现实针对性，有积极的作用；但其中对"集体主体性"的强调，压抑了"个体主体性"的呼声，这既不符合历史发展的大趋势，也不符合中国社会改革开放的时代发展要求。从计划经济转向市场经济，必然要求"解放个体"，要求突出"个体主体性"。但实践美学置若罔闻，生命美学不得不提出自己的美学主张，以便顺应时代的发展，回应改革开放的要求。

3. 实践美学提供了一个选择项。既然建立在"实践本体论"基础之上的

"实践美学"已经成为一个问题，生命美学就针对性地提出了另一个选项：生命。这个选项的提出，也是得益于"实践美学"的，通过"镜像思维"就可以提出用"生命"来取代"实践"。因此，生命美学毫不客气地把"是生命还是实践"的二选一的选择题摆在了所有美学家的面前。

生命美学突破了实践美学的局限，开拓出自己的理论场域。个体的觉醒、信仰的觉醒、爱的维度、终极关怀等等，有些是实践美学没有讨论过的，有些虽有论及，却不深入。而这种开拓，恰恰是源于"生命本体"的逻辑延伸。

（三）中国传统美学

潘知常认真研究了中国传统美学。1989年出版的美学著作《众妙之门——中国美感心态的深层结构》，就是对明清以来"启蒙美学"思想的研究，阐述了"美是自由的境界"的观点。之后的《生命的诗境——禅宗美学的现代诠释》，对隋唐以来的"禅宗美学"进行现代阐释；《中国美学精神》更是把中国传统美学从庄子美学到王国维的忧生美学梳理了一遍，继承了中国传统美学的生命精神。

潘知常指出，虽然中国传统美学中的主流是"忧世"意识、"忧世"美学，即对社会、国家、君王的忧虑意识，但"忧生"意识、"忧生"美学也并不匮乏。

中国传统美学中存在"忧世"与"忧生"的两条线索的交叉并进发展。前者，从《诗经》开始，中间经过曹氏父子、"建安七子"的作品，到大唐杜甫、李白、白居易等的诗歌，直到有宋一代王安石、范仲淹等人的作品，最后到明清时期市井小说、官场小说，无不充满了对国家、社会的忧思，反而对个体生命、对个人命运缺乏终极关怀。这一主线强调"文以载道"，以"政教为中心"，经过儒家的大力提倡，占据了主流地位。后者，即"忧生"的传统也有悠久的历史。从《山海经》那些奇幻的神话开始，到汉代《古诗十九首》，再到唐代王维、李商隐等人抒发个人情感的诗歌，宋代的《花间集》，李煜、柳永、李清照等人的词作，一直到明清时期抒发"性灵"文学艺术作品，尤其是曹雪芹的《红楼梦》，更是"忧生"的巅峰之作。这条线索才是真正以审美为目的的美学路径。可惜它不得伸张，一直没有占据主流地位。但这两条线索有强有弱，在明清时期的"启蒙美学"中，"忧生"意识渐渐抬头，到王国维，"忧生"美学就诞生了。

"忧生"的美学传统可以分为三个发展阶段：一开始是庄子的生命美学，接着是魏晋时期的个性美学，最后是明清时期的启蒙美学。启蒙美学衰落之后就是王国维的"忧生"美学。生命美学实际上是接着王国维讲。这添加进的新东西，就是对"生命"的现代阐释。

若从哲学基础的层面讲，与实践美学比较，潘知常生命美学的哲学基础就不一样：

相对于李泽厚的"人类学历史本体论"的哲学观，生命美学奠基于"万物一体仁爱"的新哲学观。

"万物一体仁爱"的新哲学观简称"一体仁爱"哲学观，是从王阳明"天地万物一体之仁"接着讲的。对比一下，就会发现，潘知常在王阳明的"天地万物一体之仁"的后面加了一个字：爱。多了这一个字，中国传统生命美学就发生了神奇的质变！

显然，潘知常生命美学是从中国传统美学而来，与中国传统美学是一脉相承的。

（四）西方生命美学

这方面的理论来源是十分明显的。可以这样说，正是西方的生命美学既成为批评"实践美学"的理论参照，又成为批评"实践美学"的理论武器。当然，这种武器还不只生命美学，还有西方的现象学、存在论、语言分析以及"后现代"理论。换句话说，生命美学是在"改革开放"之后，西方各种思想理论蜂拥而至的大背景中因为对"实践美学"的不满而创生出来的。因此，西方理论必然成为突破"实践美学"的有力武器。生命美学必然受到西方思想的影响，尤其是西方生命美学的影响。

潘知常指出，就西方而言，生命美学是从19世纪上半期破土而出的。它不是一个美学学派，而是一个美学思潮，其中包括：叔本华和尼采的唯意志论美学，狄尔泰、西尔美、柏格森、奥伊肯、怀特海的生命美学，弗洛伊德的精神分析美学；荣格的分析心理学美学。如果把外延再拓展一些，还可以包括以海德格尔、雅斯贝斯、舍勒、梅洛-庞蒂、萨特和福柯等为代表的存在主义美学，以及以马尔库塞、弗洛姆等为代表的法兰克福学派美学，当然，还有后现代主义美学中的身体美学。

就生命美学的影响而言，狄尔泰的影响很大，柏格森、怀特海等人的生命美学也有重要影响。但与尼采的影响相比，那是可以忽略不计的。有学者认为，潘知常的美学思想来自于基督教美学，这是一个误解。多年以来，他学习、研究最多的是尼采。潘知常说，他的生命美学是有"来历"的，有"家谱"的，是在"照着讲"的基础上"接着讲"。在他的背后有两个支柱：一个是中国的古代美学；一个是西方的生命美学，尤其是尼采的生命美学。

潘知常说：

> 人们常说，一个美学大家，一定是从"入门须正"开始的，如果入门正，后来的研究又有"来历"，有"家谱"，所谓成功，也就指日可待了。幸运的是，我的美学起步，也是生命美学，也是尼采。[1]

潘知常强调，美学研究，"入门须正"，这个"正"路，就是尼采：

> 多年以来，我所关注的问题，就是从"康德以后"到"尼采以后"，或者叫作"接着'尼采以后'讲"。[2]

除了西方生命哲学与美学的理论资源外，海德格尔的存在主义也是一个重要的理论资源。在一定意义上说，他与尼采一样，同样不能忽视。如果说，尼

---

[1] 潘知常：《生命美学引论》，百花洲文艺出版社，2021年版，第33页。
[2] 潘知常：《生命美学引论》，百花洲文艺出版社，2021年版，第33页。

采的巨大影响主要体现在"美学终结""审美救赎"等方面,那么,海德格尔的巨大影响则体现在对"美学问题"的思考方面。从现象学的角度讲,美学作为一门学科面临"美学问题",而这些问题的转换,潘知常是从海德格尔那里获得了启发的:诗与思的对话,不仅意味着超主客关系的确立,意味着认识论向存在论的转换、知识论向价值论的转换,还从根本意义上实现了从主客二元对立到超主客关系的方法论转换。

(五)中国百年来的生命美学

中国百年来的生命美学探索,由于时代原因,对潘知常生命美学有影响的,主要是王国维和鲁迅两人的生命美学思想。

王国维,处在"三千年未有之大变局"的中国历史大转折时期,作为一个从传统社会过来的卓越的读书人,社会现实的急剧变化,必然导致其观念的急剧变化。王国维说:

> 异日发明光大我国之学术者,必在兼通世界学术之人,而不在一孔之陋儒固可决也。[1]

这种识见,真可谓目光如炬。但身为中国人,要用西方文化改变中国文化,从心理上讲多少还是心不甘情不愿,这种内心冲突引起巨大痛苦。所以,陈寅恪在《王观堂先生挽词并序》中才说:

> 凡一种文化值衰落之时,为此文化所化之人,必感苦痛,其表现此文化之程量愈宏,则其所受之苦痛亦愈甚;迨既达极深之度,殆非出于自杀无以求一己之心安而义尽也。[2]

---

[1] 王国维:《王国维文学美学论著集》,上海三联书店,2018年版,第113页。
[2] 陈寅恪:《陈寅恪集·诗集 附唐篔诗存》,生活·读书·新知三联书店,2015年版,第12页。

王国维的痛苦，是有着清醒的意识并进行深刻反思之后凛然选择痛苦的痛苦，是忧生的痛苦，是自我意识觉醒后深感无能为力的痛苦。潘知常说：

> 作为美学传人，我们曾经频频自问：在20世纪初，美学家为什么会成为美学家？王国维又究竟比我们多出了什么？现在来看，答案十分清楚，就是：个体的觉醒。①

潘知常教授目光如炬，研究王国维的文章可谓多矣，却都忽略了他的"个体的觉醒"，没有自我意识的诞生，没有个体的觉醒，就不会有对生命意识的自觉，就不会有对生命的终极关怀。

王国维首次提出了"忧生忧世"之说。从潘知常所举例句来看，"诗人之忧生也"是指诗人对个体生命未知前途的深深忧虑，是对生命的终极关怀；"诗人之忧世也"是指诗人对人间世事的忧虑，是一种现实关怀。从生命的角度看，世事变幻不定，忽生忽灭，不可穷尽，而生命则是滚滚长河中的一叶不变的小舟，它不能沉覆，却又随时可能沉覆。这不能不叫人"忧生"。潘知常评论说：

> 这意味着：与传统的对于国家、天下的困惑不同，王国维是因为"人生之问题"而走向美学的，这无疑是一个前无古人的新的起点。……而"人生之问题"的核心，就是源于个体生命困惑的"忧生"，而且"忧与生来讵有端"，所谓"死生之事大矣哉"。②

在王国维看来，诗词的境界分为两种：一种是"有我之境"，另一种是

---

① 潘知常：《头顶的星空：美学与终极关怀》，广西师范大学出版社，2016年版，第426页。
② 潘知常：《头顶的星空：美学与终极关怀》，广西师范大学出版社，2016年版，第426页。

"无我之境"。不管"有我""无我",在王国维的心中,都是拿着"我"这把标尺在衡量一切艺术。"无我之境"也并非没有"我",只是这个"我"消融在"境界"之中,那个"境界"就是"我"了。前文已经说过了,中国美学就是有"我"的美学。区别在于在王国维之前的中国美学对"我"的在场是无意识的,是没有觉醒的,而王国维的忧生美学是第一次对个体生命有意识的、自觉的美学。"由于他的诞生,我们必须把美学的历史划分为'他之前'与'他之后'"[1],潘知常这样说。

正是在这样的意义上,潘知常才不无欣喜地指出:"忧生"美学诞生了。潘知常指出:

> 王国维敏捷地越过了传统美学的"忧世"陷阱。在他看来,欲望的成为与生俱来的本体,意味着美学的根源不在"忧世"而在"忧生",因而,它思考的不是社会的缺陷,而是生命本身的缺陷。[2]

由此可见,王国维关于"个体的觉醒""忧生"的美学以及他的"境界"论,都深刻地影响了潘知常。

鲁迅的美学就构成了一种对个体生命进行严酷解剖的美学。他不仅解剖国人的生命和灵魂,也解剖自己的生命和灵魂,甚至到了一种"一个也不放过"的严苛程度。那么,经过严苛的解剖,鲁迅又发现了什么?他的发现就是:中国美学不以美为美。

> 在鲁迅看来,中国美学的最大缺点是什么呢?就是不以美为美。中国的美学没有发现他所应该发现的东西,也没有批判它应该批判的东西。不

---

[1] 潘知常:《头顶的星空:美学与终极关怀》,广西师范大学出版社,2016年版,第424页。
[2] 潘知常:《头顶的星空:美学与终极关怀》,广西师范大学出版社,2016年版,第427页。

以罪恶为罪恶，不以羞耻为羞耻，也不以丑恶为丑恶。而鲁迅做的最大的贡献，就是还原了罪恶，还原了羞耻，还原了丑恶（而鲁迅没有做到的，是还原美好，以美好为美好……）。①

鲁迅的美学是一种揭露的美学，一种批判的美学，一种冷峻的美学。他想建设，却困于"铁屋子"里，动弹不得。如果说，王国维是追日的夸父，那么，鲁迅就是知道自己必败的共工。他们都是英雄人物，却又是悲剧人物。王国维以为人生就是痛苦，所以要逃脱人生，最终走上自沉的绝望之路；而鲁迅以为痛苦就是人生，逃无可逃，便不再逃，转而生出一股怒气，怒气化成戾气，反伤自身。他们都缺乏超越之路。潘知常说：

不仅仅是王国维，即便是鲁迅，也仍旧并非思想的尽头，因为在"个体的觉醒"之后的，必然是"信仰的觉醒"。因为对于"无缘无故的苦难"的觉察，就必然导致对于"无缘无故的信仰"的觉察。而这就意味着，即便是发现世界唯余痛苦与绝望，也仍旧存在一个截然不同的选择：或者像王国维、鲁迅那样与之共终共始，以致最终被其所伤害，甚至成为一块冷漠的石头，或者却是毅然转身，恰恰是因为觉察到人类别无出路，因此转而生长起最真挚、最温柔的爱心，转而在内心中体查到在精神上得到拯救的可能。②

潘知常指出，在逃避痛苦和憎恨痛苦之外，还有一条路径，那就是超越痛苦：为爱转身。

鲁迅生命美学对潘知常生命美学的影响，显然是潘知常通过剖析"心灵黑

---

① 潘知常：《头顶的星空：美学与终极关怀》，广西师范大学出版社，2016年版，第464—465页。
② 潘知常：《头顶的星空：美学与终极关怀》，广西师范大学出版社，2016年版，第435页。

暗的在场者"，由"恨"转身，转向了"爱"。

中国现代生命美学的代表人物，还有宗白华、方东美、唐君毅等人。这些人都曾在金陵大学（南京大学的前身）任教，而潘知常也在南京大学工作，似乎有一种缘分。但三人的生命美学思想对潘知常的生命美学几乎没有什么影响。

二、人在审美活动中"生成为人"

潘知常是如何走向生命美学的呢？1982年，他大学毕业留校教书。那时，他面对的就是李泽厚的实践美学。在教学过程中，他产生了困惑。用他自己的话说："我喜欢美学，只有一个理由：生命的困惑。"这"生命的困惑"包含三个方面：一是审美的困惑，二是生命的困惑，三是理论的困惑。[1]正是"生命的困惑"将他推向了"生命美学"。

第一个困惑就是"审美困惑"。潘知常少年时代是文艺粉丝，喜欢写诗，还发表过诗歌。这样的经历，使他有文艺创作与欣赏的经验。实践美学却无法解释这些经验，或解释得十分牵强，让他很不满意。例如，人为什么要写诗？他当时就觉得实践美学的解释和他自己的感受完全不同。

第二个困惑就是"生命的困惑"。大学毕业以后，他留校做老师，开始正式接触美学，当时，在纷繁的审美现象里，有两个现象是他最为关心的。一个是"爱美之心为什么人才有之（动物却没有）"？第二个是为什么"爱美之心人皆有之"？当时流行的实践美学一个都解释不了。

第三个困惑就是"理论困惑"。尽管他还是一个美学初学者，但是，在下意识中他始终认为：

> 一个成熟的、成功的理论，必须满足理论、历史、现状三个方面的追

---

[1] 潘知常：《"通向生命的门"（上）——生命美学三十年》，《美与时代》（下旬），2015年第1期。

问。可是，当时流行的实践美学却既没有办法在理论上令人信服地阐释审美活动的奥秘，也没有办法在历史上与中西美学家的思考对接，又没有办法解释当代的纷纭复杂的审美现象。因此，跟很多的同时代的青年美学学者不同，对于当时流行的实践美学，我连一天都没有相信过。①

1980年代那样一个自由、没有压力的黄金时代，给了年轻人读书和思考的机会。于是，潘知常仅仅是为了给自己"解惑答疑"而读书而思考，就是这样，在大量地阅读与严谨地思考之后，他发现：

> 其实，美学困惑的破解也没有那么困难，而长期以来美学界之所以不得其门而入，最为根本的，是因为都在"跪着"研究美学。现在，假如我们能够毅然站立起来，其实就不难发现：审美活动是人类生命活动的根本需要，也是人类生命活动的根本需要的满足，这是一个呈现在我们面前的看得见、摸得着的事实。可是，美学为什么就不能够从实事求是地解释这个事实开始呢？②

这是一个发人深思的问题：为什么不从审美事实开始？

> 由此，我意识到，其实，审美活动就是进入审美关系之际的人类生命活动，就是一种以审美愉悦（"主观的普遍必然性"）为特征的特殊价值活动、意义活动。因此，美学应当是研究进入审美关系的人类生命活动的意义与价值之学、研究人类审美活动的意义与价值之学。进入审美关系的人类生命活动的意义与价值、人类审美活动的意义与价值，就是美学研究

---

① 潘知常、封孝伦、方英敏：《回眸与展望：生命美学的跨世纪对话》，《贵州社会科学》，2015年第1期。
② 潘知常、封孝伦、方英敏：《回眸与展望：生命美学的跨世纪对话》，《贵州社会科学》，2015年第1期。

中的一条闪闪发光的不朽命脉。因此，所谓的美学，不应该是所谓的实践美学，而应该是——生命美学。①

何谓生命美学？潘知常多次阐述过，最近一次是在2021年1月4日的《知常美学堂》公众号中，他针对一些误解，做了一个二三百字的说明。他希望这个简要介绍能够得到学术界的普遍认可，在这个基础上进一步展开更加深入的美学讨论。他说：

> 生命美学诞生于1985年，它立足于"万物一体仁爱"的生命哲学，把生命看做一个由宇宙大生命的"不自觉"（"创演""生生之美"）与人类小生命的"自觉"（"创生""生命之美"）组成的向美而生也为美而在的自组织、自鼓励、自协调的自控系统，以"美者优存"区别于实践美学的"适者生存"，以"自然界生成为人"区别于实践美学的"自然的人化"，以"我审美故我在"区别于实践美学的"我实践故我在"，以审美活动是生命活动的必然与必需区别于实践美学的以审美活动作为实践活动的附属品、奢侈品，其中包涵两个方面：审美活动是生命的享受（"因生命而审美"、生命活动必然走向审美活动）；审美活动也是生命的提升（"因审美而生命"、审美活动必然走向生命活动），是国内新时期以来第一个破土而出并逐渐走向成熟的美学新学派。②

潘知常生命美学的内涵特别丰富，为了深刻理解和掌握潘知常的生命美学，我觉得应该先见"森林"，再深入"森林"之中，见到"树木"。先总体，后具体。这样学习生命美学，可能会事半功倍。从潘知常生命美学的具体内容来看，王世德的《潘知常生命美学体系试论》是走进潘知常生命美学大殿

---

① 潘知常、封孝伦、方英敏：《回眸与展望：生命美学的跨世纪对话》，《贵州社会科学》，2015年第1期。

② 潘知常：《何谓生命美学》，https://mp.weixin.qq.com/s/iOQKFIZ4EuqdfjoO5dvlLA。

的捷径。需要指出的是，这篇文章发表于2017年，对之后的潘知常生命美学发展当然无法论及。全文有四个部分，第一、二部分概述潘知常生命美学的体系，三、四部分则分析其理论特色。王世德把潘知常生命美学体系概括为"一个中心，两个基本点"。令人印象深刻，且简明好记。

"一个中心"就是以"审美活动"为中心。

"两个基本点"，一个是"个体的启蒙"，一个是"信仰的启蒙"。

这个概括，得到了潘知常的认可。他说："一个中心"，涉及的是美学研究的逻辑起点，也就是审美活动。

> 在我看来，所谓美学，无非就是要把这个审美活动的奥秘讲清楚。对此，我先后探索过三种"讲法"：第一种是在《生命美学》之中，我提出了从"审美活动是什么、审美活动怎么样、审美活动为什么"这样三个角度来破解审美活动的奥秘；第二种是在《诗与思的对话——审美活动的本体论内涵及其现代阐释》之中，我提出从"审美活动是什么、审美活动如何是、审美活动怎么样、审美活动为什么"这样四个角度来破解审美活动的奥秘；第三种是在《没有美万万不能——美学导论》之中，我直接把关于审美活动奥秘的破解分为两个问题，第一个问题是："人类为什么非审美不可？"第二个问题是："人类为什么非有审美活动不可？"①

用三本书从不同角度以不同方式反复阐释"审美活动"，说"审美活动"是潘知常生命美学的中心应该是名副其实的吧。

"两个基本点"，涉及的是美学研究的逻辑前提。这就是"两觉醒"："个体的觉醒"和"信仰的觉醒"。潘知常指出：

> 而就人的活动者的性质的角度来看，只有从"我们的觉醒"走向"我

---

① 潘知常：《生命美学引论》，百花洲文艺出版社，2021年版，第186—187页。

的觉醒",才能够从理性高于情感、知识高于生命、概念高于直觉、本质高于自由,回到情感高于理性、生命高于知识、直觉高于概念、自由高于本质,也才能够从认识回到创造、从反映回到选择,总之,是回到审美。"我审美,故我在!""我在,故我审美!"①

更重要的还是"信仰的觉醒"。潘知常指出:"个体的觉醒"必须还要继之以"信仰的觉醒":

> 因为在康德所揭示的审美活动的"主观的普遍必然性"的秘密中,"个体的觉醒"是"主观的普遍必然性"中的"主观"的"觉醒",而"信仰的觉醒"却是"主观的普遍必然性"中的"普遍必然性"的"觉醒"。②

王世德认为,生命美学就是要重视、突出、强调"生命"。这里所说的"生命",不只是有吃喝拉撒的生物学上的意义,更重要的是有社会学上的意义:"要自由自在,称心如意,有人格尊严,有诗意理想,丰富生动,幸福进步,平等博爱。"生命美学的要义就是:

> 它认定审美是一种生命活动,其要义是要超越有限的束缚与限制,要进入无限的自由,又不断生成新的意义和价值。③

王世德站在他自己的美学立场,看到的是生命美学与他的美学观点相通的一面,强调生命美学的"理想性"。现实社会总是不完美的,有缺陷有局限,

---

① 潘知常:《生命美学引论》,百花洲文艺出版社,2021年版,第187—188页。
② 潘知常:《生命美学引论》,百花洲文艺出版社,2021年版,第188页。
③ 潘知常、赵影主编:《生命美学——崛起的美学新学派》,郑州大学出版社,2019年版,第48页。

所以人就需要一个完美的理想世界，作为自己活下去的动力。他说："要重视人的自由生命的理想实现，则是生命美学最核心的奋斗目标。"[①]又说："潘知常的生命美学论著，十分重视强调生命的进步理想。"[②]

王世德的概括不能说没有道理，但生命美学远远不止"理想"一个维度。在我看来生命美学的要义是"人生成为人"，"自由生命的理想实现"只是"人生成为人"的一个方面的具体体现。潘知常其实多次讲到生命美学的要义，前面引用的那段"何谓生命美学"的话，只是其中之一。他说生命美学意在建构一种更加人性，也更具未来的新美学。这种新美学借助对审美活动的关注去关注"人"，关注"人"如何生存为"人"。

> 因此，美学的奥秘在人——人的奥秘在生命——生命的奥秘在"生成为人"——"生成为人"的奥秘在"生成为"审美的人。或者，自然界的奇迹是"生成为人"——人的奇迹是"生成为"生命——生命的奇迹是"生成为"精神生命——精神生命的奇迹是"生成为"审美生命。再或者，"人是人"——"作为人"——"成为人"——"审美人"。总之，生命美学对于审美生命的阐释其实也就是对于人的阐释。[③]

读到这一段话的时候，我豁然开朗：原来，在潘知常那里，"人"不是一成不变的，不是一开始就是那样的，而是逐渐"生成"的。人在审美活动中"生成为人"。我认为，理解了这一点，才算真正理解了潘知常生命美学。明白了这一点，就会明白从"个体的觉醒"到"信仰的觉醒"，再到"爱的觉醒""终极关怀""审美救赎"，其实就是"人生成为人"的过程，也是人的

---

① 潘知常、赵影主编：《生命美学——崛起的美学新学派》，郑州大学出版社，2019年版，第46页。

② 潘知常、赵影主编：《生命美学——崛起的美学新学派》，郑州大学出版社，2019年版，第50页。

③ 潘知常：《生命美学引论》，百花洲文艺出版社，2021年版，第185—186页。

生命不断提升的过程。

三、生命美学的整体框架

我们还可以从另一个整体的角度把握潘知常生命美学。在《生命美学引论》中,他强调生命美学可以从两个方向展开:一个是横向层面,一个是纵向层面。

在纵向层面,生命美学依次拓展为:生命境界、情感为本、境界取向。正是在这个意义上,潘知常生命美学可以称之为情本境界论生命美学或者情本境界生命论美学。

1985年,在《美学何处去》中,潘知常就提出了"生命视界"。文中说:"呼唤着既能使人思、使人可信而又能使人爱的美学,呼唤着真正意义上的、面向整个人生的、同人的自由、生命密切联系的美学。"又说:"真正的美学应该是光明正大的人的美学、生命的美学。"[①]1990年,潘知常在《百科知识》第8期上发表了《生命活动——美学的现代视界》,指出不是"实践活动",而是"生命活动",才是美学的现代视界。1991年出版的《生命美学》则是"以生命为视界"的生命美学成型专著。

"生命视界"是潘知常贯穿生命美学研究始终的基本方法,这种基本方法也就是"生命本体论"。这也是潘知常生命美学最独特之处,也是最有价值的地方。如果没有这一基本方法,生命美学不过是另一个形式的实践美学,甚至有可能是实践美学的部门美学,即实践美学中关于生命的美学。那么它仍将是"冷冰冰的"美学,"无人的"美学,根本不会有"哥白尼式的革命"。

"生命视界"即"生命本体论"意味着用"生命的眼光"去看待世界。这时候的"世界"不是抽象的实体概念,而是一个有生命的、无限丰富的、感性具体的世界。人与世界的关系发生了根本性的改变:人在世界之中体验世界,

---

① 潘知常:《生命美学论稿:在阐释中理解当代生命美学》,郑州大学出版社,2002年版,第400页。

而不是在世界之外认识世界。不少提倡生命美学的学者，他们关注的是"生命"本身，要求首先要解释清楚"生命是什么"，然后推定"生命是美的"，再由"生命美"解释"艺术美""自然美"和"社会美"。他们的研究方法本质上与实践美学并无不同。这与以生命为视界是两条不同的路径。在我看来，只有"以生命为视界"的生命美学才是有人有温度有爱有关怀的生命美学，才是"使人成其为人"的生命美学。那种关注生命本身的美学不能说没有意义，但他们的研究方法决定了他们关注的"生命"注定会"消解"在他们的研究过程之中，对象化的研究方法不可避免地"物化"了"生命"。

"情感为本"则是在1989年提出的。1989年黄河文艺出版社出版的《众妙之门——中国美感心态的深层结构》中，潘知常指出：

> 它（情感——引者注）不但提供一种"体验——动机"状态，而且暗示着对事物的"认识——理解"等内隐的行为反应。①

毫无疑问，情感是生命的本性，既然"以生命为视界"，那么"生命的眼光"所到之处，无不浸润着生命的情感。人在其中的世界就必定是一个情感的世界。潘知常指出：情感的满足意味着价值与意义的实现，这也就是境界的呈现。这也就是"境界取向"。

"境界取向"的提出，最早是在1985年，潘知常指出人不仅是现实的存在物也是境界的存在物。1988年，潘知常在《游心太玄——关于中国传统美感心态札记》一文中提出"美在境界"的观点。②1989年，在《众妙之门——中国美感心态的深层结构》专著中，潘知常正式提出"美是自由的境界"的观点，他说：

---

① 潘知常：《众妙之门——中国美感心态的深层结构》，黄河文艺出版社，1989年版，第72页。

② 参见潘知常：《游心太玄——关于中国传统美感心态札记》，《文艺研究》，1988年第1期。

第五章　生命美学：后美学时代的美学建构

因此，美便似乎不是自由的形式，不是自由的和谐，不是自由的创造，也不是自由的象征，而是自由的境界。①

到1991年，潘知常在《中国美学的学科形态——中国美学的现代诠释》一文中，提出了"境界美学"。他说："所谓境界形态，是相对于西方美学的实体形态而言的。"②

情感要呈现出来，必须借助对感性具体的现象的描绘，这就必然呈现为情景交融的境界。生命是自由的，因此，对自由生命的呈现，必然表现为一种自由的境界，这就是美。

对于"生命视界""情感为本"和"境界取向"这三者之间的关系，潘知常是这样讲的：

"生命视界""情感为本""境界取向"当然又并不是生命美学的全部，而只是生命美学中鼎立的三足。要之，无论生命还是情感、境界，都是指向人的，而且也都是三而一、一而三的关系：生命是情感的生命，境界的生命；情感是生命的情感，境界的情感；境界是生命的境界，情感的境界。而且，生命的核心是超越，……情感的核心是体验，是隐喻的表达，境界的核心是自由。……简单来说，如果生命即超越，那么情感就是对于生命超越的体验，而所谓境界，就是对于生命超越的情感体验的自由呈现。由此，形上之爱，以及生命——超越、情感——体验、境界——自由，在生命美学中就完美地融合在一起。③

---

① 潘知常：《众妙之门——中国美感心态的深层结构》，黄河文艺出版社，1989年版，第3页。

② 潘知常：《中国美学的学科形态——中国美学的现代诠释》，《宝鸡师院学报》（哲学社会科学版），1991年第4期。

③ 潘知常：《生命美学引论》，百花洲文艺出版社，2021年版，第196—197页。

在横向层面，潘知常说：

>生命美学的横向层面，则拓展为：后美学时代的审美哲学、后形而上学时代的审美形而上学、后宗教时代的审美救赎诗学三个领域。①

"后美学时代的审美哲学"是把"哲学诗化"（卡西尔）。把美学问题提升为哲学问题，从而将美学与哲学互换位置。潘知常指出：在生命美学看来，只有在审美活动中才隐藏着解决哲学问题的钥匙。因此，"美学应该是第一哲学"。这一结论与李泽厚的看法一致，但其内涵不同。李泽厚把美学看成是第一哲学，源于自然人化论和实践美学最后落脚为多项心理功能的复杂结构体，即不断生成、变异和积累的文化心理积淀的"审美方程式"或"审美双螺旋"，它具有人和宇宙自然共在的本体论性质，把"人和宇宙"连成了一体。②这一结论与杨春时的看法也不同。杨春时认为审美能够使存在的意义显现，美学就是现象学。由此美学摆脱了哲学分支和末端的卑微地位，成为第一哲学，成为发现存在意义的方法论和本体论，而哲学的其余部分只是它的演绎和论证。对杨春时来说，美学就是审美现象学，审美现象学就是第一哲学。

"后形而上学时代的审美形而上学"，是"把诗哲学化"（卡西尔）。这意味着把哲学引入美学，把哲学问题还原为美学问题。它讨论的是审美活动的本体论维度，侧重的是审美对于精神的意义，是从生命活动看审美活动，关注的是诗与思的对话，讨论的是诗与哲学（诗化哲学）的问题。

"后宗教时代的审美救赎诗学"涉及的是在劳动与技术的异化时代里失落了的自由与灵魂的赎回，谈论的是审美的价值论维度以及审美对于人生的意义，关注的是"诗与人生"的对话以及"诗与人生"（诗性人生）的问题。

---

① 潘知常：《生命美学引论》，百花洲文艺出版社，2021年版，第197页。
② 李泽厚著，马群林编：《从美感两重性到情本体——李泽厚美学文录》，山东文艺出版社，2019年版，第254页。

潘知常强调：

在纵向的"情本境界生命论"的美学与横向的审美哲学、审美形而上学、审美救赎诗学之间的，则是生命美学的核心：成人之美。①

四、潘知常生命美学的发展过程

王世德十分敏锐地指出：

从新世纪开始，潘知常的生命美学体系十分强调以超越维度和终极关怀为视阈，在此基础上，进行生命美学的全新建构，进一步阐释人类生命活动的根本需要和全新的价值和意义。②

的确如此。在21世纪，潘知常没有停止求索的步伐，不断向生命美学的最深处掘进。范藻在最近的一篇文章中，把潘知常生命美学36年来的发展过程分为三个阶段：从1985年的《美学何处去》到2002年的《生命美学论稿》是"生命为本"的阶段；从2009年的《我爱故我在——生命美学的视界》到2019年的《信仰建构中的审美救赎》是"信仰至上"的阶段；2019年之后，则是"万物仁爱"的阶段。③这个划分很有启发意义，也是理解潘知常生命美学的独门秘径之一。

2018年，潘知常回归美学研究之后，从"信仰的觉醒"跃升到"美学的觉醒"，即传统美学已经终结，"后美学时代"的生命美学跃升为"大美学""未来哲学"。纵观潘知常生命美学的发展过程，可以看到比较清晰的

---

① 潘知常：《生命美学引论》，百花洲文艺出版社，2021年版，第198页。
② 王世德：《潘知常生命美学体系试论》，《上海文化》，2017年第6期。
③ 范藻：《美学百年路 续航新征程——有感于潘知常〈走向生命美学——后美学时代的美学建构〉》，《文艺论坛》，2022年第1期。

"三级跳"：

第一级"跳"是从1985年发表的《美学何处去》到2002年出版的《生命美学论稿》，这是"个体觉醒"的阶段。这一时期，潘知常把学术关注点放在"个体的觉醒"方面。我想到1980年代初，孙绍振在《诗刊》上发表的《新的美学原则在崛起》一文，宣告"新的美学原则在崛起"，也就是"小我"的价值与尊严正在"崛起"，应该得到认可。这其实就是"个体的觉醒"，可惜被非学术因素活生生地压抑下去了。其实，"个体的觉醒"一直在诗人、作家与评论家、部分美学家中具有强大的影响力，"小我"的声音实在无法完全被压抑下去。但"个体"的价值与尊严仍然没有得到普遍的认可。即使"集体人""单位人"因为企业改制等相关政策而被不同程度消解，个体在户籍制度、社会治理、城乡二元对立以及获得资源等方面，仍然没有觉醒，无法独立。潘知常从1980年代开始，呼吁"个体的觉醒"，既是对这一思潮的继承与发扬，也是对社会现实的回应。在当时那样一种社会氛围中，高呼"个体的觉醒"，需要巨大的勇气。事实上，潘知常也的确遭受到了"打击"。

第二级"跳"是从2009年出版的《我爱故我在——生命美学的视界》到2017年出版的修订版《中国美学精神》，这是"信仰觉醒"的阶段。这一"跳"，从"个体的觉醒"跳到"信仰的觉醒"，标志着生命美学的"定型与成熟"。这一"跳"，更是令人意外。把"信仰"引入美学研究，这让许多学者料想不到。在传统的美学研究中，美学根本不会触及"信仰"的问题。但在生命美学中，作为"人生成为人"的路径，"信仰"又是题中应有之义。

第三级"跳"是从2019年出版的《信仰建构中的审美救赎》到2021年出版的《走向生命美学——后美学时代的美学建构》，这是"美学觉醒"的阶段。这一"跳"，从"信仰的觉醒"跳到"美学的觉醒"。标志着以"实践美学"为代表的传统美学退出主流地位之后，"后美学时代"的美学重构。一种"大美学"的诞生，一种未来哲学的诞生。潘知常说：

在笔者看来，生命美学所亟待走向的，无疑并不是这些，也就是说，它亟待选择的绝对不应该是向下走,而只能是向上走,这意味着:应当走向的,只能是哲学。换言之,在笔者看来,回归哲学,才是美学之为美学的必然的归宿。①

那么,何谓"后美学时代"?照我的理解,它有两层含义。首先是"现代之后",其次是"实践美学之后"。这两个"之后"结合在一起就是"后美学时代"。从后现代主义的角度看,美学已经终结。"美学的终结"其实也就是"去美学化"。这种终结源于对"理性主义"的反抗,源于对"虚无主义"的救赎。对"理性主义"的反抗意味着传统的理性主义的美学必将终结,对"虚无主义"的救赎意味着需要重新建构一种新的美学。美学"终结"蕴含的并不是美学的结束,而是美学自身的深刻反省。潘知常指出:

> 由此,我也可以问:美学终结之际为思想留下了何种任务?当然,这个时候我们就已经进入了"后美学"的时代,面对的也已经是"后美学问题""非美学的思想",所谓"一种非对象性的思与言如何可能"。②

美学已死,但美学必须重生。这种重生就是追问"一种非对象性的思与言如何可能"。如果不能正确回答这一问题,"后美学时代"的美学就无法建构起来。潘知常对这个问题的回答借用了"美学教研室"和"哲学教研室"的比喻,指出"美学终结"只是"美学教研室"的美学研究遇到的挑战,并不是那些大思想家、大哲学家的"哲学教研室"的美学研究遇到挑战。这迫使我们回到长期被遮蔽的审美问题,即回到对审美活动的关注,回到对生命的关注。正是在这一意义上,潘知常认为,西方美学一共出现过三种追问方式:神性的、理性的和生命(感性)的。从尼采开始,神性的和理性的追问方式的美学都已

---

① 潘知常:《走向生命美学——后美学时代的美学建构》,中国社会科学出版社,2021年版,第487页。

② 潘知常:《生命美学引论》,百花洲文艺出版社,2021年版,第39页。

经终结，以生命的追问方式的美学才开始。因此，尼采才是西方生命美学的真正的开端。所以潘知常强调自己是接着尼采讲。他说：

> 多年以来，我所关注的问题，就是从"康德以后"到"尼采以后"，或者叫作"接着'尼采以后'讲"。①

"后美学时代"的第二层意思，应该是针对百年来"审美现代性与启蒙现代性双重变奏"的回应。20世纪伊始，中国社会遇到西方文明的强大冲击，在"三千年未遇之大变局"面前，明清以来的文化传统出现了比较明显的分化。一方是以梁启超为代表的启蒙现代性，他们承接了中国文化中"忧世"的传统；另一方是以王国维为代表的审美现代性，他们继承了中国文化中"忧生"的传统。这两种传统在与西方现代文明碰撞、对话、交融的过程中，都发生了质变。忧世传统嬗变为启蒙现代性，而忧生传统升级为审美现代性。前者呼唤"理性"，以"重建社会"为自己的使命（其中隐含着悖谬："理性"只能是"个体的理性"，没有"社会的理性"）；后者呼唤"生命"，以"发明个体"为自己的使命。但在"救亡压倒一切"的特殊语境下，所谓"民族""国家"的危亡压倒了"个体"的觉醒与独立，"审美现代性"被压抑了下来。到20世纪最后的二十年，中国开始"改革开放"，四十多年过去，21世纪的四分之一也快过去了，"重建社会"的"启蒙现代性"完成了阶段性任务，其中的缺陷——无法实现"人的现代化"——越来越清楚，被长久压抑的审美现代性呼之欲出。也就是说，"后美学时代"第二层含义就是"启蒙现代性之后"。"启蒙现代性之后"的具体表现就是"人类学历史本体论之后"。就中国当代美学现实而言，就是实践美学之后。潘知常指出：

> 在笔者看来，回首当代美学的四十年，"去实践化"，理应被看作20

---

① 潘知常：《生命美学引论》，百花洲文艺出版社，2021年版，第33页。

第五章　生命美学：后美学时代的美学建构

世纪中国美学史中的一次真正的美学自觉。它意味着：当代的中国美学经过数十年的探索，终于寻觅到了真正的起点与归宿。美学，开始直面马克思所揭示的"肉体的、有自然力的、有生命的、现实的、感性的"人，直面审美活动的独立性、审美活动的本体地位。[①]

作为"第一美学问题"，是生命还是实践的选择，已经没有悬念。高举"生命"大旗的生命美学已经成为当代中国美学思潮的主流。为了顺应这一大势，必须"重构美学"，重构一种新的美学，这就是生命美学的升级版"大美学"，即"未来哲学"。

>所谓未来哲学，也不仅仅是自由的哲学，而且还应该是爱的哲学。它从"生命"出发，是生命的形而上学而不再是知识的形而上学，这样，也就必然走向"自由"，并且回归于"爱"。爱，就是对于"自由"的全新假定。我们可以把它称为第二次的人道主义的革命——爱的革命。在无神的时代，爱，就是人类的信仰……因此，未来哲学不再是传统哲学的所谓"爱智慧"与智之爱了，而已经是焕然一新的"爱的智慧"与爱之智。[②]

这就是潘知常所说的"美学的觉醒"的最根本的底蕴。潘知常也说过，"美学的觉醒"也就是"个体的觉醒"和"信仰的觉醒"（包括"爱的觉醒"）。这是"美学觉醒"内在的部分，即它的内容部分。还有形式的部分，即美学自身的存在形态，它区别于其他学科的外在形式部分。后美学时代的美学不再是传统意义上的美学，它是一种融合哲学与美学的大美学、未来哲学。潘知常说：

[①] 潘知常：《走向生命美学——后美学时代的美学建构》，中国社会科学出版社，2021年版，第141页。

[②] 潘知常：《生命美学引论》，百花洲文艺出版社，2021年版，第223页。

在未来哲学，是因美而爱；在生命美学，是因爱而美。这意味着：就内在而言，生命美学的"我审美故我在"与未来哲学的"我爱故我在"是彼此一致的。尽管它们分别是生命美学与未来哲学的主题。但是，"我爱故我在"是"我审美故我在"的前提，"我审美故我在"则是"我爱故我在"的呈现。贯穿其中的，是一种共同的把精神从肉体中剥离出来的与人之为人的绝对尊严、绝对权利、绝对责任建立起一种直接关系的全新的阐释世界与人生的生命模式，是"让一部分人先美起来"，也是"让一部分人先爱起来"。①

正是在这一意义上，"后美学时代的美学建构"必然不同于"后实践美学"。虽然学界一般把"生命美学"归入所谓的"后实践美学"，其实，不论从生命美学产生的时间看（生命美学产生于1985年，即便以专著算，《生命美学》也出版于1991年，而"后实践美学"这一概念出现于1994年）还是从时代对生命美学的要求看，它都不宜于归入"后实践美学"。生命美学是"后美学时代"的"美学重构"，它既是对"后现代主义"在中国这一特殊语境中的回应，也是对百余年来"审美现代性与启蒙现代性的双重变奏"的回应，更是对"实践美学之后"的回应。这其实就是"美学的觉醒"。在与"实践美学"对话的过程中，"生命美学"一直都是"觉醒"的，在"后美学时代"，"生命美学"则更加"自觉"，更加意识到自己的"使命"：

> 生命美学认为：真正的美学，必须以自由为经，以爱为纬，必须以守护"自由存在"并追问"自由存在"作为自身的美学使命。②

---

① 潘知常：《走向生命美学——后美学时代的美学建构》，中国社会科学出版社，2021年版，第574页。
② 潘知常：《走向生命美学——后美学时代的美学建构》，中国社会科学出版社，2021年版，第427页。

在一个注释中,这一"使命"被称为生命美学的"天命"。潘知常在那里表达得更加清晰、明确,也更加让人振奋:

> 通过追问审美活动来维护生命、守望生命,弘扬生命的绝对尊严、绝对价值、绝对权利、绝对责任,这正是生命美学的天命。[①]

我要说,这四个"绝对",正是我们急需的。没有足够的理论底气和勇气,是没人敢讲出来的。正是这一点,把生命美学与"后实践美学"中的其他美学区别开来。

这最后一"跳",就是"美学的觉醒"。美学已经意识到自身的危机,并不是因为"美学的问题",而是因为"美学问题"。这"美学问题"直接怀疑美学的合法性:一种"物化"的美学是否有存在的价值和意义?"美学的觉醒"实际上也就是"生命的觉醒"。

这"三级跳"中每一"跳"都很重要,每一"跳"都使生命美学达到一个新的高度。

第三节 生命美学的主要内容

潘知常生命美学(情本境界生命论美学)的内容非常丰富,即便是一部专著也未必能说得清楚,更不用说这一节的篇幅了。好在我们已经在前后很多地方从不同方面介绍了潘知常生命美学的一些内容,这里我们考察其主要内容。

潘知常强调:生命美学从立足于"实践"转向立足于"生命",从立足"启蒙现代性"毅然移步于立足"审美现代性",从"认识—真理"的地平线挪移到了"情感—价值"的地平线。生命美学不是关注人类文学艺术的小

[①] 潘知常:《生命美学引论》,百花洲文艺出版社,2021年版,第33页注①。

美学，而是关注人类美学时代美学文明、关注人类解放的大美学。生命美学被称为"情本境界论"生命美学或者"情本境界生命论"美学，其中的"情本""境界""生命"，正是源自中国传统美学的核心范畴——"兴"（"情本"）、"境"（"境界"）、"生"（"生命"）。因此，生命美学是对中国美学传统的传承与弘扬。相对于实践美学，生命美学立足于"万物一体仁爱"的生命哲学，坚持"生命视界""情感为本""境界取向"，并且从四个方面根本区别于实践美学：1."爱者优存"（实践美学是"适者生存"）；2."自然界生成为人"（实践美学是"自然的人化"）；3."我审美故我在"（实践美学是"我实践故我在"）；4.审美活动是生命活动的必然与必需（实践美学认为审美活动是实践活动的附属品、奢侈品）。生命美学的基本特征是："万物一体仁爱"的生命哲学，"情本境界论"的生命美学和"知行合一"的美学实践传统。就历史渊源而言，实践美学来自北京的《新青年》和启蒙现代性，生命美学来自南京的《学衡》和审美现代性。

一、哲学基础：万物一体仁爱

有一个突出的现象值得一提：潘知常的生命美学（情本境界生命论美学）有自己的哲学基础，这就是源自王阳明"万物一体之仁"的"万物一体仁爱"。但潘知常并没有专门阐释这一哲学基础的专著，这与封孝伦、陈伯海不一样。他们二人在自己的生命美学专著之外，都专门写了生命哲学的专著，就像房屋必须建筑在地基之上一样，他们认为，生命美学应该立足于生命哲学的基础之上。这一看法不是个别的，西方生命美学都立足于生命哲学，更广泛地说，美学都应该有自己的哲学基础，因为，美学是哲学的一个部门。但是，潘知常并没有自己专门的生命哲学著作。这一事实不是偶然的，它本身就证明了潘知常的生命美学是美学与哲学的融合体。美学哲学化，哲学美学化，二者是一体的。这就是说，潘知常的生命美学本身就是哲学，而且是"未来哲学"。

李泽厚实践美学的哲学基础是"人类学历史本体论"的哲学观，相应地，

第五章 生命美学：后美学时代的美学建构

潘知常在1991年提出了"万物一体仁爱"的生命哲学，简称为"一体仁爱"生命哲学。潘知常说：

> "万物一体仁爱"的生命哲学出自王阳明的"万物一体之仁"。当然，又有所不同，其中的关键是：以现代意义上的"爱"去重新释仁，将"仁"扩充为"仁爱"，实现凤凰涅槃、脱胎换骨，从而为古老的"仁""下一转语"，从王阳明的"万物一体之仁"进而走向"万物一体仁爱"，所谓"天下归于仁爱"。它意味着：从自在走向自由，从无自由的意志（儒）或无意志的自由（道）走向自由意志；而且从以人为本进而明确地转向"以人人为本""以所有人为本"。①

王阳明心学有一个基本观点，即"万物一体"。意思就是说，天地万物皆备于我心，我心即天地万物，因此，天地万物的任何变化不仅由我心起，还必定由我心知。小孩掉井里了，我的心一紧，有"恻隐之心"，这就证明"我心"与"小孩"是一体的，不然小孩子掉井里与我何干？

天地万物既是一体，但"人"是主角，"心"是人"心"。而人之"心"的属性是"仁"，所以，这个"一体"的万物也就有"仁"的属性。因此，王阳明由"万物一体"推进到"万物一体之仁"。就是说，在"万物一体"之中，人处于主导地位，人与万物之间、万物相互之间都具有"仁"的性情。在生命美学看来，这实际上也就是"生命"。

---

① 潘知常：《走向生命美学——后美学时代的美学建构》，中国社会科学出版社，2021年版，第457页。

（一）核心概念：生命

那么，潘知常讲的"生命"是什么意思呢？他说：

> 关于"生命"，至今都没有一个能为大家所认可的一般定义，也因此，长期以来，笔者都是建议不妨就以恩格斯的定义作为答案："生命是蛋白体的存在方式，这种存在方式本质上就在于这些蛋白体的化学组成部分的不断的自我更新。"[①]

为什么至今都没有一个关于"生命"的一般定义？我认为，"生命"是无法研究的，原因在于"语言的狡狯"。有一类名词仅仅只是人的内在感受，它并没有相对应的外在"意指对象"。而我们总是认定一个名词是有外在"意指对象"的。我们首先要找到这个"意指对象"，然后对它展开研究。可事实上像"生命""时间""美"一类的词语，并没有这样的"意指对象"，它只是"我"的主观感受。我们上了语言的当。

尽管如此，我们总有对"生命"的基本看法，不然就不会有这个名词了，也就不会有"生命美学"了。这并不矛盾：我们可以言说生命，却无法研究生命。可以言说，是因为我们有感受；不能研究，是因为"生命"没有实体。

潘知常指出，"自然界生成为人"有一个过程。一个人要"出生"两次。就是说，人能够获得两次生命。第一次是生物学意义的出生，即获得肉体生命。仅仅获得肉体生命，还不是一个完成的人；还必须有第二次"出生"，即人要超越自己的"肉身"，获得"灵魂"，进而获得精神生命。这才是一个完成了的人，一个完整的人。

生命美学中的"生命"是"以生命为视界"的"生命"，通俗地说，就是用"生命的眼光"看待世界万物。潘知常说：

[①] 潘知常：《走向生命美学——后美学时代的美学建构》，中国社会科学出版社，2021年版，第47页。

生命美学的为美学引入"生命",只是在引入现代视界的意义上,在无视生命就是无视美学的意义上,在强调不得将人作为被等量或者等质交换的物看待的意义上,在强调生命必然是时间上的唯一、空间上的唯一点的意义上,在因此也必然要从整体中解放出来的意义上。①

这段文字表明,生命是个体性的,不能当成"物"来对待。

"万物一体仁爱"的生命哲学,把生命看作一个由宇宙大生命的"不自觉"("创演""生生之美")与人类小生命的"自觉"("创生""生命之美")组成的向美而生也为美而在的自组织、自鼓励、自协调的自控系统。它包含两个部分:一个是宇宙大生命,一个是人类小生命。这二者又是什么关系呢?

潘知常把"自然"分为两种:一种是广义的宇宙世界,一种是狭义的物质世界。前者包含人,后者不包含人。前者人"在世界之中",后者人"在世界之外"。平常所说"人与自然"的"自然"指的就是不包含人在内的物质世界,是人可以"对象性思考的对象"。宇宙世界就不一样,它不但是物质性的,而且是超物质性的。潘知常说:

在这个意义上,它与人有其相近之处。不同的只是,我们把宇宙世界称为宇宙大生命(涵盖了人类的生命,宇宙即一切,一切即宇宙)的创演,而把人类世界称为人类小生命的创生。创演,是"生生之美",创生,则是"生命之美"。②

它们之间既有区别,也有一致之处。"生生之美"要通过"生命之美"才

---

① 潘知常:《生命美学引论》,百花洲文艺出版社,2021年版,第215页。
② 潘知常:《走向生命美学——后美学时代的美学建构》,中国社会科学出版社,2021年版,第51页。

能呈现出来,"生命之美"也依赖于"生生之美"的呈现。它们之间的一致之处就是:超生命。相对于超生命,"生生之美"是不自觉的,而"生命之美"则是自觉的。这就是"自然界生成为人"。

因此,人才可以自觉地与宇宙彼此协同,并且把宇宙生命的创演乃至互生、互惠、互存、互栖、互养的有机共生的根本之道发扬光大,这就是生命美学所立足的生命哲学:"万物一体仁爱""生之谓仁爱"。①

(二)生命的属性

潘知常生命美学超主客关系的研究方法实际上是一种阐释学的方法,这种方法不会对"生命的本质"进行条分缕析的"科学分析",只有详尽的现象描述。所以,我们见不到他专门的论述。但我们可以从他广泛而又具体的阐述中,总结出他言说的生命具有怎样的本质属性。

首先,美是生命的属性。从"爱美之心,人才有之"到"爱美之心,人皆有之",潘知常用了一本书的篇幅论证了美是人的生命的属性。②

其次,爱也是生命的属性。《我爱故我在——生命美学的视界》就是专门阐释这个问题的。潘知常说:

我们存在的全部理由,无非也就是:为爱作证。"信仰"与"爱",就是我们真正值得为之生、为之死、为之受难的所在。③

最后,自由,也是生命的属性。在中国美学界,"自由"与"美"密切

---

① 潘知常:《走向生命美学——后美学时代的美学建构》,中国社会科学出版社,2021年版,第51—52页。
② 参见潘知常:《没有美万万不能——美学导论》,人民出版社,2012年版。
③ 潘知常:《我爱故我在——生命美学的视界》,江西人民出版社,2009年版,前言第6页。

相关，李泽厚认为"美是自由的形式"，高尔泰认为"美是自由的象征"，蒋孔阳认为"美是自由的创造"，潘知常认为"美是自由的境界"。但他们对"自由"的界定又各不相同。李泽厚、高尔泰、蒋孔阳主要是从认识论的角度讲"自由"，而潘知常则是从本体论的角度讲"自由"，潘知常认为"自由"不仅是生命的"需要"，更是生命的"属性"，这就意味着：无自由无生命。因此，把"自由"界定为掌握"规律"之后的"合规律"的行为（实践），就远远不够了。潘知常在分析了马克思关于"人"的系列论述之后，指出：马克思所说的人是人的最高本质和人的本质是自由自觉的活动是"最值得注意的"。① 潘知常指出：人类生命活动面对的问题就是自由的实现。自由的实现是通过三种方式，即实践活动、理论活动和审美活动来实现，这也是生命的自我实现。潘知常区分了两种"自由"。一种是"认识必然的自由"，一种是"超越必然的自由"。潘知常指出，前一种"自由"并不是真正的"自由"，它只不过是"真正自由"的前提条件。后一种"自由"才是"真正的自由"，它是对必然性的超越。潘知常说：

> 由此我们看到，人类生命活动所面对的自由，无论它的内涵如何难以把握，但却必然包含着两个方面。这就是：对于必然性的改造、认识，以及在此基础上的对于必然性的超越。前者是自由实现的基础、条件，后者则是自由本身。②

潘知常对"自由"如此划分，不仅把生命美学与实践美学区分开，而且还赋予了"自由"新的意涵。

---

① 潘知常：《诗与思的对话——审美活动的本体论内涵及其现代阐释》，上海三联书店，1997年版，第107页。

② 潘知常：《诗与思的对话——审美活动的本体论内涵及其现代阐释》，上海三联书店，1997年版，第157—158页。

（三）由"仁"而"爱"

"万物一体之仁"的"仁"仍然局限于传统的意涵，不具有现代意义。但在潘知常那里，"万物一体"不再是一般意义上的"万物一体"（比如不是张世英所讲的"万物一体"），不再上承于天，以"天德""天意""天命"作为主宰，而是必须以仁爱为基础的万物一体。潘知常说：

> 因此，所谓"自然界生成为人"，其实也就是要"生成"出自组织、自鼓励、自协调的生命自控系统，并且使之从"不自觉"到"自觉"。这就是所谓的"万物一体"。至于"仁爱"，则是出于恩格斯所谓的"自然界的自我意识"。①

于是王阳明的"万物一体之仁"也就发展为"万物一体之仁爱"。虽然仅仅添加了一个"爱"字，其内涵却大大丰富了。

> 以尊重所有人的生命权益作为终极关怀，也以尊重所有物的生命权益作为终极关怀。并且，以尊重为善，以不尊重为恶，因此，超出于工具性价值去关注作为人的目的性价值、作为物的目的性价值，就是其中的关键之关键。同时，把世界看作自我，把自我看作世界，世界之为世界，成为一个充满生机、生生不已的泛生命体，人人各得自由，物物各得自由。②

在此意义上，潘知常指出：

---

① 潘知常：《走向生命美学——后美学时代的美学建构》，中国社会科学出版社，2021年版，第477页。
② 潘知常：《走向生命美学——后美学时代的美学建构》，中国社会科学出版社，2021年版，第457—458页。

就审美活动而言，在被实践活动决定之前，作为人类小生命的创造活动的一个重要的部分，它也应该早已被宇宙大生命决定了。审美活动一定是"生生""仁爱""大美"的三位一体。"生"是宇宙大生命的本体，也是人类小生命的本体，……由此，有"万物一体仁爱"，又从"好之"到"乐之"，走向了"天地大美"。①

万物一体仁爱的生命哲学放弃主客二分的思维模式，转而从本体对主体的意义的角度去探讨本体。如此一来，这就始终是一种"有人哲学"。

二、思的对象：审美活动

有一个现象值得指出：大多数生命美学倡导者都会同意生命美学的逻辑起点是"生命"。就是说，从"生命"这一阿基米德点出发，可以逻辑地推演出一个美学体系，这个美学体系必然是生命美学。但在潘知常看来，完全不是这么一回事。这样推演出来的生命美学体系，很可能是"无生命"的生命美学，就像传统美学是"无美"的美学一样。

潘知常生命美学（情本境界生命论美学）的逻辑起点不是"生命"，而是"审美活动"。我们看看他自己是怎么说的：

> "一个中心"，涉及的是美学研究的逻辑起点，也就是审美活动。②

他进一步解释说：

> 与实践美学以实践活动作为逻辑起点不同，我的生命美学研究以审美

---

① 潘知常：《走向生命美学——后美学时代的美学建构》，中国社会科学出版社，2021年版，第52—53页。

② 潘知常：《生命美学引论》，百花洲文艺出版社，2021年版，第186页。

活动作为逻辑起点。在我看来,所谓美学,无非就是要把这个审美活动的奥秘讲清楚。①

潘知常生命美学,为什么不从"生命"开讲,却要从"审美活动"开讲?这不是一个"技术性"问题,而是一个"根本性"问题。

我想,这首先与"生命视界"有关。既然是"以生命的立场""以生命的眼光"看待万物,这就意味着不太可能"以生命的眼光"看待"生命"。因为这样的"重叠"是不可能的,它存在一个逻辑上的悖论:你的眼睛不可能会观察它自己。

而选择"生命视界"也是势所必然。鉴于实践美学对"人"的忽视、无视,要想建构一种"有人"的美学,就只能是"以生命为视界"的美学。如果不以生命为视界,那么,即使是以生命为逻辑起点的美学,只要它研究方法不变,仍然可能是"无人"的美学。

其次,"生命"本身也是无法说清的事实。我们称之为"生命"的东西是通过某些特定的可感知、描述和测量的物质现象表达出来的。我们知道的是那些"物质现象",却从来不知道"生命"是什么。现代科学如此发达,也只能研究"生命的物质现象",对"生命"是什么至今一无所知。

再次,是审美活动自身的特性决定了的。第一,审美活动是最高的生命活动。第二,审美活动是美学研究的最先事实、第一事实,这意味着审美活动是美学研究遇到的第一块必须搬动的"拦路石"。这块"拦路石"不被解决,美学的其他问题就不能解决。第三,美学的全部奥秘都蕴含在审美活动之中。

最后,没有其他的美学事实可以替代"审美活动"。"审美关系""审美主体""审美客体""美""美感""艺术"等等,都不能取代"审美活动"作为美学研究的逻辑起点。

潘知常对这个生命美学的核心问题"探索过三种讲法",定义也比较多。

---

① 潘知常:《生命美学引论》,百花洲文艺出版社,2021年版,第186页。

我以为从三个方面来理解审美活动是十分必要的：第一，什么是审美活动；第二，审美活动的本体论内涵；第三，审美活动的基本性质。

（一）什么是审美活动

审美活动源于生命的有限性。生命必须超越这种有限性。有三种超越方式：虚无的超越、宗教的超越和审美的超越。前两种都是虚妄、虚幻的超越，只有"审美超越"才是人类不断"创生"的超越。那么，"审美"或"审美活动"是什么呢？

> 总之，审美活动是"万物皆备于我"，是"天人合一"，是"宇宙即是吾心，吾心即是宇宙"，是人生的最高的生命存在方式。①

我以为，前三句都在讲"主客体的融合"，后一句则是讲这种融合状态的意义。阎国忠质疑"最高的生命存在方式"，说"最高的"一词意义不明确。假若将主客体的二元对立状态与主客体的二元融合状态对比，就不难理解审美活动是人生"最高的"生命存在方式了，它就是对"生命有限性"的超越，意味着是有限的生命企达无限的生命，成为自由生命或审美生命。有时，也说成是生命活动的理想形态。

因此，审美活动是自由的生命活动。这意味着：审美活动是生命的创造，审美活动是生命意义的创造，审美活动是生命的独特意义的创造。

还有一种最常见的说法：审美活动是进入审美关系的生命活动。这个定义的难点是必须解释"审美关系"和"生命活动"。

"审美关系"曾经是一些人美学研究的核心范畴，是美学研究的对象。潘知常几乎不使用审美客体与审美主体这样的概念，所以他较少关注"审美关系"。他认为审美关系也是相对于审美活动而言的，它不是预先存在的，而是在审美活动中建构起来的，离开了审美活动，也就没有审美关系。所以审美活

---

① 潘知常：《生命美学》，河南人民出版社，1991年版，第23页。

动是第一性的，是人生命需要的必然与必需，不是实践美学所说的是人生的装饰品和奢侈品。

对于"生命活动"，潘知常大致划分为三个部分：理论活动、实践活动和审美活动。因此：

> 审美活动是一种以实践活动为基础同时又超越于实践活动的一种生命活动。审美活动是人类的自由本性的理想实现。①

> 审美活动是对于人类最高目的的一种"理想"的实现。通过它，人类得以借助否定的方式弥补了实践活动和科学活动的有限性，假如实践活动与理论活动是"想象某种真实的东西"，审美活动则是"真实地想象某种东西"。假如实践活动与理论活动是对无限的追求，审美活动则是无限的追求。②

由此可见，生命美学承认并认可实践活动的作用和价值。这是因为实践活动也是生命活动的一种形式。但把实践活动作为本体论的实践美学，是与生命美学格格不入的。

潘知常指出，根据向自由的生命活动生成的特定途径的不同，审美活动可以分为两种：一种是肯定性的审美活动，一种是否定性的审美活动。

> 肯定性的审美活动是指在审美活动中通过对自由的生命活动的肯定而直接上升到最高的生命存在；否定性的审美活动是指在审美活动中通过对不自由的生命活动的否定而间接进入自由的生命活动，最终上升到最高的

---

① 潘知常：《诗与思的对话——审美活动的本体论内涵及其现代阐释》，上海三联书店，1997年版，第155页。

② 潘知常：《诗与思的对话——审美活动的本体论内涵及其现代阐释》，上海三联书店，1997年版，第162页。

生命存在。①

这种区分，为区分美与丑提供了理论根据。

（二）审美活动本体论内涵

潘知常指出，审美活动不是生命美学的本体，生命（活动）才是生命美学的本体，却具有"本体论内涵"。他用整整一部书的篇幅来阐述这个观点，这部书就是《诗与思的对话——审美活动的本体论内涵及其现代阐释》。

潘知常指出：就本体论的发展而言，经历了一个从自然本体论到神灵本体论到理性本体论再到人类生命本体论的发展历程。随着人类生命活动的地位更加突出，审美活动作为一种生命活动，地位自然就更加突出。

> 过去，我们一般只是从审美活动所反映的内容的角度来考察审美活动本身的本体论内涵，但是现在我们却意外地发现了审美活动本身的本体论内涵，审美活动本身就是本体论的、就是形而上学的。由此，美学开始了诗与思的对话，开始走上了与哲学对话的前台。美学从哲学的殿军一跃而成为哲学的前卫。②

从这个角度讲，"审美活动的本体论内涵"是美学的根本问题。潘知常说：

> 综上所述，审美活动的本体论内涵，这正是当我们从把哲学引入美学以及诗与思的对话的角度去重建当代美学时所面对的美学问题。③

---

① 潘知常：《生命美学》，河南人民出版社，1991年版，第144页。
② 潘知常：《诗与思的对话——审美活动的本体论内涵及其现代阐释》，上海三联书店，1997年版，第25页。
③ 潘知常：《诗与思的对话——审美活动的本体论内涵及其现代阐释》，上海三联书店，1997年版，第27页。

明确了这一点之后，潘知常又明确指出：

> 不过，对于审美活动的本体论内涵的考察又不能等同于审美本体论。……在我看来，审美活动确实禀赋着本体的内涵，但却并不就是本体，或者说，审美活动不能等同于本体。[①]

审美活动虽然不是本体，却并不意味着在审美活动中就不存在本体论问题。美学对于审美活动的本体论内涵的考察有特殊的意义。它从"审美活动怎么样"向前探求到"审美活动如何可能"的本体论意义，美学关于审美活动的研究因此被纳入了本体论的视野，换言之，审美活动的本体论内涵就成为美学研究的根本问题。

那么，"审美活动的本体论内涵"又是什么呢？《诗与思的对话——审美活动的本体论内涵及其现代阐释》从四个方面对其进行考察：首先是"根源层面"，从审美活动的"历史发生"和"逻辑发生"两个方面考察审美活动与生命活动之间的关系；其次是"性质视界"，从审美活动的"外在辨析"和"内在描述"两个方面考察审美活动的基本性质；再次是"形态取向"，从审美活动的历史形态与逻辑形态两个方面考察审美形态；最后是"方式维度"，从审美活动的生成方式和结构方式两个方面考察审美活动。这四个方面八个章节的具体论述就是审美活动的本体论内涵。

（三）审美活动的基本性质

审美活动是一种生命活动，是生命活动的"必然与必需"。这是审美活动最核心的性质。在《生命美学》中，潘知常从生命的最高存在方式的角度阐释了"审美活动"的基本性质：同一性、超越性、终极性和永恒性。但是，鉴

[①] 潘知常：《诗与思的对话——审美活动的本体论内涵及其现代阐释》，上海三联书店，1997年版，第27页。

于"审美活动"内涵的丰富性、复杂性,潘知常对"审美活动"有过"三次梳理",从不同的方面与角度进行过阐释。我们可以概括出它的基本性质。

1. 审美活动的超越性

审美活动的超越性源于对生命有限性的超越。生命的有限性是一个客观事实,无须多讲。但人的生命本能中有一种要突破这些有限性企达无限性的冲动。生命本身是有限的,生命意志却要企达无限,这就是超越。超越有多种方式:虚无的超越、宗教的超越和审美的超越。虚无的超越是将自己视为毫无意义的"过客",人生就是无底的虚无;宗教的超越则是虚设一个"意义"欺骗自己、麻醉自己,让自己为之痴迷,甚至为之癫狂,还以为自己过得"有意义"。其实二者都是虚妄的。只有审美的超越才是生命的真正超越,才会让生命从有限企达无限,从必然企达自由。这是因为审美活动具有理想性和自由性。

2. 审美活动的理想性

王世德对此看得清楚明白。他认为,在这一点上,潘知常生命美学与他的"美是进步理想的自由实现"的基本观点是相通的。潘知常认为,审美活动是自由本性的理想实现,是人类最高目的的"理想"实现。有两种社会:一个是现实社会,另一个是理想社会。前者是我们真实生活其间的社会,后者则是人类为实现自我超越而想象出的完美社会,它高于现实社会,并不存在于现实社会之中,而是存在于"想象"之中。审美活动是人类理想在现实社会中的"理想"地实现,在理想社会中的"现实"地实现。潘知常说:

> 在理想社会,它是一种现实活动;而在现实社会,它却是一种理想活动。审美活动,正是这样一种人类现实社会中的理想活动,也即是一种超越性的生命活动。[①]

---

① 潘知常:《生命美学引论》,百花洲文艺出版社,2021年版,第101页。

阎国忠批评这是审美活动理想性与现实性的割裂，认为这种割裂不利于现实社会的进步：毕竟，人是生活在现实社会中的，不是生活在想象的理想社会中的，人希望的是现实社会的进步。

不管怎么说，审美活动具有理想性则是毋庸置疑的。这种理想性与现实性的"割裂"，是因为审美活动与理论活动、实践活动的性质不同，后两者是在现实社会中"想象某种真实的东西"，前者则是在理想社会中"真实地想象某种东西"。这种区别是必要而准确的，阎国忠的批评是混淆了社会学"理想"与美学"理想"的结果。

3. 审美活动的自由性

这同样是源于生命的自由本性。生命的自由本性在不同的生命活动中，有不同的表现。在理论活动和实践活动中，自由表现为"认识必然的自由"。这种"自由"其实并不是真正的"自由"，它只是实现真正"自由"的前提。真正的自由是"超越必然的自由"，而这，只能通过审美活动表现出来。潘知常指出：

> 在生命美学看来，这自由不再是什么对于必然性的把握，而只能是对于必然性的超越（生命的自由表现）。也因此，生命美学把人生的意义规定为自由，然后进而把自由的内涵规定为选择。这自由的选择意味着：从无限而不是从有限，从超越而不是从必然，从未来而不是从过去的角度来规定人、阐释人。它在一般、普遍、统一、本质、整体之外，为人之为人敞开无数扇自由之门，打通无数条自由之路（展现出无限的可能性）。[①]

4. 审美活动的实践性

在《诗与思的对话——审美活动的本体论内涵及其现代阐释》中，潘知常

---

① 潘知常：《走向生命美学——后美学时代的美学建构》，中国社会科学出版社，2021年版，第269页。

给出了一个引起大家关注的定义：审美活动是以实践活动为基础同时又超越实践活动的生命活动。这个定义强调了审美活动的实践性：审美活动就是一种实践活动。你走向一幅油画，你站在它面前，你观赏它、体验它——这就是实践活动。但审美活动不是本体论意义上的"实践"活动，因为它不是认识活动，而是生命体验活动。更不能因此就说生命美学并不拒绝实践美学，并继承了实践美学的某些合理内核。阎国忠在评论这一点时，没有注意到"视界"的根本不同。在生命美学看来，"实践活动"也是一种"生命活动"，因此说"审美活动以实践活动为基础"并不矛盾，但以实践为视界的实践美学则是与生命美学完全相反相对的东西。生命美学除了以它为镜鉴、为靶标以外，真没有什么可以继承的。

5. 审美活动的体验性

审美活动是一种超主客关系的生命活动。潘知常指出：

> 美学为"我的世界"立法必然导致美学的远离主体与客体分裂的主客关系的世界，进入使主客关系成为可能的超主客关系的世界。[①]

由此看来，所谓"超主客关系"就是"远离主体与客体分裂的主客关系"，就是一种主客体没有"分裂"的主客关系。没有"分裂"，那就是"融合为一"的。所以，在我看来，"超主客关系"就是"主客体二元融合"的关系。在这种关系中，没有主体，也没有客体，只有一个包括人在内的"世界"。这是一个特殊的世界：人在世界之中，他不是主体，也没有客体，没有对象。但人有意识，他有感知，有情绪，有感受，没有认识。于是就出现一个海德格尔提出的问题：人在世界之中，如何进行"非对象性的思与言"？这，就是体验。有意识的人，在世界之中，他没有作为认识对象的客体，没有认识

---

① 潘知常：《走向生命美学——后美学时代的美学建构》，中国社会科学出版社，2021年版，第267页。

活动，他如何把握世界？如何与人交往？这就是"体验活动"。他们在超主客关系中体验世界，这就是审美活动的体验性。潘知常说：

> 所谓审美活动，无非就是通过超主客关系中的体验把其中的无穷意味显现出来而已（所以中国美学才如此强调所谓宇宙意识）。与此相关，既然审美活动只是超主客关系中的体验，那么它就不再归属于认识活动（不再受任何限制），而被归属于最为自由、最为根本的生命活动；同样，既然从主客关系转向超主客关系，自由也就不再是人的一种属性，而就是人之为人本身。①

在超主客关系中形成的美学问题也就是审美活动的本体论内涵。

在我看来，"超主客关系"理论是生命美学的核心理论，也是生命美学的基础理论。它实际上就是我曾经设想的"融合论"。有两种融合：一种是主客不分的融合，一种是主客分离之后的合二为一的融合。在融合中，没有主体与客体，只有包含人在内的整体，这个整体必定是有机整体，因为有生命意识的人在整体之中把自己的生命意识投射到整体之上，于是身外的全部世界就成为他的身体的构成部分，成为有机整体，他对外界的感知，也就成为对自己内在的体验。这种没有主客体的融合状态，也就是海德格尔所说的本真状态、原初状态。由此我们也可以推演出生命美学的理论体系。

6. 审美活动的具体性

潘知常说：审美活动只能存在于个别、具体之中。这确实是我们的新领悟，而且是一种完全正确的领悟。这是因为：

> 对于审美活动来说，普遍、抽象、永恒、本质之类"什么"都并不存

---

① 潘知常：《走向生命美学——后美学时代的美学建构》，中国社会科学出版社，2021年版，第269页。

在，真实存在着的，就是"怎么样"，即审美活动自身的无穷无尽的可能性。①

由于审美活动不是"认识活动"，它不会关注、追求普遍性的东西。由于提问方式的改变，从审美活动"是什么"转换到"怎么样"，一种现象学的描述就取代了本质论的归纳。而现象学的描述必然是具体的、感性的、活生生的。审美活动不同于认识活动之处，就在于：它所把握的不是事物之间的相同性、同一性、普遍性，而是事物之间的相通性、相关性、相融性和特殊性。

但是，虽然审美活动是"个别的""具体的"，但美学毕竟要求一种普遍性。然而这种普遍性不是哲学所追求的"客观必然的普遍性"，而是康德提出的、特殊的"主观的普遍必然性"。如何从审美活动的个别性、具体性走向美学所要求的"主观的普遍必然性"？潘知常认为，必须尝试本源与个体相互阐发的方法。本源的真实含义意味着背后有许多东西在不断涌现，这些不断涌现的东西呈现家族相似性。因而审美活动的特殊性、个别性和具体性通过回溯到本源而相通、相关、相融，从而达成"主观的普遍必然性"。

总之，我们要明白，审美活动是潘知常生命美学的逻辑起点，也是其核心。整个生命美学理论体系是通过对这一核心进行全面的阐发而建构起来的。因此，可以说，理解了审美活动，也就理解了潘知常生命美学。如果我们转入对审美活动内在形态和结构的考察，我们就会引申出关于美和美感、美的形态以及艺术等的看法。

三、美学问题：美学的觉醒与美学的终结

潘知常区分了"美学问题"与"美学的问题"。前者是"美学"作为一门学科，本身的合法性问题；后者是"美学"这一学科内部各组成部分及其相

---

① 潘知常：《走向生命美学——后美学时代的美学建构》，中国社会科学出版社，2021年版，第314页。

互间关系的问题。前者是后者的前提，如果"美学"本身的地位和性质都有问题，后者就不再是问题了——它已经没有意义。在这里，加引号的"美学"指的是传统的"美学"，尤其是指"实践美学"。

在1991年出版的《生命美学》中，潘知常就指出了"美学"研究的"三大失误"："美学"的研究"对象"错了；"美学"的研究"内容"错了；"美学"的研究"方法"错了。到《生命美学论稿》中，潘知常用整整一章的篇幅考察"美学的困惑"，又用了一章的篇幅考察"美学的重建"，紧接着就是"为生命美学辩护"。这就意味着：过去的"美学"是错误的"美学"，必须"重建"；而"重建"的"美学"，是且只能是"生命美学"。这一思想，被潘知常称为"美学的觉醒"，即"美学"已经意识到自己作为一门学科性质存在问题。

究竟是些什么问题呢？综合起来看，这些问题主要表现为：

（一）主客关系的问题

潘知常指出，中国当代美学无论是以美为研究对象，还是以美感为研究对象，无论是以艺术为研究对象，还是以审美关系为研究对象，都是以一个外在于人的对象作为研究对象；而这都是以人类自身的生命活动的遮蔽和消解为代价的，都是以理解物的方式去理解审美活动，以与物对话的方式与审美活动对话。在这种情况下美学研究必然把世界割裂为主体与客体，然后把客体放在对象的位置上去冷静地加以抽象，从客体的大量偶然性中归纳出某种必然性，某种终极真理。最终，在动态的、现实的、丰富多彩的此岸世界之上，建构起一个静态的、永恒的、绝对的彼岸世界，这是一个美的、纯粹概念的、外在的、目的论的世界。潘知常说：

> 百年来的中国美学之中存在着一个共同的失误，这就是：固执地坚持从主客关系的角度出发，来提出、把握所有的美学问题。[①]

---

① 潘知常：《生命美学论稿：在阐释中理解当代生命美学》，郑州大学出版社，2002年版，第326页。

要纠正这一失误,就只能用"超主客关系"来取代"主客关系"。超主客关系在康德那里就表现为"主观的普遍必然性",它意味着审美活动既是依赖于主体的,又是普遍有效的;既是特殊的,又是普遍的。其中蕴含的是一种"主观的客观性",这是康德在美学领域所完成的一次哥白尼式的革命;在胡塞尔那里,通过"面向事实本身",胡塞尔把"本质"还原为"现象",成为"本质直观",不再有"现象"与"本质"的二分,这实际上也就是一种超主客关系;海德格尔提出"此在"在"世界之中"的人与存在一体的思路,这只能是"超主客关系"的生存论关系;中国传统文化"天人合一"观也是一种"超主客关系"。潘知常并没有直接阐释"超主客关系"的内涵,只是通过上述几种阐释方式来描述"超主客关系"。他认为要克服当代中国美学之中的共同失误,要把"无人的美学"变成"有人的美学",就必须超越主客关系,转向"超主客关系"。

(二)知识框架的问题

这与"主客关系"有关。"主客关系"的实质是对象化地"认识"客体,"认识活动"总是追问"是什么""为什么"。潘知常指出:作为一种提问方式,追"根"问"底"以及透过个别追问普遍、透过具体追问抽象、透过变化追问永恒、透过现象追问本质,虽然是十分重要、十分成功的提问方式,但它不是唯一的提问方式,它所追求的是一种自然科学的知识论的答案。这种追问方式为了确保知识的真理性、必然性、普遍性,它就必须排除人的情感和感受,这样的研究活动不可能是审美活动。于是,需要改变这种提问方式。不是问"是什么""为什么",而是问"如何是""怎么样"。潘知常说:

> 一旦从知识论转向生存论,对象世界必然会出现根本的转变。对于这个对象世界,"它是什么"以及"它的背后又是什么或者它来自何处"都已经并不重要,重要的是:我们考察的并生活于其中的世界是怎样的世界?这个世界是怎样成为我们的世界的?也就是说,重要的已经不是"是

什么"而是"怎么样"。显然，这个对象世界绝对并非知识论所可以把握。因为，抽象的知识无法表达具体的世界；……有限的知识无法表达无限的世界。①

提问方式的转变非常重要，它不仅意味着生命美学的出现是必然的，也意味着生命美学是"美学问题"的答案。

（三）"独白的智慧"的问题

传统美学突出的往往是一种独白的智慧。所谓独白，是指美学家以"绝对之我"的身份发言，认为自己可以像上帝一样完全从逻辑上把握对象、规定对象、制约对象。这种"绝对之我"僭越上帝的身份，针对所有人、所有物说话，并不顾及个体的特殊性、具体性和有限性。它以否认美学思考的有限性作为前提，强调的是美学范式的可通约性、普遍有效性，美学理论可以"放之四海而皆准"，以及强调自我中心的显赫地位。

然而在美学思考中，有限性的存在是必然的。任何一种美学在提出问题、思考问题时总是而且也只能是置身于一定的问题框架之内，传统美学的问题框架作为一种话语，它们都建立在一系列并非不证自明的预设前提的基础上，这个基础即主客体的二元对立。因此当代美学要克服自己的失误，就必须从"独白"转向"对话"。潘知常指出，当代"美学"主要是从文化批判、非理性考察与语言维度三个方面切入研究，美学的重建必须实现从非理性转向超理性、从文化批判转向文化整合、从语言理论转向话语理论。这三大转向都把焦点对准了一个方向：对话。

潘知常指出，对话，意味着美学智慧的"觉醒"。所谓对话，是指美学家以"相对之我"的身份发言，而不是把自己当上帝一样完全从逻辑上把握对象、规定对象、制约对象。它以承认美学思考的有限性为前提，强调的是美学

---

① 潘知常：《生命美学论稿：在阐释中理解当代生命美学》，郑州大学出版社，2002年版，第343页。

范式的不可通约性,美学理论的无法"放之四海而皆准",以及自我的非中心化。一方的自觉交流,与另外一方的主动参与,是其典型的内在要求。

> 这意味着:它强调人类的生存世界的任何方面都包含着自我相关的矛盾性与不合理性,包含着价值、功能上的悖谬,创造的结果与最初的目的相悖,最后的效应与原始的动机相逆,世界自身的不合理性、矛盾性、悖谬,……这就要求我们必须在这一切之间维护一种"必要的张力",以崭新的、未知的、不确定性的、复杂的、多元的世界取代传统的、已知的、确定的、简单的、一元的世界。①

对话,为美学的当代重建从不同角度、不同层面深入推进美学思考,提供了一个坚实的起点和真正的美学运思。

(四) 对象性之思的问题

"思"的问题,是从海德格尔那里接着讲。潘知常在《生命的诗境——禅宗美学的现代诠释》一书中,考察了"思"的问题,认为平常我们所讲的"思"都是一种错误的"思",一种主客对立的"对象性之思"。"对象性之思"意味着主体站在客体的对立面"思考"客体,必然是发生在大脑内部的一种抽象之思。而真正重要的是"生命之思"。"生命之思"与"对象性之思"完全相反,它是在超主客关系之中对审美对象的一种把握。而这种超主客关系中的审美对象,是一种"不可说"的东西。"说'不可说'"就是生命之思。

美学问题本质上就是"有人"还是"无人"的问题。这个问题也可以转换成"选择生命,还是选择实践"的问题。"无人"的美学,也就是"实践美学",那不是美学,那是哲学,在这意义上,我认为"实践美学"不是"美学",而是"实践哲学"。"有人"的美学,那就必然是生命美学。意识到这

---

① 潘知常:《生命美学论稿:在阐释中理解当代生命美学》,郑州大学出版社,2002年版,第376页。

一点也就是"美学的觉醒"。"美学的觉醒"体现为从"人是目的"到"个人就是目的"、从"我们的困惑"到"我的困惑"的转变。

"美学的觉醒"也就意味着"美学的终结"。美学的终结当然是指传统美学的终结,在传统美学终结的地方,需要美学的重建。这重建的美学,就是生命美学,就是一种"以生命为视界"的大美学、未来哲学。

四、美学的问题:审美活动三向展开

潘知常很多时候都是在讲"美学问题","美学的问题"只在《生命美学》与《诗与思的对话——审美活动的本体论内涵及其现代阐释》二书中有所论述。即将出版的《我审美故我在——生命美学论纲》将详细考察"美学的问题"。

审美活动的逻辑展开,就是"美学的问题"。审美活动可以从三个方向展开,构成一个丰富、复杂的生命美学体系。它可以从横向展开,也可以从纵向展开,还可以从剖向展开。潘知常说:

> 审美活动的逻辑形态是通过"应当怎么样"具体展现出来。其中又分为三个方面,即纵向的具体化:美、美感、审美关系;横向的具体化:丑——荒诞——悲剧——崇高——喜剧——优美;剖向的具体化:自然审美、社会审美、艺术审美。[①]

这充分体现了审美活动的核心地位。审美活动从三个方面展开,它解决的是"美学的问题",即美学内部体系问题。

(一)纵向展开

就纵向的层面而言,审美活动具体展开为美、美感和审美关系,它们分

---

① 潘知常:《诗与思的对话——审美活动的本体论内涵及其现代阐释》,上海三联书店,1997年版,第240页。

别是审美活动的外化、内化和凝固化。美是审美活动的外化,也是一种客体效应;美感则是审美活动的内化,是一种主体效应;审美关系则是审美活动的凝固化,它是一种主客体结合效应。

1. 美是什么

美是审美活动的外化,这是从审美活动的角度而言的。在《生命美学》一书中,潘知常用诗一般的语言写道:

> 它是人的最高生命世界、是人的最为内生的生命灵性、是人的"世界内在空间",是充满灵性的内在世界,是人的真正留居之地,是充满爱、充满理解、充满温柔情感的领域,是人之为人的根基,是人之生命的依据,是灵魂的归依之地。简而言之,美是自由的境界。[①]

在《诗与思的对话——审美活动的本体论内涵及其现代阐释》中,潘知常指出:

> 在第一个层面(美的根源),美是审美活动的外在化即逻辑展开和最高成果;在第二个层面(美之为美),美是审美活动所建立起来的自由境界;在第三个层面(美怎么样),美则是审美活动通过可感知的具体世界中符合人的自由本性要求而且能够激发审美愉悦的对象性属性所建立起来的自由境界。这是一个融汇了前面两个层面的美的内涵的、更为深刻也更为具体的美的定义,也是适应面更为广泛的定义。简单言之,也可以说:美是自由的境界![②]

前一个定义更具有"学问"性质,充满感情。一组排比句式,读起来可谓

[①] 潘知常:《生命美学》,河南人民出版社,1991年版,第191页。

[②] 潘知常:《诗与思的对话——审美活动的本体论内涵及其现代阐释》,上海三联书店,1997年版,第256页。

激情澎湃。后一个定义就更具"学术"性质，通过三个层面来规定"美"的本质属性。两个定义最后都归结到一句话："美是自由的境界。"这样的概括，虽然牺牲了更为具体也更为精准的性质，但不仅突出了重点、加深了印象，也抓住了"美"的本质核心。这个本质核心就是"自由的境界"。潘知常说：

> 在我看来，自由的境界体现着人与世界的一种更为源初、更为本真的关系。它先于在二分的世界观的基础上形成的人与世界的物质的关系或者科学和意识形态性的关系，是与世界之间的一种相互理解。①

杜夫海纳在《美学与哲学》中说："我在世界上，世界在我身上。"潘知常将其改为"人既不在世界之外，世界也不在人之外。人和世界都置身于自由境界之中"。"在自由境界之中，人诗意地理解着世界。重新发现了被分割前的'未始有物'的世界。"②简单地说，"自由的境界"就是人在其中"诗意地栖居"的主客未分的状态。

潘知常指出：美作为自由的境界，与我们经常谈论并置身其中的物理世界、精神世界有根本不同，它是一个意义的世界。这个世界有三种：客体的世界、主体的世界和主客同一的世界。这主客同一的世界是我们从超越主客体的角度出发，建立起意义、意味等"第三性质"的生命世界。尽管它已经远离了客体世界，甚至也远离了主体世界，但由于它更深刻地触及人的本质，更全面地凝聚着人的特性，它也是一种真实的世界，一个意义的世界。因此：

> 自由境界并非作为一般精神的、抽象的、分析的、客观的、普遍的、可以证明的对对象追问的结果，而是纯粹个体的、具体的、启发的、内省的积极参与的结果，也就是："我在故我思"。③

---

① 潘知常：《生命美学》，河南人民出版社，1991年版，第191页。
② 潘知常：《生命美学》，河南人民出版社，1991年版，第191—192页。
③ 潘知常：《生命美学》，河南人民出版社，1991年版，第197页。

自由境界不可能作为认识的对象，它也不可能凭借冷静客观的观察、分析、归纳、推理、反思和总结等理性程序创造出来，只能凭借激情、体验、回忆、想象、反目内视、游心太玄等超理性程序创造出来。

美作为自由的境界，它还有三个方面的内在规定。第一，美作为自由境界，只涉及外在世界的形式，不涉及外在世界的内容。美所涉及的形式，应该是指意义的感性造型，是这种"赋予世界以意义的形式"。第二，美作为自由境界，所涉及的形式必须是生命的形式。美所涉及的形式不可能是随便什么意义的感性造型，而只能是生命意义的感性造型。第三，美作为自由境界，所涉及的生命的形式，必须是自由的生命的形式。潘知常说：

> 简单说来，美所涉及的生命的形式，也必须是不断向意义生成的生命的形式，即自由的生命的形式。只有自由的生命意义的感性造型，才是真正的美。[①]

如果说，"形式"是美作为境界的第一层含义，"生命"是第二层含义，那么，"自由"就是美作为境界的第三层含义，也是最为内在的含义。因此，美也可以这样定义：自由的生命意义的感性造型。但"感性造型"不能取代"境界"。"境界"源自王国维，也有王国维"境界"的全部内涵：它是情与境的交融。只有"情"，则"情"无以呈现（显现）；只有"境"，则"境"为僵死之物、无生命之物。

2. 美感是什么

从审美活动的角度看，美感是审美活动的内化。从生命超越的角度讲，美感则是自由的愉悦。潘知常说：

[①] 潘知常：《生命美学》，河南人民出版社，1991年版，第204页。

假如说美是生命超越活动中所建构起来的对象世界,一个境界形态的世界,那么,美感则是生命超越活动中所建构起来的一种愉悦情感,是对于生命超越活动的一种鼓励。简而言之,假如说美是自由的境界,美感则是自由的愉悦。①

"自由的愉悦"就是没有任何功利目的的羁绊,发自内心轻松、无任何压力与限制的愉悦。因此,美感最主要的特性就是非功利性。至于美感的直接性、超越性,则是广义的非功利性。但从最根本的底蕴上讲,美感其实是有功利性的。这是因为,人类的审美活动就是在漫长的生命进化的功利活动中逐渐形成的。潘知常指出:只是在传统文化的逼迫之下,审美活动、艺术活动在现实中完全处于一种被剥夺的状态,审美活动、艺术活动才不得不以一种独立的"非功利"的形态出现,而当代审美文化则从对无功利的传统推崇,转向了对功利的推崇,这意味着向超功利的转进。

因此,就美感的根本属性而言,应该说它是超功利性的,即既有功利但又无功利。②

在现实使用的层面,"美"没有任何功利目的,看起来没有实用的使用价值。"美感"更是如此。但是,对于人的自由生命的理想实现的追求,不正是人类的最大功利吗?因此,美感的超功利性还可以从审美活动满足人的生存需要的特定方式这一角度加以解释。一般来说,生存需要的满足方式有两种:一种是保存自己的满足,要靠占有外界来实现;一种是宣泄自己的满足,要靠内在地表现自身来实现。人类的理性活动属于前者,它是保存性的;而审美活

---

① 潘知常:《诗与思的对话——审美活动的本体论内涵及其现代阐释》,上海三联书店,1997年版,第257页。

② 潘知常:《诗与思的对话——审美活动的本体论内涵及其现代阐释》,上海三联书店,1997年版,第263页。

动则属于后者，是宣泄性的。情感生活是心灵的消耗，美感的奥秘就隐藏在这心灵消耗之中。从神经机制来看，审美活动的过程无疑正是神经能量的消耗、耗费和疏泄的过程。它往往同时存在于外围和中枢这两极，其中一极的加强就会导致另外一极的减弱。审美活动之所以能够以情感的自我实现为中介并且不导致外在行动（超功利），道理就在这里。美感的奥秘就在于它是一种混合情绪，沮丧与兴奋、肯定与否定、爱与恨、悲与欢等等，混合在一起。

3.审美关系

审美关系是审美活动的凝固化。没有审美活动，也就没有审美关系。潘知常说：

> 审美关系不可能是预成的，而是在审美活动中建立起来的，离开审美活动，它就不复存在了。①

从历史发展的角度来看，人类为自己建构了三种关系：一种是原始关系，一种是现实关系，一种是理想关系。这三种关系体现在方方面面中，从人与自然的关系来看，原始关系体现为人对自然的依赖，现实关系体现为人对自然的征服，而理想关系则体现为人与自然的和谐共生。审美关系显然是一种理想关系，就人与自然的关系而言，理想关系即人与自然和谐统一。在人的复归阶段、人的自由意识的阶段，它只能在审美活动中建构起来，这就是所谓的审美关系。审美关系所建构的首先是一种自由关系，其次它的中介是人类自己的感官，最后它还是一种主客体之间的同一关系。

（二）横向展开

就横向层面而言，审美活动作为人的自由本性的理想实现，因为不同的实现方式而展现为不同的审美活动的类型：丑、荒诞、悲剧、崇高、喜剧、美

---

① 潘知常：《诗与思的对话——审美活动的本体论内涵及其现代阐释》，上海三联书店，1997年版，第269页。

（优美）。这些类型分为两类，一类是肯定性的审美活动，另一类是否定性的审美活动。前者是将生活理想化，后者是把理想生活化。纯粹的肯定和纯粹的否定只是审美活动中的两个极端，在它们中间存在广阔的中间地带，对这个中间地带的考察，就是所谓的"横向拓展"：

> 在这里，丑是美（优美）的全面消解，荒诞是丑对美的调侃，悲剧是丑对美的践踏，崇高是美对丑的征服，喜剧是美对丑的嘲笑，美（优美）是丑的全面消解（如图）：
> 丑……美……丑—荒诞—崇高—悲剧—喜剧—美……丑……美[①]

1. 否定性的审美活动包括丑、荒诞、悲剧。

丑是美（优美）的全面消解。首先，就美的类型而言，丑是反和谐、反形式、不协调、不调和。其次，就美感的类型而言，丑是消极的反应，是非理性、非道德的被压抑的本能的越轨式的成功释放。最后，就审美活动的类型而言，丑是优美的全面消解，是不自由的生命活动的自由表现。这里的关键是以丑为丑。以丑为丑所强调的，是丑在美学评价中的独立地位，不能简单地痛斥为人类美学评价的病态和美丑颠倒，这恰恰是美学的成熟。因为这审丑的同时其实也就否定了丑，对丑的否定无疑是符合人的理想本性的，所以痛感可以转化为快感。审丑不仅揭示了坏人的丑，而且揭示了一般人的丑乃至自己的丑，揭示了人性的共同弱点，唤醒了人的自我意识，进而对他人、对自己充满同情与理解，并改善人性的弱点。因此，丑也是生命的清道夫。

荒诞是丑对美的调侃。就审美活动的类型而言，荒诞是丑的极端的表现，是虚无的生命活动的虚无呈现，其基本特征为不确定性和内在性。在丑中出现的人妖颠倒、是非倒置、时空错位，在荒诞中干脆表现为人妖不分、是非并

---

① 潘知常：《诗与思的对话——审美活动的本体论内涵及其现代阐释》，上海三联书店，1997年版，第273页。

置、时空混同。就美的类型而言，荒诞是无形式、无表现、无指称、无深度、无创造。就美感类型而言，荒诞是一种生存的焦虑，是无意义、无目的、无中心、无本源的。

悲剧是丑对美的践踏。就美的类型而言，悲剧是命运对于人类的欺凌，是自由生命在毁灭中的永生，悲剧是庄严的，就算是坏人，也要具备"强大而深刻的灵魂"。就美感类型而言，悲剧是一种复杂的美感体验，其特点是在理性、内容层面暴露人类的困境，而在情感、形式层面又融合这一"暴露"。就审美活动的类型而言，悲剧是丑对美的践踏，是丑占据绝对优势并且无情地践踏美时的一种审美活动。

2. 肯定性的审美活动包括优美、崇高、喜剧。

美（优美）是丑的全面消解。就审美活动的类型而言，外在的一切已经失去了它高于人、支配人、征服人的一面，可以激起主体的快感，内在的自由生命活动因为没有了自己的敌对一面与自己所构成的抗衡而毫无阻碍地运行着；和谐、单纯、舒缓、宁静，同样不难激起主体的美感体验。就美的类型而言，从浅层来看，优美意味着球形、圆形、蛇形线，突出的不是内容的深邃、深刻，而是感性特征的完整、和谐、单纯、自足、妩媚，易于接近、感知、把握；从深层来看，优美的形式对于内容的显示有其清晰性、透明性的特点。就美感类型而言，优美是自由的恩惠、生命的谢恩，"乐""喜悦"的情绪始终贯穿其中，既无大起大落的情感突变，又无荡人心魄的灵魂震荡。

崇高是美对丑的征服。就美的类型而言，崇高是恐怖、堂皇、无限的巨大、深邃的境界。从浅层来看，是感性因素间的矛盾冲突；从深层来看，是内容时时压抑着形式，是形式缺乏一种清晰性、透明性。因此崇高很难迅速激起主体的快感。就审美活动的类型而言，崇高是美对丑的征服，表现为个体生命对社会律令的冲突、感性生命对理性律令的冲突、理想生命对现实律令的冲突，它是对生命的有限的超越。

因此，对社会律令、理性律令、现实律令的征服，是现实的征服，可以称之为伟大,对凌驾于这一切之上的生命的有限的征服,是理想的征服,可以称之为崇高。①

喜剧是美对丑的嘲笑。就美的类型而言,喜剧是一种"透明错觉",是内容与形式、现象与本质、目的与手段之间的错位,毫无理由的自炫、自大、自以为是的优越,不致引起痛感的丑陋、背离规范的滑稽与荒谬。就美感的类型而言,喜剧集中表现为笑。就审美活动的类型而言,喜剧是美对丑的嘲笑。丑在喜剧中处于绝对的否定状态,美则处于绝对的肯定状态,二者之间的冲突常常表现为滑稽可笑。

(三)剖面展开

就剖向层面而言,审美活动展开为自然美、社会美和艺术美。

1. 关于自然美,可以从两个层面去考察。第一个层面是实践活动创造了"自然",没有实践活动,就没有"自然"。第二个层面是审美活动创造了自然美。不能说自然美是自然人化的产物。自然美只是"属人化"的对象。自然美是审美活动在进入人与自然的层面时所建构起来的,是以形式超越为主的一种生命超越活动。它是人的自然化,是从社会回到自然的结果,因此,自然美是以真的形式展现善的内容,是对于真的超越,对形式的超越。

2. 关于社会美,也可以从两个层面去考察。第一个层面是实践活动创造了社会。没有实践活动,就没有社会。第二个层面是审美活动创造了社会美。没有社会审美活动,就没有社会美。因此,社会美是审美活动在进入人与社会的层面时所建构起来的。社会美既是社会现象,也是自然现象,它是自然的人化,是从自然到社会的结果。社会美以善的形式展现真的内容,是对于善的超越,对于内容的超越。

3. 关于艺术美,同样存在着两个层面。第一个层面是艺术活动创造了艺

---

① 潘知常:《诗与思的对话——审美活动的本体论内涵及其现代阐释》,上海三联书店,1997年版,第285—286页。

术，没有艺术活动，就没有艺术。第二个层面是艺术审美活动创造了艺术美。没有艺术审美活动，也就没有艺术美。艺术美是审美活动进入人与感性符号层面时所建构起来的，面对的是人与自我的超越关系。艺术美是在感性符号层面对于内容与形式的同时超越，即对真与善的同时超越。

潘知常指出：艺术美、自然美、社会美之间不仅存在并列顺序，而且存在承继顺序，这就是从社会美到自然美到艺术美。

审美活动有自己独特的功能、意义。在《生命美学》中，潘知常说：

> 在我看来，审美活动的功能、意义就在于：它是对人类的自由本性的守望、对人类的精神家园的守望。①

现代社会中，理性主义造成的后果，使得人类失去了精神家园，遮蔽了人类的自由本性。人们只能在审美活动中，实现自己的自由本性，守望自己的精神家园。在审美活动中，带着爱上路。潘知常说：

> 因此，审美活动的功能、意义就往往不是表现为同情，而是表现为——爱。什么是爱呢？爱是永恒的祈望。爱，不能等同于人们常说的"爱情"。"爱情"只是爱的海洋上溅起的一朵微末的浪花。爱要比爱情弘阔得多，深刻得多。②

五、人是目的：生命美学的天命

在1991年出版的《生命美学》中，潘知常认为，追问、反思人的自身价值，人的生存意义，是哲学和艺术的神圣天命。③在2017年出版的《中国美学

---

① 潘知常：《生命美学》，河南人民出版社，1991年版，第274页。
② 潘知常：《生命美学》，河南人民出版社，1991年版，第296—297页。
③ 潘知常：《生命美学》，河南人民出版社，1991年版，第184页。

精神》的导言中,潘知常说:

> 我要进一步强调指出的是:使生命在人类心中再一次"不可见地苏生",这又不仅仅是当代美学的天命,而且还应该是美学之为美学的天命。①

反思人的自身价值,人的生存意义,成为美学的天命,也就是生命美学的天命。到2019年出版的《信仰建构中的审美救赎》一书中,"人是目的"成了建构中的信仰,在2021年出版的《生命美学引论》中就为生命美学的天命:

> 通过追问审美活动来维护生命、守望生命,弘扬生命的绝对尊严、绝对价值、绝对权利、绝对责任,这正是生命美学的天命。②

这正是"人是目的"的具体体现。从1991年到2021年,潘知常用三十年时间对"美学天命"进行深入思考,最终归结到"人是目的"上来。

"人是目的",这一伟大观念自从康德首次提出之后,就扎根于人类心中。即便是黑格尔的理性主义的"绝对精神"凌驾于"人"的头顶,把"人"作为"绝对精神"的承载工具,人类也不会忘记"人是目的"的伟大呼声。不少美学家都在回应康德,李泽厚也大声疾呼"人是目的"。但是,他们既不知道如何实现"人是目的",也不知道"人"并非生来为人。人之为人,有一个"生成"的过程。这个"生成"的过程不仅艰巨,而且漫长,还有曲折与反复。

潘知常指出,"自然界生成为人"。也就是说,自然界有一个漫长的创演过程,人就是在这一过程中的某一阶段"创演"出来的。因此,人本身并不

---

① 潘知常:《中国美学精神》,江苏人民出版社,2017年版,第2页。
② 潘知常:《生命美学引论》,百花洲文艺出版社,2021年版,第33页注①。

是"预成"的,而是逐渐"生成"的。在这一点上,实践美学观点相反:李泽厚认为"自然的人化"是美的本质。它意味着"自然"向"人"生成,如果是这样,那么,"人"在"自然人化"之前就已经存在了,这个"人"从哪儿来的?它只能是预先就存在的,是"预成"的,不是"生成"的。

我们没法弄清楚"生成为人"是不是"自然界"创演的目的。但"人"已经"生成"了,这个"创演"过程因此结束了吗?我们不知道。我们知道的是:暂时还没有什么高于"人"的生命来替代人类。人类在这个"创演"过程的最前端、最高端,从这个最前端、最高端"望"回去,过去的一切仿佛都是"为了"生成为人,人是自然界创演的目的。因此,在这个意义上,我们似乎可以说"人"就是"自然界"的目的。即便这有点狂妄,我们也可以退回到康德那里。在康德看来,就人类而言,有"自我意识"的人,如果不以自己为目的,难道还会为了蚂蚁去牺牲自己?不以自己为目的,那是不可思议的事情。

既然人是生成的,不是预成的,那就有一个"生成"的过程。这个过程被潘知常清楚地揭示出来了。他说:

> 因此,美学的奥秘在人——人的奥秘在生命——生命的奥秘在"生成为人"——"生成为人"的奥秘在"生成为"审美的人。或者,自然界的奇迹是"生成为人"——人的奇迹是"生成为"生命——生命的奇迹是"生成为"精神生命——精神生命的奇迹是"生成为"审美生命。再或者,"人是人"——"作为人"——"成为人"——"审美人"。总之,生命美学对于审美生命的阐释其实也就是对于人的阐释。[①]

"生命美学对于审美生命的阐释其实也就是对于人的阐释"这句话至关重要。对"人的阐释"既要从逻辑层面阐释清楚"人的本质",也要从历史层面阐释清楚"人的生成"。否则,我们阐释的就很可能不是"成为人"的人,更

---

① 潘知常:《生命美学引论》,百花洲文艺出版社,2021年版,第185—186页。

不是"审美人"的人。

首先，美学的思考，必须从"人是人"开始，这是"大自然"的奇迹，但也是"大自然"最初的奇迹。它仅仅把"人"与动物区别开，人只不过是"人形"动物罢了。人有无限可能性，潘知常说：

> 人什么都不是，而只是"是"。人是X，人是未定性，是"未完成性""无限可能性""自我超越性""不确定性""开放性""创造性"。因此，只有人，而并非动物，才出现了"是人""有人""像人"的问题。①

然后，人的奥秘在于生成生命，也就是人必须"作为人"而存在。"人成为人"，涉及的是人与物的区别，"人作为人"，涉及的是人与自身的区别。潘知常说：

> 就人而言，不但存在着与动物类似的第一生命的进化，所谓"原生命"，而且还更存在与动物生命截然不同的第二生命的进化，所谓"超生命"。②

人的存在方式已经发生改变。人的生命不再依赖环境而定了，人类自己成为自己的主宰。从这个意义上说，人是一种特殊的存在。因为它是一种有自我意识的存在。"自然界生成为人"，"生成"的就是这样的人。也就是从"人是人"走向了"作为人"。这并不意味着是大自然进化的结果，而是意味着人借助自己的活动才得以最终把自己"生成为""作为人"的生命的。

接着，生命的奥秘在生成为人，也就是生成为精神生命，也就是"成为

---

① 潘知常：《生命美学引论》，百花洲文艺出版社，2021年版，第76页。
② 潘知常：《生命美学引论》，百花洲文艺出版社，2021年版，第78—79页。

人",一种有精神生命的真正意义上的人。生命之为生命,严格来说,主要是因为"第二生命"。只有第二生命才是人的生命。

> 也因此,人之生命也就不再仅仅只是为生命本身的,而且还更是为创造生命这一更高的目的服务的。人之生命,不但是"自然成长"的生命,而且还是"人为造就"的生命。①

最后,"生成为人"的奥秘在生成为审美的人,也就是说,人必须作为"审美人"而存在。生命即审美,审美也即生命。审美的人是人的理想实现。也因此,只有它,才是人类的最高生命。潘知常说:

> 这样,美学之为美学,也就必然是这最高生命的觉醒与自觉,是这最高生命的理论表达。当然,美学之为美学,也就必然应该是也只能是:生命美学。②

人有了"自我意识",认识到了"自己"的存在,可以更好地"为了自己"。只有这时,人才"成为"人,一种真正的"人"诞生了,这就是我们现在的状况。但这还是不够。"人"不再被动地听任"大自然"的进化、创演,听任"大自然"单方面对自己施加影响。过去是"适者生存",自从"人"有了"自我意识",他就开始"自我选择",自己做主了,他当然是选择那些让自己愉悦、舒适的进化方向,这就是"美者优存"了。这时候"人"就是"审美人"了。潘知常说:

> 甚至,在生命美学看来,只有"我审美故我在",才是人之为人的标

---

① 潘知常:《生命美学引论》,百花洲文艺出版社,2021年版,第80页。
② 潘知常:《生命美学引论》,百花洲文艺出版社,2021年版,第81—82页。

志,"我实践故我在"则不是。……起码也可以说:人是直立的人,人是宗教的人,人是理性的人,人是实践的人,人——也是审美的人。①

又说:

生而为人并非就是人,只有进入价值世界、意义世界,人才生成为人。②

"审美人"既然是"自然界生成为人"的最高奇迹,是"人的理想实现",那么,"成为人"中,就应该有一些人还不是"审美人",甚至还未"成为人"。因此,"以人为目的"就显得更为必要和迫切。

潘知常反复强调:

(与实践美学相比——引者注)生命美学不同,它强调的是:人的审美权利是神圣不可侵犯的。因为审美权利是人的生命权利、人的自由权利、人的私有财产权利的集中体现。要把人当人看,不要把人当工具,不要把人不当人看。人不是作为手段,而是作为目的,这一切,就是人为自己所立的法,也是人所必须遵循的法。③

因此,在潘知常看来,美是自由的结晶,也是爱的结晶。美之为美,无非也就是"人是目的"的现身方式,就是"人是目的"的感性显现。在讨论人类"共同价值"的时候,他说:

---

① 潘知常:《生命美学引论》,百花洲文艺出版社,2021年版,第95页。
② 潘知常:《走向生命美学——后美学时代的美学建构》,中国社会科学出版社,2021年版,第77页。
③ 潘知常:《生命美学引论》,百花洲文艺出版社,2021年版,第204页。

放眼世界现代化道路，应该说，以人为终极价值的，以人为目的，就是共同价值。唯有它，才堪称世界各民族所共同"发现"，也为各民族所共同"认可"。①

在《信仰建构中的审美救赎》一书中，他写道：

因此，在中国首先实现"人是目的"的意识的觉醒、人作为终极价值的意识的觉醒，并且努力将这一意识作为全民族的先于一切、高于一切、重于一切也涵盖一切的一个前提、一个底线、一个思想文化共识，作为全民族的适用于所有时间、所有地点的为所有人所"发现"且为所有人所"坚信"的终极的世界之"本"、价值之"本"、人生之"本"，始终不渝地坚持下去，也就至关重要。②

在我看来，这一段文字，具有现实针对性，彰显了一位美学家对中华民族的拳拳之心和高度责任感。

人成为目的，才会被拯救。为什么要拯救人呢？因为人还不是目的，或者在"上帝已死"之后，人跌入"虚无之中"，或者"人"被现代技术所绑架。人要如何救赎自己呢？只能是"审美救赎"。人在审美活动中得到自由、得到爱，并成为自身的目的，获得终极关怀。

什么是"审美救赎"呢？在人不成其为人之时，通过审美活动拯救人的过程，可以称之为审美救赎。宗教可以救赎，但宗教在现代社会已经越来越衰弱，不可能承担起救赎的责任；哲学也可以，但它实在太抽象，与人的感性生命相去甚远，也不能承担起救赎的重担。在尼采看来，只有艺术才能救赎人类。潘知常从尼采接着讲，认为只有审美才能救出堕落的人类。审美救赎之所

---

① 潘知常：《信仰建构中的审美救赎》，人民出版社，2019年版，第71页。
② 潘知常：《信仰建构中的审美救赎》，人民出版社，2019年版，第344页。

以可能，就在于意象的呈现。意象呈现是内在的自由生命借助外在形象所进行的自我建构，是人类精神生命进化的强大杠杆。人类正是通过意象呈现而拥有世界，意象呈现是生命的庆典，终极关怀也是在意象呈现中莅临我们。

因为意象呈现指向的是一个可能性的领域，由此，事物、记号、经验、现实性，都进入了符号、意义、隐喻、超验、可能性。借助于它，我们得以亲近自然而无须跋山涉水，并且可以在精神上回到自然中的人的自然。①

相对于西方，中国的情况有所不同。审美救赎需要中国方案。潘知常说：

因此，以爱的名义去关注人间苦难，而不是以动物的名义、以仇恨的名义去关注人间苦难；推崇灵魂原则，而不是生存原则；推崇美魂，而不是匪魂，生而自由、生而平等以及生命权、财产权、幸福权的被呵护，就正是中国的审美救赎的当务之急。②

显然中国要实现审美救赎的核心取向就是：自由权利。这就关系到"权力支配社会"向"权力制约社会"转型。审美救赎是对自由权利的呼唤，是对自我所有的权利的保护。

更重要的是，人在审美活动中"生成为人"，成为真正的人，成为"自然界"生成的"最高"的理想实现的人。

那么，生命美学为此能做什么呢？这就是潘知常反复论述的"生命美学的天命"。在《生命美学》一书中，潘知常说：

---

① 潘知常：《信仰建构中的审美救赎》，人民出版社，2019年版，第477页。
② 潘知常：《信仰建构中的审美救赎》，人民出版社，2019年版，第472—473页。

第五章　生命美学：后美学时代的美学建构

追问、反思人的自身价值。人的生存意义，是哲学和艺术的神圣天命，也是哲学和艺术内在的深刻的一致之处。[①]

此处虽然说的是"哲学与艺术"，实际上是在讲生命美学的意义。在《走向生命美学——后美学时代的美学建构》一书中，作者说：

生命美学认为：真正的美学，必须以自由为经，以爱为纬，必须以守护"自由存在"并追问"自由存在"作为自身的美学使命。[②]

在《生命美学引论》的一个脚注中，潘知常写道：

通过追问审美活动来维护生命、守望生命，弘扬生命的绝对尊严、绝对价值、绝对权利、绝对责任，这正是生命美学的天命。[③]

这句话也出现在《走向生命美学——后美学时代的美学建构》第65页的脚注中。这里讲了"四个绝对"。在《信仰建构中的审美救赎》中，潘知常在引述了陀思妥耶夫斯基的话之后，说：

在这里，对于"灵魂的不朽和上帝"的强调，其实也正是对于蕴含其中的绝对尊严、绝对权利、绝对选择、绝对责任的强调。[④]

这里也有"四个绝对"。其中的差别在于，前两本书中强调了"绝对价

---

① 潘知常：《生命美学》，河南人民出版社，1991年版，第184页。
② 潘知常：《走向生命美学——后美学时代的美学建构》，中国社会科学出版社，2021年版，第427页。
③ 潘知常：《生命美学引论》，百花洲文艺出版社，2021年版，第33页注①。
④ 潘知常：《信仰建构中的审美救赎》，人民出版社，2019年版，第102页。

值",后者强调了"绝对选择"。我不太关心这点差异,我惊异的是"绝对"一词。说"绝对"就意味着与外在条件、环境无关,与任何变化、变通无关。它不仅仅是一种强调,也是一种激情、一种勇毅;它意味着不变的本性,意味着永恒的操守,意味着终极的价值。生命的尊严、价值、权力和责任,不会因任何外在或内在因素的改变而改变。这是多么美好的前景。

六、终极关怀:一种文学批评的新标准

关于文学批评的标准问题,在1980年代,有过一次大讨论。有人主张"历史的、美学的"标准,据说这是马克思主义关于文学艺术的评价标准。后来西方的文艺理论进来,人们开始强调"主体性"问题,它体现为"文学的主体性""作家的主体性"和作品中"人物的主体性",对于欣赏者的"主体性"关注得较少一些。刘再复等人对文学主体性的阐发,具有十分重要的意义,它表明一种独立的艺术觉醒了。但其阐发明显有缺憾:文学"主体性"的内涵仍然十分模糊。正是在这样的大背景下,潘知常用"终极关怀"理论树立了文学批评的新标准。

潘知常十分重视对艺术的评价。我认为,艺术评价理论应该是他生命美学重要的组成部分。一方面,他通过对这些艺术作家、作品的阐释,论证自己的生命美学;另一方面,他也是在用生命美学的基本原理、价值标准重新评价作家、作品。

"终极关怀",是生命美学(情本境界生命论美学)一个十分重要的概念。它贯穿生命美学约四十年的研究过程,没有缺席。早在《生命美学》中,潘知常就用了一节的篇幅考察"终极关怀"。讲到"终极关怀",需要与"现实关怀"作对比。

所谓现实关怀,是指的对于现实生命的执著。它从生命的福乐自足、完满无缺出发,是超验之维与经验之维的合一,也是天堂与人间的合一。

在现实关怀之中，一方面超验之维是经过经验之维的筛选的，并非真实的超验之维，另一方面经验之维也是经过超验之维的筛选的，并非严格的经验之维，一方面认定天堂是可以建立在人间的，另一方面又迷信人间能够成为天堂。显而易见，这无异于一种虚妄的关怀。①

现实关怀作为一种价值关怀，并没有真正涉及"生命如何可能"这一本体论问题，也并未真正解决生命的沉沦、丑恶、有限这一根本问题。在"现实关怀"的层面上，人与自然、人与社会、人与自我的三重对象性关系，都表现为一种与生命无关的虚妄。同样，在"现实关怀"的层面上，人类社会的经济、政治和文化往往成为对生命的桎梏。能够解决这些问题的只能是终极关怀。潘知常说：

> 既然只有作为不断向意义生成的生命活动的人的自身价值才是本真的存在，既然只有不断以任何显示这一自身价值才能荣显人的虚灵昭明的存在。那么，对于生命的关怀便只能从生命的本真状态——不确定性、可能性和一无所有出发，只能从对于不断向意义生成的生命活动即对于"生命如何可能"的超验之问出发。因此，必然是一种终极关怀，而不可能是一种现实关怀。②

由此可见，"终极关怀"有两层含义：一是指关怀的对象是"终极"的，是不断向意义生成的生命活动的本真的存在，也就是无遮无拦赤裸裸的原初的、本真的生命。二是指关怀的方式或手段是"终极"的，也可以理解为"最终"的、"最后"的关怀。将二义结合起来，我们可以说，终极关怀就是对剥离了那些附加在人身上多余的东西最终保留下来的剩余物的最终的、最后的关

---

① 潘知常：《生命美学》，河南人民出版社，1991年版，第108页。
② 潘知常：《生命美学》，河南人民出版社，1991年版，第126页。

怀，也就是对原初的、本真的生命的关怀。这种关怀不再顾及一切人为的因素，比如历史的、伦理的、知识的、理性的因素。一切人为的因素都是短暂的、附加的、偶然的、有限的，就像人身上的衣服。"现实关怀"关怀的是"衣服"，所以它是虚妄的；"终极关怀"关怀的是衣服遮蔽着的"身体"，即人赤裸裸的生命。所以说，在"终极关怀"之前，人可以有一层层程度不同的"现实关怀"，但那些"关怀"都是"无关痛痒之处"，并没有关怀到真正的生命。"终极关怀"因其是"终极"的，所以，它是原初的、本真的，也是基本的、普遍的，还是具体的、感性的。因此：

> 从终极关怀的角度讲，生命世界是犯罪，审美才是赎罪，审美活动是生命世界上的一个彻底的离经叛道者，一篇酣畅淋漓的公诉状，审美活动本身有一种破坏性的潜力，它从来就是人类文明的挑战者和揭露者。也正是因此，在现实的自我分裂的语义环境中，审美活动往往表现为"恶"。①

也就是说，从终极关怀的角度看，审美活动就是对生命世界——为了生命而衍生出的中介之链——的否定，是对现实关怀的否定。因此，审美活动本身就具有一种批判性、否定性，它是对附加在本真生命之上的层层人为因素的否定和批判。在艺术作品中，它表现为对附加在本真生命上非人性东西的否定和批判，也表现为对原初的本真生命的礼赞。对生命的礼赞既是终极关怀，也是信仰的体现、爱的体现。

在《中国美学精神》一书中开篇第一章就是"终极关怀"，为全书考察"中国美学精神"树立了标杆。之所以有终极关怀是因为有终极价值存在。什么是终极价值？潘知常说：

---

① 潘知常：《生命美学》，河南人民出版社，1991年版，第129页。

第五章　生命美学：后美学时代的美学建构

终极价值并不指称任何东西，而是人类为诠释自身的存在状态而寻找到的阿基米德点。或者说，是人类为建构自身而设定的自由境界。它是逻辑的而非实在的，是功能的而非实体的，是假定的而非现实的。①

潘知常认为，对于终极价值的追问，是人类之为人类的一种天命。它是人类的一种形而上学的追求。只要人类存在，对自身存在状态的终极关怀就存在。中华民族不可能是人类之中的一个例外，必然要追问终极价值，必然会有对终极价值的关怀。由此，美学问题的解决，其实也就是价值取向问题的解决；价值取向问题的解决，其实也就是终极关怀问题的解决；而终极关怀问题的解决，则是中国文化与西方文化的对话问题的解决。用马克思的话来说，在终极关怀，是"假定人就是人，而人同世界的关系是一种人的关系，那么你就只能用爱来交换爱，只能用信任来交换信任，等等"②。无疑，这就是从"人是目的""人是终极价值"，从世界之"本"、价值之"本"、人生之"本"转而去看待外在世界。③

"信仰的觉醒"是"终极关怀"的基础和前提。没有"信仰"，就不会有"终极"，更不会有对"终极"的关怀。同样，"终极关怀"与"爱"不可分离。如果说，"信仰"确立了"终极"，那么，"爱"就是"关怀"。因为"终极"，这种"爱"，就必然只能是普遍的、无差别的、无缘无故的"关怀"。这一点，在潘知常那里，成为艺术创作、欣赏与评价的基本原则。

只要看看潘知常在他的生命美学著作中，对古今中外艺术作品和作家的评论，终极关怀就一清二楚了。潘知常对古今中外作家作品的评论主要集中在《〈红楼梦〉为什么这样红——潘知常导读〈红楼梦〉》《谁劫持了我们的美感——潘知常揭秘四大奇书》《头顶的星空：美学与终极关怀》《我爱故我

---

① 潘知常：《中国美学精神》，江苏人民出版社，2017年版，第14页。
② 马克思、恩格斯：《马克思恩格斯全集》第42卷，人民出版社，1979年版，第155页。
③ 参见潘知常：《头顶的星空——美学与终极关怀》，广西师范大学出版社，2016年版，第537页。

在——生命美学的视界》四本书中。

《〈红楼梦〉为什么这样红》以生命美学的观点，重新全面评价了我国最为著名的古典小说《红楼梦》。潘知常对《红楼梦》的评价标准就是"对生命的礼赞"，也就是对本真生命的终极关怀。从这个角度说，《红楼梦》的确是我国古典小说一座不可逾越的高峰。

在《谁劫持了我们的美感——潘知常揭秘四大奇书》中，潘知常重新评价了《三国演义》《水浒传》《西游记》和《金瓶梅》。可以说，在该书中，潘知常酣畅淋漓地重新评价了这四部奇书。其价值判断有不少地方是让人意想不到又在情理之中的。其中的评价标准就是终极关怀。只有站在这样的高度，才会得出那样的价值判断。他批评《三国演义》的"三国气"，批评《水浒传》的"水浒气"，批评《西游记》"逃避自由"，批评《金瓶梅》的"身体关怀"，无不是从"终极关怀"的高度遥看过来，穿透它们"现实关怀"的层层迷雾。除了《金瓶梅》，其他三部作品都没有达到像《红楼梦》那样"关怀生命"的高度。《金瓶梅》有点不同，在男男女女的看似为"生存"而斗争的生活表象之中，作者直抵生命的脆弱、缺憾和有限，字里行间显现了作者对生命的悲悯。所以，《金瓶梅》是生命的悲悯之书，它远高于"抢椅子游戏"的《三国演义》，远高于醉心暴力美学的《水浒传》，也远高于虚假磨难的《西游记》。这些作品表现出来的东西距离"生命"这一核心还远得很。从这个意义上说，《红楼梦》和《金瓶梅》堪称中国长篇小说的"双璧"。

《头顶的星空：美学与终极关怀》一书，核心内容就是阐释美学与终极关怀的关系的。这种阐释是通过对一系列古今中外的作家、作品的评价来展开的。该书一共十二讲，讲了五位作家，十部作品（包括安徒生四篇童话）。作者的目的显然是通过这些作家作品来阐释美学与终极关怀的关系，但我们也可以反过来看：终极关怀恰恰也是评价这些作家、作品的最高标准。

其实，我们对中国艺术的评价出现了偏差，一个根本的缺憾就是：未能关注中国艺术的价值取向。潘知常说：

根据我的了解，这些研究成果非常令人鼓舞，可是也存在一个关键性的缺憾，就是未能关注中国艺术的终极关怀也就是价值取向的问题。[①]

在潘知常看来，中西方艺术有共同的属性，它们都把审美活动作为生命超越的一种方式，但在超越什么上各有取舍。在西方艺术中，美是价值关系的生成、结晶，审美活动则是价值活动的设立、超越。在中国艺术中，美是价值关系的否定、逆转，审美活动则是价值活动的消解、弱化。前者往往着眼于"人化自然"的问题，后者则着眼于"人的自在"的问题。因此：

在中国艺术，审美活动作为一种自由的生命活动，竟然不是人类向自然提出的要求，而是人类向自身提出的要求，是人类要求把自身作为非自然的因素消解掉。[②]

在中国艺术中，人被消解了。中国人满足于"是一个人"，并不渴望去"做一个人"。尽管如此，在中国艺术中，也有一部分表现了"做一个人"，虽然这不是自觉的，直到《红楼梦》，"做一个人"和"成为一个人"才成为作家的自觉追求。

中国艺术的历史发展有两条线索：一条是"忧世"的线索，一条是"忧生"的线索。"忧世"是现实关怀，"忧生"是终极关怀。如果从终极关怀来看中国艺术，我们就会看出不少从前没有看出的一些缺憾。杜甫是我国伟大的诗人，他的大部分诗歌描述了安史之乱中的社会现实，其沉郁悲痛，令人感动。但他的诗歌仍没有达到最高的境界，因为他还停留于现实关怀，没有抵达终极关怀。

[①] 潘知常：《头顶的星空：美学与终极关怀》，广西师范大学出版社，2016年版，第34页。

[②] 潘知常：《头顶的星空：美学与终极关怀》，广西师范大学出版社，2016年版，第45页。

我们确实可以说，杜甫的诗歌无疑做到了让诗歌成为历史，诗歌成了历史的记录，他借助写诗歌的方式成了历史学家，成了民生新闻的优秀记者。……但是，我不得不说，杜甫毕竟没有让历史成为诗歌，也就是说，杜甫没有让历史在诗歌的意义上去呈现，我觉得，这无疑是杜甫诗歌的一个非常重要的遗憾。[①]

这话粗看起来有些过分，细想却不能不说有道理。从纯粹诗歌的意义上看，诗歌应该抵达纯粹的生命。但杜甫的诗歌似乎只是在社会学意义上具有揭露当时社会悲惨现状的意义。其中有些诗歌虽然也能打动我们的心，但那主要是因为我们是在现实关怀的层面看待他的诗歌。

"终极关怀"因为有一个向意义生成的原初的本真的生命在层层人为因素的包裹之中始终存在，成为作家作品探究的终极目标，因此具有一种"形而上学"的意味。而这，也是中国艺术稀缺的。潘知常在评价雨果的《悲惨世界》时，通过终极关怀与现实关怀的对比，揭示了一种理想的艺术。《悲惨世界》的主题是人类的苦难。苦难来自两个方面：一个是人性的原罪，一个是社会的原罪。冉·阿让有人性的弱点，在一个黑暗的社会里，他只能吃苦受难。但他的良心并没有泯灭，听了传教士的一番话，他决定做一个好人。他没有为自己受到的不公而反抗、报复，相反，他努力造福于民，以爱来报答那个曾经压迫他的社会。面对悲惨世界，他用生命中最真诚的爱照亮它。作者雨果在这里探究的是，人性中的美好，也就是美好的生命，在悲惨世界中，到底能走多远。雨果给出了答案：当冉·阿让再一次回到监狱的时候，生命的阳光照亮了悲惨世界。在《悲惨世界》中，作者雨果始终关注的就是那个终极的目标，即本真生命的状态。这是苦难美学的真谛。

[①] 潘知常：《头顶的星空：美学与终极关怀》，广西师范大学出版社，2016年版，第95页。

这样来看，中国的《三国》、《水浒》的苦难美学无非就是社会上关于苦难的"街谈巷议"的文学化，就是民间的种种苦难故事、苦难传说、苦难经历的翻版……

而西方雨果的《悲惨世界》的苦难美学就明显不同。它是神问、信仰维度之问、忧生之问、爱之问，也是终极关怀之问。在我看来，这才是一种真正的美学方式。[①]

对于一个真正的艺术家来说，面对苦难或面对任何生存现状，他所思考的应该是，究竟应该怎样去做才不再是兽，才可以称之为人？

用"终极关怀"这一价值尺度来衡量当代的艺术创作，就不免令人有些失望。张艺谋的电影艺术就不去说了，陈凯歌的电影同样没有触摸到"生命"的硬核，只有史铁生的文学作品让人产生真正的感动，而林昭则是用鲜活的生命书写最本真的生命，她用自己生命的温度温暖所有人的生命，那才是"终极关怀"。

"终极关怀"作为生命美学的艺术评价尺度，是潘知常的又一贡献。因为他区分了现实关怀和终极关怀，指出了终极关怀作品的重大意义，对当代作家的艺术创作具有重要指导意义。李泽厚主张作家不要阅读文学理论，因为受文学理论条条框框的制约，反倒创作不出好的作品来。这说得非常有道理。但是，生命美学并不提供条条框框，它提供的是一条最基本的原则，就是终极关怀的原则。明白了这条原则的意义，中国艺术才会走上一条康庄大道。

最后，值得指出的是，"终极关怀"可以作为文艺批评的标准，但潘知常提出这一理论，其目的并不是要为艺术立下这么一个标准，而是作为生命美学重要的组成部分，它与"信仰的觉醒""审美救赎""审美形而上学"密切相

[①] 潘知常：《头顶的星空：美学与终极关怀》，广西师范大学出版社，2016年版，第340页。

关。"终极关怀"最终要落实到对"人的绝对尊严、绝对价值、绝对权利、绝对责任"的绝对关怀。"终极关怀"之所以可以作为文艺批评的标准,是因为它在"无宗教"的社会中,只能通过艺术的形式体现出来。

七、生命美学就是大美学、未来哲学

潘知常生命美学最突出的特点体现在他下面一段话中:

> 我们这个民族迫切需要两个东西,一个东西是个体的觉醒,一个东西是信仰的觉醒。个体的觉醒一定要有信仰的觉醒作为对应物。否则个体就不会真正觉醒;信仰的觉醒也一定要有个体的觉醒作为对应物,否则信仰也就不会真正觉醒。但是,个体的觉醒和信仰的觉醒最终会表现为什么呢?不就是作为终极关怀的爱的觉醒嘛![①]

这段话,具有鲜明的现实针对性,同时又点出了潘知常生命美学的独特内涵:个体的觉醒、信仰的觉醒、终极关怀、爱的觉醒。这些内容在其他学者的生命美学中很少见到。

潘知常生命美学是"以生命为视界",以"生命"观照美学,而不是以美学去观照生命,它研究的重心不是"生命",不是"生命美",也不是为了满足精神生命需要的艺术与宗教,而是"审美活动",因审美活动而与世界打交道。所以,它是大美学,是后美学时代的未来哲学。

审美的发生与人的生命的发生同源同构。审美活动并不神秘,它无非就是一种特定的生命自组织、自鼓励、自协调的内在机制的自觉。它的存在就是为生命导航。人类用审美活动肯定某些东西,也用审美活动否定某些东西,从而激励人类在进化过程中去冒险、创新、牺牲、奉献,去追求在人类生活里有益

---

① 潘知常:《我爱故我在——生命美学的视界》,江西人民出版社,2009年版,前言第2页。

于进化的东西。凡是人类乐于接受的、乐于接近的、乐于欣赏的，就是人类的审美活动所肯定的；凡是人类不乐于接受的、不乐于接近的、不乐于欣赏的，就是人类的审美活动所否定的。

生命美学以"自然界生成为人"去提升实践美学的"自然的人化"。实践美学看重的所谓"人类历史"其实只是自然史的一个特殊阶段。人类历史其实只是"自然界生成为人"这一过程中的"一个现实部分"，它必须被放进整个自然史，作为自然史的"现实部分"被审视。将自然界最初的运动、将自然演化和生物进化的漫长过程完全与人剥离开来，并且不屑一顾，这是"自然的人化"，是人类中心主义的傲慢，是没有根据的。而"自然界生成为人"则把历史辩证法同自然辩证法统一了起来，也是对包括人类历史在内的整个自然史的发展规律的准确概括，而且完全符合人类迄今所认识到的自然史运动过程的实际情况。所谓"人类历史"其实只是自然史在人类社会中的表现形式。审美活动与生命有着直接的对应关系，但是与物质实践却只有间接的对应关系，因此，审美活动是生命的最高境界。

潘知常认为，中国近百年来的美学探索中，最引人注目的，无疑当属它所提出的"第一美学命题"与"第一美学问题"。对于美学学者而言，它们类似于美学的两个"哥德巴赫猜想"。其中的第一美学命题是"以美育代宗教"；第一美学问题则是"生命或实践"。因此，"生命"与"信仰"问题，必然是未来美学研究的核心内容。美学因此必将逐渐走向哲学。因为生命美学就是未来哲学，未来哲学也就是生命美学。"生命美学如何走向未来哲学"，就是生命美学在今后要重点突破与拓展的研究领域。近年来，生命美学研究始终在"生命"与"信仰"两极展开，就是朝这方面努力的明证。潘知常出版于2019年的55万字的《信仰建构中的审美救赎》回答的就是"信仰"问题；最近刚刚完成的72万字的《走向生命美学——后美学时代的美学建构》，回答的则是"生命"问题。前者是美学的"信仰之书"，是从"信仰"看"生命"，后者是美学的"生命之书"，是从"生命"看"信仰"。总之，是信仰的生命，也是生命的信仰。

生命美学并非人们所习惯的那种围绕着文学艺术的小美学，而是一种围绕着人类生命存在的大美学，是未来哲学。它要揭示的，是包括宇宙大生命与人类小生命在内的自组织、自鼓励、自协调的生命自控系统的亘古奥秘。这一点，早在1985年，在生命美学的奠基之作《美学何处去》中就已经指出过了。

潘知常的文学批评是他对自己生命美学的实践，经常有十分独到、深刻的见解。他对四大古典名著的研究，对《金瓶梅》的研究，对西方经典著作《哈姆雷特》《悲惨世界》《日瓦戈医生》和安徒生童话等文学名著的评议，对李白、杜甫、陀思妥耶夫斯基、雨果、安徒生、帕斯捷尔纳克等诗人、作家的评论，无不体现出他的生命美学思想。这当中，他把作品是否具有终极关怀和爱的意识作为评判的重要标准，如此，对一些作品和作家、诗人就有了截然不同的评价，令人耳目一新，发人深省。

潘知常生命美学实践不局限于文学批评，在战略咨询与策划方面也得到了具体的运用，取得了可喜的成绩。提出"塔西佗陷阱"这一极具现实性的政治学概念，这更是他践行自己生命美学的重要成果。

对潘知常生命美学的运用也并不局限于上述两个方面，还有学者在研究少数民族文化、城市规划与建设等领域也自觉运用，尤其值得一提的是熊芳芳，她在中学语文教学中有意识地运用生命美学基本理论指导中学语文教学实践，并取得巨大成功。

潘知常生命美学的这些突出特点，正好能够弥补中国传统文化的不足之处，这也就是我倾心赞佩的"现实针对性"。

第四节　贡献与意义

如何评价潘知常生命美学？这可是一个难题。我们是潘知常生命美学的学习者、参与者，置身其中，距离太近，有切身感受，却难有客观认识。因此，我的个人看法难免有情感色彩，有自己的喜好。但这是美学史，而且是当代美学史,没有作者个人的情感和喜好,反倒不是"美学"史了。如果我的感受与您的感受"相通",甚至与很多读者的感受"相通",那么,这部"当代中国生命美学史"也可以算成功了。

一、潘知常生命美学的贡献

在中国,生命美学虽然有悠久的历史,"生命美学"这一概念却是在1980年代中后期才出现,作为一门正式学科则要到1990年代初期才产生。不论是对中国传统美学而言,还是对中国当代美学而言,还是对中国当代社会而言,潘知常生命美学都有巨大的贡献。

(一)树立了一大标准

潘知常生命美学树立了艺术批评的一大标准。这个标准就是:终极关怀。艺术批评是一个复杂的问题,古今中外都有许许多多关于文学、关于艺术的创作、欣赏与评价的理论。关于这些,因为篇幅有限,不便多说。1980年代我国曾经广泛讨论过文学艺术的评价标准问题。人们认为有两条标准:一条是历史的,一条是美学的。前者强调从历史发展趋势的角度关注文学艺术表现的社会生活内容,也称"社会价值"。凡是符合历史唯物主义的社会生活描述,就是好的,反之,就是不好的。后者从美学的角度关注文学艺术的形式是否符合"美的规律",也称"艺术价值"。凡是符合美的规律的,就是好的,反之,就是不好的。很明显,这样的评价标准,完全忽视了作家个人的情感、情绪与感受,它要求作家理性认识社会生活,再按照某种意图加工出文学艺术作品。这样创作出来的东西,与从工厂生产模式生产出来的产品是一样的。刘再复等人意识到了这种文学艺术的"生产模式"存在严重弊端,开始提倡"文学主体性"。这标志文学艺术的觉醒,标志文学艺术正摆脱工具理性的思维方式,获得独立地位。但"文学主体性"还不是文学艺术的批评标准,也很难运用它指导文学艺术的创作、欣赏与评价。我认为,潘知常在1990年代提出的"终极关怀"的观点,为当代文学艺术批评树立了一个切实可行的价值尺度,并为中国艺术走向世界指明了一条路径。

潘知常关于终极关怀与中国艺术的关系的论述，集中体现在《中国美学精神》一书中。他认为中国艺术的"今生"星光暗淡，而且前景堪忧。原因是在中国艺术里看不到真正的叙事与抒情，缺乏对终极价值、终极意义的追问，缺乏"做一个人"的见证。中国艺术不乏对人的现实关怀，却不见对人的终极关怀。

"终极关怀"的理论是潘知常生命美学的重要组成部分，并不是一种文学批评理论。但是，潘知常自己在评价古今中外的文学艺术之时，就自觉地运用"终极关怀"这一价值尺度去欣赏和批评，只是他未必有意要树立这样一个文学艺术的价值尺度。我认为以"终极关怀"作为文学艺术的价值尺度是极有道理的。它简明实用，便于操作；它形式单一，只有一个标准；它内涵丰富，既有形式要求，又有内容要求，且二者是融合在一起不分彼此的。

前文已经阐述过"终极关怀"的具体内涵，此处不再赘述。我认为，当代中国文学艺术，若用"现实关怀"的价值尺度去衡量，所谓好的作品所在多有；但若用"终极关怀"这一价值尺度去衡量，称得上好的艺术作品就实在是屈指可数。作家、艺术家在创作时，一定要心存一个"终极关怀"的价值标准，否则，他的作品就很难企达"生命"的高度，就不会达到一个"形而上学"的境界，也就是说，不会有超越时空的"永恒"价值。

因此，我想特别强调，中国的文学艺术，要想企达世界名著的高度，就必须在"现实关怀"之中，增强"终极关怀"。也就是说，要努力通过对社会生活、个人生活的感性描述直抵那个原初的、本真的"生命"状态：不管这状态是"生命"的脆弱、缺憾、有限，还是"生命"的美好、强大与无限。

（二）揭示了两大主题

潘知常生命美学揭示了中国传统美学的"两大主题"：一个是"忧世"，一个是"忧生"。回头审视两千多年来的中国文学艺术，虽然丰富多彩，主题却只有两个：以《诗经》为代表的"忧世"文学艺术与以《山海经》为代表的"忧生"的文学艺术。两条发展线索有时齐头并进，有时此起彼伏，有时相互缠绕。进入20世纪，"忧世"的传统在新的时代背景下演化为启蒙现代性；同样，"忧生"的传统则演化为审美现代性。启蒙现代性经过康有为、梁启超、胡适之等人一路传来，再经过强调工具理性、经世致用的社会改良，终于演变为"实践美学"；而经过王国维、鲁迅、方东美等人一线延续下来，强调生命体验、人生意义的"人是目的"的审美现代性则演变为"生命美学"。

（三）指陈了三大失误

在《生命美学》的"绪论"部分，潘知常指出了美学研究"触目惊心"的三大"失误"：

第一，研究对象的失误。美学研究的对象不是美、不是美感、不是艺术、不是审美关系，而是审美活动。这是因为，美、美感、艺术、审美关系都是以一个外在于人的对象作为研究对象，因而遮蔽或者忽略了人类自身的生命活动。它以理解物的方式去理解美学，以与物对话的方式去与美学对话。美学连研究对象都搞错了，它还是美学吗？

第二，研究内容的失误。美学研究的内容往往局限于认识，局限于思维与存在的关系，局限于作为对象的问题，比如美、美感、审美主客体、审美关系以及自然美、社会美、艺术美、人体美之类，忽略了内在的生命活动，忽略了体验，忽略了有限与无限的关系，忽略了作为生命意义的秘密。

第三，研究方法的失误。最典型的失误就是对于美学体系、美学范畴、美学论著及论文的盲目推崇。潘知常说：

> 他们先是抽干生命的血，剔除生命的肉，把他钉死在美学体系、美学范畴、美学论著及论文的十字架上，使之成为不食人间烟火而又高高在上的标本，然后站在一旁，象彼拉美指着十字架上的耶稣那样大声喊道："瞧，这就是美！"①

---

① 潘知常：《生命美学》，河南人民出版社，1991年版，第4页。

这当然是"触目惊心"的失误。正是针对这些失误，潘知常生命美学实现了"四大转变"。

（四）阐释了三大觉醒

潘知常生命美学阐释了"三大觉醒"："个体觉醒""信仰觉醒"和"美学觉醒"。

关于这三大觉醒，前文已有论述，此处不再赘述。需要强调的是，这"三大觉醒"具有极强的现实针对性，正是我们中华文明所稀缺又必不可少的东西。不少人可能还没有意识到它的重要性，甚至还可能有误解，时间会告诉我们答案。

我想特别强调的是："觉醒"是指"意识清醒了"，也就是某种意念进入到"意识"之中，被"意识"意识到了。所以，仅有"觉醒"是不够的。就"个体"而言，它还需要"独立"，需要"自主"；就"信仰"而言，它还需要"树立"，需要"永固"，即不动摇；就"美学"而言，它需要"重构"，需要"践行"。

（五）实现了四大转变

1. 实现了本体论的转换。潘知常生命美学实现从"实践本体"向"生命本体"的转换。这是最艰巨的转换，也是意义最为重大的转换。在生命美学看来，"世界是生命的境界，生命是世界的本体"。生命美学第一次把"生命"引入了美学，势必要与"实践美学"引入的"实践"一较高下。潘知常说：

> 对于生命美学而言，"实践"必须被"加括号"，必须被"悬置"。唯有如此，才能够将被实践美学遮蔽与遗忘的领域，被实践美学窒息的领域，以及实践美学未能穷尽的领域、未及运思的领域展现出来。[①]

事实证明，生命美学已经取得了巨大的成功。潘知常指出：

[①] 潘知常：《生命美学引论》，百花洲文艺出版社，2021年版，第211页。

提出一个世世代代都必须回答的问题，而且，因为世世代代的每一次的回答都使得他所提出的问题增值。因此，他的工作也就得以进入了人类美学的历史。显然，生命美学所提出的"生命"，就正是这样一个势必会被写入美学历史的问题。①

显然，把"生命"引入美学，是潘知常生命美学对"美学"的巨大贡献，也是对中外生命美学的巨大贡献。

2. 实现了方法论的转换。潘知常生命美学实现了从主客关系到超主客关系的方法论转换。虽然这种转换表述得不是十分清晰，但从潘知常生命美学的理论形态来看，这种转换是成功实现了的。"实践美学"的方法论是一种主客二元对立的认识论，正是因为这种理性主义的"认识论"，才把"人"当成"物"来认识，而不是当成"人"来体验、感受，由此造成"实践美学"是"无人"美学的后果。美学的根本问题并不在主客关系之中，而是在主客关系之外。然而我们的美学偏偏固执地坚持从主客关系的角度出发，来提出和把握所有的美学的问题。潘知常说：

> 主客关系的全部奥秘就在于：透过现象看本质。它意味着，不论具体的看法存在着多少差异，但是只要是强调从主客关系出发，就必定会假定存在着一种脱离人类生命活动的纯粹本原、假定人类生命活动只是外在地附属于纯粹本原而并不内在地参与纯粹本原方面。②

因此，在主客关系中，主体与客体之间必然是彼此对立、相互分裂的。由此建构起来的就只能是对世界的一种抽象理解，即从对世界的具体经验进入对

---

① 潘知常：《生命美学引论》，百花洲文艺出版社，2021年版，第210—211页。
② 潘知常：《走向生命美学——后美学时代的美学建构》，中国社会科学出版社，2021年版，第285—286页。

世界的抽象把握，所获得的也只能是对于世界的一般认识。

潘知常的"超主客关系"方法论，是对主客关系的超越，它消解了"主体"与"客体"的规定性，在"审美活动"中融合在一起，"审美活动"成为人的生命活动之一。潘知常数十年来，一直在研究、阐释超主客关系，从《美的冲突》《众妙之门——中国美感心态的深层结构》《生命美学》《中国美学精神》《生命的诗境》及《中西比较美学论稿》到《走向生命美学——后美学时代的美学建构》。

潘知常指出，从超主客关系出发，把握所有的美学问题，也就不需要符合论的追求，自然转向了现象学，美就必然是一种具体感性的显现。从超主客关系出发的美学为自己奠定了一个坚实的基础。只有在超主客关系的美学之中，审美活动的根本内涵才得以如其本然地展现出来。首先，只有从主客关系出发，我们才会注意到，审美活动不是什么认识活动的附庸，而是认识活动的根源；其次，所有的自然科学大多与人的自由问题无关，这一点与美学恰成对照，美学即使是在所有的人文学科中也是与自由问题最最密切相关的；最后，审美活动在人类的所有生命活动之中与现象最最密切相关，因为所有的知识都是要发现对象的统一性即"是什么"（本质），"是什么"是可以重复的，审美活动是要发现对象的可能性即"不是什么"，"不是什么"是不可重复的。

3. 实现了价值论的转换。潘知常生命美学实现了从知识论到价值论的转换。这里的"价值论"是广义的，它也是"意义论"，还是"人文学"。这种"转换"是必然的。原因在于一旦实现了方法论的转换，从"主客关系"进入"超主客关系"，就不再有"认识活动"。"知识"来源于"认识活动"，不再有"认识活动"了，自然也就不再有"知识"了。这就意味着，在审美活动中，不再会有知识产生，产生的是什么呢？是人与世界之间的"意义""价值"。潘知常说：

> 人作为"在世之在"，首先是生存着的。人与世界的关系，第一位的不可能是一种抽象的求知的关系，而只能是一种意义关系。在世之初，人

只会去关注与自己的生存休戚与共的东西。①

在此意义上，潘知常重新定义了审美活动与美学。他说：

> 审美活动是进入审美关系之际的人类生命活动，它是人类生命活动的根本需要，也是人类生命活动的根本需要的满足，同时，它又是一种以审美愉悦（"主观的普遍必然性"）为特征的特殊价值活动、意义活动，因此，美学应当是研究进入审美关系的人类生命活动的意义与价值之学、研究人类审美活动的意义与价值之学。②

4. 实现了形态论的转换。潘知常生命美学实现了从边界分明的学科到各门学科大综合的形态转换。也可以这样说：潘知常生命美学实现了从抽象思辨的理论形态向诗与思的对话形态的转变。这两种说法是一回事。首先，潘知常生命美学是"以生命为视界"的大美学，与传统美学已经不是一回事，它内涵丰富，成为关于"人"并且"有人"的综合性学问。其次，这种大美学又是哲学，一种"未来哲学"。就是说，潘知常生命美学本身是"大美学"，同时又是"未来哲学"，是美学的"哲学化"，又是哲学的"美学化"；是"美学"与"哲学"的合二为一。最后，在潘知常生命美学中，包含了全部人文学科：政治学、历史学、经济学、伦理学、文学艺术理论等等。也就是说，我们仅从形态上，就可以一眼看出潘知常生命美学的不同。

这种形态的转换是必然的。不仅是因为"后现代主义"的影响，而且方法论的转换也必然使得生命美学形态转变。主客二元对立（潘知常称之为主客关系）的研究方法被潘知常的"超主客关系"所取代，抽象思辨被诗性对话所取

---

① 潘知常：《走向生命美学——后美学时代的美学建构》，中国社会科学出版社，2021年版，第429页。
② 潘知常：《走向生命美学——后美学时代的美学建构》，中国社会科学出版社，2021年版，第430页。

代，于是，"后美学时代""大综合"的美学形态就成为必然。

二、潘知常生命美学的意义

潘知常生命美学有何意义呢？

（一）它打破了实践美学独尊的局面

生命美学是实践美学奠定主导地位之后最早出现的新的美学理论。在当时那种情况下，能够站稳脚跟，并发扬光大，实属不易。生命美学的诞生和发展，不但为自己赢得了生存空间，还获得了实践美学的认可与尊重。更重要的是，生命美学的成功，激发了不少学人创建自己的美学体系的勇气和激情。一时之间，中国美学界涌现出不少美学理论：杨春时的生存—超越美学，张弘的存在论美学，王一川的体验美学、修辞美学，李欣复的生态美学，王晓华的身体美学，等等。而实践美学在接受了各路英雄的挑战之后，不少实践美学的信仰者提出了自己的修改版：朱立元的实践存在论美学，张玉能的新实践美学，徐碧辉的实践生存论美学，以及邓晓芒、易中天的新实践美学。真可谓是万紫千红，百花齐放啊。这种多元格局的出现与存在是十分难得的局面。

（二）生命美学首倡"爱的维度"

生命美学从个体生命的角度，最先把"爱"这一情感纳入到美学研究之中。这是一个大胆的创举，在国内的美学研究中没有先例。而重要的是，潘知常之所以把"爱"纳入生命美学研究之中，一方面是因为理论逻辑的必然要求；另一方面，也的确是因为中国传统文化中缺乏现代意义上的"爱"。

早在1991年出版的《生命美学》之中，潘知常就提出了"带着爱上路"的观点。中国美学必须引入"爱的维度"。用爱来化解中国人的戾气，改造中国的传统文化。"我必须说，讲美学而不讲'爱'，那是绝对不可能的。"[1]"所谓审美活动，无非就是：为爱作证。"[2]爱什么？我们都说是爱

---

[1] 潘知常：《没有美万万不能——美学导论》，人民出版社，2012年版，第167页。
[2] 潘知常：《没有美万万不能——美学导论》，人民出版社，2012年版，第166页。

"人",其实不只是爱"人",更是爱人的"生命"。爱生命才是爱人的根本要义,因为生命至高无上,具有绝对的神圣性,它是马克思·舍勒所说的"绝对域"中的神圣存在,它不可超越。

因此,生命美学的第一诫命就是爱生命。生命具有至高无上的价值与意义。生命不是抽象的,也不是空洞的。潘知常说:"所谓的以'仁爱'为本,则是进而明确地要'以人人为本''以所有人为本'。"[①]这就是说,这种爱,是爱每一个人,是爱具体的个体人。爱生命的具体表现就是爱每一个人。生命美学的第二条诫命就是爱万物。从生命美学的角度,进入审美关系的万物被人的生命所烛照,自然成为被爱的对象;同时,人也把自己的生命力灌注其中,审美对象也具有了生命,它也有爱的属性,可以爱人。这就意味着处在审美关系中的双方进入了一种主体间性的关系之中。

(三)生命美学呼唤个体的觉醒

在一个有着两千余年封建制度的国度,呼唤个体的觉醒不仅需要理论勇气,更需要批判传统文化的大智大勇。

真正的爱,即作为终极关怀之爱,是必须建立在个体独立基础之上的。而个体的独立,首先需要个体的觉醒,即意识到自己的存在。你都没有对自己的意识,对自己没有什么感受,就像一个"无心人",你怎么会觉醒!你要意识到自己是一个有意识、有灵魂、有痛苦与快乐的存在,是一个与其他人一样的存在,更是一个独一无二不可替代的存在。你如果有了这样的意识,那就表明你觉醒了。

1980年代初,刚刚改革开放,宣汉籍人雷祯孝首先大声疾呼:个体觉醒、个体独立。他创立了人才学、成功学。一时之间,大江南北为之激动。此后,是谁在继续为个体觉醒而呐喊?是潘知常教授。他深切感受到中国传统文化对个体的束缚、对个体的冷漠、对个体的抹杀;同时更深切地感受到这种无视个

---

① 潘知常:《生命美学是"无人美学"吗?——回应李泽厚先生的质疑》,《东南学术》,2020年第1期。

体的文化所造成的严重后果：整个社会缺乏生气与活力，个体丧失了主动性和创造能力，陷入贫穷与匮乏之中，为生存而"窝里斗"，个体生命力严重萎缩，等等。这使得他不得不急切地呼唤个体的觉醒和个体的独立。

潘知常从美学的角度，说："实际上，在美学历史上，真正的美学问题始终是个人的。"①在我看来，潘教授说出了一个被人长期忽视的常识。但这个常识却是一个非常重要的、深刻的真理。在此基础上，他说："个体的觉醒，是审美活动得以大有用武之地的第一个前提。"②审美活动，说到底，是个体人的生命活动，既不能被别人代替，也不能去代替别人。而且，它还是过时不候的活动：错过了这个时空，就不再是这一次审美活动了。这表明审美活动是不可重复的。任何认识活动、实践活动，都是可以替代的、重复的，因而个人在其中的作用是可以被取代的。但是在审美活动中，个人的作用是不可替代的。既然如此，个体的觉醒与独立，就十分必要了。

（四）生命美学倡导信仰的觉醒

人要生成为一个真正意义上的人，仅仅个体觉醒是不够的，还必须有信仰的觉醒。潘知常说：

> 不仅仅是王国维，即便是鲁迅，也仍旧并非思想的尽头，因为在"个体的觉醒"之后的，必然是"信仰的觉醒"。③

"信仰的觉醒"，意味着对真正信仰的呼唤。真正的信仰不一定是某种宗教所宣称的教条，它是精神世界中永恒不变的那部分。就是说，不管外部世界、个人生存环境如何变幻，也不管个人际遇如何变化，我一生中必须坚持的

---

① 潘知常：《没有美万万不能——美学导论》，人民出版社，2012年版，第45页。
② 潘知常：《头顶的星空：美学与终极关怀》，广西师范大学出版社，2016年版，第567页。
③ 潘知常：《头顶的星空——美学与终极关怀》，广西师范大学出版社，2016年版，第435页。

那些原则至死不变，终生不渝。这些永恒不变的东西就是我的信仰。

我们的环境变化无常，我们的心思变动不居。我们无法把握瞬息万变的事物，因此，我们无法把握自我。在这样一个变化不定的世界中，同一性是不能成立的。《庄子》说："吾丧我。"（《庄子·齐物论》）意思就是"我把握不了自己"，我不是我了。我要如何才能是我？只有在变动不居的世界里，在"我"之中出现了不变的部分并牢牢把握住它，我才是我，才是一个独特的"我"。在"我"之中那永恒不变的部分，就是我的信仰。这信仰，就像汹涌起伏的茫茫大海里的定海神针，把我们的人生牢牢地锚定在变幻不定的世界里。没有信仰，我们的人生就像失去动力漂泊在茫茫大海里的航船，没有目的地，没有方向，没有意义，没有价值，只有随时倾覆的危险。

回过头来，我们更加清楚地看出，生命美学以中国美学精神为基础，从"天地万物一体之仁"接着讲。潘教授接过启蒙美学、王国维和鲁迅开创的生命美学的传统，讲述自己的"一体之仁爱"的"情本境界论"生命美学。他从审美活动是个体生命活动入手，一下子深入到中国传统文化（美学）的暗黑之地：个体生命力的萎缩。有感于此，他大声疾呼"个体的觉醒"。个体觉醒之后，必将面临如何处理人际关系的问题。传统的以宗亲为主轴的宗法关系必将瓦解，一种人人平等的新型关系将会产生。在这种情况下，如何建立人与人的关系？潘教授顺理成章地引入"爱的维度"，超越个体和现实世界的局限性和有限性，实现自我"救赎"。为了区别于传统的"仁爱"，必须引入"信仰的觉醒"。这正是生命美学的落脚之处。既然有"信仰"，那"灵魂的救赎"与"终极关怀"就是题中应有之义了。行文至此，我更加深切地感受到潘教授对中国文化的深刻理解。他意识到中国传统文化的种种不足，想通过生命美学与中国传统文化（美学）对话，为中国传统文化（美学）注入新的血液、新的活力。期望最小成本地改造中国传统文化，以便其更加适应当今迅速发展的全球化趋势。

生命美学之于中国传统文化（美学）的意义也不是一人一时就能说清楚的。生命美学着眼点在于改造，通过引入新的因素"随风潜入夜，润物细无声"地默默改造中国传统文化（美学）。这只是我个人的看法，仅为抛砖引玉，期望引起大家的关注。

生命美学是人的美学，是生命的美学；又是爱的美学，是所有美学中最有温度的美学。当科学（理性）发展到无视人的尊严时，生命美学高扬起"人"的伟大旗帜，安慰我们日渐孤寂的心，带给我们信心和期望。

（五）重构了一种具有现代性的美学

2021年出版的《走向生命美学——后美学时代的美学建构》是潘知常对四十余年来的生命美学理论的全面总结，是一部巅峰之作，一部代表之作。这部作品清楚地表现了潘知常最为重要的贡献：他成功地"重构了一种具有现代性的美学"。"重构"有三层意思，最直接的意思是，他宣布了传统美学的"终结"，指出必须"重构"美学：他摒弃了"以实践为视界"的美学，成功"建构"了自己的"以生命为视界"的美学。第二层意思是，他接续了中国传统美学，并赋予它"现代视角"，改造了中国传统美学的古典性质，赋予了它现代性质。这一点，可以从他对"生命"的"绝对价值、绝对尊严、绝对权利、绝对责任"的反复强调、对"个体觉醒、信仰的觉醒、爱的维度、审美救赎"以及"终极关怀"的大力倡导、对"个体人就是目的、以人人为本"的强烈呼吁中看出。所以，潘知常完成了对中国传统美学的"重构"。至于第三层意思，是指在当今全球化的大背景下，在与西方的"对话"中，潘知常完成了"中国美学"的"重构"。

"现代性的美学"有两层意思。一层意思是，相较于当代中国形形色色的美学，潘知常的生命美学具有鲜明的现代性。不少人的美学仍然建立在"主客关系"之上，仍然是理性主义的、知识型的美学。更重要的是，不少人的美学仍然是一种实现"现代化"的"工具"。潘知常的情本境界论生命美学是建立在"超主客关系"基础之上的、以自身为目的的美学。人在美学之中，美学在人之中。第二层意思是，相对于中国传统美学的古典性质，潘知常情本境界论生命美学更具有"现代性"。这种"现代性"即使与西方现当代的后现代美学相比，也毫不逊色。它完全可以为西方提供一种中国视角、中国气派的美学理论。

三、对潘知常生命美学的一点思考

我学习研究生命美学也有许多年了，学习研究潘知常的生命美学时间更长。之前，我雄心勃勃地想建构自己的"体验美学"，在20世纪80年代中期写了《体验美学》，直到2014年才以"马克思主义视阈下的体验美学"为名出版。后来我意识到，"体验美学"也是"生命美学"，应该放弃搞自己体系的想法，学习研究"生命美学"，为"生命美学"添砖加瓦。读完了潘知常生命美学著作，我欣喜若狂，潘知常生命美学所讲的全部内容，都是我发自内心完全赞同的。有些主题我也思考过，比如对"美学问题"的思考。我一直有一个观点：传统美学是没有"美"的美学，是不知道"美"的美学（刘成纪也有相似的看法）。后来看到博尔赫斯批评这些传统美学著作仿佛是"没有观察过星空的天文学家"的著作，我就知道我这个看法是对的。其实，潘知常一直是这样的看法。不过他的说法比较温和，他只是说"冷冰冰的""无根的"或"无人的"美学，其实就是"无美"的美学。关于个体、关于自由，我也想过；还有不少主题是我没有想到的，比如"生成为人"的问题、"虚无主义"的问题、"爱的维度"和"终极关怀"的问题、"审美救赎"的问题等等。所以，我深受启发，深受鼓舞。把这些主题纳入美学思考，不仅丰富了美学的内容，还大大扩展了美学的疆域，甚至已经改变了美学的学科性质，美学不再是传统美学了，而是一种大美学、未来哲学。

但仍有一些问题困扰着我。

（一）方法论仍然晦暗不明

在潘知常20余部生命美学著作中，对传统美学的方法论批评随处可见，对自己美学研究方法论的阐释也是很多的，但是，这些阐释不仅分散，而且，关注的重点也在变化，有时候，他关注的是主客关系与超主客关系，有时他关注的是"生命"与"实践"的本体论转变，有时他关注的是从认识论向价值论或意义论的转变，有时他关注的又是知识论向人文学的转变，等等。这些转换都是重要的，具有"哥白尼式革命"的意义，但其中哪些是具有方法论意义的转变，并不十分清楚，又似乎都具有方法论意义。

　　杨春时在《中国现代美学思潮史》中说，生命美学最为根本的方法论就是"感悟"。①我觉得这样的总结并不准确。生命美学的确离不开"感悟"，即"体验"，但要把"感悟"表达出来，还必须借助阐释学方法。潘知常研究生命美学有意识地运用"阐释学方法"，这不仅体现在他的几部很重要的书的书名之中，比如，《生命美学论稿——在阐释中理解当代生命美学》《诗与思的对话——审美活动的本体论内涵及其现代阐释》《反美学——在阐释中理解当代审美文化》《美学的边缘——在阐释中理解当代审美观念》等等，都有"阐释"二字；他自己也多次讲到过"阐释学"方法。阐释学方法不问"是什么"，避免下定义，而是问"怎么样"，有意识地运用描述的方法。为什么需要"阐释学"方法呢？这是因为，在"超主客关系"中，没有"主体"与"客体"的区分，人在世界之中，没有对象化任何可感之物，自然没有"认识活动"，也没有抽象的思辨活动，但人仍能"体验"世界，人通过体验活动把握世界，从而产生丰富复杂的"感受"。要把这种"感受"表达出来，就只有采用具体的描述方法，也就是阐释学的方法。

　　从我的角度出发，我十分看重"超主客关系"，我把它视为潘知常生命美学的研究方法。在《生命美学》中，潘知常批评了"审美主体""审美客体"的区分，指出在"审美活动"中，是不存在这种区分的，这种看法其实就是"超主客关系"的观点。

　　　　把审美活动划分审美主体与审美客体，是美学的重大失误。其实，从人类自身的生命活动出发，审美活动显然不是别的什么，而只是对人的不断向意义的生成的理想本性的体验，所谓"意向性体验"。它必然要把主客体的对峙"括出去"，必然要从主客体的对峙超越出去，进入更为源初，更为本真的生命存在，即主客体同一的生命存在。因此，在审美活动

---

①　杨春时主编：《中国现代美学思潮史》，百花洲文艺出版社，2019年版，第319页。

中不存在彼此对峙的审美主体，审美客体，只存在互相决定、互相倚重、互为表里的审美自我与审美对象。①

这一段文字，我们可以理解为"超主客关系"的基本论述。在《生命美学论稿》中，潘知常用了一章的篇幅考察超主客关系。潘知常指出：

百年来的中国美学之中存在着一个共同的失误，这就是：固执地坚持从主客关系的角度出发，来提出、把握所有的美学问题。②

显然，"超主客关系"是针对"主客关系"而言的。传统美学之所以是"没有美"的美学，就是因为它把研究美的人（研究者）与欣赏美的人（欣赏者）区别开、对立起来。这种对立表现为"审美主体"与"审美客体"的对立，进而表现为"主体"与"客体"的对立。这就是潘知常批评的"主客关系"。潘知常认为，只有"超越主客关系"，在"审美活动"中，才能把握到"美"。在《走向生命美学——后美学时代的美学建构》中，也有详尽的论述。

潘知常认为，在超主客关系之中，没有什么本质，也没有什么与本质相对应的现象。从超主客关系出发，也就不存在符合论的追求。从超主客关系出发的美学才有一个坚实的基础，这个基础就是审美活动。在超主客关系的美学之中，审美活动的根本内涵才得以如其本然地展现出来，它向我们展示的美学新思维正是只有审美活动才是最具本源性的。

潘知常虽然比较详尽地阐释了"超主客关系"，但我仍有困惑。第一，"超主客关系"是不是美学的研究方法？如果是，还有没有更清晰的表达？

就像前文所说的那样，潘知常生命美学实现了"四大转换"。这"四大转

---

① 潘知常：《生命美学》，河南人民出版社，1991年版，第10—11页。
② 潘知常：《生命美学论稿：在阐释中理解当代生命美学》，郑州大学出版社，2002年版，第326页。

换"都具有方法论意义吗？还是其中的"从主客关系到超主客关系的转换"才具有方法论意义？我以为，以"超主客关系"作为美学研究方法，就可以实现美学的其他转换，实现传统美学的凤凰涅槃、浴火重生。

从《生命美学论稿》中的阐释来看，潘知常是从特定视界、根本规定的角度，来阐释"超越主客关系"的，它与"超越知识框架"相提并论。前者是一种"关于美学的当代取向"，即由主客关系转向超主客关系；后者则是一种"关于美学的提问方式"，即从本质论的提问方式转向阐释学的提问方式：不能问"什么是"，只能问"如何是"。它们似乎都具有方法论意义，又似乎超出方法论意义，所以仍不十分清楚。

但是，"超主客关系"的表述还不够清晰，我以为它可以有更清楚的表述方式。在我看来，潘知常生命美学采用的是一种阐释学的方法，但为什么要用阐释学的方法，仅仅是为了与实践美学的抽象思辨的方法相区别吗？其实不是，审美活动既然是一种生命活动，没有审美主体与审美客体之分，那就只能是一种混沌的融合状态。在这融合状态之中，人是有生命的，有意识的，他必然采用某种方式去把握自己身外的世界。这种把握肯定不是认识活动，那么他究竟怎样去把握呢？他只能通过体验活动去把握。体验到的东西仅仅只是感受，感受表达出来就是经验。经验不是知识，它是私人性的，模糊性的，是"不可说"的东西。这"不可说"的东西，如果偏要说，就只能是采用描述的方法来"说"。这种描述的方法也就是阐释学方法，这被许多人称之为"诗性语言""诗性智慧"。由此，也可以推演出生命美学的全部内涵。所以说，"超主客关系"其实就是主客二元融合的关系。

那么，这种超主客关系适用于哲学研究吗？这是我的第二个困惑。

就西方后现代主义的发展趋势而言，在一切宏大叙事被一一消解之后，抽象思辨必将被感性具体的描述所取代，也就是"哲学美学化"成为大趋势。所谓"哲学美学化"不仅仅指哲学侵入美学的疆域，哲学开始思考美学特定的主题，更表现在"哲学"的理论形态向感性具体的描述转化，越来越具有文学艺术的性质。就像中国古代的文论、诗论、画论、乐论等形式，它既是抽象思辨的结果，同时又是感性描述的结果；既是"研究"的结果，又是"欣赏"的结果；既是对"普遍必然性"的理性追求，也是对"感受特殊性"的感性呈现。就像李泽厚指出的那样，后现代主义与我们中国的传统文化"相通"。所以，西方开始转向中国，向中国学习，向中国"寻找出路"。中国俨然成了西方的"救世主"。正是因此，李泽厚才认为"中国哲学登场了"，成复旺才会认为生成"自然生命"的中国文化可以走向世界。

这里有一个问题。李泽厚其实已经意识到中西方思想发展是不同步的，潘知常也意识到这一点。我把这种不同步称之为"错位"。其实这是一种要面子的说法，真实的情况是：如果基于人类的共同本性，我们承认人类思想的发展有大致相同的历程的话，那么，就不得不承认，我们思想的发展水平与西方相比要延迟一个时间段。比如，我们稀缺理性，正要培育"理性意识""理性精神"的时候，西方开始反理性，开始为"非理性"正名，开始反理性主义；我们缺乏真正的科学精神，正学习西方的科学精神的时候，西方开始反科学主义、本质主义；我们缺乏建立在个体基础之上的人道主义，正要学习的时候，西方开始反人道主义，反人类中心主义；我们正要学习他们的现代化，进入现代社会，他们已经开始反现代性，反现代主义，开始进入"后现代"社会，主张后现代主义。只要是一个理性、客观、不带偏见的学者，就会承认这种"错位"，承认这种"错位"不是个别的，而是全面的，不是主观的，而是客观的。

这种思想观念的"错位"，造成两个后果：一帮人以西方都在反对"理性主义""科学主义""人道主义"和"现代主义"为由，为中国传统文化辩护，中国文化优越论甚嚣尘上；另一帮人虽然清醒地意识到中国传统文化有一定问题，但认为经过某种"改良"，中国传统文化是可以走向世界的。但实际情况没有这样乐观。原因在于，西方"后现代主义"是在"理性主义""科学主义""人道主义"的"现代主义"基础上"生长"出来的。没有"现代主义"的基础与土壤，就不会有"后现代主义"。

随之而来的问题就是：作为一种方法，"超主客关系"，能够解释、解决这种"错位"及其带来的问题吗?我认为不能。因为"超主客关系"只能解决"美学问题",对"哲学问题"无能为力。虽然"审美救赎"可以"救赎""人",但这个"人"是"贫乏、贫困"的,他没有一个坚实的哲学基础:一种关于对象世界的科学知识、技术手段以及建立在"个体服从"基础之上的法治体系,从而获得丰富的物质与精神财富。没有这种以科学技术为手段的现代社会创造的物质与精神的财富为生存基础,仅有美学培育的"人",这样的"人"不仅是"贫乏"的人、"贫困"的人;必然还是"无根"的人,飘浮在空中的"人"。这样的"人",只能是"忧道不忧贫"的人,"不患寡而患不均"的人,"虚弱"的人。与中国传统社会中的"人"并无二致。一句话,他不是"现代性"的人。在21世纪,在一个更加开放的社会,这样的"古典人"如何与西方的"现代人"竞争、共处?

如果说西方"哲学美学化"是有道理的,那是因为西方人已经意识到以理性主义、科学主义、人道主义为主旨的哲学造成了西方社会的虚无主义,哲学必须向关注个体、感性和偶然的美学转化。但他们的日常社会生活不会因为"哲学美学化"而变成一团糟。因为他们仍有"理性"、有"科学"、有"人道"精神和法治社会,他们仍有基于主客二元对立的认识对象的能力,这些东西潜沉到他们的生活本能之中,成为习惯,并继续推进他们社会各方面的进步。

对于我们中国人而言,情况就不是这样。中国传统文化本质上就是美学,不是哲学,所以不存在哲学美学化的问题。如果把我们的美学哲学化,可能会误导真正哲学的建构。在我个人看来,我们不缺主客体融合的"天人合一""有机整体"和"感性经验"。但是我们仍然稀缺主客体二元对立的哲学、形而上学、科学、技术等学科知识、意识与精神,相对欠缺"理性""信仰""爱""合作""科学""独立的个体""法治基础"等现代社会必需的东西。这些东西从哪里来?大美学、未来哲学能够给我们带来吗?

我的意思是,上帝的归上帝,恺撒的归恺撒。美学的归美学,哲学的归哲学。美学教人成其为人,哲学教人认识世界。就像潘知常说的,哲学认识世界，但没有方向，美学是哲学的方向盘，为人类认识世界指明方向。

无论西方美学、哲学如何发展，我们自己还是应该弥补我们稀缺的东西。不管我们有没有哲学，这个问题可以不争论，但我们缺少"对象性"地认识客体的意识和能力，也就是说，把世界分割成主体与客体并进而认识客体的意识和能力还是不足的。有些人会说，这看法不对，因为我们国家的科学技术水平与发达国家相比并不逊色多少，在某些方面还领先西方。这话有一定道理，但其实是一种错觉。这种错觉源于没有意识到在我国存在"智慧两极分化"，即很少一部分人受过西式教育，他们受到西方影响，具有理性精神、科学素养、平等合作意识以及科技能力，进入了某种程度的现代社会，正是他们推进了我国科技进步。但是，大部分人则仍然受到情绪控制，无法理性、客观、中立、冷静地看待"事实"，他们缺乏独立人格，没有契约精神，也没有专业知识和技能，他们还生活在前现代社会。有些人只看到少数智慧突出者，大部分缺少智慧者因为并不影响科技发展而被忽视了。

我其实并不赞成将美学哲学化。为中国未来计，我们已经有悠久的美学传统，现在又有了更富于现代性的生命美学，更需要补上哲学这一"短板"。说得更具体一些，我们更需要将"天人合一"的境界打破的能力，将"有机整体"分割的能力，将客体"对象化"的能力。一句话，我们需要从"世界之中"走出去，走向"世界之外"，以便更清楚地认识"世界"。而不是像西方人那样，从"世界之外"走向"世界之中"，以便"诗意的栖居"。在这个意义上，李泽厚的"实践哲学"正是我们急需的东西，不可或缺的东西。李泽厚的"实践哲学"加上潘知常的"生命美学"，正是中华民族急需的两条"夸父之腿"，有了这两条腿，中华民族就能走得更稳、更快、更远。

（二）关于"信仰"问题的一些疑虑

把"信仰"从宗教中剥离出来能否做到？换句话说，"信仰"不借助宗教对终极原因的追问是否能够做到？这是一个问题。康德的"人是目的"论，为何没有成为"信仰"？为何黑格尔的哲学又把"人"还原成了"绝对精神"的载体，一种工具？

另一方面，如果说"信仰"离不开宗教，那么，同为基督教的天主教、东正教也有"信仰"，伊斯兰教也有"信仰"，为何他们没有像"新教"那样创造出新的文明？

"信仰"源自宗教，又高于宗教，这可能没有问题。就是说，在"无宗教"的社会，可以有"信仰"，这同样没有问题。但是有问题的是在"无宗教"的社会，要如何才能培育出"信仰"来？

关于中国人有没有"信仰"的问题，这取决于如何定义"信仰"。如果参考西方的标准，那么"信仰"应该有这样几个基本特性：

第一，信仰必须是神圣的。这是因为它产生于宗教，秉承了宗教的"神圣性"。所谓"神圣性"，就是说，信仰来自对"神"的绝对信奉：它既得到"神"的保证（支持与保护），还从"神"那里获得了"神性"——它是绝对正确的，不可怀疑的；它具有彼岸性，不具有现世性。但是，这一点在"无宗教"的社会里，很难得到承认。而一个没有"神圣性"的"信仰"，究竟有何作用？这很难说。

第二，信仰必须是终极的。这里说的"终极"，意思是说，信仰必须是"最高的""最终的"，也就是"基本的"，还必须是"唯一的""抽象的"。那种对具体事物的信仰不是信仰，而是迷信。因为具体事物会随环境的变化而变化，也很容易朽坏、消亡。就像某些人信仰金钱、权利一样。一旦金钱、权利消失，他还信仰什么呢？对于圣人的信仰也是如此。圣人作为一个人也有人的有限性和局限性，如果信仰圣人，一旦圣人错了，大家就跟着一起错，其社会后果是十分严重的。

第三，信仰必须是共同的。这就是说，选择了同一信仰的人的信仰都应该是一样的，也就是只有一个信仰。如果信仰是个人性质的，每个人都有自己不一样的信仰，那就形同没有信仰。因为这样的信仰不是"终极的"，也就不是"神圣的"。

第四，信仰还必须是形而上学的。说"形而上学"，有些人不爱听。我的意思是：信仰还必须是坚定不移的，不仅不可动摇，还不可变更。一个人在一生的任何境遇中都必须恪守自己的信仰，这"恪守"本身又是一个"信仰"。如果一个人的信仰经常变来变去，那就形同没有信仰。一个见风使舵，随波逐流的人，即中国人所谓"懂得变通"的人，像变色龙一样的人，一定是没有信仰的人。

用这样的标准衡量我们有没有信仰，就一清二楚了。正像易中天说的那样：中国人是没有信仰的。要培育出这样的信仰来，在"无宗教"的社会，其难度是显而易见的。信仰可以通过人为灌输的方式培育出来吗？我对此表示怀疑。在一个封闭的社会，个体的"自我意识"是可以控制的，但在一个开放社会，个体必将"觉醒"。觉醒的个体，他的"自我意识"会越来越强烈。这时强制灌输就不会起作用，除非每个个体自觉自愿选择同一信仰。

这就转到潘知常所说的"个体的觉醒"了。没有"个体的觉醒"，就不可能有"信仰的觉醒"。

以西方为例，在基督教世界，由于教宗与国王的权力斗争，教宗为了厘清上帝神圣权力的边界，以古罗马法为榜样，建立了以个体为服从对象的教会法体系。这里有两个显著特点：第一是建构了教会法体系。这个教会法体系源于神的律法，但在形式上又借鉴了罗马法的法律体系。这法律体系一开始就具有神圣性和理性。第二是这法律的服从对象或说协调对象是个体人。在基督教之前，古希腊或古罗马，法律协调的是以家父长为代表的家族或家族成员，而在公元1000年前后，教会法学家们在"上帝面前人人平等"的最高原则指导下，创建了以个体服从为基础的教会法体系，这就把个体从家庭、家族、氏族、部落中解放了出来。与此同时，教宗划定了自己的权限范围，把世俗生活领域让给了国王。于是，国王以教宗为榜样，为了协调封建领主、贵族、新兴城市、商人、行业公会以及市民、农民的利益，也建构起了以个体服从为基础的法律体系，完全改变了人身依附关系；农民不再依附封建领主，市民也不再依附自治城市，最终个体也不依附国王，成为真正意义上的"公民"，即完全独立自主的自由民。正是在教宗与国王的斗争中，到了16世纪，初步建立了一种以个人主义、自由主义为基本理念，以个体人为社会基础的神圣与世俗分离的现代社会。

这些独立自主的个体人很快因为教会的腐败而不满，要求"宗教改革"，于是产生了"新教"。后面的故事在潘知常《信仰建构中的审美救赎》中有详尽的分析，此处就不再多说。我的意思是，我们似乎应该从"宗教改革"运动再往前推，推到个体的觉醒与个体的独立。没有个体的独立，很难有"宗教改革"运动，也就很难有"新教"的产生，很难有"信仰"的力量。

所以，要解决"信仰"问题，还是应该从"个体觉醒"入手才是"正路"。但仅有"个体觉醒"是不够的，还必须"个体独立"。

我注意到，古罗马解体之后，欧洲其实是一盘散沙的无序社会。这个无序社会，实际上是一个自在自为的社会，教宗虽然可以通过大量传教士把自己的权利传达到基督徒，但实际上教宗的注意力在少数几个主教、传教士身上，除了定期的大公会讨论教务，教宗的统治是通过各地的教会法庭来实施的。而国王的权力更是难以抵达个体人。换句话说，欧洲社会的自在自为特性，即个体人处于一种无人控制的无序环境之中，这恰恰是自动生长出秩序的条件，正是教宗建构教会法、国王建构世俗法的条件。

反观中国，自周公颁行"周礼"以降，中国社会从"天子"到"臣民"就被"组织化"了，就被牢牢控制了，每个人都处在由社会身份所结成的固定的关系网中，不得动弹。这个社会被组织起来，很有"秩序"，的确很稳定，除非达到临界点，否则它不会解体。但也因此板结成一个僵死的整体，没有活力，不能进步。在这个社会中，个体不仅不能独立，也很难"觉醒"，因为他们离开了"别人"就没法活。

在我看来，中国社会被"组织化""结构化"控制，个体不能独立，这才是最根本的问题。也正是在此意义上，我才认为，中国社会现代化的问题，归根结底还是人的现代化问题。

这就自然而然转到"审美救赎"这个问题上来。信仰能否通过"审美救赎"建构起来？这里，似乎还牵涉另一个问题：信仰与虚无主义的关系问题。20世纪初，有近二千年历史的基督教衰落了，西方人出于理性而对上帝反复追问与深刻怀疑,西方人的"信仰"因此被消解,"上帝死了"之后,余下的信仰空场急需某种东西来填补。外在的约束没有了,人把自己抬高到上帝的地位,主体性极度膨胀,达到无法无天、肆意妄为的地步。人们质疑、否定一切,不再相信任何价值与意义,陷入了彻底的虚无主义之中。也就是说,消解了信仰,必将导致虚无主义。两次世界大战、苏美冷战和1960年代的"嬉皮士"运动等事实证明,虚无主义造成的恶果远大于信仰造成的恶果。西方人意识到,必须克服虚无主义,否则人类将陷入万劫不复之中。克服虚无主义才是西方人的头等大事。那么,是不是只有重构信仰才能克服虚无主义呢?尼采提出的方案显然不是要重构信仰,而是要复兴艺术。通过艺术拯救,让人们专注于自己的艺术体验,拥有自己独特的内在感受,丰富内心世界,从关注上帝转向关注自我(超人),从关注外在世界转向关注内在世界,从关注人类主体性转向关注个体主体性,从而达到克服虚无主义的目的。

但就中国社会而言,道家的"无为而为",庄子的"逍遥游""齐物论",以及由此衍生的"隐逸山林""放浪形骸"的生活方式;儒家所谓"达则兼济天下,穷则独善其身"的生活理念;佛家的"五蕴皆空""如幻如电"的世界观;古代文人、士大夫的"人生如梦""人生如寄"的喟然长叹,虽然也是某种形式(无主体性)的虚无主义的表现,但总体而言,中国人在一种具有审美性质的文化中,也生活了数千年。这种虚无主义需不需要克服呢?如果需要克服,是通过建构信仰克服呢,还是通过审美救赎来克服?

中国文化是一种具有审美性质的文化。为什么虚无主义表现与审美性质共存于中国文化中?这是不是意味着在中国文化中虚无主义表现与审美性质其实是一体两面,就是一回事?举例来说,在我看来,苏轼的生活态度、生活方式,就是一种虚无主义与审美人生的有机结合:他通过他的诗词完美表达了特殊形式的虚无主义。这种虚无主义体现为"旷达""超脱"(不是悲壮、崇高),面对逆境,他"看得开""放得下"。他的《定风波·莫听穿林打叶声》之所以一直为国人喜爱,就是因为在这种看似"超脱"的表达后面,隐藏着"不用抗争"的虚无主义思想。我们还能用艺术或审美去帮助苏轼克服他的虚无主义吗？

如果说西方的虚无主义是在信仰危机之后个体主体性极度膨胀的结果，那么，中国社会中那种若有若无的虚无主义则是个体主体性缺乏的结果。人们没有意识到自己的存在，没有意识到自己的"绝对尊严、绝对价值、绝对权利、绝对责任"，把自己当"物"一般看待，这就陷入了另一种形式的虚无主义。

所以，我认为，就中国社会而言，审美救赎的作用或许有限，信仰建构却是必须的。于是又回到如何建构信仰的问题上来了。

正是基于这样的认识，我才服膺潘知常生命美学。但也正是基于这样的认识，我对"信仰"问题的美学意义才会充满了困惑。

第六章　其他倡导者的生命美学述评

本书涉及其他生命美学倡导者的论著有50余部。这些论著按其主旨和研究方法，可以分为2大类：一类有自己的生命美学体系，是真正的生命美学。比如、潘知常、封孝伦、陈伯海、刘成纪、朱良志、雷体沛、范藻等人的论著；另一类论著关注生命与艺术、审美或文化的关系，并没有生命美学体系，却有丰富的生命美学思想。比如，张涵、成复旺、聂振斌、彭富春、张应杭、吴炫等人的论著。如果从更加宽泛的意义上看，生命美学思想也可以称为"有关生命"的美学，即与生命有关的美学；那么有生命美学体系的一类又可以分为两种，即"基于生命"的美学和"关于生命"的美学。本章简要介绍这三种各具特色的"生命美学"论著。

潘知常认为生命美学可以分为两种：一种是"关于生命"的美学，这是"为了生命"的美学；一种是"基于生命"的美学，这是"因为生命"的美学。他说：

> 关于生命美学，存在两种理解，一种是"关于生命的美学"，一种是"基于生命的美学"。两者互有交叉，但是更明显不同。"关于生命的美

学"着眼的主要是生命与美的关系,是"为生命"的美学。……"基于生命的美学"的着眼点则不同,对此,1991年,我在《生命美学》一书的封面上,就已经言明:"本书从美学的角度,主要辨析什么是审美活动所建构的本体的生命世界。"[①]

显而易见,潘知常认为自己的情本境界生命论美学属于"基于生命的美学"。这一点恰恰是最重要的关节之处。不少学习、研究潘知常生命美学的人都没有意识到这一点的重要性,甚至没有意识到这一区别。

"基于生命的美学"是"以生命为视界"来研究美学,把"生命"视为"本体",不可言说,也无须言说,直接以"生命"的眼光看待世界,于是一切皆有生命的光辉,一切皆美。采用这种研究方法的人,大致有陈伯海、刘成纪、朱良志、周殿福、王庆杰、彭锋、朱寿兴、蒋继华、李雄燕、向杰等人。

"关于生命的美学"是以"生命"为研究的逻辑起点,从"美学"的角度来研究生命(力)之美或满足生命精神需要的艺术和美。这方面的研究者有封孝伦、宋耀良、范藻、雷体沛、黎启全、司有仑、姚全兴、杨蔼琪、颜翔林、陆扬、马大康、杨建葆等人,已经取得了很大成绩。

其实,生命美学不止有上述两种,有些人的生命美学思想无法归入其中任何一类。比如,张涵的生命美学关注的是生命艺术与其他各种学科的关系,要借此建构一种"新人间美学";成复旺的生命美学关注的是美学与文化的关系,着眼点是如何复兴中国传统文化。就是"关于生命的美学"的理论观点也不是单一的,情况同样比较复杂。比如,封孝伦从精神生命需要出发,把艺术视为满足精神生命需要的"产品";范藻、杨建葆、姚全兴等人直接考察生命美;黎启全、宋耀良、杨蔼琪等人则认为"美在生命力"或有着其他类似说法。总之,当代中国生命美学呈现出丰富复杂的局面。

由于本人研读不广不精,又由于篇幅所限,此章只能简单评述一下本人目

---

① 潘知常:《生命美学引论》,百花洲文艺出版社,2021年版,第184—185页。

力所及的部分倡导者的生命美学。在介绍生命美学的主要论著时，则尽量全面介绍。

第一节　封孝伦生命美学述评

除了美学论文，封孝伦生命美学思想体现在他的三部著作中。一部是由安徽教育出版社出版于1999年12月的《人类生命系统中的美学》，一部是贵州人民出版社2014年出版的《美学之思》，一部是由商务印书馆出版于2014年的《生命之思》。前面两部专著构成一个完整的生命美学体系，后面一部则是封孝伦生命美学的生命哲学基础。

一、封孝伦的生命哲学

关于生命哲学，封孝伦给出了一个定义：

> 生命哲学，应该是关于生命的本体论的学说，探讨关于生命的一般问题并得出普遍性认识。其中一定有动物的生命问题，植物的生命问题和人类的生命问题，当然主要是讨论人类生命问题。[①]

封孝伦的生命哲学有自己独有的特色，他自己总结为"三重生命学说"。他首先提出了一个命题：人的本质是生命。在分析了哲学史上对人的本质的几种重要观点之后，他指出：

> 其实，人不是别的什么，人就是生命。除了"生命"之外，别的任何界定都不能准确地解说人。人没有了生命，那就什么也不是。只有"生

[①] 封孝伦：《生命之思》，商务印书馆，2014年版，第10页。

命"这个概念，才能既把他的动物性、精神性、社会性包容进来，真正使我们感知到人，触摸到人，其他概念都使我们对"人"如雾里看花，或许能看到个大致轮廓，但总也看不清楚。①

（一）三重生命之分

通过与动物生命的比较与区分，封孝伦提出了他的"三重生命学说"。其核心就是如下的三句话：1. 人有生物生命；2. 人有精神生命；3. 人有社会生命。

人有生物生命就是指人有动物一样的生命，这是生理基础。封孝伦说：

> 不论如何定义，我们都可以肯定，人是有生命的存在物。因为人的生命过程就呈现了生物学意义上的"生长、发育、代谢、应激、运动、繁殖"等现象。它能自身繁殖，生长发育，新陈代谢，遗传变异，也能对刺激产生反应。从生物学意义上说，我们可以回答：人的本质是什么？就是生命。我们也可以把人的生物学意义上的生命称为生物生命。②

生物生命从哪里来？来自物种进化。那么，这种生物生命的本质又是什么呢？封孝伦说"就是三大本能追求（三大欲望）：追求活着、追求爱情、追求长生"③。这些都是决定生命得以存在和延续的内在规定性。这三大本能追求最终目的只有一个——为了生命的恒久延续。生命追求永恒，也就意味着生命指向未来，指向新生。从个体生物生命的角度看，就产生一个悖论：一方面是个体生物生命的有限性，另一方面是个体生命追求长生，追求永恒。这有限与无限的矛盾怎么解决？

要解决无限与有限之间的矛盾，就必须要扬弃个体生物生命，这就进入

---

① 封孝伦：《生命之思》，商务印书馆，2014年版，第58页。
② 封孝伦：《生命之思》，商务印书馆，2014年版，第64页。
③ 封孝伦：《生命之思》，商务印书馆，2014年版，第71页。

到了个体精神生命的层次。人的精神生命是如何产生的？封孝伦在分析了卡西尔、荣格和池田大作的观点之后，说："人的精神生命不是神的投射，不是黑格尔的先验设定，是大脑物质活动的产物。"[1]猿的直立行走促进了大脑的进化。感官获得的信息传至大脑，大脑更有效率地处理这些信息。这就产生了记忆，回忆和想象，其中记忆是大脑最早也最基本的活动。大脑通过这些精神活动积累经验，吸取教训，适应环境，增强生存能力。语言的产生使这一切发生了质的飞跃。人类的生命活动随时随地都产生记忆，有记忆就会有回忆，有梦幻。有回忆，有梦幻就有了语言，就会有传说。封孝伦这样说：

> 人类通过信息的累积和语言的构建，创造了博大的精神时空。正由于有了这个广袤无边的精神时空，人的精神生命也就有了成长和活动的舞台。人的精神生命的相对独立也就有了其独立存在的前提。[2]

有了精神生命，也就有了灵魂。灵魂，是古代人对精神生命的最初表达。封孝伦说："灵魂，只要我们不执着于它高于生物生命，不执着于它可以脱离生物生命而能独立存在，不执着于它来自上天而不是产生于我们的心灵，'灵魂'和'精神生命'可以替代。"[3]这话说得明白，只要我们从进化论的角度看待"灵魂"，那么，它就是"精神生命"。

精神生命有自己的时间与空间。封孝伦说：

> 如果说生物生命所存在的时间就是"现在"（now），空间就是"这里"（here）的话，精神生命存在的时间则可以是永远（forever），空间则可以是到处（everywhere）。[4]

---

[1] 封孝伦：《生命之思》，商务印书馆，2014年版，第107页。
[2] 封孝伦：《生命之思》，商务印书馆，2014年版，第110页。
[3] 封孝伦：《生命之思》，商务印书馆，2014年版，第113页。
[4] 封孝伦：《生命之思》，商务印书馆，2014年版，第115页。

精神时空具有现实时空所没有的可逆性和伸缩性，可以根据符号的指示构建和拓展。

精神生命的人类学意义在于对人类的生命目的——生存与永恒——来说，多了一条实现的道路和可能性。精神时空拓宽了生命的疆域，人不但有一个肉体生命生存居住的现实的物理时空，还有了一个比现实时空大得多且变化无穷的精神时空。精神时空和精神生命丰富了人的生命追求，也丰富了满足这些追求的方式。人的生命既可以现实地栖居，也可以精神地栖居，诗意地栖居。

那么，说到底，精神生命的本质是什么呢？封孝伦说：

> 在精神生命这个层面，人的生命活动的时空发生了变化，从物理时空进入到了精神时空。人的生命体发生了变化，从物质的、肉体的生命体变成了想象的、精神的生命体。人的生命活动的性质也发生了变化，从实质性的数学改变、物理改变、化学改变，变成了一种心理改变和心理体验。因而生物生命的物质消费性在精神生命中不存在了，精神生命变成了一种"相"。[1]

有精神生命，就有精神生命的需要，也就有满足精神生命需要的产品。封孝伦指出："人类通过自己的各种符号和语言，表达、传达自己的精神生命活动，首先创造了艺术。艺术，在本质上就是人的精神生命活动的表达。"[2]如果说艺术主要是满足精神生命当下的需要的话，宗教的出现则把这种需要的满足推向了无限广远的未来；如果说艺术是满足人在精神时空中日常生活的需要的话，宗教则还要在精神时空中提供肉体生命死后灵魂的栖息地。事实上，宗教就是由艺术转化而来的：

---

[1] 封孝伦：《生命之思》，商务印书馆，2014年版，第119页。
[2] 封孝伦：《生命之思》，商务印书馆，2014年版，第125页。

当艺术——主要是艺术中的神话、仙话、鬼话——中的形象逐渐凝聚，有一个最常言的人物形象成为族群的崇拜对象，并且以他为核心，形成了一个庞大的神的体系之后，它便转化成了宗教。①

所以无论艺术还是宗教，都是人创造出来为人的精神生命服务的产品。说艺术"无目的"，审美"无目的"，是不符合人类生命需要实际的。

精神生命有五种性格类型：一是宗教型，二是鬼神型，三是命运型，四是艺术型，五是虚拟型。

封孝伦认为"精神生活"与"精神活动"是不同的，与"文化生活"也不一样。他说：

精神活动可以指人的脑力活动，比如思考、逻辑推演、计算等等。文化生活是人在现实时空中从事的与物质生活资料的获取无关的活动，如棋牌娱乐，体育活动等，当然也包括宗教活动或艺术活动。而精神生活则是精神生命在精神时空中的生命活动。它包含人的生命目标、生活方式（包括他所使用的工具和手段）以及生命追求获得满足产生的心理体验等等内容。②

带着现实功利目的的脑力活动，称为精神活动；无现实的功利目的，却有精神生命的追求在精神时空中的展开和实现，这才可称之为精神生活。"精神生活也是一种精神活动，但是，是一种满足生命需要——而不只是完成一个通过脑力或心理活动完成现实工作任务——的活动。"③精神生活有六种，第一种是性爱，第二种是饮食，第三种是权力，第四种是战争，第五种是享乐，

---

① 封孝伦：《生命之思》，商务印书馆，2014年版，第126页。
② 封孝伦：《生命之思》，商务印书馆，2014年版，第137页。
③ 封孝伦：《生命之思》，商务印书馆，2014年版，第137页。

最后一种是死亡憧憬。人的精神生活是不可剥夺的。封孝伦说："人之所以为人，就是除了这些物质生活之外，还会有精神生活。精神生活对人而言是如此重要，可以说没有精神生活的人是不健康的，残缺的，非人的。"①

人有社会生命，它来自"他人"的记忆。人是一种社会性动物。"社会性"这个概念封孝伦没有深入分析，他从起源的角度讲了什么是社会生命：

> 个体通过自己的行为，对社会作出贡献、产生影响，社会——世代相传的个体、家庭、家族和族群、乃至国家——会从不自觉到自觉地把它记录下来、流传下去。通过祖辈对父辈、父辈对子辈、子辈对孙辈的口耳相传，文字产生后通过史官的记载流传下去。这使得"个体人"在其生物生命消失以后仍然可以有一个代表他的社会符号，通过文化载体的记录，存在于人类绵长的历史中。这就是人的社会生命。②

因此，人的社会生命就是社会对个人的记忆。这个社会记忆通常是文字，图像，声音，或者还有其他的生命信息，以各种媒介的方式记录下来。社会生命一开始也是不自觉的、无意识的。后人在传讲、阅读祖先故事的时候，人的社会生命的自觉意识就渐渐出现了。

既然社会生命来自社会记忆，而社会记忆是会不断地变动、淡忘、消亡的，所以人的社会生命也是会消亡的。只有那些超越了个体利益和个体局限，促进并拓展了整体利益的人，才会永垂不朽，才有永恒的社会生命，社会生命超越生物生命而得到延长。有五类人可以延长自己的社会生命，他们是：1. 新的生活生产方式的发明者；2. 灾难的拯救者；3. 拓展精神时空者；4. 人类文明模型的创造者和完善者；5. 社会幸福生活的缔造者。

封孝伦认为，权力对于社会生命具有特殊的意义。权力是一种人类在生存

---

① 封孝伦：《生命之思》，商务印书馆，2014年版，第143页。
② 封孝伦：《生命之思》，商务印书馆，2014年版，第151页。

竞争中逐渐意识到的、群体行动必有的、统一社会意志的、让公众无条件服从的力量。获取一定的权力，是强化自己社会生命的有力手段，是个人事业是否成功的一个标志。所以，在社会事业的平台上，奔向更高的权力，是生命行动的必然方向。不过，这种权力主要的内涵还是政治权力。政治权力是一把双刃剑，可以为自己争取到强大的社会生命力，也可能使自己更快地失去这种生命力。①

人的社会生命载体是人类创造的文化符号，雕塑、碑刻、牌坊、坟冢、墓碑等都是相应对象的社会生命载体。这些载体纪念者有限，享有这类权利的人也有限。但是通过文字记载的历史史册这一普度众生的最大方舟，它可以唤起人类对过去的记忆、对未来的向往。

（二）三重生命之间的关系

既然人有三重生命，那么这三重生命之间是什么关系呢？三重生命有先后之分。封孝伦说：

> 人不是同时具有三重生命，我们不是"三元"论者。人先有生物生命，它是人得以客观存在的物质基础，是人之所以为人的逻辑起点。……没有这个物质基础，人的精神生命、社会生命都是没有生长点的虚拟存在。同时精神生命和社会生命的生活内容和支配生命行为的动力机制也很难得到合理解释。②

> 精神生命的产生是人的生命内涵对生物生命的第一次否定。通过精神生命，人类产生了艺术，产生了宗教。③

> 社会生命的产生是人的生命内涵对生物生命和精神生命的再"否

---

① 参见封孝伦：《生命之思》，商务印书馆，2014年版，第171—174页。
② 封孝伦：《生命之思》，商务印书馆，2014年版，第180—181页。
③ 封孝伦：《生命之思》，商务印书馆，2014年版，第181页。

定"。社会生命把生物生命和精神生命的本质特征——追求永恒——保留在其中,把现实时空和精神时空连成一片(社会生命既可以发生在现实时空中,也可以呈现在精神时空中);把生物生命和精神生命联在一起(生物生命和精神生命都可以转化为社会生命);把个体生命与群体生命融为一体(个体生命存在于人类从远古到未来的绵延的历史中)。如果说生物生命的家园是我们现在居住的地方,精神生命的家园是宗教和艺术的话,社会生命的家园,就是伴随人类古往今来绵延存在的——历史。[①]

从人类的发展演变来看,三重生命是历时的,先有生物生命,后有精神生命,再有社会生命,但从现代人的生存来看,它们几乎就是共时的。三重生命都从小到大,从弱到强,不断成长。人的三重生命不一定同步长大,艺术神童的精神生命的成长速度可能超过了他的生物生命。少年成名的天才的社会生命成长速度超过了他的生物生命的成长速度;但某重生命也可能早早地萎缩了,或者是被扼杀了。

人的三重生命对个人的行为具有支配作用,这种作用是共时的。生物生命每天都发出要吃饭的指令,发出需要情感的指令。精神生命每天都发出需要仰望星空(宗教)或在精神的时空中享受快乐(艺术)的指令。社会生命每天都会发出创造成功、贡献社会和影响社会的指令。这三重生命的指令各有秩序,互不干扰,使得我们的生活既丰富多彩,又有条不紊。

生命力是人的生命在生活中展开活动的力,它的大小决定了个人作用于世界的强度、广度和持久性。生命力在个人的成熟成长过程中从孱弱到强壮不断长大。但是,它不可能无限长大,到生命成熟就会趋于稳定。也许还有一些我们不知道的潜能,但对于个体生命而言,生命力必然是一个常量。为了维持这个常量,就必须从大自然中获取能量,以保证身体的新陈代谢,从而补充生命活动中消耗的生命力。

---

① 封孝伦:《生命之思》,商务印书馆,2014年版,第183页。

生命力一般包含四大要素：体力，免疫力，想象力，智力。生命力的强弱在生物生命的活动上显现为行动速度、挺举力量、弹跳高度；在精神生命的活动上显示为想象的空间、内容的丰富和持续时间的长久；在社会生命的活动上显示为对某项社会事业的激情、对社会事业发展的预测力和对社会力量的驾驭力。在人的生命活动中，其生命力必然在三重生命的活动方式和用力多少上有所分配。生命力不可能仅仅确保生物生命的成长，也不可能仅仅面壁打坐，苦思冥想，而无其他作为，更不可能仅仅为他人做事而不索取维持生命存在的基本条件。生命力强的人，分配给三重生命活动的力就多，获得成功的概率也大；生命力弱的人，分配给三重生命活动的力就少，获得成功的概率相对小。

根据人生的不同定位和选择，人分配在三重生命上的生命力是不相同的，有的人可能更多地注意生物生命，有的人可能更多地注意精神生命，还有的人就特别注意社会生命。这种三重生命的发展不平衡现象，构成了社会的丰富和复杂，同时，也通过单方面超强的人展示了人类生命在某一方面的极限。不同的民族的三重生命也可能不平衡，当然这仅是一个哲学猜想。或许，文明历史越长的国家和民族，人的社会生命意识就越强，而社会生命意识强的民族，其宗教意识会被历史意识所淡化，比如中国汉民族历史久远，人们谋求现实功名的意识很强，至今没有有典型意义的宗教。而宗教意识强的民族，精神生命追求明确而富于想象，其宗教生活和艺术生活具有令全世界稀奇的创造性，比如，西方的艺术创造。在历史不发达的民族和国家，伟人的社会生命是通过传说和神话实现的，他们的历史与宗教有一种天然的联系，但他们更愿意把它视为一种宗教，而不是历史。

性别也给三重生命带来不平衡。在社会生命的培育和强化上，女性处于弱势，男人占据了绝大部分社会权利。女性失去了强化自己社会生命的机会，历史上只有少数打破了男权网络的女性，成就了自己强盛的社会生命。

有的时候，人的三重生命，会面临尖锐的不可调和的矛盾和两难选择，要么保存生物生命，要么保存精神生命和社会生命。对三重生命的不同选择，在中外历史上上演过许多的惊心动魄的历史活剧。

三重生命有各自的时间与空间。人有三个时空：物理时空、精神时空和历史时空。物理时空是人的生物生命生存的时空。虽然物理时空自身无限广远，但个体生物生命所占有的物理时空只是"现在"和"这里"，它也有一定的历史性，但相对于整个人类和宇宙的历史十分短暂。精神时空是人精神世界的时空，它远远长于、大于个人的现实时空。社会生命存在的时空是人类的类时空或曰历史时空，个人的社会生命影响有多宽广和多长远，他所拥有的历史时空就有多宽广多长远。

在讲到三重生命的关系的最后，封孝伦讲到了情感和体验。他说情绪和情感是有区别的：前者是具有动机性的心理体验，后者则是具有反应性的心理体验。封孝伦说：

> 如果我们说，情绪与情感指的都是人的面对世界与自己关系的某种心理体验，两者的不同就是，情绪具有动机性，而情感具有反应性，这大概不会错。[①]

情绪不是自发的，情绪是由刺激引起的，引起情绪的刺激多半是外在的，但有时也是内在的，有时是具体可见的，但有时也是隐而不显的。外界的刺激就是生活环境中的任何人、事、物的变化，内在的刺激有时是生理性的，有时是心理性的，前者如腺体的分泌，后者像记忆、回忆和想象。由于人有三重生命，因此人的情感体验就不是一个单一的纯粹的内容，而是一个系统值。对同一个对象可能生物生命觉得满足，而社会生命觉得受破坏；或者社会生命觉得满足，但精神生命受到破坏。对一个对象的情感体验，是三重生命产生的情感体验的一个混合体，有时可能大于三重生命体验的相加，有时可能是个负数。

（三）人与人之间的生命关系

在讲到人与人的生命关系的时候，封孝伦也是基于人的三重生命来说的。

[①] 封孝伦：《生命之思》，商务印书馆，2014年版，第200页。

在生物生命的层次上，人与人的生命关系主要是竞争、斗争和战争。要避免这三种情况，就得满足三个条件，第一个条件是地球上的资源是无限的、用不完的或者是再生的；第二个条件是人类都是一家人，是一个血统；第三个条件呢，那就是每一个人都是有理性的，都是讲道理的。遗憾的是这三个条件都不成立。地球的资源是有限的，人类也不是出于同一个祖先，而且人类并不是完全理性的动物。封孝伦说："有的国家现在还在想尽一切办法围堵封杀中国人，吞食瓜分我国疆土，都证明这一点：人类并不是同一根血脉的一家人。"[1]尽管如此，封孝伦也讲到了共生，他说："人类生命的主要生存方式还是在竞争基础上的共生，共生前提下的竞争。竞争与共生，相互交替，不断提高，不断强化，也不断提高人类的文明程度。"[2]

在精神生命的层次上，由于没有现实物质的利害关系，也就没有根本的矛盾与冲突，是可以交流与共享的，但是现实生活中却不是这样，不但存在矛盾，而且有的方面矛盾还很深沉。

精神生命资源是可以无限分享的，因为人类的精神生命资源可以无穷无尽，永不枯竭，而且可以复制，可以流传，可以传播。宗教需要分享，如果不分享它就没有更多的信徒；艺术也需要分享，如果不分享，没有人欣赏或者很少人欣赏，那它就不算是真正的艺术品。然而在人类的发展历史上，却出现过多次的因为宗教而引起的战争，也产生过因为艺术创作而产生的争斗。西方的十字军东征和中国的文字狱就是分别发生于宗教和艺术领域的斗争。更为突出的是宗教艺术与政治的矛盾。封孝伦说：

> 不论是什么原因导致宗教与现实政治的矛盾，在这对矛盾关系中，宗教必然处于下风，因为现实政治掌握着国家机器，利用国家机器来抑制宗教，宗教必败无疑。[3]

---

[1] 封孝伦：《生命之思》，商务印书馆，2014年版，第211页。
[2] 封孝伦：《生命之思》，商务印书馆，2014年版，第216页。
[3] 封孝伦：《生命之思》，商务印书馆，2014年版，第220页。

针对艺术与现实政治的关系,他说:

> 艺术与现实政治的关系也是这样。许多艺术家特别是文学家往往把文学创作与对现实政治的批判和建议混合起来。……这种创作其实并不是真正的艺术创作,它遵循的并不是精神时空中的审美逻辑,而是现实政治的权力话语逻辑。艺术确实要表现人的生活,但是,它不是现实生活的再一次重现,它是以人的现实生活模型为语言结构依据,经过作家、艺术家认真挑选的内容,用自己的情感作为揉面之水,创作出令人耳目一新的、又是属人的精神生活,使现实中的人通过角色转换获得相应的新的生命体验和情感体验。[①]

封孝伦继续说:

> 我们必须明白,艺术是为了满足人的精神生命需要而存在的。它创造一定的精神时空及生命关系,使人们在这个精神的时空里体验与现实中不同的生活。这是艺术存在的缘由和不可辜负的使命,开始是,现在是,将来也是。艺术如果演变成只是某种政治形势的反映,或只是某种政治意见的婉转表达,它不会有那样强的生命力,也不会有那样丰富的形态。它或许在某个历史时期可以这样做,但它一定要尽快地回到服务人的精神生命这个使命上来,否则必然导致艺术的死亡。[②]

因此,人的精神生命是可以交流和共处的,但是如果精神时空和现实时空联系得太紧密,就可能导致这个精神时空里的生活内容具有明确的政治指向而

---

① 封孝伦:《生命之思》,商务印书馆,2014年版,第221—222页。
② 封孝伦:《生命之思》,商务印书馆,2014年版,第222页。

受到现实政治的审查和评断，这样就会造成人类精神时空和现实时空之间的矛盾与斗争。这种斗争有时表现为对文学艺术的内容过分政治化解读，造成现实政治对艺术家、文学家的迫害，这种迫害在人类历史上一直受到否定和批判。真正优秀的政治，开明的政治，具有强大生命力的政治，是不惧怕文学艺术的"拐弯抹角"批评的政治。封孝伦说从政治的角度看，即从现实生命的角度看，艺术与宗教都不可分享，因此任何宗教与艺术的冲突都是政治冲突。

从社会生命的层次讲，人与人之间的生命关系有九种：第一是与敌人的关系，第二是与竞争对手的关系，第三是与友人的关系，第四是与父母的关系，第五是与配偶的关系，第六是与子女的关系，第七是与路人的关系，第八是与君子的关系，最后是与小人的关系。

封孝伦说，生命偏重决定一个时代的人与人之间的关系的时代特点。在生物生命资源匮乏的时代，整个社会处于贫穷的时代，人对物质资源的绝对渴求使得人产生极度的焦虑，为了生物生命的生存，为了获得某些物质资源，人与人之间主要体现为竞争和斗争的关系，有时这种竞争和斗争甚至比较残酷、惨烈。在物质条件基本得到保障以后生物生命的竞争不那么激烈，而人的精神生命比较活跃的时代，人与人之间体现为可以平等交流、对话的关系，这种交流是精神生活的交流，表现为宗教繁荣，艺术繁荣和思想的活跃。而在社会生命受到重视的时代，人们非常重视社会和他人对于自己的评价，人对于自己的尊严、人格价值比较看重，人与人之间体现为相互依赖、相互帮助、相互关怀的关系。

人一旦忘记了精神生命和社会生命，就失去了对于上帝的敬畏和对于同类人的悲悯之心，人与人之间的交流与信任也就丧失了。人与人之间相互依赖、相互帮助的和谐关系就会逐渐丢失，整个社会的伦理道德体系崩溃，人欲横流。不但人与人没有亲密的友情关系，就连民族与民族、国家与国家，也难以建立起真正的友情关系。因此，要重建道德，必须重新拾回人的精神生命和社会生命。社会必须建立起强大的对于人的精神生命和社会生命的关怀。

（四）生命的意义

那么，三重生命说又是如何阐述生命的意义的呢？封孝伦说，人总是要死的，这是注定的，任何人都改变不了。人的生物生命不过百年左右，人就是要充分利用这百年左右的有生之年，使自己沿三重生命的道路奔向永恒。

但是人类生命是否永恒，这是值得怀疑的，有种种迹象表明人类生命可能面临终结。这就产生了一个"拯救"人类生命的问题。封孝伦说："人类要相信获得拯救，必须有能说服自己的科学手段，必须符合历史发展规律的哲学逻辑。能吗？人类能获得拯救吗？"[1]答案是有可能。人类生物生命的拯救也许是可能的，精神生命的拯救也是有可能的，而人的社会生命的拯救同样是可能的。问题是为什么要拯救人类的生命？换句话说，生命的意义何在？封孝伦说：

> 人活着是为了什么？我们难以回答这个问题，因为我们难以回答，猛虎活着是为了什么，豺狼活着是为了什么？老鼠、蟑螂活着是为了什么？所有的地球上的生命活着究竟是为了什么？[2]

但是，所有的生命都在努力活着，在面临险境的时候，在面临困难的时候，他们都最大限度地发挥自己的生命力，克服困难战胜险阻，努力地活下去。这或许就是生命的终极意义，舍此没有别的任何意义。生命的一切努力和奋斗，都是为了活着，活得好，活得幸福，活得有尊严，活得有价值。

> 所以，珍爱生命，敬畏生命，让生命充实、幸福地生活下去——放大了说，忠诚和保护自己、族群、国家乃至全人类的生命——是人生最大的价值体现。这就是生命的真正意义。[3]

---

[1] 封孝伦：《生命之思》，商务印书馆，2014年版，第252页。
[2] 封孝伦：《生命之思》，商务印书馆，2014年版，第261—262页。
[3] 封孝伦：《生命之思》，商务印书馆，2014年版，第263页。

人类生命与政治有十分复杂的关系。《辞海》将政治界定为一种经济利益关系。但从人有三重生命的角度说，人与人之间不只是经济利害关系，即不只是生物生命关系，还有精神生命关系和社会生命关系，人与人之间不仅仅有斗争，还有共存和依赖的关系，因此如果说政治就是通过制定政策和执行政策处理人与人之间的关系的话，好的政治就不仅仅是处理经济关系，还要处理好精神生命之间的关系和社会生命之间的关系。

人类生命还与真、善、美有非常紧密的联系。既然人的生命包含三重生命，那么在这基础之上的真善美，它的内涵就有很大的变化，与以往传统的内涵是不一样的。从形式上看，似乎三重生命可以和真、善、美相互对应，但其实并不是这样的。三重生命下的真，有科学的真、信仰的真和人文的真。三重生命下的善也有三种类型，一种是物质的善，第一种是精神的善，还有一种是社会的善。三重生命下的美，有三个向度，第一个向度是生物生命的向度，第二个是精神生命的向度，第三个是社会生命的向度。也有三种美的类型：第一种相对于生物生命，就是自然美；第二种相对于精神生命，就是艺术美；第三种相对于社会生命，就是社会美。

生命与自由的关系，那就更加密切，也更加惹人注目。封孝伦认为生命是一个被规定的存在，在这个意义上生命是不自由的。在人的三重生命中，生物生命是最不自由的一重生命。精神生命自由吗？也不自由。那么社会生命自由吗？也不自由。

> 所以说人并没有一种天生拥有、受之无愧、有之必然的"自由"。人也不可能处于一种所谓的"自由"的状态之中。"自由"并不是人的一种必然状态。①

---

① 封孝伦：《生命之思》，商务印书馆，2014年版，第318页。

维持生命的延续就必须要满足生命的需要，而生命一旦有需要，就必受外在环境与条件的制约，这就是它不自由的根源。所以，在封孝伦看来，自由不是生命的本质，它只是满足生命需要的具体过程中的行动自主。但在特定的历史时期，人们是可以把某个具体的自由作为一面旗帜，引导人民展开革命斗争的。

针对一些美学家把美与自由联系起来的观点，封孝伦评价说：

> 如果把这种"自由"抽象化，变成绝对自由，代入现代哲学表述的许多方程式，其荒诞性马上就会呈现。比如说，"美是自由的形式""美是自由的象征""美是自由的感性显现"或者干脆说"美是自由"等等。[①]

二、封孝伦的生命美学

封孝伦的生命美学思想集中体现在《人类生命系统中的美学》和《美学之思》两部专著之中。他从"人类为什么要创造艺术"切入"人类生命系统中的美学"，他认为艺术是有功利目的的。他说：

> 艺术也有功利，在某些功利目的的性质上，艺术与巫术所要实现的精神目的并无二致。[②]

艺术与巫术同源，它不仅有悦神的作用，也有悦人的作用。也就是说，人类创造艺术是为了满足人类自己生命的需要。

如此，生命与艺术、与美就很自然地联系上了。无论艺术是怎么起源的，

[①] 封孝伦：《生命之思》，商务印书馆，2014年版，第318页。
[②] 封孝伦：《人类生命系统中的美学》，安徽教育出版社，1999年版，第55页。

"都不约而同地指向了同一个母体——人的生命"①。接下来，顺理成章地分析什么是"生命"。

封孝伦的生命美学就是这样建立在"人是生命"这一根本前提基础之上的。在此基础之上，他提出了"三重生命学说"：人的生命可以分为生物生命、精神生命和社会生命。在做好了这样的理论准备之后，他将其推演到美学领域，指出当我们指称一个对象是"美的"的时候，存在两个必要前提：一是这个对象要能引起我们的快感，二是我们不能对这个对象产生物质性或物理性的占有。

封孝伦说："明确了以上两个前提，接下来的问题是，什么样的事物能使人产生快感？"②他更进一步地问道：人类有没有专门属于审美的一套生理和心理机制，审美情感的内涵和性质与我们日常的情感是否完全不一样？答案是明确的：

> 因此，美感的本质，与人生的其他活动体验到的情感没有质的不同。它的情感特色取决于人的生命与客观对象的利害关系。③

也就是说，并没有专门的、特殊的审美生理和心理机制。美感就是快感，只要是引起我们愉悦的对象，一定是符合或满足生命某一方面需求的对象，反之，引起我们痛苦的对象，则是否定或反抗我们的生命需要的对象。如此，就可以得出关于美的一些结论：

> 美的对象是能够让主体以精神生命的方式或在精神的时空中获得生命满足的对象。④

---

① 封孝伦：《人类生命系统中的美学》，安徽教育出版社，1999年版，第83页。
② 封孝伦：《人类生命系统中的美学》，安徽教育出版社，1999年版，第151页。
③ 封孝伦：《人类生命系统中的美学》，安徽教育出版社，1999年版，第156页。
④ 封孝伦：《人类生命系统中的美学》，安徽教育出版社，1999年版，第156页。

这样，就由美感深入到美的本质。美的本质是什么呢？显然就是：人的生命追求的精神实现。

"精神"一词可以作两种解释：一是以精神生命的方式，一是在精神的时空里。什么事物，只要以精神生命的方式满足了人的生命需要，它就是美的；什么事物，只要在精神的时空里满足了人的生命需要，它就是美的。①

这是一个关系的定义，它规定了客体与主体的审美关系。客体之所以美，是因为它满足了人的生命需要的条件，主体之所以产生美感，是因为从对象中感受到了生命冲动和生命愿望的实现。

美与真、善既有联系又有区别。真有两种品格——真实和真理，有两种类型——现实时空中的真和精神时空中的真，有两种形态——概念形态和形象形态。真可以是美的，但也可能不美。只有符合人的生命需要的真才是美的，就是说真与善的结合才是美的，反之就不美。善可以是美的，但善不等于美。善是人类的生命追求的实现。善与美有两点不同：一个是立足点不同，美主要立足于人的个体，善主要立足于人的类全体；另一个不同是，生命追求实现的方式或时空不一样，善是通过人类的社会实践活动在现实的物理时空中实现的，美则是审美主体以精神生命的方式或在精神的时空中实现的。

审美有三个维度，这是由人的三重生命所决定的：审美的对象世界呈现为三个类型和三种品格，审美的主体世界具有三种选择和三个标准。

从对象世界的类型来说，审美的对象世界可以分为：满足生物生命需要的对象类型、满足精神生命需要的对象类型和满足社会生命需要的对象类型。同一个对象，它可能具有三种品格：生物生命的品格、精神生命的品格和社会生

---

① 封孝伦：《人类生命系统中的美学》，安徽教育出版社，1999年版，第156页。

命的品格。对审美主体而言，相对于三重生命也会有不同的美感：生物生命的美感、精神生命的美感和社会生命的美感。

在此基础之上封孝伦讨论了丑的本质。

> 如果说美是人的生命追求的充分实现的话，丑相反就是，对人的生命需要的抵制和拒绝，对人的生命存在的毁灭与否定。①

审美对象是美的客观载体，一般我们称之为美，但这里的美，与美本质（或"美本身"）的美的内涵不一样，它指的是客观存在的美的事物。美的事物构成美的世界，它大致包括三类：自然美、社会美和人的美。艺术美具有特殊性，封孝伦用专章讨论艺术与生命的关系。

什么是艺术美呢？

> 艺术作品中能够满足人的生命追求的精神时空，以及其中的能满足人的生命追求的艺术形象所呈现的条件和特征称为艺术美。具体说就是，能够在精神上满足人的生命追求，显示人的生存能力，揭示人的生命意义和状况，激发人的生命活力，抒发人的生活情感的艺术形象或符号系统，是艺术美。②

艺术美有三个特征：第一，艺术的非物质实用性；第二，艺术是物质和精神的统一体；第三，艺术是形象和情感的统一体。艺术美存在三种形态：意境艺术、再现艺术和表现艺术。艺术是形式和内容的统一体。产生艺术的最初动机是人在精神的时空中寻找生命的满足。艺术的形式和内容都根源于人的生命和生命意识。因此，艺术之根在于人的生命。在详细地分析了艺术的内容之

---

① 封孝伦：《人类生命系统中的美学》，安徽教育出版社，1999年版，第167页。
② 封孝伦：《人类生命系统中的美学》，安徽教育出版社，1999年版，第244页。

后，封孝伦又考察了艺术的形式。关于形式的产生，封孝伦在批评了李泽厚的"积淀说"之后，介绍了格式塔心理学关于形式起源的理论，认为"它的解释是富有启发性的"。

> 抽象地说，所谓形式，就是物体直接作用于我们的感官的因素的组合结构方式。如果这些因素的结构方式符合人的感知方式并充分地满足了人的感官的生命需要，使人能产生强烈的愉悦感，它被称之为"形式美"。[①]

形式美的根源是对象的感性特征及其组合结构方式和生命需要的和谐对应性关系。这种对应性关系使得生命在受到形式的刺激时感受到莫大的满足。

但是在艺术中也存在不少的反生命现象。这种反生命现象，不但体现着人类感受客观世界的辩证法，也体现出人类心理两种不同机制的共同指向。体味死亡是感受生命的有力手段；身处逆境才会爆发出生命活力，还能提高人类对自身命运的预测力和自觉性，更是对丑的否定，并最终寻求到生命的意义。

就艺术创作而言，它有三个向度：感官刺激、丰富的精神生活和社会使命感。感官刺激可以说是艺术作品的最基本的条件。它又有两个层次，一是对人的审美知觉的刺激，二是对人的生理欲望的刺激。但仅仅为感官刺激就是低劣的，不能成为艺术。艺术家还有更高的追求：首先是精神时空的拓展，其次是让读者尽可能多角色多层面地体验人生、理解人生。人有社会生命的渴望，艺术要满足人的这一方面的需求可以从两个方面入手：一是描写重大的社会历史事件，二是描写重要的社会、历史人物。艺术创造的这三个向度，实际上是为了满足人的三重生命的需要。在实际的艺术创造活动中，在许多优秀的艺术作品中，这三个方面常常是交融互渗、互相牵制地统一在一起的。

不同时代、不同民族的人对生命的感悟和理解不尽相同，对生命要求的侧

[①] 封孝伦：《人类生命系统中的美学》，安徽教育出版社，1999年版，第269—270页。

重不尽相同。所以，艺术具有历史变化和民族差异。中西方的共同点在于追求生物生命的满足；不同点在于西方的生命意识是追求一种宗教精神式的永恒，而中国人的生命意识则是追求一种社会历史性的永恒，因此艺术在东西方呈现出不同的形态。中国文学历来关注社会政治，它产生了中国特有的社会现象：许多政治家是诗人，许多诗人又演变成了政治家。文艺创作必然包含很强的理性因素和伦理因素，不是政治要干涉文艺，而是文人、艺术家本身自觉地在精神的时空中从事政治。由于艺术与政治有这样紧密的现实联系，艺术发展很容易受到来自政治权力层的有力限制，从而妨碍作者情意的充分表达。[1]

封孝伦认为，审美范畴作为人类生命理想或艺术风格的变化仿佛就是一条上下起伏的正弦曲线，它的本质就是生命追求的运动轨迹。

> 用一个简单的线索把不同时期的审美理想连接表示出来，就是：
> 原始荒诞→原始崇高→古代优美→近代崇高→现代荒诞
> 这是一条否定之否定的发展链。[2]

没有生命愿望的人不可能进行审美活动，只要一个人还能进行审美活动，他就是一个对生命充满渴望的人。审美，本质上就是主体人以精神活动的方式从对象中获得生命的满足。这种"获得"就是生命体验。

人有三种生命愿望。就生物愿望而言，它以生理刺激的方式获得满足。就精神愿望而言，首先，在精神时空中，人追求自由满足生命需求的条件；其次是一种形而上的生命追求，追求生命永恒的承诺；最后是获得神一般的力量。"总之，人在现实生活中最缺少什么，在精神时空中就最喜欢创造什么。"[3]

人类在精神生活中的愿望有直接功利性、间接功利性两种。

---

[1] 封孝伦：《人类生命系统中的美学》，安徽教育出版社，1999年版，第292—304页。
[2] 封孝伦：《人类生命系统中的美学》，安徽教育出版社，1999年版，第309页。
[3] 封孝伦：《人类生命系统中的美学》，安徽教育出版社，1999年版，第356页。

人的特殊性越强，其功利性就越是带有间接性，而直接功利性与动物性靠得更近，虽然人的直接功利目的已有了明显的人的烙印。可以说，直接功利性更带有动物性、感性，而间接功利性更带有人的特殊性、理性。①

就社会愿望而言，个人希望自己的生命信息能存入人们的记忆，进入人类历史。有三种办法可以做到这一点：一是做出超凡的贡献，二是获得较大的权力，三是造成广泛的影响。

人的愿望以不同的方式——以现实的方式或以艺术的方式——成为人们的审美对象，都能引起人们深深的共鸣并获得强烈的美感。鉴于审美对象在人的三重生命中具有不同、不等的价值，美感是一个系统值。如果这个系统不协调，相互抵消，其实审美值可能是零或者是负数。

任何审美活动都是在一定的"场"中完成的，人的审美是受到制约的。

每个人的审美取向、审美追求，与所处的社会文化时空中的生活氛围息息相关，我们把这种社会文化时空中制约社会审美变化的氛围称作审美场。②

审美场不是时代背景，不是重大事变，而是重大事变作用于人产生的特定的社会情感氛围。比如，物价上涨不是审美场，因物价上涨引起的怨愤情绪才是审美场。一个时代也有时代情绪，它也是审美场。特定审美场的产生及其性质取决于两个方面的因素：一个是社会事变或社会现实的性质，一个是承受事变、现实的人的素质。因此，对一个时代审美场的考察，就要从上述两个方面入手。审美场具有综合主导性、感染性、非理性、客观性和层次性等特点。

---

① 封孝伦：《人类生命系统中的美学》，安徽教育出版社，1999年版，第357页。
② 封孝伦：《人类生命系统中的美学》，安徽教育出版社，1999年版，第364页。

第六章 其他倡导者的生命美学述评

它与审美活动有紧密联系,对审美活动的第一个环节都有巨大影响,具体的影响有:审美场影响人们的审美理想和审美态度;审美场十分强烈地拨动着艺术家的情感之弦,使艺术家处于某种情绪的共振和驱动之中,左右着艺术创造;审美场还影响审美标准、审美理论、审美思维的形成;乃至影响挑选入美学史的理论。进入审美场很关键,艺术家需要进入审美场,欣赏者也需要进入审美场,而文艺评论家就更需要进入审美场了。

美感只是愉悦,这种单一的理解容易产生一些困惑:悲剧感是不是愉悦感?崇高感是不是愉悦感?还有荒诞感是不是愉悦感?事实上,美感并不是一种单一的快乐体验。它是一种最终肯定生命价值的情感波动,是主体在刺激之下情感之弦发出轰响又回归平静,紧张之后又复归松弛的生命获得肯定的情感体验。它有不同的类型,不同的个性。

> 美感的实质,是人以精神的方式或在精神的时空中获得的生命新体验和充分满足。[①]

根据这个定义,美感可以分为如下几种类型:陶醉;豪迈;紧张后的松弛,恐怖后的安全;顿悟。痛苦当然不是美感,悲剧感是一种复合型的美感:首先悲剧不是一开始就呈现死亡,其次通过悲剧我们看到了悲剧人物的生命升华,最后悲剧最清晰地揭示人生的意义。美感也有差异,它取决于生命关系的异同。美感差异的根源在三重生命不平衡,即使相对于同一层次的生命,不平衡也普遍存在。美感共同性的基础就在于人类生命追求趋同。美学求同,审美存异。

并不是任何审美活动都存在审美转换,也不是任何审美对象和审美内容都能令主体发生审美转换。审美活动除了审美转换,还有对象性审美体验。所谓审美转换,就是在审美过程中主体不知不觉变成了对象或对象中的一员,在

[①] 封孝伦:《人类生命系统中的美学》,安徽教育出版社,1999年版,第378页。

对象的环境中充当对象进行活动。对象的悲欢离合，变成了主体自身的悲欢离合。作为"对象"，主体享受和经历了现实中的自我享受和经历不到的生活，从而获得了强烈的生命满足，获得完全不同于现实生活的生命体验。所谓对象性审美体验，就是人与对象在精神的交流中，并不全然地融为一体，人不用"变成"对象。而对象以它特有的属性使主体产生令人兴奋的生命体验，在对象面前，人感到生命获得一种充分的实现与满足，或者生命获得了一种崭新的追求。它有三种类型：生命满足的直接体验，生命满足的间接体验，生命满足的反向体验。

就像人的生命需要也容易产生餍足一样，人在审美过程中也容易产生审美疲劳。

以上是对封孝伦生命美学的简单介绍。封孝伦的生命美学是建立在他的生命哲学基础之上的，但《人类生命系统中的美学》一书出版在前，而《生命之思》出版在后，所以在《人类生命系统中的美学》一书中的生命哲学还不够完善，不过这并不影响封孝伦准确而又充实地表述他的生命美学。

三、一点看法

应该说，在当代中国生命美学中，除了潘知常生命美学之外，就数封孝伦、陈伯海生命美学最为系统，其中又数封孝伦生命美学影响较大。在"知网"中，以"封孝伦、生命美学"为主题关键词搜索，可以找到22条研究论文信息，其中有三篇是硕士论文。最新的一篇是记者曹雯的人物专访，2021年1月发表于《当代贵州》的《生命美学的歌者封孝伦》。曹雯指出：

> 他总是在琢磨那些被人咀嚼过无数遍的陈芝麻烂谷子，执着地对一些被人思考过无数遍的问题作出重新思考。1999年底，《人类生命系统中的美学》一书出版，标志着封孝伦建立了自己的美学理论体系，成为在中国

美学史上不容被忽视的学派代表。①

这个定位是很准确的。封孝伦自己也曾说过，他的"三重生命学说"并不是自己的原创，别人也都讲过，但把它们集中起来有系统地讲，则是他首先做的。封孝伦多次讲，生命是美学的逻辑起点。叶通贤在《封孝伦美学思想探幽》一文中详细考察了封孝伦生命美学，他认为：

> 封孝伦的生命美学在与实践美学长期的对话、交流中脱颖而出。他以"历史与逻辑相统一"为研究方法，以"人的生命需要"为逻辑起点，以"三重生命"学说为理论支撑，以"美是人的生命追求的精神实现"为核心命题，从而创建了一个科学、严谨、具有重大学术价值的美学理论体系。该体系既是封孝伦美学思想的完美体现，同时也是中国美学发展的新创获。②

这些评价，无疑都是十分中肯的。不过站在我的角度，我认为封孝伦的生命美学也存在一些问题。

（一）方法论问题

读罢二书（《人类与生命系统中的美学》和《生命之思》），一个鲜明的印象是，封孝伦的研究方法与他批评的李泽厚的研究方法并没有区别，都是主客体二元对立的研究方法。就《生命之思》而言，因为它本身是哲学，所以用这种方法研究也是应该的；但用这种研究方法来研究美、美感、审美活动，是否恰当就很值得怀疑。用这种方法来研究必然是理性主义的，把美、美感、审美活动对象化，当我们观察、测量、认识、反思它们的时候，美、美感、审美活动就已经不再是美、美感、审美活动了。潘知常提出"超主客关系"的研

---

① 曹雯：《生命美学的歌者封孝伦》，《当代贵州》，2021年第1期。
② 叶通贤：《封孝伦美学思想探幽》，《贵州大学学报》（社会科学版），2011年第4期。

究方法，所以他的生命美学呈现出完全不同的样貌。采用"超主客关系"的研究方法，就无法对象化美、美感和审美活动，无法提出"是什么"的问题，只能问自己"怎么样"，这就是潘知常强调要由认识论、知识论"转换"为存在论、价值论的根本原因。

封孝伦生命美学以生命为逻辑起点，但他把关注的重点放在生命上，所以他是属于"关于生命的美学"，如果把生命的外延由人的生命推及生物的生命，以后现代主义的眼光取消人类中心主义，他的生命美学就会演变为生态美学。

（二）关于生命的本质

正是因为研究方法的传统性质，封孝伦试图揭穿生命的本质。他首先提出"人是生命"这个大前提，再指出生命的本质就是"三大欲望"——追求活着，追求爱情，追求长生——然后提出"三重生命学说"。整个生命美学就建立在这样一个生命哲学的基础之上。但是，"生命"这东西是能够说清楚的吗？现代科学对生命的研究已经深入到基因层面，它对生命的本质就有所了解吗？物理学家薛定谔的《生命是什么》一书，通篇讲的都是构成生命的物质条件，而生命究竟是什么，仍然摸不着头脑。把生命分为生物生命、精神生命和社会生命，看起来很有道理，其实是有问题的。生物生命的"生命"一词，和后者精神生命、社会生命中的"生命"意义是不一样的，前者是实指，后者则是一种比喻意义。由此而来的"需要""满足""死亡""永恒"等概念都有这样一个问题：在生物生命的层面，它们都是实指，是本义；在精神生命和社会生命的层面，它们都是虚指，仅是比喻义。也就是说，这样的区分，并没有告诉我们"生命"是什么。另外，单独把"社会生命"提出来也是有问题的，"社会"一词自卢梭《社会契约论》以来，中间经过法国百科全书学派的渲染，再由孔德一路传来，它获得了一种凌驾于人的特权，成了一种异己的实体的存在。直到马克思将其发展为一种社会批判理论，认为是坏的资本主义"社会"制约了人的发展与解放，人要想获得发展与解放，就必须推动"社会"的进步，首先就要推翻资本主义"社会"。这种"社会批判理论"俨然把"社会"当成一个客观存在的实体,成为与人对立的异化的存在物,它不仅具有了凌驾于个体人的"公意",还衍生出自己的特殊利益,从而产生个体与集体利益的矛盾。这就以一个虚假的问题掩盖或置换了真正存在的问题。虚假的问题就是所谓的"社会"的问题,而真正的问题则是"人"的问题,是"人"的现代化问题。"掩盖或置换"问题的后果就是"社会"凌驾于"个体人",古典个人主义和自由主义被压缩,集体主义和国家主义得到扩张,爆发了第一次、第二次世界大战和"冷战"。提出"社会生命"这一概念,显然是受到了这种社会学理论的影响(源于远古时代有机整体观念)。其实"社会"是一个十分虚幻的概念,并没有这样一个客观实体。人本身就是群居动物,具有社会性,无数的个体人生活在一起就成为一个"社会"。没有个体人就没有社会,个体人到哪里,哪里就有社会存在。所以社会具有无数个体人群居的属性。从这个角度讲,一切生命活动都具有社会性,都能对他人造成或大或小的影响,成为他人的记忆,成为群体的传说与历史。由于"社会"在个体生命之外,所以,"社会生命"成为一个令人费解的概念:它是指个体人本身就有的"社会生命",还是他生活其中的这个"社会"赋予这个人的"生命",还是这个"社会"不依赖于这个人、自己本身就有的"生命"?

封孝伦首先把人规定为生命,这就意味着,他所说的"生命"指的就是"人",是人的生命。他把生命的本质确定为"三大欲望":追求活着、追求爱情(性)、追求长久。这可能很有道理,因为生命最初和最终的目的似乎就是"更长久地活着"。不过,我每每念及于此,总有不甘之心:就如此了吗?没有别的了吗?就没有一点规定性能够把我们与其他物种区别开吗(其他物种的个体想必也是要"更长久地活着")?或许区别在于"人"能够"追求",而其他物种的个体只能"顺从"。其实,很多"人"也是"顺从"的,并不"追求",他们应该仍是"人",不是其他什么物种。那么,区别究竟在哪里?认真追索起来,这是一个大问题,李泽厚始终坚持"制造与使用工具",我以为区别在"意识"。这问题超出本书的讨论范围,不说也罢。我的主要意思是,封孝伦的生命本质说,应该讲的是生物的生命的本质,而不是生物中一个特殊的类别即"人"的生命本质。

另外，封孝伦对生命中感性的一面，对生命中的激情、非理性和偶然等因素强调不够，或没有意识到这些因素的价值。从这一点说，这非常类似于李泽厚的前期理论。而这些因素恰恰是生命之所以是生命的重要因素，也是当初潘知常不满实践美学的原因所在。封孝伦生命美学中缺乏这些因素，在一定程度上，与实践美学具有同质性。从主客体二元对立的理性主义研究方法出发，以"生命"为研究对象的生命美学，也有可能是"冷冰冰的美学"，是"只见物，不见人"的美学，因为它把"生命""物化"了。

（三）关于美的本质

封孝伦认为，美的本质就是人的生命追求的精神实现。凡是在精神生活中或精神时空中满足人的精神需要的事物都是美的。他是从满足生命需要的角度提出理论的。在我看来，这存在下面三个问题：

1. 忽视了形式在满足生命需要过程中的作用。封孝伦充分关注了满足生命需要的内容，却忽视了形式。他也讲到了形式的起源，批评了李泽厚的"积淀说"，讲到了"形式美"，但并没有讲到形式在满足生命需要过程中的作用。反倒是笔者写作于1980年代、发表于2014年的《马克思主义视阈下的体验美学》中的内容把这一点讲得比较通透[①]。其实，形式在"三重生命"的满足中都非常重要，"美食"之所以是"美"的食物，不仅在于它是"食物"，还在于它在色、香、味、形各个形式方面都是美的；满足精神生命需要的艺术更是对形式有很高的要求，有时形式就是内容，二者不能分别。

2. 缺乏超越的维度。尽管封孝伦在他的美学论文中谈到了审美的超越性，但基于美是对生命追求的精神实现的本质规定，同时也因为"审美场"的存在，审美活动必然具有强烈的功利目的性，受到现实生活的制约，即受到人的生命需要的约束。艺术、美、美感、审美活动的这种功利性，使它们必然缺乏

[①] 参见谭扬芳、向杰：《马克思主义视阈下的体验美学》，社会科学文献出版社，2014年版，第二、三章。

超越的维度，缺乏理想性。一般美学家都强调艺术、美的无功利目的性，这使艺术、美具有自由的性质，可以通过超越达到一个理想的境界。李泽厚、高尔泰、蒋孔阳、杨春时和潘知常等人，都认为自由是美的本质属性，但在封孝伦这里，就完全不是一回事：人的生命因为有需求，所以是不自由的，因而满足生命需要的美自然也就不是自由的。这就让审美活动失去了超越性和理想性。

3. 美的本质是生命追求的精神实现。按照"三重生命学说"，生命追求应该有三个层次，而实现方式也应该有三种方式，为何只能是精神实现呢？精神实现需不需要借助物质实现呢？欣赏者观赏一幅画，读者阅读《红楼梦》，听众倾听小提琴曲《梁祝》，这种审美活动（欣赏活动）可以说是精神实现；那么画家画出一幅画，曹雪芹写出一部《红楼梦》，马思聪创作小提琴曲《梁祝》，在这样的创作活动中，是否仅仅是精神实现呢？还有没有物质实现呢？如果有，那么精神实现是如何转化为物质实现的呢？或者反过来物质实现是如何转化为精神实现的呢？这些问题我们在封孝伦的理论中似乎都没有找到答案。

（四）现实主义生命美学

封孝伦的生命哲学立足于现实，又回归到现实，具有浓郁的现实主义色彩。这使得他的生命美学也具有现实主义属性。前面讲的缺乏超越维度、缺乏理想性就是一个具体的体现。这是因为他认为生命的本质就是追求活着、追求爱情、追求长久，这三大欲望归结为一就是追求永恒。人首先要活着，要活着，就需要食物。没有食物，就会死亡。这是一个非常现实的问题。封孝伦不厌其烦地讲什么是食物，如何得到食物；进一步讲到满足精神生命需要的产品：艺术与宗教；又讲到满足社会生命的产品：历史。从生命美学的角度，自然美满足生物生命的需要，艺术美满足精神生命的需要，社会美满足社会生命的需要。每一种满足都是一种有利于主体"长久活着"的目的，这种功利主义让人觉得封孝伦生命美学非常现实，他的《生命之思》甚至可以作为"人生指南"。比如，它对权力、地位、资源、斗争与竞争、人与人的生命关系、种族之间的关系的考察，都是十分现实的，该书对那些也十分现实的人而言应该具有比李宗吾《厚黑学》强得多的指导意义。封孝伦强调"竞争（斗争）"，因为地球的"资源是有限的"。虽然也讲到了对话、交流与合作，但这不是主要的，不是他关注的焦点。与他的看法相反，我倒是觉得应该多讲讲"爱"，多讲讲"合作"。

现实主义生命美学更为集中地体现在艺术与政治的关系上。因为儒家的入世情怀，中国的文人、艺术家都有关心政治的热情，使艺术不仅与政治关系密切，而且成为一种干预政治的手段。这就使得统治者一方面要好好利用艺术，另一方面又要防止艺术对自己的统治造成威胁，所以在文艺发展史上，常常出现统治者残酷打压艺术的现象。因此，艺术应该保持与政治的距离。封孝伦批评了政治对艺术的粗暴干涉、压制与迫害。但那是坏的政治，好的政治有气量宽容艺术的批评。他的这种看法总给人政治高高在上、恩赐一切的感觉，骨子里仍有一种"皇家意识"。或许他是一番好心：政治掌控国家暴力机构，作家小心谨慎是明智的。这也是一种现实主义的态度。

封孝伦生命美学不仅缺乏超越性、理想性，也缺乏李贽们提倡的"童真"的那种浪漫气质，我称这种浪漫气质为艺术性。一切都因为他的理论太现实了。

（五）对"自由"的拒斥

从满足生命需要的角度切入生命哲学，自由就成为一个不可能的问题。生命本身就是不自由的。换句话说，自由不是生命的本质属性。并没有自由的艺术、自由的美和自由的审美活动，它们都是有功利目的的，要么是直接功利目的，要么是间接功利目的。随着人的特殊性的增多，满足生命需要的环节就越多，功利目的距离生命需要就越远，直接功利目的就变为间接功利目的。因此，没有绝对的自由，只有相对的自由。封孝伦说：

> 还是那句话，如果把"自由"界定为"不做奴隶，不进集中营，不蹲监狱"或者"不……"之类，这种种具体的"自由"是存在的。在特定的历史时期，人们是可以把某个具体的自由作为一面旗帜引导人民展开革

命斗争的。但如果把这种"自由"抽象化,变成绝对自由,代入现代哲学表述的许多方程式,其荒诞性马上就会呈现。比如说,"美是自由的形式""美是自由的象征""美是自由的感性显现"或者干脆说"美是自由"等等。这时的"自由"变得意思含混,根本无法与现实的审美活动和审美现象相连接。①

拒绝"抽象的自由",其实是拒绝自由的"普遍性",强调自由的具体性和特殊性。这样一来,每个人都会有自己的具体而又特殊的"自由",很难有多数人共同的"自由"了。一旦"自由"成为无数个少部分人的特殊的、具体的追求,他们就会为了自己的特殊利益,而很难团结起来为所有人的自由而斗争,甚至自己内部就会因为利益不一致而争斗起来。这正是中国人"窝里斗""一盘散沙"的原因:没有一个抽象的价值观念让他们放下自己的具体而又特殊的"自由"团结在一面旗帜之下。作为一种策略,这正是防止中国人团结一致的好办法。

再说,"美是自由的形式""美是自由的象征""美是自由的感性显现"或者"美是自由"等等中的"自由",并非意义含混,它指的就是一种抽象的价值观。这种抽象的价值观需要用具体的、形象的感性描述表现出来。这并非"荒诞",恰恰是中国人必需的。

对"自由"的拒绝,对"自由意志"的拒绝,应该是封孝伦生命哲学和生命美学的最大缺憾。这让人想起潘知常对"自由"的两种划分:认识必然的自由和超越必然的自由。潘知常认为前者并不是真正的自由,后者才是。两相比照,封孝伦的自由观似乎还不及"认识必然的自由"。

(六)理论的保守色彩

总的来看,封孝伦的生命哲学和生命美学不仅是理性主义的,现实主义的,还具有保守主义色彩。我们看到西方古典哲学对他的影响,而现代哲学特

---

① 封孝伦:《生命之思》,商务印书馆,2014年版,第318页。

别是后现代哲学的影响甚微。从现实出发，又回归于、服务于现实，这已经是保守了，生命美学理论又缺乏超越性、理想性和艺术性，就更是保守了。强调艺术、美、美感和审美活动的功利目的性，就不得不保守了。认真说起来，艺术、美、美感和审美活动说到底是有功利目的性的，封孝伦并没有错，但人的生命本身就有超越性，它不断地超越自身的局限性和有限性，不断地达到新的高度。在许多中间环节，功利目的是不被考虑的，是被超越了的。正是在此意义上，人的生命是自由的，游戏、浪漫，有时甚至是激情、偶尔的极端都是生命的特权。

第二节　基于生命的美学

当代中国生命美学的众多倡导者的生命美学，有少数人的生命美学大致可以归入"基于生命的美学"。说"大致可以归入"，是因为他们的生命美学在研究方法方面，比较注意避免理性主义的影响，强调非理性的因素，试图用生命的视角来审视审美活动。但他们都没有达到潘知常"以生命为视界"的高度。这些人中有陈伯海、朱良志、刘成纪、王庆杰、周殿富和徐肖楠等人。他们的生命美学有一个共同点，就是研究方法与传统的研究方法不同：传统的研究方法是哲学的研究方法，即主客体二元对立的研究方法，而他们的研究方法都不再关注主客体的二元对立，在不同程度上，他们在研究中自觉或不自觉地把主客体融合起来，有一种尝试美学研究方法即主客体二元融合的方法的热情。因此，他们在不同程度上实现了从认识论、知识论美学向本体论、价值论美学的转型。

一、陈伯海生命体验美学述评

上海社会科学院文学所研究员陈伯海的生命体验美学是通过《回归生命本

原——后形而上学视野中的"形上之思"》与《生命体验与审美超越》两本书建构起来的。二书有其内在的逻辑联系,陈伯海在《生命体验与审美超越》一书的后记中说这两本书是同时构思,交叉写作的姊妹篇。《回归生命本原》一书是美学专著《生命体验与审美超越》一书的哲学基础。

陈伯海先生倡导的生命体验美学,既承认审美活动是生命活动,又揭示出审美主体与审美客体是通过"体验"联系起来的,突出强调了"体验"的重要性。"以'生命'为本原、以'体验'为核心、更以'自我超越'为其精神指向,由三者构成审美活动的必要环节和基本途径,并在实现这一途径的过程中逐步展现审美自身的性能。"[1]由此可见,生命体验美学既不同于实践美学,也不同于后实践美学。

(一)生命体验美学有自己独特的理论创新

首先,生命体验美学扎根于中国传统文化的肥沃土壤之中。陈伯海先生对生命和生命体验的界定是完全基于中国传统文化的,这可以从他的新生命哲学著述《回归生命本原》看出来。该书分三编,上编为《天道篇》,中编为《人道篇》,下编为《天人篇》。只看书中篇目,就足以看出中国传统文化对该书的影响。虽然书中的基本概念和基本观点来自中国传统文化,但也大量吸收了西方哲学中的合理因素。陈伯海认为,西方哲学经过"认识论转向",再到"语言学转向"和"生存论转向",已经与中国传统文化越来越接近了。"正如当代不少有识之士所断言,人类第二轴心文明时代或将到来,而其显著的标志之一,必将是东西方两大思想传统的融会,我们可以企盼。"[2]陈伯海已经先行"融会"东西方思想了。

其次,生命体验美学融会了东西方美学思想,尤其是西方体验美学的思想。读罢全书,明显感觉陈伯海先生借鉴了西方学科建构的方法,把西方体验美学与中国传统的美学思想融合起来,创造性建构了生命体验美学理论体系。

---

[1] 陈伯海:《生命体验与审美超越》,生活·读书·新知三联书店,2012年版,第178页。
[2] 陈伯海:《回归生命本原——后形而上学视野中的"形上之思"》,商务印书馆,2012年版,第279页。

陈伯海先生说：

> 在对审美活动性能的把握上，我们确立了这样几个原则：第一，遵循存在论的思路，将人的整体性存在概括为由生存、实践、超越环环相扣所组成的"生命活动之链"……第二，突破认知论的惯性思维，以"体验"为审美的核心……第三，确立"天人合一"的生命本原和审美本原观。①

再次，生命体验美学把生命活动与审美体验结合起来，补救了我国后实践美学理论的偏差。21世纪以来，后实践美学各派都有发展，但显然受后现代主义思潮的影响太大，似乎有背离中国传统文化的危险；正是在这样的大背景下，陈伯海先生立足于中国传统文化，积极吸收西方有价值的美学研究成果，创立生命体验美学，不可否认是有其现实意义的。

（二）生命体验美学如何建构

1. 解构与重构的辩证发展。陈伯海认为西方美学的发展，实际上是一个解构与重构的辩证发展过程。基于这样的判断，陈先生认为：

> 与其找寻一个简单而靠不住的答案，不如尝试转变一下提问的方式，将"美学是什么"的问题置换为"美学如何是"，也就是把注意力放到美学性能演变过程的考察上，认真总结它在历次"解构"与"重构"中所可能获得的经验教训。②

陈伯海把西方美学历史分为四个发展阶段：

---

① 陈伯海：《生命体验与审美超越》，生活·读书·新知三联书店，2012年版，引言第18页。

② 陈伯海：《生命体验与审美超越》，生活·读书·新知三联书店，2012年版，引言第1页。

我们发现，美学的历史进程实质上是一个解构与重构相交替的过程，古代实体论美学让渡于近代主体论美学，近代主体论美学让渡于现代存在论美学，而今存在论又面临后现代主义的挑战，再次进入被解构与争取重构的境地，这样一个反复交替的过程看来还要不断进行下去。[①]

由此，可以得到三点经验教训：一是在美的本质问题上，由原初的实体论演变为当代非实体论的生成论，是美学发展的一个基本趋势；二是在审美活动的性能上，西方美学经历了由他律论经自律论而演进为当前自律与他律相结合的态势，这也是美学发展中的一条主线，应予重视；最后，就美学学科的性质而言，西方美学由"形而上学"一分支，转向"形上"与"形下"相结合，这个经验也值得我们汲取。西方美学发展的这三点"经验教训"构成了生命体验美学的核心内容。陈伯海对"审美活动"的阐述，对"美的本质"的理解，对"美的形态"的分析，无不贯穿着这三条经验教训。

2. 西学与中学的交相辉映。在如何对待中国传统美学资源的问题上，陈伯海分析了中国近百年的美学研究历史之后，同样得出三点结论：其一是中国美学的学科建设是在引进西方美学的基础之上进行的，同样经历了解构与重构的过程，即新学替代了旧学。其二是20世纪的中国美学不可避免地受到意识形态斗争的严重影响，造成严重后果。其三是中国美学的现代建设基本脱离了民族的传统文化，丢失了自身的历史积累。针对最后一个问题，陈伯海更是把它上升为"发展径向"问题，指出："这些学科的建设是近现代中国人从西方引进的，观念、体系处处打上了鲜明的西方烙印，而与自身的民族传统则有着明显的脱节，于是'中学'与'西学'出现了分流。"后来又有马克思主义理论加入进来，形成"中、西、马"鼎足而立的态势。[②]面对这种情况，陈先生认为应该特别强调中国传统哲学、美学的当代意义。

---

① 陈伯海：《生命体验与审美超越》，生活·读书·新知三联书店，2012年版，引言第8—9页。

② 陈伯海：《生命体验与审美超越》，生活·读书·新知三联书店，2012年版，第203页。

也就是说，它们不仅仅是遗产，是古董，代表民族的过去，亦且是富于生命活力、足以开启人类未来的不可或缺的思想资源，从当前时代需要出发给予推陈出新、发扬光大，恰可用以弥补西方既有观念的不足，值得我们精心对待。①

陈伯海这种看法决定了他对中国传统文化的态度：不是传统文化的"西化"，而是用传统文化"化西"。不是以西方的知识体系和学术话语为主导，吸纳中国传统文化中的精华；而是尽力"化西"，即以中国传统文化为主导，吸纳、融化西方的研究成果和先进理念，创建出独具中国特色的生命体验美学。陈伯海对美的本原的阐述就是一个很好的例证。在把美的本质研究转换为对美的存在方式的研究之后，陈伯海也尝试着给美下一个定义：

据此，或可将"美"的存在界定为"天人合一的生命本真境界在人的审美活动中的开显"，而开显的直接效应便是生命的感发与提升。②

他紧接着说："这是否从'美如何是'转回到了'美是什么'的答案上来呢？可以这么看。"③

3. "形而上学"的终结与"形上之思"的兴起。陈伯海认为，西方哲学正步入"形而上学"终结，这是学界的一个"共识"。这似乎给美学研究造成了一定的困惑。陈伯海纵观哲学与美学的发展，提出了两个他非常关切的问题：一个是未来前景问题，一个是发展径向问题。然后他说：

自前一个问题而言，"形而上学的终结"似乎已成了学界的共识，

---

① 陈伯海：《生命体验与审美超越》，生活·读书·新知三联书店，2012年版，第203页。
② 陈伯海：《生命体验与审美超越》，生活·读书·新知三联书店，2012年版，第98页。
③ 陈伯海：《生命体验与审美超越》，生活·读书·新知三联书店，2012年版，第98页。

第六章 其他倡导者的生命美学述评

但"终结"之后的哲学与美学学科又将呈现怎样的风貌？是随着"形而上学"一起"终结"，一起没落，抑或干脆抛掉自身固有的"形上"维度，一力向着"形下"的层面倾斜呢？在后一种姿态下，哲学和美学固然也能生存下去，比如说，哲学肩负起思想方法及语言分析的职能，美学集中于审美心理和艺术符号的研讨，不过这样一来，哲思与审美中原本体现人的"终极关怀"的超越性精神追求，也就荡然无存了。人，不能没有"终极关怀"，失落了"终极关怀"，生活世界的内容便为各种实用功利性需求所填满，这正是现代社会里的人们信仰失坠、道德失范并产生种种精神危机的突出表征。而"终极关怀"除寄托于宗教、道德、政治之类信仰外，还必须借助哲思与审美，故剥离了"形上"思考的哲学和美学，作为成熟的学科终究是不完整也不够格的。[1]

既然"形而上学"正在终结，而哲学和美学又应该具备形而上学的品格，这矛盾怎么解决？这就自然引出了陈伯海的"形上之思"。然而"形上之思"又是怎么回事呢？刘涵之评议道：

> 对"生命"问题的探询表现出的反思能力则又将传统的形上之思推置到现实语境，它已不再仅仅表现为对传统形而上学的历史检视，它是因现实语境而生的理论关怀，与其说它勾连历史、回溯历史不如说它直面当下。[2]

我以为，陈伯海的"形上之思"除了刘涵之所说的"直面当下"的特点，具有现实针对性以外，更重要的还在于对当下美学研究中反"形上"维度、反美学现象的拨正。陈伯海虽然力避给美下定义，但在分析了审美活动之后，还

---

[1] 陈伯海：《生命体验与审美超越》，生活·读书·新知三联书店，2012年版，第202页。
[2] 刘涵之：《作为方法的"生命本原"论和生命体验美学——读陈伯海〈回归生命本原〉、〈生命体验与审美超越〉》，载《原道》第22辑，东方出版社，2013年版，第305页。

是忍不住要下个定义,从"美是什么"转换到"美如何是"之后,又转回来回答了"美是什么"的问题,这样才充分体现出陈伯海美学理论的圆融和自洽。陈先生得出结论说:

> 归总来说,美学既不能一味据守其"形而上"的高地,而亦不当轻易放弃其终极关怀的追求,正确的做法是要将"形上"与"形下"两个方面结合起来,以推动学科建设的健康发展。①

4. 生存—实践—超越的生命之链。陈伯海的生命体验美学是建立在审美活动的基础之上的。而审美活动作为生命体验美学研究的逻辑起点,又是生存—实践—超越的"生命之链"的超越环节的表现。

> 生存、实践、超越作为人的存在的三种基本的方式,合组成一条人的生命活动之链。它们之间有着逐层递进的关系,由生存引发实践,更由实践推向超越,而后一环节对于前一环节又有着相关的制约性,起着不同程度的引导作用。②

在这一链条上,"生存是人的生命活动的起点,也是人的存在的最本原的形态"③。而实践"指的是社会的人通过工具的中介作用有目的、有意识地改造世界的活动,包括生产劳动、经济交往、政治与法律行为、军事斗争、道德生活、科学研究以及其他各种社会组织与文化事业活动在内,尤以生产劳动为

---

① 陈伯海:《生命体验与审美超越》,生活·读书·新知三联书店,2012年版,引言第11页。

② 陈伯海:《回归生命本原——后形而上学视野中的"形上之思"》,商务印书馆,2012年版,第112页。

③ 陈伯海:《回归生命本原——后形而上学视野中的"形上之思"》,商务印书馆,2012年版,第92页。

第一性"①。在生存与实践两种存在方式之外,还有第三种存在方式,那就是"超越性的精神追求"。

> 如果说,生存活动在本底上属于人的自然生命存在,实践活动更多地体现出人的自觉生命性能,那么,超越性精神追求便明白地昭示着人的自由生命的取向。②

陈伯海把审美活动定位在"超越"的环节。他又说:

> 审美之为审美,乃在于它属于超越性的精神追求,超越性构成审美的独特取向所在,而超越恰恰是要摆脱各种实用功利的羁绊,使审美能上升到人的终极关怀的层面,以指向生命本真的境界,从这个角度看,审美确又有其非功利的性能。③

在讲到审美态度的时候,陈伯海说:"然则,审美的超越究竟应该采取什么样的途径呢?王国维提出了一个'观'字,据我的理解,就是要将原有的生命体验转化为观照的对象,用审美的态度重新予以审视和把握,或者叫做对原有生命体验进行审美的再体验。"④这就把审美超越讲得十分实在了。

那么,审美活动的具体内涵又是什么呢?与后实践美学的许多学人不同,陈伯海提出了自己独特的看法:

> 审美活动正是整个美的世界得以构建的基地,把基地打造坚实了,始

---

① 陈伯海:《回归生命本原——后形而上学视野中的"形上之思"》,商务印书馆,2012年版,第95页。
② 陈伯海:《回归生命本原——后形而上学视野中的"形上之思"》,商务印书馆,2012年版,第105页。
③ 陈伯海:《生命体验与审美超越》,生活·读书·新知三联书店,2012年版,第190页。
④ 陈伯海:《生命体验与审美超越》,生活·读书·新知三联书店,2012年版,第43页。

有可能在上面盖建起牢靠的大厦，所以有必要给予审美活动的探讨以优先地位。①

又说：

> 为此，紧紧抓住审美需要、审美态度和审美体验这三个环节，即有可能对审美活动的本性获得一初步的揭示，在此基础之上，进而就审美活动中的主客关系、身心关系，以及与此相关联的审美主体、审美对象、美丑等价值范畴、审美诸形态和作为审美传达的艺术活动，乃至审美回归生活世界之类最新动向——加以审视、推考，既可打开由审美活动进入整个美的世界的通道，回过头来又能进一步加深我们对审美本身的理解。②

我以为，陈伯海对审美活动的辨析的确增加了不少新意。

把审美需要作为审美活动的起点，看起来不算新奇，但一直没有得到美学界学人的重视，研究很不够。陈伯海的研究由人的生存需要讲起，过渡到人的实践需要，自然而然提升到人的超越性的精神追求。人的精神追求有三种：哲思、信仰与审美。至此，陈伯海提出的审美需要，是就人的本质性的超越性精神需要而言的。他总结分析了西方美学家对审美态度的看法，提出了自己的意见：

> 所谓审美的态度，是指摆脱日常生活里的实用功利性需求，不把对象世界仅仅看作为可以获取、占有和利用的资源，而是敞开自己的胸怀，从自我生命体验和感发的需要出发去接触和拥抱对象世界，切入并把握其内

---

① 陈伯海：《生命体验与审美超越》，生活·读书·新知三联书店，2012年版，引言第18页。

② 陈伯海：《生命体验与审美超越》，生活·读书·新知三联书店，2012年版，引言第19页。

在生命的搏动，以求得自我生命与对象生命的交感共振。[1]

"审美态度……作为结构体制，它呈现为审美者内在的审美心理图式；作为活动功能，它又显形为审美体验流程中的审美注意；而联系二者且充当由静态结构向动态功能转变的中介，则有审美期待。"[2]陈伯海关注的重点在于审美体验，他认定一个基本事实：

实际上，审美的本性不能归诸认知，它是活生生的体验；人们从事审美，并非要获取美的知识，乃是要得到美的享受。[3]

生命体验论审美观把"体验"确立为审美活动的核心机制，这不仅凸显了审美的心理特质，还为"人学"过渡到美学找到了合适的开启门户。[4]

那么，审美体验有何内涵？

如上所述，审美体验作为始终不脱离感性直观而又具有超越性指向的情感生命体验，是以人对外物的直接的审美感知（"感同身受"式的审美"感兴"）为发端，经审美想象（"神思"）的作用而得到深化与拓展，更凭借审美领悟（"妙悟"）以进入生命的本真，呈现为由低而高的演进过程。[5]

---

[1] 陈伯海：《生命体验与审美超越》，生活·读书·新知三联书店，2012年版，第43页。
[2] 陈伯海：《生命体验与审美超越》，生活·读书·新知三联书店，2012年版，第33页。
[3] 陈伯海：《生命体验与审美超越》，生活·读书·新知三联书店，2012年版，第199页。
[4] 陈伯海：《生命体验与审美超越》，生活·读书·新知三联书店，2012年版，第198页。
[5] 陈伯海：《生命体验与审美超越》，生活·读书·新知三联书店，2012年版，第53页。

由此可见，审美体验是生命体验向体验生命超越的结果，是对生命体验对象化的再体验。至此，生命体验美学已经建构起来了。

（三）一点看法

照我看来，陈伯海的生命体验美学是所有当代中国生命美学中最接近"基于生命的美学"的，与潘知常的生命美学有较多的共同之处。最重要的就是研究方法的接近。虽然陈伯海并没有借用"超主客关系"这样的概念，但在主客体关系上，他是比较自觉地将二者融合起来的。正因为如此，他才提出与潘知常一样的"转换"要求，才会有"形上"与"形下"的矛盾纠结，并提出"形上之思"的解决之道。与封孝伦的生命美学相比，他们也有共同之处：都从生命需要入手，起点一样。但陈伯海经过"实践"环节，走向"超越"之路，这是一条上升之路；而封孝伦则执着于"生命"，提出了"三重生命学说"。陈伯海的"美"是经过生命体验"生成"的；封孝伦的"美"，更像是能够满足生命需要的对象的属性：它不是蔡仪的自然属性，也不是李泽厚的社会属性，而是"能够满足生命需要"的属性。陈伯海的生命体验美学是有温度的，而封孝伦的生命美学更像是拿着理性主义的解剖刀对生命进行解剖，是冷静的，两相比较，我更喜欢陈伯海的生命体验美学。

陈伯海的"生命体验美学"本质上是生命美学，只是因为他要突出"体验"这一美的"生成"过程，才在"生命美学"中间添加了"体验"一词。这充分表明陈伯海对"体验""审美体验"的重视。我认为这种重视是非常必要的。要避免认识论生命美学（把生命当成科学研究的对象），就必须引入、重视、突出"体验"这一范畴。但陈伯海对"体验""审美体验"的具体阐释仍有"认识论"的色彩。虽然他的阐释与狄尔泰、王一川、潘知常等人对体验的具体阐释不一样，但研究方法都是一样的：对"体验"和"审美体验"进行抽象的反思，在认识论（哲学）层面去考察其意义，这就难免失之空洞。

因此，陈伯海生命体验美学本质上仍然是认识论美学。他的本意是想建构一种既有理性力量、又有生命体验的生命体验美学，他说：

审美作为对生命本真的体验（体悟），必须拥有一个理性反思的维度（只是不以逻辑思维的形态显现而已），换言之，审美的超越中必然地含带有理性超越的意味在内，故理性论美学的精神亦是可以为生命论审美观所包容的。①

这种研究方法已经成为中国学人的思维定式：非甲，非乙，而是甲乙的"有机"结合。中国学人总想走中间路线，搞平衡，结果是成果中庸、平庸。陈伯海的思考方法决定了这种"包容"论的结果：运用理性主义的方法来突出生命超越（其中既有理性因素，又有非理性因素）的作用，必然体现为理性主义的抽象思考，一种真正的"形上之思"，也就是形而上学。因此，在陈伯海这里，形而上学并没有像他所分析的那样"终结"了。他给"美"下了一个简单的定义，美是"天人合一的生命本真境界在人的审美活动中的开显"。"天人合一""生命本真""境界"这些词语来自中国传统文化，而"开显"一词明显来自海德格尔的现象学。这种中西合璧的定义到底告诉了我们什么呢？这是否需要每个读者的"体验"呢？

陈伯海的生命体验美学讲生命活动有余，讲审美体验仍然不足。我知道了生命活动之链，知道了审美活动，还知道了审美体验的内在流程，这的确是陈先生的贡献，但是，什么是体验、什么是生命体验、有没有宗教体验、宗教体验与审美体验有何区别等问题，有的没有讲，有的语焉不详。在我这里体验与感受的重要性，远远超过在陈伯海那里的重要性。美既然是"生成"的，它就应该有一个实现的过程，体验就是美得以实现的唯一途径；不仅如此，体验使主客体交融在一起，解决了主客体的二元对立矛盾；更重要的是，体验（活动）是人类把握世界的主要方式之一，另一种把握世界的方式就是认识活动。感受是体验的结果，它与"知识"相对；每个人每时每刻都有自己独特的感受，这些感受可以表达，也可以不表达；表达有多种多样的方式；表达出来就

---

① 陈伯海：《生命体验与审美超越》，生活·读书·新知三联书店，2012年版，第189页。

有可能成为艺术，能否成为艺术，主要就看表达的好坏。①

二、刘成纪生命美学述评

杨存昌主编的《中国美学三十年》把刘成纪称为"'生命美学'的另一倡导者"②，其引证的文献仅是刘成纪2000年发表在《学术月刊》第5期上的《生命美学的超越之路》。其实，在那之前，1996年，新疆大学出版社出版了刘成纪的《审美流变论》。1997年7月，他在《郑州大学学报》（哲学社会科学版）上发表了《生命之流与审美之变》，再次表达了他对生命、审美的基本观点。2001年，刘成纪又出版了《美丽的美学——艺术与生命的再发现》。

刘成纪读本科时是潘知常的学生，在《审美流变论》的后记中，他讲述了与老师之间的情谊，以及老师对他的重要影响。但刘成纪没有简单重复潘知常的美学思想，而是走出了一条自己的美学道路。他认为个体生命的历程和人类的演进过程，在本质上都是生命运动的表现形式。由于在人和人类发展的每一时段，人的生命动能、审美经验都发生了变化，这就势必引起审美心理观念的相应变化，这种变化可以用四种审美形态来概括，即对无限的眺望、瞬间的微光、"完美"的诞生、"幻想"的沉迷。"美是诗意的欺骗"这一命题，则是对以上四种观念形态的价值评判。

（一）刘成纪生命美学的主要特点

1. 美学不美。不论《审美流变论》，还是《美丽的美学》，一个不变的观念就是"美学不美"。刘成纪借田桑的诗歌《美学的黄昏》，表达了"美学不美"的看法。他说：

美学理论与感性世界的隔离是美学不美的重要原因，这种隔离提供给

---

① 参见拙文《人类把握世界的两种主要方式：体验与认识》，《美与时代》，2015年第3期。

② 杨存昌主编：《中国美学三十年》，济南出版社，2010年版，第258页。

我们一个被扭曲的美学的历史。①

刘成纪认为，艺术家的美学就完全不同。艺术家的生命精神凝聚在贝尔所谓的"有意味的形式"之中。但认真说来，应该是"有形式的意味"。"形式"相对稳定，而人的"意味"则经常变化，"形式"不得不随之变化。这种艺术的"审美流变"的根本原因就是"生命运动"。什么是"审美流变"呢？

> 审美流变，在较低层次上体现为审美趣味、审美意识的嬗变，在较高层次上体现为艺术精神形态的序列更迭，它的物化形式就是审美风尚史、审美文化史和文学艺术的历史。②

为什么会有"审美流变"呢？换句话说，"审美流变"的动力是什么呢？刘成纪通过重新解释"人的本质力量"，来确定"审美流变"的动力。

> 从心理学的角度看，我认为人的本质力量包括三个层面的内容，即生命动力、心理动力和理性意志力量。这三个层面存在于"审美之维"中，共同构成了审美流变的动力。③

2. 审美观的四重嬗变。在审美流变中，美又是什么呢？在刘成纪看来，审美流变的动力随着个体人或人类的生命活力的强弱变化而变化，因而，美在个体或人类不同时期有不同的形态（这正是审美流变论的核心内容）。在人的童年时期，"美是对无限的眺望"。

> 正是由这些话语方式造成的时间和空间的距离，才使童话故事充满神

---

① 刘成纪：《审美流变论》，新疆大学出版社，1996年版，第5页。
② 刘成纪：《审美流变论》，新疆大学出版社，1996年版，第102页。
③ 刘成纪：《审美流变论》，新疆大学出版社，1996年版，第103页。

秘感,并因此对有强烈好奇心的儿童产生吸引力。这就给人一种印象,好像对儿童来说,美总在无限的遥远处,只有在日月星辰、飞碟、外星人这些遥远的物象构筑的幻想世界中才存在着至美。①

随着心智的成熟,人们不再停留在对宇宙总体轮廓的惊奇和发现上,而是将目光从遥远处收回,由普遍向具体转移。而具体总是一些瞬息变化的现象,这就进入到一个新的阶段:"美是瞬间的微光"。

因此,美的对象在一个对世界充满惊奇的人眼里,总象瞬间的微光一样闪回,从天空的星辰、云影到大地上的一花一草一木,都像一个个诡秘而调皮的精灵,和审美者捉迷藏。②

随着人的心智的进一步发展,人的审美观进入又一个新的流变层面:美是"完美的诞生"。这是一个完美的世界。但是,很快,人就意识到理想与现实的距离。人生活在现实社会之中,而现实社会是不完美的。人便进入到"幻想的沉迷"之中,进入到"幻想的沉迷"的审美观层次。

刘成纪发现,美的体验虽然给了人们"无上的乐趣和精神慰藉",但是,"美的制造者是在用真诚的方式说着无用的谎言,美的接受者也不期然自陷于甜蜜的欺骗之中"③。

如果说审美观的四重嬗变是对审美历史过程的具体描述,那么,"美是诗意的欺骗"就是对这一过程的评判和反观。刘成纪认为,只要人类还有苦难,还有未知,那就需要"谎言"和"欺骗"。除非有一天,人类消灭了一切邪恶、苦难,实现了"世界大同",这时候,"谎言"就没有存在的必要和可能了,"欺骗"也不会有了,为人类制造"谎言"的美学也就完成了它的使命,

---

① 刘成纪:《审美流变论》,新疆大学出版社,1996年版,第132页。
② 刘成纪:《审美流变论》,新疆大学出版社,1996年版,第139页。
③ 刘成纪:《审美流变论》,新疆大学出版社,1996年版,第154页。

自我终结了。

3. 审美的个体性。《生命美学的超越之路》一文开篇十分精到地辨析了实践美学存在的问题，认为实践美学过多继承了西方古典时代的精神遗产，具有鲜明的理论上的不彻底性，甚至有着难以治愈的、与美的自由追求背道而驰的痼疾。正是在实践美学最薄弱的地方，生命美学在这里打下了坚实的地基，创建了自己的理论体系。刘成纪说：

> 生命美学以生命这一更具本源性的范畴为人的审美活动注入了活力，以对实践这一物质性活动的超越切近了审美作为一种纯粹的精神活动的实质，以审美活动的一元性超越了实践主体与实践对象的二元分立。[1]

生命美学以个体化的生命为基底，以超越性为美的根本属性来重建自己的美学秩序。这是对生命美学主旨的基本规定。刘成纪认为，当个体生命以自己的超越性面对美的问题的时候，这其实正昭示着一种摆脱现实羁绊的自由的实现，由此，生命美学对"自由是对必然的认识"这一经典命题，提出了质疑。认为这与其说是自由，毋宁说是让自由的心灵向某种自然的和道德的绝对命令的屈服。正是在这个意义上，生命美学否定了人在现实层面实现真正自由的可能，而将美所执着的自由置放在了理想这一让人渴慕的精神之域。"美是人的自由本性的理想实现"这一对美的本质规定的重新界定，正是在这种背景下才有了产生的必然性。人类爱美的本性，也就是爱理想的本性，这是生命美学重视人的自由理想的依据所在。

通过上述的分析，我们不难看出刘成纪的生命美学观点有这样几个特点：第一，他强调生命美学有超越性。这是因为现实社会的有限性和局限性，人在这样的社会中不可能实现自由和理想，它就必须要有超越性，超越到人的精神之域。第二，生命美学有个体性的特点。刘成纪特别敏锐地指出这一点，是基

---

[1] 刘成纪：《生命美学的超越之路》，《学术月刊》，2000年第11期。

于他认识到生命必定是有血有肉的生命,都是由个体承载的生命。以生命为美学研究的逻辑起点,也就不可能抹杀或者忽视个体生命。

(二)一点看法

1. 我以为,刘成纪的生命美学最大贡献就在于他基于"生命运动"而提出的"审美流变论",即他认为人类的审美观念有"四重嬗变":最初是"无限的眺望",然后是"瞬间的微光",接着是"完美的诞生",最后是"幻想的沉迷"。其流变的根本原因,就在于"生命的运动"。他从审美心理层面立论,认为具体体现为"生命动力""心理动力"和"理性意志力量"。这实际上为美学提供了一个"生命"美学的历史观。在众多的生命美学倡导者中,仅就这一点,刘成纪是独树一帜的。潘知常对中华文明的三期划分,对中国美学"忧世"与"忧生"两条线索交叉发展的论述十分具有启发意义,但他还没有触及这种运动变化的动力问题,也不是从"生命运动"的角度立论的。封孝伦的博士论文《二十世纪中国美学》则以"崇高"美学范畴的嬗变为线索,把20世纪这一百年来的美学发展分为四期。虽然"崇高"与"生命"有关,但显然没有触及"崇高"范畴嬗变的动因。

我以为,刘成纪提供的生命运动历史观是对当代中国生命美学一个相当重要的贡献。把人类历史看成是生命运动的结果,这恐怕可以推及斯宾格勒的《西方的没落》。但还没有人把美学的历史看成是人类生命运动的结果。虽然《审美流变论》不是历史,而是生命美学的"流变"理论,但是可以把它当成"生命美学史"的导论来看。刘成纪后来对中国传统美学史的研究是否贯彻了这一思路,因阅读范围所限,我不得而知。

刘成纪在分析考察"审美流变"的动因时,陷于具体的"力量"分析,即详细分析了"生命动力""心理动力"和"理性意志力量",并指出了它们的具体表现形式:"反抗""占有"是生命动力的表现形式;"挑剔"则是心理动力的表现形式;"强力意志""屈服"和"重复的热情"则是理性力量的表现形式。但却没有从"生命运动"的高度进行阐述,对"生命运动"也就没有进行详尽的考察。这不能不说是一个遗憾。

尽管刘成纪对审美观的"四重嬗变"论述得比较充分,但其说服力还需加强。人类在儿童期,"美是对无限的眺望",关注遥远的星空、广阔的原野,即无限的空间,这也许是事实,但大量的人类学田野调查,也发现原始人也能注意到事物的细节、身边的环境。那时候的美的具体表现形式(原始艺术)并不都是"对无限的眺望"。在讲到"美是瞬间的微光"时,因为其对应的历史时期并不十分明确,所以很难评议。倘若仍是处于史前时期,比如在巫术时代,那是有道理的。倘若是处于人类的青壮时期,即从"轴心时代"到中世纪,那就很不准确了。其他两重嬗变也是如此,限于篇幅,就不细说了。总之,"审美流变论"非常重要,但其具体的论述还比较粗疏。

刘成纪对"美"的看法也不同凡响。他认为"美是诗意的欺骗",而且认为这种"欺骗"是必须的。因为现实是不完美的、令人痛苦的,所以,就要创造一种完美的充满诗意的东西在精神上消除人的痛苦。这其实就是一种"欺骗"。也许"美""艺术"和"审美活动"真的就是"欺骗",刘成纪成了揭穿"皇帝新衣"的人。在这里,我仿佛看到刘成纪"老实憨厚"的面孔。但我不赞同这种看法。美是生命的本质,生命不会自己欺骗自己。不是因为生活中有痛苦才需要美(的欺骗),而是因为生命是美,所以痛苦才有可能是美;不是因为痛苦不会消失、消亡,美才不会消失、消亡,而是因为生命本身就是美,美才不会消失、消亡。

2. 刘成纪清醒地意识到"美学不美"。其立论角度与潘知常不同。后者认为"美学不美"是因为实践美学是"冷冰冰的"美学,是"物化的"美学,是"无人的"美学。刘成纪认为"美学不美"则是从感性与理性、具体与抽象角度立论的。所以,他区别了"知识界的美学"和"艺术家的美学",在《美丽的美学——艺术与生命的再发现》中,他称之为"硬心肠的美学家"和"软心肠的美学家",实际上就是说前者是抽象的、不美的美学,后者是感性的、美的美学。这一看法,我完全赞同。他的分析与论证也是有说服力的。我自己常常说传统美学是"没有美"的美学,这一说法没有刘成纪"美学不美"简单明白。仔细想想,其实我与他的看法也有细微的差别:刘成纪认为美学应该是美的，因为研究方法的问题，造成"美学不美"；而我认为传统美学是"没有美"的学科，因此它是"伪美学""假美学"。一旦我们开始"研究"美，"美"就不是"美"了。换句话说，"美"不能成为"研究对象"。刘成纪已经意识到"知道"与"体验"的不同，但他还没有重视这一点。美学只要是"理论"，它就是不美的。如何让美学既是理论，又是美的，刘成纪似乎没有深入考察，他赞成"艺术家的美学"，因为艺术家是"软心肠的"。但是这种论述还是很模糊，也没有上升到方法论上进行思考。我曾提出"审美主体二重性"概念，即审美主体既是欣赏者，又是研究者，其美学形态就像刘勰的《文心雕龙》。

刘成纪没有就这个问题深入下去，因为这不是他的主题。这只是引出他的主题的"引子"，由"艺术家的美学"引出"有意味的形式"，再反过来，由"有形式的意味"引出"意味"的变化和"形式"的变化，并顺理成章地引出了主题"审美流变论"。我之所以把一个"引子"拿来小题大做，是想借此强调一点：以往的美学，不论其内涵还是其形式，真的不美，不应该是美学的样态。

3. 对自由的看法。在《生命美学的超越之路》一文中，刘成纪更加鲜明地表达了他对自由的看法。他似乎受到潘知常的影响，他的自由的观念显然更符合大多数人的期待。生命美学质疑"自由是对必然的认识"的看法，认为真正的"自由"必然要超越这一层次，达到"理想的层面"。生命美学否认"自由"能够在现实层面实现，只能在理想层面实现。正是在这意义上，说"美是人的自由本性的理想实现"，才是有意义的。这种看法，与潘知常的看法基本一致。潘知常区分了"认识必然的自由"与"超越必然的自由"，认为我们平常所讲的"自由"，只不过是前者，它存在于现实生活中，与其说是"自由"，毋宁说是"不自由"。而真正的"自由"则是"超越必然的自由"，它存在于"理想社会"中，在"现实社会"中"理想地"实现，在"理想社会"中"现实地"实现。

针对这种自由观，阎国忠表达了遗憾：把真正的自由安放在理想社会中，这让人不甘心。我们每时每刻都生活在现实社会中,其实是"不自由"的;艺术或审美活动表现了"理想社会",有"真正的自由",毕竟不是"现实社会"。有没有可能在"现实社会"中实现真正的自由?我认为,不管怎样定义"自由",真正的自由,是可以在"现实社会"中实现的。其途径就是马克思所说的"彻底的自然主义":在个体需要都能得到满足的彻底的个人主义时代,每个人都是"自由"的,他们的"不自由"也是"自由"的,就是说他们"自由"地让自个儿"不自由",比如,要完成自己自由选择的一项艰难任务。

4. 对审美个体性的强调。这应该是生命美学的共性,原因在于所有生命都是以个体的形式存在的。从来没有人会说"人类""社会"或"国家"有"生命",凡说有的,都是使用的"比喻意义"。而"生命"的比喻意义不是生命美学的逻辑起点,生命美学所说的"生命",从一开始指的就是人的有血有肉的活生生的生命。这种意义上的"生命"都是个体的。刘成纪也强调"审美流变"中个体的重要性,这与潘知常的观点是完全一致的,只是潘知常对个体性更为看重,因为他讲的"爱的维度""信仰的维度""审美救赎""终极关怀"等等,都是建立在个体性基础之上的,没有了个体性,这些东西就无从落地生根,而一切最终还是源于生命的个体性。

三、朱良志生命美学述评

朱良志的生命美学走的是一条传承中国传统生命美学的路子,这在中国当代生命美学中是很独特的。

(一)朱良志生命美学独特性

1. 他似乎有意识地避免引用西方美学家的思想观念,拒绝西方美学思想的影响,这在当代中国美学家中都是少有的。他的《中国艺术的生命精神》一书结尾没有编写参考书目,所以看不到他对中国艺术的生命精神的研究是否受到西方美学思想的影响。整部书,从头读完,概念体系、思想体系都是中国的,就连引用资料也是中国的,少见引用西方文献的。有一处引用了卡西尔,还有一处引用了亚里士多德,讲得稍多一点的是李约瑟。还引了《五十奥义书》,但那是印度的,不算西方文献。2006年出版的《中国美学十五讲》也是如此,只在最后一章提到了李约瑟和葛瑞汉。在引用中国文献时,则可谓旁征博引、信手拈来、熨帖妥当、天衣无缝。当然,这也是可以理解的,朱良志毕竟谈的是"中国艺术",不是"西方艺术";谈的是"中国美学",不是"西方美学"。中国文献已经浩如烟海,完全不必理会西方文献。但这种研究方法还是有局限的。固然,沉湎于自家丰富的文史资料之中,挖掘其中的精髓,肯定更加中国化,也使民族性更加纯粹。但如今是地球村的时代,拒绝用"他者"的眼光来审视自己,恰恰是缺乏民族自信的表现,也无利于中国美学的发展。

2. 朱良志的生命美学思想体现在中国传统美学之中。换句话说,朱良志仍囿于"六经注我"或"我注六经"之中。实际上,他是把中国传统生命美学体系化。在这方面他做了大量艰苦细致的梳理工作,为中国传统生命美学做出了贡献。

他肯定了中国哲学是生命哲学。在《中国艺术的生命精神》中,开篇就说:

> 从总体倾向上说,中国哲学可以说是一种生命哲学,以生命为宇宙间的最高真实。我们说生命,有不同的指谓,有生物学上的生命,有医学上的,也有哲学层面的生命。从哲学的层面看,生命是一种精神(此精神,不是言其观念,而是就本体和真实而言)。[①]

在《中国美学十五讲》一书中,朱良志说:"粗而言之,中国哲学重在生命,西方传统哲学重在理性、知识。中国哲学是一种生命哲学,它将宇宙

---

① 朱良志:《中国艺术的生命精神》,安徽文艺出版社,2020年版,第1页。

和人生视为一大生命，一流动欢畅之大全体。"①两书对中国哲学的看法完全一致。

3. 朱良志对生命的看法也源自中国传统文化。在理解生命时，他首先肯定是一种精神。这种精神表现为一种"活"与"气"，世界因为"活"而联系，因为不"活"而枯竭，生命即断流。

> 中国人以生命概括天地的本性，天地大自然中的一切都有生命，都具有生命形态，而且具有活力。生命是一种贯彻天地人伦的精神，一种创造的品质。中国艺术的生命精神，就是一种以生命为本体、为最高真实的精神。②

自然万物和人都以生命为其根本特点，这是中国文化长期演化的结果，它的直接根源是早期社会对生命的崇拜。这种生命主要指自然生命（外物生命和人的生理生命），还不能说是一种生命精神，或那种天地万物背后流淌不息的生生宇宙。

4. 生命的超越。对生命的崇拜，促进了人们对生命的认识，以生命为天地万物之本性就是理性自觉的产物，标志着人们对生命认识的飞跃，这就是对生命的超越。因此，中国美学是生命超越之学。朱良志在《中国美学十五讲》中提到中国美学是生命超越的美学。在中国哲学背景下产生的美学，不是西方感性学和感觉学意义上的美学，而是生命超越之学。中国美学主要是生命体验和超越的学说，它是生命超越哲学的重要组成部分，中国美学纯粹体验中的世界不是物质存在的对象，不是所谓感性（sensibility），而是生命体验的真实（truth）。中国美学的重心就是超越"感性"，而寻求生命的感悟，不是在"经验的"世界认识美，而是在"超验的"世界体会美，将世界从"感

---

① 朱良志：《中国美学十五讲》，北京大学出版社，2006年版，引言第2页。
② 朱良志：《中国艺术的生命精神》，安徽文艺出版社，2020年版，第1页。

性""对象"中拯救出来。在中国美学中，人们感兴趣的不是外在美的知识，也不是经由外在对象"审美"所产生的心理现实，人们所重视的是反归内心，由对知识的荡涤进而体验万物，通于天地，融自我和万物为一体，从而获得灵魂的适意。

朱良志的生命美学体现在中国生命超越美学之中，是对中国传统生命美学的现代阐释。

（二）一点看法

朱良志的生命美学体现为中国传统美学，也是通过对中国传统美学的体系化呈现出来的。朱良志对中国传统美学的认识有其独到之处。不少人，比如方东美、唐君毅、宗白华、牟宗三等人都已经明确地意识到中国哲学或中国文化具有生命精神的属性，但他们还没有意识到中国美学不是西方的"感性学"。朱良志意识到了。这是因为，中国人所面对的世界是"活的"，有生命的，不是西方人所理解的具体可感的"现象"。中国人也不关心所获得的感知、感受是感性的还是理性的，中国人关心的是如何传达出自己心里的意绪，也就是生命的体悟。朱良志的这一发现是很重要的，它从根本上把中国美学与西方美学区别开来。

但是，这一理论也有不足之处。它把中国美学的"经验""超验"弄反了。说中国美学是在"体验"美，这是对的，但说中国美学是在"超验"中体验美，就乱了；说中国美学是"经验"的，是有道理的，但说中国美学是在"经验"中认识美，就乱了。中国文化、中国美学都是经验的，所以它才是艺术的，才是"体验"的。因为，经验不是认识的结果，而是体验的结果。中国文化或中国美学有没有超验的性质？不少学者已经做过研究了，从中国文化缺少真正的宗教，缺少宗教精神，缺少"信仰的维度"，缺少"终极关怀"，不难看出，中国文化或中国美学是没有"超验"性质的。

朱良志运用中国话语建构中国美学，这是他的一大贡献。他的《中国美学十五讲》是一个成功范例，可以看成是生命美学即中国美学基本原理教科书。但是，美中不足的恰恰也就在于其照着中国传统美学讲。在21世纪的今天，中国传统美学应该有所变化，有所发展，有所突破，有所进步。如果我们依然固守传统，都上下五千年了，我们还要不要进步？

四、其他学人生命美学述评

在"基于生命的美学"中，除了陈伯海、刘成纪二人之外，还有王庆杰、周殿富和徐肖楠等人。下面做一简单介绍。

（一）王庆杰生命美学

王庆杰的生命美学思想主要体现在他的《宿孽总因情：〈红楼梦〉生命美学引论》一书中。他借《红楼梦》来阐述他的生命美学。

王庆杰认为，生命美学研究的对象是人的存在，也就是生活及生命的问题，研究的落脚点就在于把当下的生活如何提升到终极生命的高度来审视。

> 生命美学的两大维度即初级的生活维度和高级的生命维度是紧密相连密不可分的，生活的复杂性、当下性为生命美学研究提供了取之不尽用之不竭的理论生长点；生命的相通性又为生命美学体系建构了广阔的思辨平台和拓展空间。生活环境的复杂多变性与生命情感与理性的相通性为生命美学研究奠定了坚实的实践和理论基础。[1]

王庆杰指出：

> 生命美学重心在"美"，美高于一切！美不是拒斥生活的恶丑，不是遮蔽生命的肮脏污浊，关键是让我们增强排污去垢的能力，提高我们辨识

---

[1] 王庆杰：《宿孽总因情：〈红楼梦〉生命美学引论》，光明日报出版社，2010年版，第6页。

良莠的意识!①

王庆杰关于生命美学"两个维度"的观点、对"当下性"的强调及对人性恶的宽宥等看法,可说是丰富了生命美学的内涵。而这一切,又恰好充分体现在《红楼梦》中。

王庆杰生命美学最显著的特点就是它是通过对《红楼梦》的阐发提出来的。这也可以理解为他独有的研究方法:通过对文学作品的阐发顺势建构自己的生命美学。文学作品本身就是现实生命的理想实现,它是生命的表达。因此,对文学作品的阐发(不是评价),必然是生命美学。这一路径给我们一个重要的启示:如何让改变"美学不美"的状况?王庆杰的方法或许是一条可能的途径。这让我想起周殿富的《生命美学的诉说》。周殿富散文式的散点透视一样的研究方法虽然让美学美了起来,但与王庆杰的方法相比又零碎了一点。

王庆杰生命美学另一特点是:他把生活与生命对举,区分了"生活之维"与"生命之维",并认为生命追求应当从"生活之维"提升到"生命之维"。这样,生命就有了一个超越的维度,有一个"向上"的通道,不是一个平面。这应该是从《红楼梦》而来。因为《红楼梦》中上上下下所有人的生命都是处在具体的现实生活之中的。他们的生命正是通过这些或悲或喜的生活体现出来的。对《红楼梦》的体验、阐发不可能避开这些生活抽象地考察他们的生命。但《红楼梦》之所以伟大,不在于它详细地描述了宁荣二府内不同于一般百姓的生活样态,而是因为它通过描述生活样态描绘出了"生命"的样子,也就在"生活之维"中蕴含着"生命之维"。王庆杰的这一区分,也把生命美学中的"生活之维"与刘悦笛倡导的"生活美学"区别开了。根据这一区分,我们似乎可以这样理解:"生活美学"只是"生命美学"中的"生活之维",还没有上升到"生命之维"。这恰好是潘知常在

---

① 王庆杰:《宿孽总因情:〈红楼梦〉生命美学引论》,光明日报出版社,2010年版,第7页。

《生活美学的困局》一文中表达的意思。

王庆杰的生命美学还有一个特点就是强调"情"的重要。《红楼梦》"大旨谈情",因为生命的重要表现形式就是"情":情绪、情感。有些人对此不以为然,问"理性"等等就不是生命的表现形式吗?也是,但又不同。情绪情感极不稳定,不容易控制,所以,机器很难模拟出来;而理性就不一样了,由于构成理性的那些因素,比如,概念、推理规则以及语法都是稳定不变的,可以用机器模拟出来,人的这部分功能就可以用机器替代,而"情绪、情感"则是不可能被替代的。所以,"情"才是生命中不可或缺的东西,无情的人就根本不是人,而是"机器"或"东西"。《红楼梦》的作者或许并没有认识到这一点,但他很可能在自己的人生遭遇中体验到了这一点:那些尧舜一般的圣贤或者桀纣一般的暴君,固然是历史上少有的有名人物,就是那些禀赋正邪二气所生的小人物、一般百姓,只要他们"有情有义",也不枉来世一遭,值得记载传世。换句话说,在曹雪芹看来,"情义"是可以与"三不朽"等量齐观的。可见,"有情有义"在曹雪芹心中的分量。因此,生命美学必须"以情为本",这是由"生命"自然引发出来的。王庆杰对此洞若观火,说《红楼梦》中人物"宿孽总因情":生活中的各种遭际都是因情而生、因情而变、因情而散、因情而灭。

(二)周殿富生命美学

周殿富的生命美学观点主要是通过《生命美学的诉说》一书表达出来的。这书最显著的特点就是它的形态:它不是长篇大论的完整理论,而是由一百五十六篇随笔构成。每篇随笔的前面有一段文字介绍主题。或许把这些内容连起来读,就是他的生命美学。随笔自由、生动,以情动人或以理服人。周殿富把作为学科形态的美学转化为艺术形态的随笔了。我愿意把这种转变看成是美学研究方法的转变,它就是我讲过的审美主体二重性的体现,审美主体既是欣赏者,又是研究者,这两种身份同时存在于审美主体之上,就必然要求取消主客体对立的美学的研究方法。

周殿富认为美学是另一种"思"。但究竟是怎样一种"思",还是不得而知。不过有一件事是清楚的：看似无用的生命美学能使人以人的身份"度过只能来这世界一次的生命历程"。①因此，美是生命的"第二造物主"。这很容易让人想起潘知常关于"人的两次诞生"的观点。

该书从"存在之美"说起，一直讲到"死亡之美"。几乎讲到了生命的方方面面。如此，给人另一个印象是"生命美学的诉说"似乎只是"诉说""生命之美"，也就是生命存在的各个环节之美，各个环节的风格、品质之美。这中间就缺乏了不少东西，比如，美感还要不要讲呢？审美活动还要不要讲呢？不过，这些东西真要讲，恐怕是随笔、散文这种文学形式不能胜任的，一旦转换成抽象的思辨，又与作者的美学的研究方法矛盾。所以，只好避而不讲。如果不讲，这生命美学作为一种理论还完整吗？

（三）徐肖楠、徐培木生命美学

2018年，广东高等教育出版社出版的徐肖楠、徐培木二人合著的《美学化生存：让爱与美升华生命与文学》是一部形式独特的美学著作。

该书作者认为：在文学与现实的联系中，爱与美起着根本作用，因为爱与美和文学艺术一样具有天然的美学化品质，爱与美几乎具备文学艺术的一切特质——激情、浪漫、纯粹、想象、虚构、崇高、优雅和理想主义。文学艺术和生存现实是爱与美诞生、成长、强化的情境，也是爱与美实现的形式和情景，让爱与美得到了淋漓尽致的发挥。②

为什么要"美学化生存"呢？因为"人类最终命运的核心是爱与美"。作者指出：

> 人必须美学化地活着才能从此刻到未来，这不但是人类的天性，而且是人类的最终命运，这个最终命运的核心是爱与美，这就可以简洁地命名

---

① 周殿富：《生命美学的诉说》，人民文学出版社，2004年版，导言第1页。
② 徐肖楠、徐培木：《美学化生存：让爱与美升华生命与文学》，广东高等教育出版社，2018年版，导读第1页。

我们的命运：爱与美是我们共同的命运。①

作者指出，美学化命运始终影响着人类生存的方向，对人类不断发出启示的声音，并形成现实生活中的美学化生存意味。正因为美学化生存发生在历史的每一时刻、发生在每一个人的生活中，它才能发生在文学中。

那么，什么是美学化生存呢？作者指出，

我们这里所提出的"美学化"不等于"审美化"，也不等于日常生活审美化，简洁而准确地说：美学化是美的转化或者美对生存的转化——无论是文学形式的，还是生活形式的。②

美学化生成主要体现在两个领域：一是日常生活，二是文学作品。作者指出：

人类的生活中与文学中所发生的美学化生存是一致的，不论在哪里、在什么时刻，文学都具体地体现为爱与美的生成和表达。文学最大限度地发挥了生存的美学化要求，是发生美学化生存感受最多、最普遍的领域，也是美学化感受最集中的领域，同时，也是对生活进行美学化处理的最普遍、最重要又最有趣味的领域，这其中对于美学化生存意趣的发挥，成为文学最吸引人的独特之处。③

我们这里特别关心两位作者提倡的"美学化生存"。就是说，徐肖楠把

---

① 徐肖楠、徐培木：《美学化生存：让爱与美升华生命与文学》，广东高等教育出版社，2018年版，第1页。
② 徐肖楠、徐培木：《美学化生存：让爱与美升华生命与文学》，广东高等教育出版社，2018年版，第2页。
③ 徐肖楠、徐培木：《美学化生存：让爱与美升华生命与文学》，广东高等教育出版社，2018年版，第3页。

"生命"进一步往前推,推到了"生存"这一初始环节。因为生命需要生存,或者说,生存是生命存在的形式。美学化生存体现在两个领域中:日常生活和文学作品。为什么是"文学作品"而不是"艺术作品"?这有点奇怪。因为把"日常生活"转化为美的方法很多,所有的艺术形式都可以,为何单单只提"文学作品"?与"语言"有关吗?作者没有明说。

我感到最振奋的是作者把"爱"与"美"联系起来,并指出"爱"与"美"是"我们的共同命运"。生命中本来就有"爱"与"美",所以,"爱"与"美"不可分割,有爱就必定有美,有美就必定有爱。而美学化生存就是走向"爱"与"美",走向人类的共同命运。在潘知常之外,我还没有看到有人如此谈论"爱",谈论"美",谈论二者的关联。这让我眼前一亮。

第三节 关于生命的美学

除了封孝伦的生命美学是"关于生命的美学"之外,还有一些人的生命美学也是"关于生命的美学",如宋耀良、范藻、黎启全、薛富星、杨蔼琪、雷体沛、姚全兴、司有仑等人。下面我们择要做一简单述评。

一、宋耀良生命美学述评

宋耀良在1988年出版了《艺术家生命向力》一书,提出"美,在于生命向力的符号显现"的观点。什么是生命向力呢?"生命向力"是一种"世界基本之力",宋耀良把它与"万有引力""磁力"等相提并论。宋耀良指出:

> 这样,我们可以给出第一个归纳:生命向力是自然世界的一种基本之力。同引力、磁力等在自然物质世界中的功能一样,它是自然生命世界中一切动力发生模型的最根本的原动力。生命力、青春活力、创造力——有

机生命体焕发出的各种力量，归根到底都受制于这一基本之力。[①]

既然"生命向力"是一种"不断增长"的"基本之力"，它就必然在艺术家的艺术创造活动中体现出来。具体来说，它体现在艺术家的艺术生命节律和艺术人格魅力之中。"生命向力"是在发展变化的，呈螺旋式发展，有一定的周期性，表现在个体艺术家身上就成为"艺术生命节律"。从艺术家的创作作品来看，这种"艺术生命节律"就体现为"处女作""成名作"和"代表作"。因此，"艺术既是生命的观照，又是生命向力，生命本质力量的感性形态的体现"[②]。

宋耀良是最早从生命的角度考察艺术家与艺术的关系的学者。他讲的"生命向力"是一种类似引力、磁力之类的物理力。为此，他还批评了牛顿的物理学，因为牛顿没有把这种生命中的力考虑进他的物理学中。这是一个关系到现代科学观的大问题，此处无法展开论述。如果不改变科学的性质，那么我们就有理由说宋耀良的生命美学就是典型的"关于生命的美学"，就是以"生命"为研究对象的美学。这种生命向力在艺术家身上集中体现，他通过符号把自己体验到的生命向力显示出来，这就是美的艺术。

宋耀良研究的是艺术家的生命向力。就是说，他把研究的重点放在艺术家身上，也就是艺术的创造者身上。艺术家创造艺术实际上是受到生命向力的控制，随着生命向力的发展变化，艺术家表现出"艺术生命节律"，创作呈现周期性。这一理论能够解释艺术家某些创作现象，却忽视了艺术家创作的主动性和自觉性。艺术家不是被动的，一有触动，他就会主动创造。

二、范藻生命美学述评

范藻的生命美学思想主要展现在《叩问意义之门——生命美学论纲》和

[①] 宋耀良：《艺术家生命向力》，上海社会科学院出版社，1988年版，第164页。
[②] 宋耀良：《艺术家生命向力》，上海社会科学院出版社，1988年版，第225页。

《痛定思痛：灾难文学研究》两部专著之中。

（一）范藻生命美学的主要内容

范藻在《在生命美学的烛照下》一文中，深情地说：

> 从一定意义上讲，我不仅将生命美学作为学术生命和人生志趣的寄托，还运用生命美学的原理考察分析文学作品、艺术创作、文化现象和教育问题等。当我在研究中真切地发现，一旦运用生命美学的思维利剑指向文学艺术和人文社科领域时，很多困惑和迷糊犹如拨开乌云见太阳，顿时敞亮，曾经的困惑迎刃而解。[①]

他这段文字中把生命美学称为自己的"学术生命和人生志趣的寄托"，可见，生命美学在范藻心目中的地位多么崇高，多么重要。

生命美学源起于"生命的困惑"。人是什么？生命是什么？这是一个永恒的斯芬克司之谜。我们其实在还不知道人是什么、生命是什么的时期，就首先体验到生命的处境了。生命的处境，怎一个"悲"字了得。那么，是生存，还是死亡？这是一个艰难的选择。

> 明知自己终究要死，却依然顽强地活在这个尘世中，这才是人的最大悲剧。生存之悲，生活之悲，生命之悲，怎一个"悲"字了得！[②]

面对这悲——生命的大悲剧，活在地球上和阳光下的我们怎么办呢？选择是我们的别无选择的选择，选择的道路只有两条，退避还是前进，沉沦还是奋起，平庸还是卓越，勇敢还是懦弱，是消极还是积极，两种选择的最后一问就是：死亡还是生存。我们当然要战胜死亡，超越死亡，并且要好好地生存、生

[①] 范藻：《在生命美学的烛照下》，《美与时代》，2018年第4期。
[②] 范藻：《叩问意义之门——生命美学论纲》，四川文艺出版社，2002年版，第13页。

活，活出生命的样式。范藻说：

> 我们不懈地追求，我们贪婪地发现，我们给世界赋予意义，我们为人的生命命名。生命的悲本体悄然退场之时，就是生命的美本体闪亮登台之日。①

范藻从生命的处境出发，从"悲本体"出发，认为通过战胜死亡，生命获得意义，生命之悲转换为生命之美。这岂不正是海德格尔的"向死而生"？我欣赏这样的逻辑起点。这比先讲生命活动或审美活动要更加简明。

由生命之悲过渡到生命之美，接下来顺理成章讲什么是生命之美，也即是什么是美（因为"美"就是"生命之美"）。范藻认为：体验是感性生成美的方式。体验，本是一个心理学概念，是指人把心理活动的注意从对客体的反应，集中转向对自身心理状态的回味、感受和分析，是人对外在世界获得的感受的再感受，是对自身主观反映的再反映，体验不是纯孤立的心理活动，而是建立在人对客观事物的感受和分析的基础上。在体验基础之上的审美体验，是主体进入审美状态后的心理活动，它以审美感知为前提，伴有知觉印象和理性判断，引起感性的满足、情感的共鸣和理性的愉悦。审美体验的本质在于感性生成。因此美学的起点和终点都是感性实践。在此基础之上，我们可以说，实践创造了生命的美，美学是自由生命的感性学。

范藻认为，要体验美，还需要主客观条件。从客观方面看，一是要有能够引起审美感兴的真实对象，二是要有能激起审美感兴的情景，三是要有能调动审美感兴的活力。从主观方面看，意识转移是前提，经验积累是基础，情感投入是关键。审美体验的情感，绝不是外在表现出来的激情澎湃和怒发冲冠，而是一种内在的情感，貌似风平浪静，实则翻江倒海。

发现美，是审美的一个重要环节。生命的美在于发现，发现美的过程也就

---

① 范藻：《叩问意义之门——生命美学论纲》，四川文艺出版社，2002年版，第16页。

是生命美的展示过程，因为美在你未发现之前是"养在深闺人未识"，一旦发现了，它便"天生丽质难自弃"。发现，在本质意义上，首先体现了人类生命的能动性，其次体现了人类生命的超越性，最后还体现了人类生命的丰富性。每一次发现都有新的感觉，因为我们有投向世界的第三只眼。第三只眼是一只神奇的审美慧眼，还是心灵之慧眼，情趣之心眼和意蕴之美眼，它不同于那双生理—物理的眼睛，它不讲究"真实""精确"，它是生命之眼。因为这只眼睛已不是生命的一个部分，而是生命的全部，把个体生命的感受器官和理解功能通通打开，用全部生命从内到外去拥抱这个世界。这时的世界就是"直觉与理性的混声交响"。①

创造，正是美源源不竭的动力。范藻说：

> 从生存型人到审美型人，中间连接它们的是什么？创造，一种与生俱来的创造。没有创造就没有生命，生命本身就是创造，创造正是生命美不竭的动力。②

范藻认为，自由是生命美的最高境界。如果说对生命意义的质询是我们走进美学迷宫的一个起点的话，那么自由就是我们撬动生命美学理论大厦的一个支点。通过美，我们达到自由。美是连接局限的世界和理想的世界的津梁，当这座桥梁举行通车典礼之时，现实的此岸和理想的彼岸，便美不胜收，因为自由的目的达到了。

那么什么是自由呢？自由本意是指从被束缚中解放出来。哲学上的自由是指认识必然和掌握客观规律后，自觉地运用规律改造世界的境界。自由是生命的本质，生命为自由而存在。那么审美的自由呢？审美的自由就是天上人间任你游。你的想象能达到什么地方，自由就能达到什么地方，你的情感能激活到

---

① 范藻：《叩问意义之门——生命美学论纲》，四川文艺出版社，2002年版，第37页。
② 范藻：《叩问意义之门——生命美学论纲》，四川文艺出版社，2002年版，第41页。

什么程度，自由就能激活到什么程度，审美自由是自由的自由。美是自由的产物。美是自由的境界。如果说，生命美的价值是以自由为核心的真善美相统一的境界的话，那么生命美的价值体现在我们生命意义的哪些方面呢？它体现在我们对平凡生活创造性地诗意地理解。这就是诗意、爱意、崇高、永恒等审美范畴。

美的具体内涵又不一样。首先是劳动，它是美的保障。劳动促进了人的生命的进化，劳动改变了生存的环境，劳动也促使了劳动的美化。然后是艺术的产生，它是生命的呈现，也是对生命的享受。接着，由艺术升华到思想，最后，归结到信仰，这是美的寄托。

范藻认为美，有这样一些特性：一是它的过程性，强调回归生命，二是它的阶段性，强调生命的历程，三是它的人文性，强调充实生命的内容，最后是它的超越性，强调要走出生命的局限性和有限性。生命美有各种各样的表现：形貌，它是生命美的外观，言行，是生命美的动感，气质，是生命美的魅力，还有人格，是生命美的境界。在详细讨论了生命美所处的环境和生命美要如何养成之后，范藻回归到生命的意义。为无意义的自然生命赋予意义，人类可以不寄希望于来世，也不奢望上帝的恩宠。因此生命美学把超度的救生圈坚定地套在了自己的脖子上。尽管它强调生命的感性体验，要求回归生命的个体本身，看重生命的生长过程，但绝不是把人的生命降低到动物的水准，将生存返归到原始的状态，将生活定位于感官的享受，将人生复归于婴幼的时代，而是顺应历史潮流，追踪文明足迹站在时代前沿，代表先进生产力的发展要求，代表先进文化的前进方向，代表最广大人民的根本利益。对生命来说，一言以蔽之，曰：文而化之，美而育之！这就是生命的意义。

生命美学是由"悲本体"走向"过程"的美学。正是在走向"过程"的过程中，人实现了生命的价值，实现了生命的自由，实现了生命的意义。

从一定意义上说，2018年出版的《痛定思痛：灾难文学研究》是对《叩问意义之门——生命美学论纲》的延续，它把生命放在一个雅斯贝斯称之为"临界境遇"的灾难之中，探讨在这样极端状态下的生命之美。范藻通过对2008年汶川大地震以来十年间10部中长篇灾难小说的分析，指出这些灾难小说中存在的问题，对现场感很强的"自虐式"的描写给予批评，提出了更高的要求。悲剧性不是现场的恐怖，也不是灾难的视觉冲击，而是生命在灾难中的顽强抵抗而终归于毁灭，是明知毁灭而不甘于毁灭，是在毁灭之中，精神获得永生！范藻从审美反思进入神学追求，一种形而上的追求。这个是生命美的最高境界。

（二）一点看法

范藻的生命美学有自己的鲜明特点：它把焦点放在"生命美"之上。这里的"生命美"主要指的是人的生命美。这既是它的优点，也是它的缺点。就前者而言，它深化了对人的生命之美的研究，某种程度上填补了空缺；就后者而言，它较为狭隘地理解了生命美学。

1. 就方法论而言，范藻采用的还是一种传统的认识论方法，即主客体对立的研究方法。这种方法要求有一个明确的研究对象，再把这个研究对象放置在主体可以方便地观察、研究的位置上，这就是"对象化"。范藻的研究对象就是"生命美"，然后对"生命美"的要素、价值、内涵、特征、表现、环境和养成等内在的和外在的各方面或各环节意义进行反思与考察。这种研究方法与封孝伦的研究方法一样，所以，我把范藻的生命美学归于"关于生命的美学"。

2. 但是范藻生命美学又不同于封孝伦生命美学。这不仅因为多年来范藻一直在关注、研究潘知常生命美学，受到潘知常的影响，还因为他的生命美学关注的是人的生命之美。从生命美的价值、内涵、特征、表现到生命美的环境、养成各个方面各个环节无一不是在讲"人的生命"。其中充满了对人的"人文关怀"，因此，范藻的生命美学尽管是对"生命美"的理性主义分析，却是有温度的，不是"冷冰冰的"美学。

3. 因为关注的焦点不同，范藻的生命美学的一些主题考察得还不够深入或没有考察。比如，情感在生命美学中的重要性讲得还不够。联想到潘知常概括自己生命美学的三个关键词：生命视界、情感为本和境界取向，就可以理解其中的区别了。

4.生命是美的，讲清讲透这一点很重要，这对个体人如何着手让自己生命更美有现实指导意义，也是生命美学走向更加广远天地的基底，这很不错。但生命美学不能局限于此。这是"关于生命的美学"与"基于生命的美学"之间的一大差别。应该由生命之美推及万物，推及世界。方法就是"以生命为视界"。前者是"小美学"，后者才是"大美学"。值得指出的是，范藻自1992年以来，一直研究潘知常生命美学，对潘知常生命美学有深刻理解，这必然影响到他的生命美学研究。2002年以后，他的研究方法开始向潘知常的"超主客关系"的阐释学方法靠拢，不仅关注"生命美"，也通过"生命的目镜"透视世界，开始超越"关于生命"的美学向"基于生命"的美学迈进。

三、黎启全生命美学述评

黎启全涉足美学研究比较早，不过到2016年以后，就较少看到他在美学圈子里发声了。他于1999年出版的《美是自由生命的表现》一书，集中表达了他的生命美学思想。

（一）黎启全生命美学的主要内容

黎启全认为，中国美学是生命的美学。他认为"诗言志"与"诗缘情"是对人的内在精神生命的审美追求；"传神写照"与"气韵生动"是对活生生的个体生命的审美追求；"意境"，就是自由生命的最高境界。他说：

> 无数的中国美学范畴（概念），没有一个不带有生命的信息，中国美学范畴（概念）、命题的发展史，就是艺术化的自由生命从低级向高级、从简单向复杂、从不完善到完善、从不自由向自由不断递进、不断发展的历史，在这个意义上，我们才断言：中国美学是生命的美学，或者更准确地说：中国美学史是艺术化的自由生命的发展史，中国美学就是艺术化的

自由生命的美学。[①]

美是自由生命的表现。美与生命同步诞生后,在人类审美活动的征程中相依相偎,同荣共枯:生命的盛衰存亡决定着美的发展变化得失,美的发展变化推动着生命不断向全面发展的自由生命奋进前行。自由生命的本质决定着美的本质,美是自由生命的表现。自由生命表现在自然事物、社会现象和艺术作品中,则分别生成自然美、社会美和艺术美。自由生命是审美活动的轴线和灵魂,审美创造是自由生命的表现,审美欣赏是自由生命的提升、丰富、发展和完善。

黎启全一直关心自然美问题。从1984年的《略论自然美》开始,到2016年的《生命美学视阈中的自然美》,一共发表了4篇相关论文。他认为,美的本质规定着自然美的本质。自然美是自然物身上表现出来的与人的生命活力具有某些内在一致性,并能肯定、丰富、发展、完善人的生命活力的自然生命力。自然生命力是指由无机自然物的形、声、色及其组合规律和运动的势能、动能,有机植物的勃勃生机和动物的生命辩证统一的综合的自然力。自然物是如何成为自然美的呢?自然物是具有自然生命力的事物。首先,自然生命力是在自然界的生存演变发展运动过程中形成的自然综合力。其次,人的自然生命力也就是人的生命活力,它源于自然又高于自然。最后,把二者结合起来,那自然美就是在审美活动中与人的生命力具有某些内在一致性的自然生命力。所以,判断自然物的美与丑的唯一标准就是自然生命力与人的生命力是否一致。这种一致的程度深浅又决定着自然美的形态范畴的发展变化。

黎启全把美学的触角伸到旅游领域。他认为,旅游活动就是体现、丰富、发展和完善自由生命的审美活动。"旅游"概念的发展、演变、运动的历史轨迹指向美学,归于美学。从美学角度看,所谓旅游活动,准确地说应叫"旅游

[①] 黎启全:《中国美学是生命的美学——中国美学范畴和命题历史发展的必然流向和归宿》,《贵州大学学报》(社会科学版),1999年第2期。

审美活动"。这是因为，旅游活动与审美活动构成的要素，旅游心理活动与审美心理活动，旅游需求与审美需求等都具有一定的同质性。美、审美与旅游审美活动具有本质的一致性，均为自由生命的表现。不同的是，与单一的或以自然美或以社会美或以艺术美为审美对象的审美活动相较，旅游审美活动的突出特点就在于：其功能、本质、作用，皆可全面、综合、多侧面、多层次地体现、丰富、发展和完善人的自由生命。

（二）一点看法

黎启全生命美学以马克思主义哲学为指导，强调自己的研究方法是逻辑与历史的统一，由此得出"美是人的生命活力的自由表现"的结论，也算是对马克思主义一种独特的运用与阐发。

除了对生命美学一般范畴的深入分析以外，黎启全还特别关注"自然美"和"旅游美学"。自然美的问题的确是一个难题，实践美学在这个问题上无能为力，生命美学又如何解释自然美呢？黎启全做了有意义的工作，卓有成效地解释清楚了自然美的成因与本质。他认为自然美的本质就在人的生命力与自然生命力具有一致性上。正是在此基础之上，他把生命美学经由"自然美"推及旅游领域，认为旅游活动本质就是旅游审美活动。但旅游的前提条件、审美属性和旅游心理等问题有待更深入的考察。

从方法论的角度讲，黎启全的生命美学其实并没有根本性的方法论突破，依然是传统的主客体二元对立的认识论方法。这种方法在《美是自由生命的表现》一书中体现得最为突出。他对"美"的方方面面进行了详尽的考察，理性主义的色彩十分强烈。

四、雷体沛生命美学述评

雷体沛的生命美学思想集中展现在《艺术——生命之光》和《存在与超越：生命美学导论》之中。《艺术与生命的审美关系》则是对《存在与超越：生命美学导论》一书观点的重申与强调，二者内容多有重复，可以说前者是后者的修订版。

(一)雷体沛生命美学的主要内容

雷体沛的生命美学有一个突出的特征,那就是他把生命与艺术紧密联系在一起。这就意味着,艺术之外的审美领域不在他的论域之中。

雷体沛认为,人类所有活动包括科学活动、哲学活动、艺术活动、宗教活动、实践活动等等,它的直接的基点和全部目的、意义,都是为了人的存在及对存在的超越。美学便是对艺术活动和审美活动的把握、揭示和弘扬。因此,雷体沛生命美学的核心就放在艺术与生命的关系上。因为艺术的存在与超越,就是生命的存在与超越(或发展)的问题,没有生命的存在与发展,也就没有艺术,更没有审美。

然而,长期以来,美学陷入了一个误区:把精力都集中于对美的追问和对美的建构上。这就像一只小狗想追咬自己的尾巴,不得不在原地打转一样。雷体沛在这里提出了一个方法论问题。他说:

> 思在思之中怎么能对思进行思呢?看在看之中也不能对看进行看!任何事物的存在都不是为了自身的存在而存在的,事物的存在是带有指向性,即为了自身之外的存在而存在的。思是对思之外的思,看也是对某物的看。[①]

如此,我们就不能在美之中思考美,不能在艺术之中思考艺术。我们只能在生命之中思考美,在美之中思考艺术。

人的存在与发展是一种生命投入的活动。美学,因为它特殊的指向性,所以它在注入艺术的同时也就注入了生命活动,以此来展示自己的智慧。由此,我们应该这样认为,美学就是对生命活动的"思"和"看"。没有这种"思"和"看",人的生命活动就会失去意义,生命本身也会失去色彩。这也就是生

[①] 雷体沛:《存在与超越:生命美学导论》,广东人民出版社,2001年版,自序第1页。

命美学。

生命美学的逻辑起点，那当然是生命，也就是生命的双重指向。生命没有办法从绝对的自身中得到证明，唯有通过生命的投射及其与其他生命的相遇才能印证自己的存在意义，这就是生命由内向外的指向；个体为了适应群体构成的个体环境，还要不断把外部的知识、经验引向内部，这就是生命由外向内的指向。在艺术家那里，生命的双重指向便是建立在他的艺术感觉基础之上的，他向社会或者说向他人显示其自身存在意义的本质，而显示的载体就是他的精神世界物态化的艺术作品。

艺术家的生命指向活动，就是艺术活动。那么，艺术家的艺术指向活动是如何体现出来的呢？

从艺术指向活动的生发原因来看，艺术作为一种理想，在满足人的精神需求的基础上，超越了这一世界，把人带向满足精神要求的理想境界。也就是说，当艺术是艺术家以人类理想的代言人的身份出现时，艺术是人的生存现实的理想化产物。说艺术是艺术家心灵世界的产物，当然是就艺术作为自由和无限的世界意义而言的。这里所说的自由，是审美的自由，绝不是日常生活中的随意和妄为的自由。审美自由是生命与生命相通的真实界中所体现出来的一种精神和行为，是对未来的一种开放性，是精神自觉地和有意识有意图地使尚未出现的理想成为现实的可能性。因为生命的这个最深层的真实界里包括着人与整体世界相融的一切可能性，审美自由就是这种可能性的体现。艺术作品所显示出的无限和我们对艺术欣赏中的无限感，就是审美的境界。在这里，对无限的意识就是对审美的把握。无限之光终于通过艺术照亮了我们的生命，于是生命的无限感便从此岸伸向了无限的彼岸，这是两类无限的直接照面。在现实世界，因为人与自然的直接照面被阻隔在自己所设定的此岸的中介环节，精神探求的生命力受到围限和规定，激情和渴望受到排斥，焦虑，烦闷等等总是使生命在寻找着超越，生命的激情终于在艺术中再一次得到伸展。

从艺术指向活动的方式来看，艺术有一个主观与客观的交流过程。任何意识都是在人与对象的关系中产生的，外在现实已经闯入了艺术家的头脑中，激发起艺术家的精神,艺术家的这一精神如何外化为艺术作品?这个过程首先在艺术家的头脑中即精神世界里进行,可以说艺术创造过程是生命主体的呈现过程,而不是外在事物的变化过程。精神的无限伸张,根本上都是出于精神自身的这样一个基本渴望。于是这种无限伸张就处在这种内在与外在的双重困境中,因而它渴望摆脱有限的自己,回到真正的无限的自己,精神由渴望构成对自己的终极关切——在求索中对自己的实现,就使它走向了艺术。

雷体沛认为,生命的交汇也就是艺术的实现。雷体沛认为在艺术活动的领域里,生命的自身满足是通过意象的满足来实现的,即精神的渴望在意象中得到满足。意象本身还不是艺术,只有在感性事物中建立起一条通往意象的通道,意象连着这条通道的极限,才叫艺术作品。艺术的无限世界来自作为无限精神总体的人的生命在无限世界做无限伸展的渴望。意象作为一个无限的自由世界,它满足了生命的这一渴望,这是世界为了自己的存在(标志着引导生命进入它的世界)便寻求感性同时得到感性。雷体沛说:

> 在我们的生命中,存在着两个世界,一是现实存在的世界,这是我们的生命得以保存的基础;另一个是我们想象的世界,即理想的或艺术的世界。①

生命所驻足的并不是艺术世界,而是它自己所安置的"人工界"。艺术世界和"人工界"是两个完全不同的世界,前者使生命能成为生命,但却不能长久,后者使生命不能完全成为生命,却可以使生命长久地驻足。这就要求艺术世界与"人工界"的相融相合,艺术包容生活。

在讨论生命美学的发展历程的时候,雷体沛认为,一开始人是不自觉地建立起了家园。到了古希腊时期,人类就进入了自觉地或者有意识地建立家园的时期。然而,随着近代人文主义的兴起,人在确立自我主体地位的同时,第

---

① 雷体沛:《存在与超越:生命美学导论》,广东人民出版社,2001年版,第21页。

一次真正反省自己，这个时候，人类开始离开自己建立的家园。主体的确立使人与世界的关系变成了征服与被征服、认识与被认识、利用与被利用的分裂关系。人离开了家园，陷入茫然无措的异化状态之中。人在近代人本主义的哲学中是抽象的人，理念中的人，是失去了自主性独立性的人，没有自由，没有个性，也没有人的发展和选择的可能性。生命就像凋谢的花朵，失去了活力，失去了尊严，也失去了价值。这时候的生命美学也就毫无意义，隐遁到远处，看不见它的身影。自我反而失去了真正的自我把握，我们再次远离了世界，如何走出生存的困境找到归宿，这就需要重回生命，重回生命哲学、生命美学。

（二）一点看法

我首先注意到的是雷体沛的生命美学关注的是生命与艺术的关系。他把人的世界分为两个：一是现实存在的世界，这是生命得以保存的基础；另一个是想象的世界，即理想的或艺术的世界。前者在"楼下"，是基础、是现实，后者在"楼上"，是理想、是艺术。从"楼下"到"楼上"的过程就是"超越"。由于这样的划分，即生命中的"高光"部分只是"艺术"，那么，生命不仅必然与艺术相联系，而且只能与艺术相联系。因为舍此以外，没有其他了。从这个意义上讲，生命美学其实就是生命艺术，艺术的发展变化不过就是生命的发展变化。与刘成纪的"审美流变论"相比较，雷体沛是从艺术的发展变化的类型来反证生命与艺术的血肉关系，而刘成纪则是从生命运动的动力角度来解释艺术的"流变"。前者是从B到A，后者是从A到B。

问题在于生命与艺术的关系可能并非这样简单，并非仅是生命对艺术的单向作用。艺术肯定对生命也有巨大影响，雷体沛对此却轻轻放过了。对生命的润泽、滋养和美化，恰恰是生命美学的主要内容之一。

雷体沛注意到美学方法论的矛盾：在"思之中"无法对"思"进行思，在"看之中"无法对"看"进行看。这个矛盾如何解决？雷体沛的解决之道就是"思是对思之外的思，看也是对某物的看"。由此他得出"事物的存在是带有指向性，即为了自身之外的存在而存在的"的结论。要研究艺术，不能在艺术中研究艺术，只能在艺术之外的生命之中研究艺术；要研究美也不能在美之中研究美，只能在"美"之外的艺术之中研究"美"。显而易见，雷体沛的研究方法是典型的"对象化"研究方法：跳出艺术之外，站在"生命"的角度来研究艺术，这就是把艺术当作一个对象放在"生命"的对立面，以方便"生命"的研究。对"美"的研究也是如此：把"美"放在艺术之外，从艺术的角度来研究它。雷体沛意识到了美学研究方法的矛盾之处，其解决方法也有创造性，但仍是有问题的。这种问题就是方法论的传统性质：仍然是认识论、知识论的方法，与实践美学没有不同。从实践美学到生命美学，从根本上说就是方法论的转换，没有这种转换，即便是把"生命"当成是美学研究的逻辑起点，它仍然是"冷冰冰的"传统美学。

再说，如果雷体沛的任何事物都是"为了自身之外的存在而存在的"这个结论是正确的，那任何事物都是"为他"的存在，这恐怕是功利主义、工具主义的根源。幸好这个结论是不对的。任何事物都在为自身的存在并且是长久的存在而努力，这甚至是事物自身唯一的任务。"为自身之外的存在"说到底也是为了自身的存在。"合作"不是为了别人的利益才"合作"，而是为了自身的利益的最大化才会"合作"。但"合作"在客观上也让"他人"的利益最大化。在这一点上，封孝伦是对的，"生命"第一任务就是让自己活得更长久一些、更舒服一些。封孝伦的不足之处在于，他没有意识到"合作"的重要作用。雷体沛在这一点上不仅没有像封孝伦那样走得远，而且其基本观点错了，必将影响到他对生命、艺术、美的认识。

正确解决雷体沛发现的方法论矛盾是至关重要的。就科学（哲学）来说，他的解决之道是对的，因为科学（哲学）的目的就是"认识"世界，而"认识"的基本方法就是"对象化"。但就美学研究而言，雷体沛的解决之道就错了。因为，我们必须在"生命之中"把握"生命"，必须在"艺术之中"把握"艺术"，在"美学之中"把握"美"。因为我们的生命存在于世界之中（这个世界就是我们生命的存在形式），如果人在"世界之外"，世界就没有生命了，它就是一堆僵死的、被理性的解剖刀分析的物质对象。一句话，我们必须在"世界之中"把握"世界"，不能在"生命之外""艺术之外""美学之外"或"世界之外"来把握"生命""艺术""美"或"世界"。如果这是真的，那么雷体沛的方法论矛盾就可以转换为：

在"世界之中"，我们如何把握"世界"？

这是生命美学的根本问题，其实就是美学的根本问题。

五、杨蔼琪生命美学思想述评

杨蔼琪的生命美学思想集中体现在她的《美是生命力》一书中。杨蔼琪认为人类爱美、追求美的动力是人的本能：喜新厌旧。美的本质也很清楚：美就是生命力，二者是同一的，是恒等的关系。世界万物存在的根本形式是运动。因此寻找美的本质也就应该从"运动"当中去寻找。杨蔼琪说：

> 可以这样说：美，就是运动着的事物的光彩；就是运动着的事物所发出的光和热；就是事物在运动中产生的能量和力。一句话：美就是生命力。[1]

什么是生命呢？生命，从广义来说，它指的是哲学或物理学（而非仅仅是生物学）意义上的生命。运动就是生命，或者说生命就是指一种运动着的事物的特性，是借用生命一词说运动。

把生命解释为运动，杨蔼琪在不知不觉中最为紧密地贴合了《周易》中"生生之谓易"的生命哲学观，而且她也轻松地回答了无生命的无机物之所以美的问题。

美是生命力，最鲜明最集中地体现在人的身上。人，作为一个生命体，其运动形式就是人的生命过程，即生命的发生、发育、成长、衰老和死亡的全部过程。这个过程表现为一个抛物线的形状，抛物线的最高点把这个过程分为前

---

[1] 杨蔼琪：《美是生命力》，知识出版社，2000年版，第206页。

后两个阶段，前一阶段人的生命力由弱到强，到抛物线最高点时生命力达到最强状态，之后，人的生命力由强到弱，最终消亡。人在其全部生命过程中，不断发育、壮大，表现为健全的形体和活力，用富有智慧和能力的生命，为社会增添财富和光彩。

> 总之，人的生命力，就是人在生命运动中，因其内在和外在的完美表现，而显示出的人的生命的光彩与魅力。①

正因为事物的运动，有其从渐弱到渐强或从渐强到渐弱的变化过程，其生命的表现因而也有强弱之分。人类对生命力的渴望和崇拜，使人类不仅向往着生命的永存，还向往着青春永驻，因为青春是生命力的顶峰，青春就是美，生命力就是美。杨蔼琪说：

> 总之，人的美就是其生命力的美，即因为运动着而产生的生命的能量和由此而来的人的魅力。同时，人又将生命力这一说法，赋予正在生生息息运动着的世界万物——人从自然中领悟到的美的万物。②

如此，由"人的美就是其生命力的美"，推及万物之美也是"生命力的美"。万物在美的本质上相同，但在美的现象上相异。尽管同属美的事物，但在内容和形式上完全不同。

杨蔼琪认为：一、美是客观存在的，生命力的美是客观存在；二、对于人类来说，生命力的美主要是依靠主观来感受；三、无论是对自然还是对人而言，生命力的对立面——自然地衰老、腐朽和死亡的事物——从形式上来说，永远都是丑的。杨蔼琪指出：

---

① 杨蔼琪：《美是生命力》，知识出版社，2000年版，第207页。
② 杨蔼琪：《美是生命力》，知识出版社，2000年版，第208页。

"美是生命力"是就人的立场狭义而言；"生命力就是美"则是就美的客观存在、就其涵盖整个自然界的广义而言。①

我认为，杨蔼琪把"生命""自由"理解为"运动"，把"人的本质力量"理解为"人的生命力"，又把生命力理解为生命过程中所放射出来的美的光彩，都是很不错的想法。在此基础上，杨蔼琪建构了她自己的"生命美学"。

六、其他学人的生命美学简评

（一）司有仑生命美学思想

司有仑的生命美学思想集中体现在1996年出版的《生命·意志·美》和2014年出版的《生命本体论美学》两本书中。

司有仑的生命本体论美学，他称为生命美学。他从分析评论西方生命哲学和生命美学入手，表达了他自己的生命美学思想。他说：

> （我们）把叔本华和尼采为代表的唯意志论美学，以狄尔泰、齐尔美发轫，由柏格森最后完成的生命哲学的美学，弗洛伊德的精神分析美学，荣格的分析心理美学，如果把其外延再扩展一些，还可以把以海德格尔、雅斯贝尔斯、梅洛-庞蒂和萨特等为代表的存在主义美学，以马尔库塞和阿多尔诺为代表的法兰克福学派美学也包涵在内，统称为生命美学，或称为生命意志美学。②

之所以把上述各种美学称之为生命美学，是因为这些美学流派尽管其哲学

---

① 杨蔼琪：《美是生命力》，知识出版社，2000年版，第221页。
② 司有仑：《生命·意志·美》，中国和平出版社，1996年版，第2页。

基础或美学体系不同，却有几个方面的共同特征：第一，他们都是以人的生命为本体，来界定世界的本原和基质；第二，他们在认识论方面，都贬黜理性，高扬直觉体验；第三，他们都把艺术抬高到本体论的位置。

司有仑认为，生命本体论美学，主要侧重于从人类生命自然本性，来阐释美的本原和艺术的本原。无可否认，近代生物科学或人体科学的发展，尤其是心理科学的进步，为我们揭开美感经验的奥秘提供了坚实的理论基础。尽管如此，决不能过分夸大人类自然生命与美的本原或艺术的本原的内在联系，因为审美活动不是人类的一种自然本能，而是一种社会现象。

司有仑认为，马克思也谈及过人的"生命活动"，但与"生命哲学"所说的"生命活动"有本质的区别：其一，人的生命活动不同于动物的生命活动，动物的生命活动是无意识的本能呈示，而"人则使自己的生命活动本身变成自己意志的和自己意识的对象"[①]。其二，人的生命活动主要不是指人的自然生命活动，而是指人的"类"生命活动，即社会性的生命活动。总之，包括"生命哲学"的美学在内的西方诸美学流派，我们都应该在批判的基础上，吸收其合理的内核。然而，我们要想建构起马克思主义美学体系，就必须建筑在马克思主义哲学，尤其是要建筑在历史唯物主义的基础之上。

显然，司有仑把人的生命分为"自然生命"和"社会性生命"。根据这种划分，西方各种生命哲学的美学或生命本体论美学所讲的"生命"指的都是人类自然生命。而人的生命活动主要不是人的自然生命活动，而是人的社会性的生命活动。因此，西方的生命本体论美学都是建构在一个错误的基础之上的。司有仑的批评是一种非常正统的批评，他把生命分割为两块：自然生命和社会生命，还不及封孝伦的"三重生命学说"准确。封孝伦虽然也有最终归于社会生命的想法，但他从需要的角度出发，也十分重视生物生命和精神生命。司有仑不同，他的生命本体论美学的落脚点和目的地是社会生命。

辩证法家们最喜欢讲矛盾的统一。但"统一"先得要有矛盾，所以，他

---

① 《马克思恩格斯选集》第1卷，人民出版社，1995年版，第46页。

们总是能够找到"矛盾"。生命本来是一个不可分割的统一体，司有仑把它分为"人类自然生命"和"人类社会生命"，这样，就有矛盾了。矛盾的解决就是最终归于"社会生命"。这种研究方法是有问题的。生命不可分割，一旦分割，它就不是原来的那个有生命的"生命"了。再说，"人类的自然生命"就等同于动物的自然生命吗？回答是否定的。人类的自然生命也有社会生命的要素，反过来，人类的社会生命也有自然生命的要素。所以这种人为的对立实际上是那些爱讲辩证法的人人为地造成的。

（二）姚全兴生命美学思想

姚全兴发表于2001年的《生命美育》主要是从（人的）生命的角度，研究生命美育的特性、方法和意义。既然是"生命美育"，必然要兼及"生命美"。姚全兴的"生命美"与范藻"生命美学"的"生命美"在概念内涵上有异曲同工之妙，大体都是指体现在"宇宙之精华，万物之灵长"的人的生命之美。姚全兴自己说得明白："生命美育的核心是人的生命美。"[①]

什么是生命美育呢？

> 生命美育是审美教育（简称美育）的一种，它具有美育的一般作用，如满足和提高审美需要、树立正确的审美观、引导审美生活、塑造健全的人格、提高和发展审美感受能力、培养和促进审美创造力，又具有美育的独特作用，可以使人认识到审美活动的内在需要和动力是生命；使审美既是人的一种基本的生存方式，又是人的生命的表现和展示；使人通过审美活动，表达对生命状态的关怀，对生命情调的追求；使人更好地感受和体悟生命的意义，促进情感生命和精神生命的形成，从而美育生命，在激扬生命之力的同时焕发生命之美。这就决定生命美育是最基本的美育，最重要的美育，其他种种美育都以它为基础为根本为源泉，没有生命美育，就

---

① 姚全兴：《生命美育》，上海教育出版社，2001年版，第1页。

没有其他美育。①

生命美育是一种新生事物，它有四个特点，第一是寓理性于感性，第二是自然性与社会性，第三是既有形象性又富趣味性，第四是从过程性到动态性。姚全兴从生命感觉、生命体验和生命智慧以及自然与生命、艺术与生命、生命的诗化、生命的强化几个方面对生命美育做了详尽的探讨。

姚全兴认为，审美过程就是美育过程。人的生命感受、生命价值在很大程度上通过这种过程得以实现和丰富、超越和创造。这个观点是很富启发性的，我们在审美的同时，其实就是在对自己的心灵、灵魂和精神进行洗涤和教化，也就是美化生命。这其实也是"人成为人"的生成过程，姚全兴用了"人的生产方式"这一经济学概念。我不喜欢这样的概念，因为它把人当成了商品一样的东西。我赞成审美过程就是美育过程的看法。在审美过程之外去寻求"美育过程"，就好比在我们的身体之外去寻找心理活动一样。由此还可以引申一下：美育还是一种自我教育，意思是外在的教育（不管手段如何先进），都必须通过自我教育才能起作用。如果自我教育的动力不强，任何外在的审美教育都不会有效果。再引申一下，这种"自我教育"还是一种"潜意识教育"，意思就是它只能在"不知不觉"中完成。或者说这种"自我教育"是一种"基于自由的或兴趣的教育"，任何强迫（不管是外在的还是内在的）的审美都不会起到教育的作用。而这一层意思，姚全兴似乎并没有说。

第四节　有关生命的美学

在潘知常总结的"关于生命的美学"和"基于生命的美学"之外，还有一类生命美学的研究者，他们仅是把"生命"作为一个切入点，或如他们自己所

---

① 姚全兴：《生命美育》，上海教育出版社，2001年版，第4页。

说将"生命"作为一个"逻辑起点",既不像封孝伦那样专注于"生命",也不像潘知常那样"以生命为视界",而是关注的主题与"生命"有关。比如,张涵所讲的生命美学关注的重点是具有生命属性的艺术与各人文学科之间的关系,借此关系,他要建构一种"新人间美学",也是一种"大美学";而成复旺则借助生命与文化的关系,从生命美学的角度提出复兴中国传统文化的方案。彭富春的人类学美学、聂振斌的文化本体论美学、张应杭的人生美学等,他们的生命美学只是与"生命有关",因此,他们的生命美学其实是"有关生命的美学"。下面我们也做个简单的述评。

一、张涵生命美学述评

我手边有张涵四部美学专著:《中国当代美学》(主编)、《艺术与生命》(合著)、《艺术生命学大纲》和《新人间美学》(合著)。《艺术与生命》与《艺术生命学大纲》二书内容多有重叠,可以把后者视为前者的修订本。

(一)张涵生命美学的特点

1. 立旨高远,气势恢宏。在《中国当代美学》一书中,他站在"全人类意识"的高度对"美学意识"的历史嬗变进行了梳理,一针见血地指出:

> 我们认为,上述美学的困惑,尤其是当代美学的困惑,归根结蒂,是人类的困惑,是人类自身在其生长发育成熟过程中的困惑。[①]

要破除这种困惑,就必须认识到:

> 真正的美学便是人学,真正的人学便是美学,而无论是美学和人学,

[①] 张涵主编:《中国当代美学》,河南人民出版社,1990年版,第9页。

两者的困惑都只有通过理论上的综合和实践上的综合才能解决。这种综合，包括美学自身的综合、人类自身的综合和"美学—人类"统一的大综合。①

张涵认为，这种大综合，就宏观而言，将是人类生态学美学和人类战略学美学的诞生，就微观而言，将是人类人格学美学和人类主体性美学的诞生，而在实践上将是新人或新的人类的诞生。张涵赋予美学更为重要的意义：

当代美学将是一种"大美学"，一种跨众学科之疆域，居众学科之首位的"大美学"，将是双手抱起呱呱坠地的新人类或曰"大人类"的助产师！②

下面这段话，清楚表达了张涵对"中国当代美学的困惑"的解决之道：

综上所述，中国当代美学的困惑就是当代世界美学的困惑，当代世界美学的困惑就是当代人类的困惑。这是一种同性质的困惑，要求一种同性质的解决。解决之途，就是走向美学自身和人类自身的双向合一的大综合与大整合。而作为这种大综合、大整合的繁花与硕果，便是"大美学"和"大人类"的诞生！③

这种"大美学"不仅仅"大"，它还是具有"可操作性的"。"大美学不仅是理论的美学，而且是实践的美学、行动的美学和可操作性的美学。"④

2. 把艺术与生命结合起来研究，这是张涵生命美学的一个显著特点。把

---

① 张涵主编：《中国当代美学》，河南人民出版社，1990年版，第9页。
② 张涵主编：《中国当代美学》，河南人民出版社，1990年版，第10页。
③ 张涵主编：《中国当代美学》，河南人民出版社，1990年版，第14—15页。
④ 张涵主编：《中国当代美学》，河南人民出版社，1990年版，第15页。

1993年出版的《艺术与生命》与2005年出版的《艺术生命学大纲》相比,仅从书名的变化上就可以看出张涵观点的变化:前者重点探究艺术与生命的关系,二者还是分离的;后者已经把艺术与生命融为一体,成为"艺术生命学"了。在《艺术生命学大纲》的后记中,张涵介绍说:

> 我真正想要做的是,勾画新旧千年、新旧百年之交正在酝酿中的人类文明大转型的蓝图,并把终将发生的新的艺术复兴作为其有机组成部分。①

由此可见,艺术生命学是为人类文明大转型和中国的文艺复兴勾画蓝图的。那么,艺术生命学是怎样一门科学?在分析了艺术、科技与生命的纠缠与背离的生存困境之后,在关于"上帝死了""人死了"的哲学反思的"涅槃"之上,诞生了大生命哲学和大生命美学的新"凤凰"。张涵说:

> 所谓"大生命",就是中华"易学"所建构的天、地、人"三才"共"生生"的宇宙大生命共同体。"才"者,材也、质也、态也。天、地、人是宇宙生命的三种主要形态,三者的关系是天"生"地,天、地合"生"人,人以其"生"回应天地,天、地、人"和而不同",共同构成多姿多彩的生命大家庭。②

这样的大生命哲学和大生命美学,将有机地吸收与整合昔日的生命哲学、生物科学、人类学和当今正在发展的生存哲学、科学哲学、生态美学、人学、生命学、宇宙学等学科的研究成果,同时推动建立像艺术生命学这样的新学科。这样的大生命哲学和大生命美学正是当今人类呼唤其诞生的艺术生命学的

---

① 张涵:《艺术生命学大纲》,河南人民出版社,2005年版,第324页。
② 张涵:《艺术生命学大纲》,河南人民出版社,2005年版,第10页。

"头脑"。而艺术生命学也只有成为以大生命哲学和大生命美学为"头脑"、以艺术革命和科技革命为"两翼"的正在大转型中的人类文明发展新模式的有机组成部分,才能以"大道"与"大策"的品格,担负起新世纪、新千年赋予它的引领人类身心全面解放的神圣使命。

艺术生命学的研究对象,包括艺术和生命两大部分及两者之间的关系。但是对艺术和生命的界定,又必然地受制于研究者所采取的视角与方法。张涵所面对的生命和艺术,是一种大历史尺度的生命和艺术,也就是一种大生命和大艺术。

何谓大生命?即由中华大"易学"所建构的天地人大生命共同体。

>在我们看来,所谓大生命观,就是《易传》所称道的"仰则观象于天,俯则观法于地……近取诸身,远取诸物"伏羲八卦那种对天地人大生命共同体的统观,就是从自然史和人类史的大时空、大维度对宇宙生命和人类生命共同的本质、结构与进化历程进行统一的审视与把握。这种大生命观,不仅认为人类生命是宇宙生命进化的一个硕果及其有机的组成部分,而且认为人类生命还是宇宙生命的一种全息性缩影或聚焦。[1]

这种宇宙大生命或曰天地人大生命共同体,在本质属性上,是互大、互美、共荣的;在结构上,则是物质与精神的元同构与元互动。这种大生命观区别于并包含着一种与艺术观相匹配的"小生命观"。这种小生命观以人为尺度,是一种以人类为中心的生命观。与天地人生命共同体所涵盖的大生命与大生命观互补的,是大艺术与大艺术观。

何谓大艺术和大艺术观?张涵认为由天地人建构的大生命体或曰大生命网,对于人类和我们每一个人来说,既是广袤的生命时空,又是无限的艺术时空,既是广袤的生命对象又是无限的艺术对象;而且,广袤的生命时空与无限

---

[1] 张涵:《艺术生命学大纲》,河南人民出版社,2005年版,第16—17页。

的艺术时空、广袤的生命对象与无限的艺术对象,都是互动互生的。

面对这样的生命时空与生命对象,这样的艺术时空与艺术对象,若问:拥有地球上最美的物质与精神花朵的人类,何时以艺术为伴?我们或可这样回答:秉承宇宙大生命互美、互生与共荣的本质特征,人类生而为大,生而为美,生而共荣,此"大""美""荣"属性,以一种"铁的必然性"使人在诞生之初便自觉与不自觉地以艺术为"伴",携手共行。

3. 与大生命观和大艺术观相适应的,是大视野和大方法的研究方法的转变。

张涵认为:"大生命哲学与大生命美学,无论在本体论上还是在方法论上,都是以中华'大易'之学和马克思主义哲学及其美学思想为灵魂。"①

> 马克思哲学以其大历史观与大美学观内含着这样的大方法,即抱"根"、举"纲"和执"枢"。这条大根,就是"自然"与"人";这个大纲,就是人的"实践";这个大机枢,就是"美"和"美的规律",并通过这一大机枢,把这种大方法推向极致。②

令人惊奇的是,中华"大易"所抱之"根",所举之"纲",所执之"枢",与马克思主义这样的大方法如此相通或相似。

4. 以艺术生命学为基础,提出"新人间美学",其内在主旨一脉贯通。"新人间美学"呼唤"新人间""新文明"和"新人类",坚信人类文明在新的千年必将迎来"大转型",同时,中华文明必将迎来伟大复兴。总之,这种以大生命哲学为基础的大生命美学是为"新人间"准备的。新人间文明之魂就是"美者优存"。达尔文的"适者生存",只是人类低层次的生物特性,是人与动物的共性,而真正驱使人类从动物界分离出来的动力,则是"美者优

---

① 张涵:《艺术生命学大纲》,河南人民出版社,2005年版,第21页。
② 张涵:《艺术生命学大纲》,河南人民出版社,2005年版,第21—22页。

存"。因为人类的生命活动，包括劳作、起居、饮食、生育、交往、言语、衣饰、环境等等，总是始于求其"适"，进而求其"美"，总是低则求"生存"，高则求"优存"。也就是说，人类的生命形态在本性上趋向寻找某种文化的形态和审美的形态，而且只有当它取得某种文化的形态和审美形态的时候，人之为人的生命活动才真正开始。①

5. 强调中华传统美学尤其是"易学"与马克思主义的相通相近，并强调"易学"在"新人间美学"中的指导作用。重视大生命哲学和大生命美学在各个方面的具体运用，与传播、影视、城乡建筑、经济等各个领域的结合，并经由此种结合，创造一个"新文明""新人类""新人间"。张涵赋予美学神圣的使命：它是建构"新人间"的助产师。这一观点鲜明地体现在《新人间美学》一书中。美学与各个领域的结合，其目的就是要建设一个"新人间"。

6. 由于张涵关注的焦点不同，他把美学当成改变人类社会的工具，自然对美、美感和审美活动等美学基本范畴关注不够。

（二）一点看法

1. 张涵的美学立意高远，抱负远大，鼓舞人心。大生命观和大艺术观令人耳目一新。张涵通过对人类历史发展的梳理，认识到21世纪必将是一个"大综合"与"大整合"的世纪，在此基础上，提出"大生命观"与"大艺术观"，是顺应历史发展趋势的。他在达尔文"适者生存"的基础上提出"美者优存"，并认为这有着"铁的必然性"，也是一大创见。

2. 把美学当成建设"新人间"的工具，这是我不能接受的。在终极意义上讲，美学必然是"工具"，它是为了"人类"而存在的。但在现实意义上，美学又不应该成为工具。原因在于，美学一旦成为工具，它就不是美学了，失去了自己的本性，也就没人关心它的本性了。这就像文学艺术不能成为工具一样。

3. "新人间"是否是新乌托邦或审美乌托邦？我不太喜欢建设人间天堂

---

① 参见张涵、张宇：《新人间美学》，中国青年出版社，2008年版，第33页。

这种想法。因为"天堂"应该在"天上",遥不可及;把遥不可及的"天堂"建在"人间",就会出现大灾难。这不是危言耸听,既有理论的证明,又有历史的佐证。从理论上讲,这样宏大的理想(建造一个"新人间")既不是为个人而建,也不是个体人能够建立起来的,它必须有一个强有力的机构、组织、领导所有个体人统一思想、统一行动才能"实现"。但是,每个人都有自己不同的思想、利益、情感与感受,在"实现理想"的过程中,这些个体人的利益、情感与感受与那个宏大的目标有可能不一致,因此,个体人的思想、利益、情感和感受不太可能得到保护,相反,有时不得不采取暴力手段剥夺他们的权利和独特的情感与感受,这就必然造成人间灾难。本来初衷是要建设"新人间",结果在建设过程中成了"人间地狱"。就历史事实而言,西方自法国大革命以来的所有伟大人物的美好理想全都以失败告终,就是明证。不管张涵考虑得多么周到、设计得多么完美,只要是关涉到个体人,那种宏大的目标在实施过程中就必将因为人道灾难而崩溃。这样的生命美学就将演变为"暴力美学"。

二、成复旺生命美学述评

成复旺是中国传统文艺理论的知名专家。三十多年前,我就认真读过他与人合著的《中国文学理论史》,获益匪浅。以他精湛的传统文学理论的修养,自然对中国传统文学有更加深刻的体察。他并没有生命美学的专著,但这不能说他就没有生命美学的思想。他的生命美学思想集中体现在他出版于2004年的《走向自然生命——中国文化精神的再生》一书中。

(一)成复旺生命美学主要内容

在这本书的引论中,成复旺开篇就说他的全部思考"逐渐集中于一点,那就是'生命'",他从中西文化的对比入手,借德国学者彼得·科斯洛夫斯基在讨论"后现代"文化时,提出的两种模式——技术模式和生命模式——的对比,指出西方文化就是技术模式,而中国文化就是生命模式。

何谓以"技术模式"为导向？简单地说就是按照人制作器物的样式来考虑问题。因为人制作器物是一种典型的技术行为。以这种思维模式考虑问题，那一切都是"造"出来的。房屋是人造的，那么，人是谁造的？世界万物又是谁造的？这就必然引申出一个"造物者"的上帝。但在中国传统文化中就不是这样的。孩子是父母生的，而父母之所以能够生孩子，是因为父亲的阳气与母亲的阴气阴阳合和，而生成孩子的生命。天地万物不是上帝创造的，而是由阴阳二气融合而化生的。中国人就是这样看待宇宙万物的，这就是所谓的"生命模式"。成复旺说：

"技术模式"立足于"造"，而"生命模式"立足于"生"。这是两种思想模式在看待世界的出发点上的分歧。有了这个出发点的分歧，就会派生出一系列文化观念的分歧了。①

如此一来，"技术模式"就导致了理性世界与感性世界的分裂，而"生命模式"没有这种分裂；"技术模式"导致了人与自然的分裂，而"生命模式"没有这种分裂；不仅如此，"技术模式"还导致了自然的死亡，而"生命模式"给了自然以生命。因此可以说，以"技术模式"为导向的西方文化是背离自然生命、征服自然生命的文化，以"生命模式"为导向的中国传统文化是亲近自然生命、培育自然生命的文化。

现在，以"技术模式"为向导的西方文化已经造成了严重的后果，主要有两个表现：一是造成人与自然的对立，环境被严重破坏；二是造成了精神文明的衰落，严重的精神虚无主义。于是西方众多的有识之士要求超越现代主义，提出后现代主义的文化主张。

这就产生一个问题：

---

① 成复旺：《走向自然生命——中国文化精神的再生》，中国人民大学出版社，2004年版，第5页。

当我们为实现"现代化"所作的文化反省尚未收尾的时候，在已经实现了"现代化"的西方，众多有识之士却对现代文化提出了这样的质疑：一种把过去的绝大部分事物都当作迷信而加以抛弃、并一味地想通过对自然的技术统治来增加人们的物质享受的文化，能否带来一个和平、幸福和有高尚道德的世界？[①]

回答是否定的，因为历史事实已经证明"技术模式"已经破产。对于后现代主义说来，"生命"是一个基本的立足点。因此，回到"生命模式"也是后现代主义的一个必然的选择。

而后现代主义的文化主张与中国传统文化的特点如出一辙。

可惜的是中国传统文化在西学东渐之后开始断层。王国维这位国学大师开始把目光转向西方，转向叔本华和康德，他的学术风格开始与西方接轨。从那以后，我们采取拿来主义，从西方那里拿来概念和理论体系，建构起与他们几乎完全相同的学术标准与传统。总之，我们接过了西方的"学术"传统，丢掉了自己的"学问"传统。也就是说，我们采用了西方的"技术模式"，替换了我们传统的"生命模式"。

正是在这样的历史境遇之中，成复旺提出了"走向自然生命"的中国文化精神的再生之路。

《走向自然生命——中国文化精神的再生》就是在这样一个大背景中展开的。全书一共有五章。第一章讲天地就是一个统一的生命大家庭，充盈于天地之间的只是一个大生。这种观点在道家、儒家的典籍中表达得十分鲜明。成复旺说：

[①] 成复旺：《走向自然生命——中国文化精神的再生》，中国人民大学出版社，2004年版，第7页。

中国古代哲学何以能够避免西方那样的二元分立？根本原因就在于，中国古代的宇宙论既不是立足于精神，也不是立足于物质，而是立足于生命。生命的本质就是自我生长，因而它既是造物者又是被造物，既是精神的又是物质的。所以，如果要在同西方的比较中揭示中国古代宇宙论的基本特征的话，那就应该说是：生命一元论。①

在这里，成复旺非常明确地提出了中国古代宇宙论的基本特征，就是生命一元论。这与后现代思潮主张以有机论来替代机械论，把宇宙理解为一个生命共同体是完全一致的。

天地有大美而不言。这"大美"也就是化育之美。对道家而言，宇宙大生命就是最高的美，对儒家来说，天地化生万物就是最高的美。因而当然就是艺术的本源。成复旺以"和""文""神"等中国古代文化特征为例，讲述了中国传统文化的大美。他说：

"和"者，生之本，亦美之本；"文"者，生之象，亦美之象；"神"者，生之意，亦美之意。美皆本原于生，生即体现为美。宇宙生命是世间万美的原美，世间万美都是宇宙生命的体现。故谓"天地有大美而不言"。这就是中国古代的审美观。②

如此看来，成复旺的美学思想是真正纯粹的生命美学思想。由此，成复旺自然而然引出一个重要的美学观点：美在自然生命。在分析批评了西方的形式美学和中国当代的实践美学之后，成复旺提出了美在生命的观点。近代工业社会以来，人被严重地异化。对异化的超越就是回归自然、回归生命，这就是

[①] 成复旺：《走向自然生命——中国文化精神的再生》，中国人民大学出版社，2004年版，第31页。

[②] 成复旺：《走向自然生命——中国文化精神的再生》，中国人民大学出版社，2004年版，第54页。

审美活动。如果说审美活动是向自然生命的回归,那么什么是美也就清楚明白了。在审美活动中,那些引人超越异化、回归自然生命的事物,人们就会感到它们是美的。什么事物能够引人超越异化,回归自然生命?只有生命。只有生命才能感受生命,只有生命才能抚慰生命,只有具有生命意味的事物才能引人超越异化、返回生命本身,获得生命的畅适。因而,只有具有生命意味的事物才能成为美。

不仅美在生命,美感也在生命。美感就是作为生命自觉者的人所意识到的生命的舒畅感、自由感。所以中国古代称之为"人心畅适之一念"。成复旺又说:

> 把美归结为自然生命,不等于说只要有自然生命就有美。美是作为自觉的生命的人,对于引导自己超越异化的自然生命所产生的感觉。所以虽然在没有人的时候就已经有了自然生命,但那时的世界却无所谓美与不美。[1]

"生命"之前所以要冠以"自然",并不是说还有非"自然"的"生命",恰恰是为了强调没有非"自然"的"生命"。从根本上说一切"生命"皆生于"自然","自然"之外无所谓"生命"。说人是有意识的、自觉的生命,也只是说人是有意识的、自觉的自然生命。这里所说的"生命",不是物种意义上的"生命",不是科学常识意义上的"生命",而是中国古代生命一元论的宇宙观中的"生命",也可以说是以生态学为基础的"后现代"宇宙观中的"生命",因此,这种生命自然而然地具有生命一元论的宇宙观所赋予它的意涵:首先,它具有普遍性。按照生命一元论的宇宙观,天地万物皆为宇宙生命之所生,亦皆为宇宙生命之所寄,故皆有生命之义。其次,它具有肯定性。在中国传统文化观念中,"生"不仅是客观事实,同时也是价值所系。生

---

[1] 成复旺:《走向自然生命——中国文化精神的再生》,中国人民大学出版社,2004年版,第99页。

就是最高的善，有生才有天地万物，有生才有天长地久，有生才有繁荣昌盛。再次，它具有精神性。关键不在于生命之物，而在于生命之意。故非唯实有之物，即或虚拟之形象、抽象之形式，只要具有生命的精神意味，能给人以生命感，均堪为美。这样的生命就是宇宙的本体，也是美的本体。人们可以说这是美的，那是美的，但归根结底，没有其他什么是美的，只有生命是美的。美的本体至为单纯，那就是生命，自然生命。

既然宇宙万物都是生命大家庭中的一员，那么人处于什么位置呢？成复旺认为，人是宇宙生命的自觉者，人是性灵所钟与天地之心。既为天地之心，那就必有所寄。这所寄也就是文艺，也就是心声心画。所有的文艺，包括诗、乐、舞、书、画、园艺、小品等等，都是人之性灵的表达，生命的体现。"天地万物，本吾一体。"情发为诗，情发为文，情发为画，情发为书法。总之，情发皆为文艺、艺术。但这情不是空洞的情，而是与景融合在一起的，情以景显，景以情生。成复旺说：

> 文艺之成为文艺，在于物我一体的生命意象；文艺之成为美，也在于物我一体的生命意象。物我一体的生命意象，这就是文艺的本质特征。[1]

文艺的主旨，当然就是人的生命精神的呈现。这也就是文艺的功能。文艺功能主要体现在观、教、乐三个方面。文艺之能观、能教、能乐由乎心，文艺之所观、所教、所乐也在于心。心是观、教、乐的原因与起点，也是观、教、乐的结果与归宿。文艺与品德的关系也非常紧密。

在中国传统文化之中，"物我一体"不只是一种思想观念，还是一种心理活动方式，或曰思维方式。这是一种无思无虑的生命体验。

成复旺认为，人的思维方式可以泛指人的意识、精神与世界万物发生联系

---

[1] 成复旺：《走向自然生命——中国文化精神的再生》，中国人民大学出版社，2004年版，第257页。

的方式，这种方式很多，但大致不出两种，一种是站在事物之外去观察分析，这是逻辑的思辨的方式；一种是置身事物之中去自然感应自然，这是非逻辑体验的方式。有西方学者称前者为"头脑化"，那么后者就可称为"心灵化"了。中国古代的思维方式，似主要属于后者。心灵化，就是无思无虑的生命体验。成复旺对"体验"这一概念进行了详细的考察分析，认为有三种体验，一种是中国古代传统文化中所讲的体验，另一种是西方伽达默尔在《真理与方法》中所讲的体验，还有一种就是美国博士林赛·沃特斯所讲的现代体验。前面两种都有很大的相似性，林赛·沃特斯博士所讲的现代体验则有很大不同。前面两种体验的共同特点：一是它的生命性，二是它的直接性，三是它的超越性。而林赛博士的体验，似乎是指神经系统对电震般的强烈刺激的感受，它仅仅有生理性，没有人文精神，也缺少生命性和超越性。成复旺认为，体验不是与认识相对，而是与思辨相对。"说'体验'不是一般的认识，并不是说它绝对地排斥认识，而只是说它是一种不同于一般认识方式的特殊的认识方式。"[1]成复旺说：

> "体验"的对立面不是精神，不是文化，也不是认识，而只是抽象的逻辑思辨。"体验"是与"思辨"相对的另一种思维方式、另一个认识论概念。提出和提倡"体验"主要是为了反对"思辨"的独尊和僭越。[2]

长期以来，由于"思辨"的独占地位，人们习惯于通过抽象思辨来把握世界，甚至把握艺术。但是，在艺术世界中是没有"思辨"的地位的，只有体验才能把握艺术世界的美，只有体验才能把握人的生命，才能把握天地之大美。

无思无虑的生命体验，把人带入了"天地与我并生，万物与我同一"的精

---

[1] 成复旺：《走向自然生命——中国文化精神的再生》，中国人民大学出版社，2004年版，第313页。

[2] 成复旺：《走向自然生命——中国文化精神的再生》，中国人民大学出版社，2004年版，第314页。

神境界，而这精神境界不仅是审美境界，同时也是人生境界。在中国古代，审美境界与人生境界是融合为一，没有二分的。

这种精神境界就是人与天的合一，也就意味着生命的回归与升华。它首先体现为与天地合其德，然后是人籁悉归天籁，最后一切都归于自然。

自然的含义多种多样。比如天地自然或曰自然界的自然，性情自然或曰人的自然，以及关系自然、思维自然、品格自然等等。归纳起来，"自然"的基本含义应该是无意识的行为与非人为的事物。"自然"何以成为文艺的极致？大概有三个原因：其一，"自然"就意味着至真；其二，"自然"就意味着至美；最后，"自然"还意味着至法。

"与天地合其德""人籁悉归天籁"就是"人"与"文"向"天"的回归。这是作为生命的自觉者的"人"与作为人的生命的呈现物的"文"向宇宙大生命亦即生命的本源的回归。通过这样的回归，人获得了天地之"大德"，达到了天地之"大美"。这是生命的回归，也是生命的升华。回归即升华。

这种回归也就是追求真、善、美的统一。西方的"技术模式"不能做到真、善、美的统一，因为"一味地想通过对自然的技术统治，来增加人们的物质享受"[1]的现代文明，只会排斥自然生命，排斥人文理性。在上帝这个最终的造物者死亡之后，人们必须要寻找一种更神圣的创造力。这种更神圣的创造力是什么呢？思来想去，它就是天地之大生，就是宇宙大生命的创造力。这就意味着西方的技术模式必须向我们传统中国的生命模式转型。

> 一个由生命统一起来的世界，才是一个蕴涵着道德精神的世界，一个洋溢着审美情趣的世界，一个适合于人类生存的世界。[2]

---

[1] 成复旺：《走向自然生命——中国文化精神的再生》，中国人民大学出版社，2004年版，第7页。

[2] 成复旺：《走向自然生命——中国文化精神的再生》，中国人民大学出版社，2004年版，第408页。

成复旺最后信心满满地问:"我们是否可以期待,宇宙大生命将成为新的'元叙事'?我们是否应该呼唤,'盈天地间只是一个大生'这种中国传统文化观念的伟大再生?"①

(二)一点看法

1. 成复旺从德国学者彼得·科斯洛夫斯基提出的两种模式——技术模式和生命模式——的对比入手,准确而又简明地抓住了中西文化的根本差异,让人叹服。但是,这种差异不是绝对的,不是先验的。成复旺对此缺乏足够的认识。在我看来,人类学资料证明人类最初都是"生命模式"。人把自己的特性不知不觉地投射到外物之中,由外物构成的世界是一个包括人在内的有机整体,是活的、有生命的。后来,人从有机整体中分离出来,可以对象化地观察外在事物。大量事实(主要是巫术失败的事实)证明人并不能借助咒语、仪式等巫术手段控制外在事物,也就是说,这些外在事物并不能理解人的意图,不能沟通,似乎没有生命。为了能够控制外物,人们不再希望通过"交流"达到目的,而是希望通过观察、测量、实验等手段认识外物,达到控制外物的目的。这就走上了"技术模式"。也就是说,在我看来,"技术模式"并不是与"生命模式"相对而生的,而是从"生命模式"中进化而来的。如果这是真的,那么接下来的推论就会让成复旺深感失望:"生命模式"是一种原始的落后的宇宙观。

那么,西方的"后现代"文化又是怎么回事呢?首先,成复旺说,西方的"后现代"文化与中国传统文化"如出一辙",是有道理的。但这只是表面现象。这个历史发展过程比较复杂,这儿我只能概述一下:人类借助理性的解剖刀(科学),把外在世界一刀一刀分割完毕之后,不仅消解了自己安身立命的基础(人文世界),而且与世界的距离愈来愈远,需要愈来愈复杂的技术中介将人与世界联系起来,这就意味着,人必须掌握技术和知识才能与世界打成一

---

① 成复旺:《走向自然生命——中国文化精神的再生》,中国人民大学出版社,1998年版,第408页。

片。可是,终其一生,人也不能掌握全部技术与知识。这就是庄子说的:"吾生也有涯,而知也无涯,以有涯随无涯,殆已。"一句话,正是人类的认识活动即"技术模式"扩大了人与世界的"鸿沟",人在"世界之外"渐渐成为一种非人的存在。这就是西方面临的困境。"后现代"思想家们的解决之道就是"回到自然""回到生命",从"世界之外"回到"世界之中"。而这刚好与具有"生命一元论"宇宙观的中国传统文化相契合。于是西方部分思想家大赞中国传统文化,主张向中国学习。可悲的是,一些中国学者认识不到其中的巨大差异,还真以为自己的"生命模式"比西方"技术模式"先进。

还有一点补充一下:"技术模式"一开始并不歧视生命,既然上帝创造了人,那么,在上帝面前也就人人平等了,既然人人平等了,国王也就不能随便"生杀予夺"。只是因为"技术模式"中的理性主义因素,让人类妄自尊大,以为可以设计并实现"人间天堂",结果,在实现的过程中造成人类灾难。这当然不是"技术模式"的过错,"技术模式"对"人权"观念的产生与普及、对"人权"的保护以及对建立在"个体服从"基础上的法治社会的产生是有功的,不能一笔抹杀。

中国传统文化与西方"后现代"提倡的文化,在现象层面"如出一辙",但其间的差异巨大。这就像两名运动员在"生命模式"的同一起跑线上起跑,西方经过"技术模式"取得巨大成就以后,跑了一圈落在了中国运动员的身后,看着又要追上中国运动员了。可是,中国运动员还以为自己一直领先呢。李泽厚先生也多次提到西方的后现代性与中国的前现代性相似,并为此深感忧虑,担心一些人将二者混为一谈,把前现代性误当成了后现代性,误导了中国的现代化建设。可惜他没有对此展开论述。[①]

可以这样说,成复旺的生命美学是在考察"中国文化精神如何再生"这一重大问题时的"副产品"。也就是说,他关注的是"中国文化精神再生"的问

---

① 参见李泽厚:《李泽厚对话集——中国哲学登场》,中华书局,2014年版,第106—108页。

题。"走向自然生命"确实可以使"中国文化精神再生",但这个"中国文化精神"仍是三千年来没什么变化的"生命一元论"的中国传统文化,与现代文明恐怕没什么关系。

2. 成复旺生命美学还有一点让我兴奋不已,那就是他对"体验"的分析。成复旺区分了人与世界万物发生联系的两种方式:一种是站在事物之外去观察分析,这是逻辑的思辨的方式;一种是置身事物之中去自然感应自然,这是非逻辑的体验的方式。这与我说的"在世界之外"与"在世界之中"的区别几乎一样。我认为前者的把握方式只能是"认识",后者的把握方式只能是"体验"。这就把"认识"与"体验"区别开了。可惜的是,成复旺反复强调与"体验"相对的不是精神,不是文化,也不是认识,而是"思辨"。在对"体验"进行了充分考察之后,他认为"体验"是一种"特殊的认识"。可我认为,"思辨"可以理解为一种抽象思维,是"认识活动"的思维方式,"认识活动"还可以有"观察""测量""实验""分析"等活动方式。也就是说,"思辨"不是把握世界的方式,"认识"才是;与此相对,"体验"是与"认识"截然不同的另一种把握世界的方式。"认识"一般要借助外在的工具"在事物之外"把握事物;"体验"则是通过自己的身体"在事物之内"把握事物。因此,与"体验"相对的,应该是"认识"。这也可以回应他对人与世界两种把握关系的划分。"站在事物之外去观察分析",这就是认识活动;"置身事物之中去自然感应自然",这就是体验活动。

3. 关于中国文化精神的再生,或许可以话分两头说:从生命美学的角度讲,成复旺的分析、考察是有道理的,既然西方"后现代"所提倡的文化与中国传统文化如此神似,那在美学这一面我们当仁不让,讲出中国话语、中国气派,让全世界都来学中国。但是,另一面,我们是不是还得谦虚一点,好好补上"技术模式"这一课?先让每个人独立自主、平等自由,释放他们的创造力,培养他们的理性精神、科学精神、客观精神。人类历史发展证明"技术模式"与"生命模式"并不相互排斥,二者可以相互支持,就像人的两条腿。倘若只有一条腿,不论西方、东方,都不会走得更远。

三、彭富春人类学美学述评

1989年，花山文艺出版社出版了彭富春的专著《生命之诗——人类学美学或自由美学》。

（一）美学就是生命本体的展示

作者认为，"作为哲学的人类学"，包含三大板块：认识论、伦理学和美学。"美学"是"人类学"的一个组成部分，[①]但又认为"人类学"应该"美学化"，"美学"应该"人类学化"，并最终走向同一：

> 可以说，美学几乎构成了整个哲学的中心、焦点和内在核心。如果说作为哲学一分支的认识论、伦理学的专门探讨尚可以脱离美学探讨的话，那么美学自身的探讨无论如何也无法脱离认识论和伦理学的探讨。美学自身的许多问题本来就是认识论问题和伦理学问题的升华。[②]

> 美学比认识论和伦理学更深刻更丰富地领会、把握、抓住了人的生命本体，或者说美学就是人的生命本体自身直接地、彻底地、全面地展示。只有在美学的天地里，我们才赤身裸体地展现于世界。[③]

> 美学达到的境界是，它是最高的哲学，它使哲学成为了自由的宣言。[④]

作者继续说，"人类学美学或者生存美学、生命美学、自由美学规定了美

---

① 彭富春：《生命之诗——人类学美学或自由美学》，花山文艺出版社，1989年版，第24页。
② 彭富春：《生命之诗——人类学美学或自由美学》，花山文艺出版社，1989年版，第27页。
③ 彭富春：《生命之诗——人类学美学或自由美学》，花山文艺出版社，1989年版，第27—28页。
④ 彭富春：《生命之诗——人类学美学或自由美学》，花山文艺出版社，1989年版，第28页。

学自身的绝对界限":一是"美学的领域只能是人的领域";二是"美学只能探讨人的生命历程";三是"美学把握的只能是人的审美活动"。[①]

全书主体由七个部分构成,其间的逻辑联系十分鲜明:两条线索同步并进,又同归为一。一条线索是"生存",另一条线索是"审美"。先是对"一般生存的分析","一般审美的分析",然后将二者结合起来分析:"生存审美的悖论"。接下来,对"生存"与"审美"的现实状况进行分析,既然"生存"如此"荒诞","审美"被"毁灭",那就只有"超越"。理想状态就是"生存的审美化和审美的生存化",即"生存"与"审美"合二为一,融为一体。最后,回归到"人","人"将成为自由的人、理想的人,即具有"审美化""人格"与"心灵"的人。这就是一种"人类学美学或自由美学"。

在"结语"部分,作者用诗意的语言告诉我们:一切回归于"存在",这个"存在"就是"自由",就是"审美",就是一切。

(二)一点看法

1.应该说彭富春的《生命之诗——人类学美学或自由美学》已经敲响了"生命美学"的大门。重要的是他的美学不是"关于生命"的美学,而是以"生命"为观察视角透视美学问题。在这个意义上,他的理论其实就是潘知常提倡的"生命美学"。但是,一个明显的事实是,彭富春并没打算建构"生命美学",他称之为"人类学美学或自由美学",这恰恰证明了他关注的重点并不在"生命美学"。

2.《生命之诗——人类学美学或自由美学》正是"哲学"与"美学"融合为一的写作实践。简短的小节、诗意的语言正是美学感性特征的体现,而庞大的体系、严密的逻辑和贯穿其中的理性又不失哲学的严谨。可以说,它在一定程度上继承了刘勰《文心雕龙》的传统,别开生面,是真正的美学著作。

[①] 彭富春:《生命之诗——人类学美学或自由美学》,花山文艺出版社,1989年版,第29—30页。

结语：中国需要哪种现代性？

写作至此，意犹未尽。回顾改革开放以来的四十余年的历程，我看到伴随着"实践美学"的争议没有停止过，其中"生命美学"更是揪住"实践美学"不放。究竟是什么原因导致二者之间如此"深仇大恨"呢？

对这个问题的回答并不简单，它关涉到中国社会的"现代性"问题。李泽厚在一次对话中问道：中国到底要哪种现代性？[①]

潘知常指出，马克思的哲学其实是以"人的解放"为核心的，也是由"实践的人道主义"与"实践的唯物主义"两个维度组成的。生命哲学和生命美学直接与马克思关于人的思考有关，而且是偏重于马克思关于"实践的人道主义"的思考，间接与马克思的唯物主义历史观、政治经济学和科学社会主义有关，也间接与马克思的"实践的唯物主义"有关。这是一个十分重要的思想逻辑的区别。十分遗憾的是，李泽厚的实践哲学、实践美学却错误地偏重于马克思的唯物主义历史观、政治经济学和科学社会主义和马克思的"实践的唯物主义"了。概而言之，"生命美学"是"实践的人道主义"，"实践美学"则是

[①] 李泽厚：《李泽厚对话集·中国哲学登场》，中华书局，2014年版，第107页。

"实践的唯物主义"。从启蒙现代性出发,美学必将走向"实践";从审美现代性出发,美学必将走向"生命"。因此,"实践美学"承继了百年以来的启蒙现代性,而"生命美学"则承继了前期鲁迅等人所代表的审美现代性。

如此,我对李泽厚之问的回答是:我们需要启蒙现代性,也需要审美现代性。但我们更需要对启蒙现代性和审美现代性的复杂含义进行审视,从而找到适合中国社会的启蒙现代性和审美现代性。

一

"开放性"是产生现代社会的前提条件。就西方而言,随着罗马帝国的崩溃,西方中世纪的开放性表现为一种无序状态,正是这种无序状态生长出个人主义和自由主义。教宗与国王相互竞争,建立起了以"个人服从"为基础的法治体系,每个人都以个体(自然人)的身份对法律负责,且仅对法律负责,无须再对教宗、主教、牧师、国王、封建领主、行业公会、新兴城市、家族、家长负责。也就是说,个体完全自由、完全独立了。就是这一简单的事实,蕴涵了"现代性"的大部分内涵:理性、法治、自由、平等、博爱、公平、正义、民主、人权等等。可见,西方的"现代性"不是外部世界的压力逼出来的,而是自己社会内生出来的,源于西方社会的"开放性"。

反观中国社会,鸦片战争之前一直是一个自我陶醉的"封闭社会"。这种"封闭性"表现在两个方面:一是人口缺乏流动,缺乏交流。由此引出其他后果:财货不能流通,技术不能传播,文化不能交流。更进一步,封闭导致显著的地方性,熟人社会根结盘固,排外情绪越来越强烈。这一切,必将传导至国家的政策与制度安排。由此引出第二个方面的封闭性:社会结构的封闭性。这不仅是指阶级、阶层的固化,还指制度、意识形态和文化均趋向于加强这种封闭性。造成封闭性的根本原因是:顽固地坚持"自我"的属性——佛教称之为"我执"。人们认为自我属性一旦改变,"我"就不是"我"了,成了别的什么东西。因为有这种担心，我们害怕改变否定传统，害怕改变否定自己，结果中国社会成为"死水一潭"。正是这种封闭性，决定了当时的中国社会不关心外面的世界，以天朝上国自居，冥顽不化，夜郎自大，以为别人的朝贡都是因为自己的强大。这种封闭社会自然没有进步的意识，无法内生"现代化"要求，不能自主获得"现代性"，不能自动进入"现代社会"。

如果不是鸦片战争被迫打开了国门，中国社会仍将深陷于封闭性。鸦片战争标志着中西方的正面对撞，也标志着开放性与封闭性的正面冲突。之后一系列的屈辱史，让李鸿章感叹华夏面临"三千年未有之大变局"，传统文人、士大夫和清政府不得不"睁眼看世界"，传统社会的封闭性不得不开始慢慢转向开放性。于是，"洋务运动"出现了，"中体西用"的方案提出来了。这些举措本质上不仅是功利主义的，而且还是继续维持其封闭性的措施，因为它背后维护的仍是"华夷有别"的道统和"天朝上国"的"天下观"。事实证明，当开放性引进的现代化进程威胁到清朝的统治时，封闭性就会卷土重来，国门就会再度关上。但是，康有为、梁启超、严复等人倡导的"开启民智"运动，已经使无数民众觉醒了，人们不能容忍再度关上国门。清政府一系列新的失败让人们看清了它的腐败无能，"辛亥革命"爆发了，清政府在自我封闭中土崩瓦解。

如果说，1840年代以来，中国社会在外部压力之下，被迫开放，开启了向西方学习的现代化过程，那么，推翻清朝政府的"驱除鞑虏，恢复中华"的革命运动，就打断了中国社会向西方学习以求现代化的过程。国内的民族矛盾斗争成为首要大事，革命党无暇顾及现代化了，这是一种内敛的封闭性。当1919年的"巴黎和会"传来不公平和约的消息时，爆发了五四反帝反封建的爱国运动。"巴黎和会"让中国知识分子不再相信西方，当然也就不再向西方学习。"救亡图存"意味着什么？它意味着国家和民族优先，以个人主义和自由主义为社会基础的"开启民智"的"启蒙"运动不得不靠边站。陈独秀转而向俄罗斯学习，认为阶级斗争、反帝国主义、反封建主义、反官僚资本主义成为建设一个新社会的急迫任务。中国社会更加专注于国内矛盾斗争。随着民族意识的高涨，一些出国留学的知识分子恰好又受到西方后现代主义思潮的影响，中国传统文化优越论甚嚣尘上，陈序经的"全盘西化"论被彻底否定。国民政府面临两面夹攻：一面是军阀割据，内战不断；一面是日本入侵，抗战爆发。正是在这样激烈的矛盾斗争中，中国重回封闭社会，现代化运动完全中断了。这种中断一直延续到1970年代。

中国社会从鸦片战争开始才被迫开放，注定了开放性只是暂时的。只要外部世界的压力没有了或者被内部压力替换了，就会回到封闭性，现代化也就必然中断。作为现代性的两种表现形式，启蒙现代性与审美现代性在这样的大背景中，自然也是如此。

二

自近代以来，中国社会有两种"启蒙现代性"，也有两种"审美现代性"。

什么是"启蒙"？李泽厚说，"反封建就是启蒙"。[①]这话说得多么言简意赅，又是多么振聋发聩。也就是说，封闭社会的一切落后的观念、意识、文化（包括习俗、制度等）都应该"反"，这就是启蒙。反封建本就是现代性的使命，它自然就是启蒙现代性。

在中国近现代语境中，启蒙现代性以五四爱国运动为分水岭，之前的启蒙现代性虽然是以"师夷长技以制夷"为目的，但其具体措施却是要培养"新民"，重点也落在培养"新民"上。康有为、梁启超、严复等人提倡的"开启民智"在主观上是为"师夷长技以制夷"而培养"新民"，但在客观上却以个人主义、自由主义为基本原则，以启蒙本身为目的，在启蒙之外的"师夷长技以制夷"的直接功利目的反倒淡化了，这是一种基于个人主义、自由主义的启

---

① 李泽厚：《李泽厚对话集·廿一世纪（二）》，中华书局，2014年版，第120页。

蒙现代性，我们可以称之为梁启超式启蒙现代性。

"巴黎和会"传来的消息震惊了国人，爆发了五四爱国运动。这场运动虽然没有中断梁启超式启蒙现代性，却诞生了另一种启蒙现代性：一种基于民族主义、国家主义的陈独秀式启蒙现代性。俄国革命的成功极大地鼓舞了陈独秀等人，他们开始大讲"文学革命""社会革命"，其立足点不再是个人，而是民族、社会、国家、阶级和阶级斗争。启蒙被重新赋予了意义：通过对普罗大众的教育、改造，达到建设一个普罗大众当家作主的新社会、新国家的目的。所以，五四以后的"启蒙"，是以民族、国家、社会和阶级利益为目的的，显然，这是一种基于民族主义、国家主义的陈独秀式启蒙现代性。

胡适倡导的"新文学运动"本来是梁启超式"启蒙现代性"的继续。他的《文学改良刍议》主张从"八事"入手，要求"言文一致"，目的也是让文学走近民众。而陈独秀的《文学革命论》本意是革旧文学的命，实则是把文学当成了武器，作为革新政治和社会的手段，变成了革命文学论。陈独秀的革命文学得到了不少人的拥护，许多作家用诗歌、小说、戏剧、木刻、版画、漫画、音乐、电影等等艺术形式，通过表达个体的苦闷、痛苦、追求、理想与渴望，来表现民族"救亡图存"的主题。我们看到这些艺术作品，主题多为揭露黑暗、同情弱小、批判软弱、赞扬独立、追求自由、拥抱科学与民主、歌颂斗争。社会批判成为"新文学运动"的主旋律。显然，这一类艺术成为一种革命斗争的武器。它们虽然是"艺术"，却不具有完全的审美的属性，不是真正的艺术，不存在审美现代性的问题，这一类艺术应该归属于陈独秀式启蒙现代性。

我们可以看到，在中国现代史上，陈独秀式启蒙现代性逐渐遮蔽了梁启超式启蒙现代性，不仅占据了主流地位，而且十分强势。

为什么会这样？李泽厚认为是"救亡图存"的结果。艺术必须成为武器，成为武器的艺术不仅仅是文艺宣传队在战场上为战士鼓气、加油的手段；更是教育、改造人的工具。按照李泽厚的说法，"救亡压倒启蒙"，自近代以来的

"启蒙"被"救亡图存"中断。①其实,启蒙并没有中断,只不过是梁启超式启蒙中断了,它被陈独秀式启蒙取代。个体人不再是目的,而是反帝国主义、封建主义和官僚资本主义的战士。鲁迅的前后期变化体现了启蒙现代性的变化。在"彷徨"之前,鲁迅体现了梁启超式启蒙现代性;之后,则体现了陈独秀式启蒙现代性。

审美现代性也有两种。一是"以人为目的"的审美现代性,一是"不以人为目的"的审美现代性。以人为目的的审美现代性表现比较复杂。在"新文学运动"中,有鲁迅(前期)、沈从文、郁达夫、徐志摩、朱自清、施蛰存、梁实秋、周作人、张爱玲等人不承认文学具有阶级性,不赞成陈独秀的"革命文学",不承认文学具有陈独秀式启蒙现代性,认为艺术、审美具有自己的本性,是独立的存在,不是为政治、阶级、国家、社会服务的工具。他们的作品,关注个体感受、个体生命。人物形象不是"时代的传声筒",不是一个时代、社会、国家或阶级的符号、象征,而是一个有情感有个性的生命的符号,一个有血有肉的人的象征。在他们那里,艺术、审美本身就是目的,人因此而成为目的。

由于受到陈独秀式启蒙现代性(革命文学)的打压,以人为目的的审美现代性分化为多种表现形式:一种以周作人为代表,不关心现实生活,醉心于自己的艺术生活之中。一种以张爱玲为代表,退回到个人感受的小圈子里,顾影自怜。还有一种以前期鲁迅为代表,不仅关心国民性的问题,揭露中国传统社会对人的戕害,还把自己全部的爱献给了"狂人""阿Q"一样的"人"。在他的这些作品中,看不到脸谱化的倾向,像阿Q这样的人物形象是为自己而

---

① 北京大学教授李杨认为李泽厚错误地理解了启蒙。西方启蒙运动有两个主题:一是资产阶级个人意识的觉醒,一是建构民族、国家的观念。李泽厚忽视了后一主题。参见李杨:《"救亡压倒启蒙"?——对八十年代一种历史"元叙事"的解构分析》,《书屋》,2002年第5期。其实,在西方,前一个主题早在启蒙运动之前就基本完成。后一个主题才是启蒙运动的正题。正是在启蒙运动中,理性发展为"理性崇拜",个人意识被压抑了,集体主义抬头,社会、民族和国家意识产生。延续到20世纪,借助集体主义的作用,"理性崇拜"发展为"极端理性主义",造成两次世界大战和美苏两大阵营长期"冷战"的恶果。李泽厚确实忽视了这一主题,他才有"启蒙中断了"的看法。

存在的鲜活的"人",而不是为了揭露社会黑暗的"象征物"。后期鲁迅因为绝望而放弃了这种真正的艺术与文学,转而接受了"革命文学"的观念,把艺术当成"投枪""匕首"而杂文化、武器化。前期鲁迅式审美现代性虽然一直在努力建构,也取得了显著成就,但这种成就还不足以支撑起中国社会的现代性。这种审美现代性还不强壮,缺乏对终极价值、终极意义的终极关怀。这种情况到了1980年代之后有所改变,王小波对人生的反思、史铁生对存在意义的追问、莫言对个体人生存状态的关切都或强或弱地体现了一种形而上学的思考。

陈独秀式启蒙现代性在艺术、审美领域的进一步发展,就会以一种"不以人为目的"的审美现代性的面目出现。他们并不关心人的生存状况,不关心人的喜怒哀乐,不关心人的"绝对尊严、绝对价值、绝对权利和绝对责任",而是从宏大叙事的角度完全抹杀了人的具体性、特殊性、不可取代性,把人符号化、抽象化;它通过人来讲故事,而不是讲人的故事。这种审美现代性以张艺谋为代表,可以称之为张艺谋式审美现代性。张艺谋成功导演了2008年的"奥运开幕式",导演了《英雄》,把电影艺术的宣传、教育作用发挥到极致。张艺谋式审美现代性是把艺术、审美作为工具,为政治服务,为艺术、审美自身之外的目的服务。这种审美现代性自现代以来就不缺乏,甚至还成为主流。从"文革"时期的文学作品、京剧样板戏到张艺谋的电影,似乎已经到达极致了。

三

让我们回到本书的主题。潘知常把中国文化的思想历程按对外关系划分为三期。中华文明第一期以汉晋为界,中华文明与自身对话,称为"子学时代",第二期以明清为界,中华文明与佛教对话,称为"佛学时代",之后,从清末民初开始是第三期,中华文明与西方文明对话。正是在中华文明第三

期,贯穿着"两个哥德巴赫猜想"。潘知常说:

> 在我看来,百年中国现代美学,最为引人瞩目的,无疑当属它所提出的第一美学命题与第一美学问题。对于美学学者而言,它们类似于两个美学的"哥德巴赫猜想"。①

第一美学命题就是蔡元培先生提出的"美育代宗教",第一美学问题就是"'实践'还是'生命'?"

若从百年来中国社会现代性的角度提出问题,第一美学问题就表现为"启蒙现代性"与"审美现代性"的双重变奏。潘知常认为,审美现代性必然走向生命,启蒙现代性则必然走向实践。从启蒙现代性出发,美学就必然走向实践。为了建构现代性,也就亟待更多地关注启迪民众、改革社会,就要开发民智。因此,不惜以理解物的方式来理解审美、理解艺术,也不惜以与物对话的方式与审美对话、与艺术对话,主张审美与艺术的主体性、审美与艺术的理性,主张审美与艺术是启迪民众的有效工具,主张审美与艺术的鲜明的社会功利性,主张审美与艺术为政治改良和社会革命服务,也就成为理所当然。从审美现代性出发,美学则必然走向生命。属于"明天之后"与"未来美学"的生命美学应运而生。在生命美学中审美、艺术与生命之间的更为密切、更为直接的根本关系得以呈现,审美与艺术成为解除理性束缚并且指向自由的生存路径,审美与艺术的超越现实的自由品格与解放作用也得以凸显。因此,"我审美故我在",不但"因生命而审美"的享受生命,而且"因审美而生命"的生成生命。以生命为视界,以直觉为中介,以艺术为本体,诗与思的对话,就是这样地进入了人类的视野。②

---

① 潘知常:《走向生命美学——后美学时代的美学建构》,中国社会科学出版社,2021年版,第1页。

② 参见潘知常:《走向生命美学——后美学时代的美学建构》,中国社会科学出版社,2021年版,第9—10页。

显然，在潘知常看来，"实践美学"是启蒙现代性的集中体现，而"生命美学"则是审美现代性的表现。二者的区别，概而言之，"实践美学"的启蒙现代性不是以人为目的的，而"生命美学"的审美现代性则是以人为目的的。那么，我们到底要哪种现代性呢？李泽厚问道：

> 所以今天我提出："中国到底要哪种现代性？"或者说："中国需要什么样的现代性？"这是个大问题。是要这种"反现代的现代性"，实际是反对启蒙理性、普世价值而与前现代势力合流的现代性，实即"中体（三纲为体）西用"的现代性呢，还是要我所主张的，接受、吸取启蒙理性、普世价值并以之作基础，加上中国传统元素如"情本体"的现代性，也就是"西体中用"的现代性？①

现代性就陷入这一迷思之中。李泽厚之问，表明他清醒地意识到中西方之间存在一种文明的错位现象：当我们要走进现代社会，急需现代性的时候，西方已经要走出现代社会，开始反现代性了。他意识到，对于急需现代性的社会，后现代性具有破坏作用。他说他越来越不喜欢海德格尔②，就是因为他站在中国立场，反对西方的后现代性，也反对中国的前现代性。

但若站在西方立场，后现代性就不难理解了。16世纪，西方开始进入现代社会。其现代性体现为基于古典个人主义与自由主义的以个体为社会基本单元的法治体系以及宗教、政治、经济、教育、科技等等理性的社会制度。到18世纪，启蒙运动因为"理性崇拜"的作用，无神论者对上帝的怀疑，转而用社会、人类、历史、规律、理想等等宏大叙事替代了上帝对个体人的关怀。这是对前一阶段现代性的超越，但它仍是一种现代性。到19世纪，这种宏大叙事的现代性发展到了一种极端的形式：黑格尔的理性主义哲学。在黑格尔那里，人

---

① 李泽厚：《李泽厚对话集·中国哲学登场》，中华书局，2014年版，第107页。
② 参见李泽厚：《李泽厚集》，岳麓书社，2021年版，第123—125页。

不再是目的，而是绝对精神的载体。绝对精神的运动表现为一种历史必然性规律。规律、真理、理想等等宏大叙事成为一种异己的力量，人成为非人的存在。克尔凯郭尔首先抗议，他认为个体的人就是一个不可替代的"单一者"。尼采更是倾尽毕生之力反对黑格尔。他认为宣布"上帝死了"就是宣布"绝对精神死了"。尼采打开了通向后现代主义的大门。后现代主义反对理性主义，反对科学主义，反对人道主义，"一切坚固的东西都烟消云散了"。[1]没有了终极存在，也就没有了终极意义与价值，一切意义与价值都落实到个体人头上，于是个体主体性被提升到上帝的位置。这又是一种现代性，一种反黑格尔的现代性，也就是后现代性。我们看到，西方后现代性的出现是西方反传统的必然结果。

后现代性张扬的非理性、感受性、偶然性、荒诞性、现象性等等属性必然具有美学性质，再加上胡塞尔现象学主张通过本质直观来把握世界，海德格尔意识到人与世界的分裂，呼吁人要重回大地，"诗意地栖居"，于是，西方哲学从二元论转向一元论，从主客体二元对立转向主客体一元融合，哲学开始向美学靠拢，开始美学化，后现代性也被视为审美现代性。因为中国本来就有"天人合一""有机整体"的文化传统，西方一些有识之士开始主张向东方学习、向中国学习。

于是，不少人产生一种错觉，以为西方人自己都觉得自己错了，他们都在反理性主义、反科学主义、反人道主义，还主张向东方学习、向我们学习，我们为什么还要舍本逐末、舍近求远向他们学习？李泽厚担心的就是这种人的错误认识，他们把西方的后现代性与中国的前现代性等同起来混为一谈。西方的后现代性是对现代性的超越，是在理性、科学、人权、法治等等普世价值已经融进每个人血液中不可能被抹去的基础上产生的；反观中国，才走出前现代社会，刚刚走进现代社会的大门，现代性都还没有或还较弱，反什么现代性？

---

[1] 参见马歇尔·伯曼：《一切坚固的东西都烟消云散了——现代性体验》，徐大建、张辑译，商务印书馆，2003年版，第113—166页。

假若从开放性的角度入手，认识到现代性如果不是因为外界的逼迫，如果不是为了"师夷长技以制夷"，那么，一个必然的结果就是：根本就不会有"现代性"这个问题。"现代性"这个概念本身就意味着以西方文明为标准衡量中国文明，意味着我们承认了自己的落后，同时它还意味着中西方是应该融为一体的，否则，我们为什么要现代性呢？假若中国社会本就有超越传统的传统，社会不断进步，中西方谁更现代化还说不一定呢。问题在于：中国社会为什么没有开放性，只有封闭性？因为我们没有西方发源于中世纪的那种个体自由与平等的观念。如果这个观点有道理，那么，中国社会就应该回归到基于个人主义、自由主义的梁启超式启蒙现代性。

从这个角度说，我们就可以理解"实践美学"其实是陈独秀式启蒙现代性在新时代的表现形式。"实践美学"秉承的陈独秀式启蒙现代性仍然具有封闭社会的性质，即执着于民族、国家、社会的固有特性，无法做到真正的开放。艺术和审美仍然只能是教育和改造人的工具。所以"实践美学"必然强调实践、积淀、历史、人类、规律、必然等等概念范畴。1980年代以后，李泽厚意识到了这个问题，他开始重视个体、感性和偶然，提出了"情本体"这一概念，并进行多方面的阐述。他开始转向梁启超式启蒙现代性。

在潘知常那里，审美现代性没有自身以外的目的。它以审美为目的，以艺术为目的，而真正以自身为目的的艺术要表现的是个体生命的感受，因而个体生命自然而然也就成为目的。在潘知常的审美现代性内涵中，其核心就是：人是目的。这里的"人"是潘知常意义上的"人"，是一次性的人、未完成的人、有血有肉的人；不是陈独秀意义上的"人"（工具），不是张艺谋意义上的"人"（道具），也不是康德或李泽厚意义上的"人"（类）。

"生命美学"从一开始就质疑"实践美学"的"实践本体"，质疑"自然的人化"，本质上就是质疑"实践美学"把"人"中介化、手段化和工具化，也就是质疑"实践美学"是"无人的美学"。因此，我们可以看出，"生命美学"与"实践美学"的较真，并不是潘知常与李泽厚两个人之间的较真，而是历史必然性的较真：随着中国社会越来越开放，越来越多的人已经意识到，长期被遮蔽的审美现代性应该具有自己的尊严和价值,不能再被启蒙现代性遮蔽。从这个意义上说,审美现代性的胜利是历史必然性的胜利。

四

潘知常认为,生命/实践是"审美现代性与启蒙现代性的双重变奏"。这表明在他看来,不存在审美现代性取代启蒙现代性的事。就中国社会的现状而言,我们既需要启蒙现代性,又需要审美现代性,二者缺一不可,就像一个人既要有左腿,又要有右腿一样,只有双腿健壮,才能行走更稳、更快、更远。

李泽厚的启蒙现代性本来承继的是陈独秀式启蒙现代性。就像陈独秀的变化一样,李泽厚后期也发生了极大变化。他开始强调历史本体论中的个体人,强调感性、偶然,并从中国传统文化中汲取养分,提出了"情本体"的概念。这一系列的变化,使李泽厚的"人类学历史本体论哲学"把个体人当成目的,因而他的启蒙现代性由陈独秀式启蒙现代性回归到梁启超式启蒙现代性,这是我们急需的启蒙现代性。如果审美现代性和启蒙现代性都以人为目的,那么,它们的区别又在哪里?

以人为目的的启蒙现代性,本质上就是哲学,一种人本主义哲学。它用理性追问世界、社会和人的本质,追问存在的本质与意义,它研究意识、语言、历史和科学。它推动并指导各门科学的产生、发展,创造丰富的物质财富和精神财富。它为人的生存、生活而"开启民智",追求人的尊严、价值、权利和幸福。我们应该把美学家李泽厚还原为哲学家李泽厚,把他的"实践美学"还原为"实践哲学"。

"实践美学"实为"实践哲学"。把"实践哲学"视为"实践美学",是李泽厚自己的误读。误读源于对美学的误解,传统哲学认为美学是自己的一个部门、一个组成部分。李泽厚认为"美学是第一哲学",他的"实践美学"当然也就是"第一哲学"。因此,说"实践美学"是"实践哲学"没有问题。

另一个原因是"实践美学"的方法论是哲学的研究方法。哲学以主客体二元对立的理性主义研究方法为自己的方法论，具体体现为逻辑学（思辨）方法；美学以主客体二元融合的人文主义研究方法为自己的方法论，具体体现为阐释学（描述）方法。从方法论角度讲，"实践美学"更是"实践哲学"。潘知常正是站在"生命美学"的立场，理清了这种误读：他以"生命为视界"，用"超主客关系"的阐释学方法（类似于主客体二元融合的人文主义研究方法）阐释美学，把"生命美学"与"实践美学"区别开来，认定生命美学才是真正的美学，无意之中把"实践美学"还原为"实践哲学"。

以人为目的的审美现代性本质上就是美学，一种人道主义美学，也就是生命美学。这是因为以生命为视界的美学，不可能以主客体二元对立的方法去认识审美活动。生命源于世界，在世界之中，与世界一体。离开了世界，生命也就枯萎、消亡。既然在世界之中，就不可能对象化世界，不可能认识世界，只能从其内部体验世界。这种超主客关系的生命活动就是审美活动。

李泽厚的"实践哲学"回归到梁启超、严复、胡适等人倡导的启蒙现代性，这于中国社会而言是大好事。他致力于让中国社会从前现代性走向现代性，所以，他呼唤理性、科学、法治和人权。潘知常说：

> 启蒙现代性侧重于现代性的建构，关注的是现代性的现实层面，亦即工具理性和科学精神；审美现代性侧重于现代性的反省，关注的是现代性的超越层面，亦即对于工具理性和科学精神的反思，它为人也为人的主体性祛魅，也倾尽全力于现代性的核心——理性的批判。[①]

工具理性和科学精神是我们急需的，对"工具理性和科学精神"的反思，也是我们急需的。二者应该互为补充，相辅相成。中国不缺美学，中国的传统

---

① 潘知常：《走向生命美学——后美学时代的美学建构》，中国社会科学出版社，2021年版，第8页。

文化就是美学；潘知常的"生命美学"通过重构传统美学，获得了"审美现代性"。我们没有真正的哲学[①]，李泽厚的"实践哲学"填补了这个空缺。为中国现代化计，二者不可偏废。李泽厚的"实践哲学"加上潘知常的"生命美学"，我们就既有了"哲学"，又有了"美学"；既有了"启蒙现代性"，又有了"审美现代性"，一个民族有了奋飞的双翼，必将飞得更高、更快、更远。

[①] 李泽厚问道："中国到底有没有西方讲的那种哲学？我也怀疑中国有没有西方那种形而上学？"参见李泽厚：《李泽厚对话集·九十年代》，中华书局，2014年版，第195—196页。

本书涉及的论著

潘知常：《美的冲突》，学林出版社，1989年版

潘知常：《众妙之门——中国美感心态的深层结构》，黄河文艺出版社，1989年版

潘知常：《生命美学》，河南人民出版社，1991年版

曾永成：《感应与生成——感应论审美观》，成都科技大学出版社，1991年版

潘知常：《生命的诗境——禅宗美学的现代诠释》，杭州大学出版社，1993年版

潘知常：《中国美学精神》，江苏人民出版社，1993年版

马大康：《生命的沉醉——文学的审美本性和功能》，南京出版社，1993年版

张涵等：《艺术与生命》，河南教育出版社，1993年版

范藻、赵祖达：《人体美鉴赏——人体美学探幽》，华夏出版社，1994年版

朱良志：《中国艺术的生命精神》，安徽教育出版社，1995年版

潘知常：《反美学》，学林出版社，1995年版

司有仑：《生命·意志·美》，中国和平出版社，1996年版

刘成纪：《审美流变论》，新疆大学出版社，1996年版

张应杭：《人生美学导论》，浙江大学出版社，1996年版

潘知常：《诗与思的对话——审美活动的本体论内涵及其现代阐释》，上海三联书店，1997年版

封孝伦：《二十世纪中国美学》，东北师范大学出版社，1997年版

彭锋：《生与爱》，东北师范大学出版社，1997年版

韩世纪编著：《论宇宙、生命和美的本质——世界三大根本问题初探》，上海交通大学出版社，1997年版

陈德礼：《人生境界与生命美学——中国古代审美心理论纲》，长春出版社，1998年版

吴炫：《否定主义美学》，吉林教育出版社，1998年版

颜翔林：《死亡美学》，学林出版社，1998年版

潘知常：《美学的边缘——在阐释中理解当代审美观念》，上海人民出版社，1998年版

余福智：《美在生命——中华古代诗论的生命美学诠释》，中国文联出版社，1999年版

黎启全：《美是自由生命的表现》，广西师范大学出版社，1999年版

封孝伦：《人类生命系统中的美学》，安徽教育出版社，1999年版

杨蔼琪：《美是生命力》，知识出版社，2000年版

彭锋：《美学的意蕴》，中国人民大学出版社，2000年版

潘知常：《中西比较美学论稿》，百花洲文艺出版社，2000年版

姚全兴：《生命美育》，上海教育出版社，2001年版

阎国忠：《美学建构中的尝试与问题》，安徽教育出版社，2001年版

雷体沛：《存在与超越：生命美学导论》，广东人民出版社，2001年版

刘成纪：《美丽的美学——艺术与生命的再发现》，河南大学出版社，

2001年版

范藻：《叩问意义之门——生命美学论纲》，四川文艺出版社，2002年版

潘知常：《生命美学论稿：在阐释中理解当代生命美学》，郑州大学出版社，2002年版

周殿富：《生命美学的诉说》，人民文学出版社，2004年版

王晓华：《西方生命美学局限研究》，黑龙江人民出版社，2005年版

潘知常：《王国维　独上高楼》，文津出版社，2005年版

刘承华：《艺术的生命精神与文化品格》，中国文史出版社，2005年版

张涵：《艺术生命学大纲》，河南人民出版社，2005年版

朱寿兴：《美学的实践、生命与存在——中国当代美学存在形态问题研究》，中国文史出版社，2005年版

刘纲纪：《〈周易〉美学》，武汉大学出版社，2006年版

朱良志：《中国美学十五讲》，北京大学出版社，2006年版

雷体沛：《艺术与生命的审美关系》，人民日报出版社，2006年版

陆扬：《死亡美学》，北京大学出版社，2006年版

乔迁：《艺术与生命精神——对中国青铜时代青铜艺术的解读》，河北教育出版社，2006年版

萧湛：《生命·心灵·艺境——论宗白华生命美学之体系》，上海三联书店，2006年版

潘知常：《谁劫持了我们的美感——潘知常揭秘四大奇书》，学林出版社，2007年版

朱鹏飞：《直觉生命的绵延——柏格森生命哲学美学思想研究》，中国文联出版社，2007年版

潘知常：《〈红楼梦〉为什么这样红——潘知常导读〈红楼梦〉》，学林出版社，2008年版

文白川：《美学、人学研究与探索》，安徽大学出版社，2008年版

潘知常：《我爱故我在——生命美学的视界》，江西人民出版社，2009

年版

蒋继华：《媚：感性生命的欲望表达》，学林出版社，2009年版

王庆节：《宿孽总因情：〈红楼梦〉生命美学引论》，光明日报出版社，2010年版

李雄燕：《从生命美走向生态美——〈南华真经〉四家注中的美学思想研究》，西南交通大学出版社，2011年版

陈伯海：《生命体验与审美超越》，生活·读书·新知三联书店，2012年版

潘知常：《没有美万万不能：美学导论》，人民出版社，2012年版

陈伯海：《回归生命本原——后形而上学视野中的"形上之思"》，商务印书馆，2012年版

刘伟：《生命美学视域下的唐代文学精神》，中国社会科学出版社，2012年版

封孝伦、袁鼎生：《生命美学与生态美学的对话》，广西师范大学出版社，2013年版

熊芳芳：《语文：生命的，文学的，美学的》，教育科学出版社，2013年版

刘萱：《自由生命的创化——宗白华美学思想研究》，辽宁人民出版社，2013年版

王凯：《道与道术——庄子的生命美学》，人民出版社，2013年版

封孝伦：《生命之思》，商务印书馆，2014年版

谭扬芳、向杰：《马克思主义视阈下的体验美学》，社会科学文献出版社，2014年版

阎国忠：《走出古典：中国当代美学论争述评》，商务印书馆，2015年版

阎国忠、徐辉、张玉安、张敏：《美学建构中的尝试与问题》，商务印书馆，2015年版

张永：《生活美学："生命·实践"教育学审美之维》，华东师范大学出

版社，2015年版

袁济喜：《兴：艺术生命的激活》，百花洲文艺出版社，2017年版

潘知常：《中国美学精神》（修订版），江苏人民出版社，2017年版

徐肖楠、徐培木：《美学化生存：让爱与美升华生命和文学》，广东高等教育出版社，2018年版

余静贵：《生命与符号：先秦楚漆器艺术的美学研究》，人民出版社，2019年版

聂振斌：《先秦生命哲学与中国艺术生命化》，中国社会科学出版社，2019年版

范明华：《生命之镜——中国美学与艺术散论》，武汉大学出版社，2019年版

潘知常、赵影主编：《生命美学：崛起的美学新学派》，郑州大学出版社，2019年版

潘知常：《信仰建构中的审美救赎》，人民出版社，2019年版

潘知常：《通向生命的门》，安徽教育出版社，2019年版

孟姝芳：《生命与艺术：朱光潜心理美学思想研究》，山西人民出版社，2020年版

张俊：《中国生命美学的两个体系》，人民出版社，2020年版

刘欣：《情理圆融的生生之美——方东美的生命美学及其现代意义研究》，陕西人民出版社，2020年版

潘知常：《走向生命美学——后美学时代的美学建构》，中国社会科学出版社，2021年版

潘知常：《生命美学引论》，百花洲文艺出版社，2021年版

参考资料

康德：《判断力批判》，宗白华译，商务印书馆，1964年版

黑格尔：《美学》，朱光潜译，商务印书馆，1979年版

宗白华：《美学散步》，上海人民出版社，1981年版

克罗齐：《美学原理 美学纲要》，朱光潜等译，外国文学出版社，1983年版

克罗齐：《作为表现的科学和一般语言学的美学的历史》，王天清译，中国社会科学出版社，1984年版

鲍桑葵：《美学史》，张今译，商务印书馆，1985年版

米盖尔·杜夫海纳：《美学与哲学》，孙非译，中国社会科学出版社，1985年版

宗白华：《美学与意境》，人民出版社，1987年版

王振铎：《〈人间词话〉与〈人间词〉》，河南人民出版社，1995年版

朱立元主编：《现代西方美学史》，上海文艺出版社，1996年版

卡尔·波普尔：《开放社会及其敌人》，郑一明等译，中国社会科学出版社，1999年版

李泽厚：《中国古代思想史论》，天津社会科学院出版社，2003年版

李泽厚：《中国近代思想史论》，天津社会科学院出版社，2003年版

李泽厚：《中国现代思想史论》，天津社会科学院出版社，2003年版

孙隆基：《中国文化的深层结构》，广西师范大学出版社，2004年版

埃伦·迪萨纳亚克：《审美的人——艺术来自何处及原因何在》，户晓辉译，商务印书馆，2004年版

陈望衡：《中国美学史》，人民出版社，2005年版

苏宏斌：《现象学美学导论》，商务印书馆，2005年版

邱紫华：《印度古典美学》，华中师范大学出版社，2006年版

袁行霈等主编：《中华文明史》，北京大学出版社，2006年版

戴阿宝、李世涛：《问题与立场 20世纪中国美学论争辩》，首都师范大学出版社，2006年版

马丁·海德格尔：《存在与时间》，陈嘉映、王庆节译，生活·读书·新知三联书店，2006年版

陈望衡：《20世纪中国美学本体论问题》，武汉大学出版社，2007年版

张云鹏、胡艺珊：《现象学方法与美学——从胡塞尔到杜夫海纳》，浙江大学出版社，2007年版

翁贝托·艾柯编著：《美的历史》，彭淮栋译，中央编译出版社，2007年版

李泽厚：《批判哲学的批判：康德述评》，生活·读书·新知三联书店，2007年版

祁志祥：《中国美学通史》，人民出版社，2008年版

辜鸿铭、章太炎等：《儒家二十讲》，华夏出版社，2008年版

佩里·安德森：《后现代性的起源》，紫辰、合章译，中国社会科学出版社，2008年版

张法：《美学的中国话语——中国美学研究中的三大主题》，北京师范大学出版社，2008年版

章辉：《实践美学：历史谱系与理论终结》，北京大学出版社，2006年版

薛富兴：《分化与突围　中国美学　1949—2000》，首都师范大学出版社，2006年版

刘三平：《美学的惆怅　中国美学原理的回顾与展望》，中国社会科学出版社，2007年版

尼采：《悲剧的诞生——尼采美学文选》，周国平译，上海人民出版社，2009年版

李泽厚：《美的历程》，生活·读书·新知三联书店，2009年版

潇牧、韦尔申、张伟主编：《全国美学大会（第七届）论文集》，文化艺术出版社，2010年版

杨存昌主编：《中国美学三十年》，济南出版社，2010年版

陈序经：《文化学概观》，岳麓书社，2010年版

陈序经：《中国文化的出路》，岳麓书社，2010年版

刘法民：《魅惑之源：艺术吸引力分析》，中央编译出版社，2010年版

约翰·杜威：《艺术即经验》，高建平译，商务印书馆，2010年版

冯学勤：《从审美形而上学到美学谱系学——论尼采晚期美学思想中的反形而上学维度》，浙江大学出版社，2011年版

埃克伯特·法阿斯：《美学谱系学》，阎嘉译，商务印书馆，2011年版

理查德·舒斯特曼：《身体意识与身体美学》，程相占译，商务印书馆，2011年版

翁贝托·艾柯编著：《丑的历史》，彭淮栋译，中央编译出版社，2012年版

罗兰·斯特龙伯格：《西方现代思想史》，刘北成、赵国新译，金城出版社，2012年版

威廉·巴雷特：《非理性的人》，段德智译，上海译文出版社，2012年版

马歇尔·伯曼：《一切坚固的东西都烟消云散了——现代性体验》，徐大建、张辑译，商务印书馆，2013年版

史蒂芬·贝利：《审丑：万物美学》，杨凌峰译，金城出版社，2014年版

李进书：《审美现代性与文化现代性：法兰克福学派思想的二重奏》，人民出版社，2014年版

特里·伊格尔顿：《后现代主义的幻象》，华明译，商务印书馆，2014年版

王守仁：《王阳明全集》，中国书店，2014年版

李泽厚：《李泽厚对话集·与刘再复对谈》，中华书局，2014年版

李泽厚：《李泽厚对话集·九十年代》，中华书局，2014年版

李泽厚：《李泽厚对话集·中国哲学登场》，中华书局，2014年版

李泽厚：《李泽厚对话集·廿一世纪（一）》，中华书局，2014年版

李泽厚：《李泽厚对话集·廿一世纪（二）》，中华书局，2014年版

李泽厚：《由巫到礼 释礼归仁》，生活·读书·新知三联书店，2015年版

林朝霞：《现代性与中国启蒙主义文学思潮》，厦门大学出版社，2015年版

赵岚：《西美尔审美现代性思想研究》，社会科学文献出版社，2015年版

王峰：《美学语法：后期维特根斯坦的美学与艺术思想》，北京大学出版社，2015年版

杨春时：《作为第一哲学的美学——存在、现象与审美》，人民出版社，2015年版

徐向昱：《未完成的审美现代性——新时期文论审美问题研究》，中国社会科学出版社，2015年版

黑格尔：《哲学科学百科全书 Ⅲ 精神哲学》，杨祖陶译，人民出版社，2015年版

大卫·雷·格里芬：《后现代精神》，王成兵译，中央编译出版社，2015年版

约翰·杜威：《经验与自然》，傅统先译，商务印书馆，2015年版

郑也夫：《文明是副产品》，中信出版社，2015年版

鲁迅：《鲁迅全集》，光明日报出版社，2015年版

伊哈布·哈桑：《后现代转向》，刘象愚译，上海人民出版社，2015年版

王国维：《王国维：一个人的书房》，中国华侨出版社，2016年版

康德：《纯粹理性批判》，蓝公武译，中国画报出版社，2016年版

胡适：《胡适文集》，北京理工大学出版社，2016年版

叔本华：《作为意志和表象的世界》，刘大悲译，哈尔滨出版社，2016年版

彼得·盖伊：《现代主义：从波德莱尔到贝克特之后》，骆守怡、杜冬译，译林出版社，2017年版

许寿裳：《鲁迅传》，新世界出版社，2017年版

马丁·海德格尔：《林中路》，孙周兴译，商务印书馆，2018年版

彼得·沃森：《思想史：从火到弗洛伊德》，胡翠娥译，译林出版社，2018年版

陈望衡：《中国古典美学史》，江苏人民出版社，2019年版

刘悦笛主编：《东方生活美学》，人民出版社，2019年版

刘悦笛、李修建：《当代中国美学研究（1949—2019）》，中国社会科学出版社，2019年版

《学术月刊》编辑部编：《实践美学与后实践美学：中国第三次美学论争论文集》，上海三联书店，2019年版

徐复观：《中国艺术精神》，辽宁人民出版社，2019年版

李泽厚：《人类学历史本体论》，人民文学出版社，2019年版

李泽厚：《华夏美学》，长江文艺出版社，2019年版

李泽厚：《美学四讲》，长江文艺出版社，2019年版

李泽厚：《从美感两重性到情本体——李泽厚美学文录》，山东文艺出版社，2019年版

彼得·沃森：《20世纪思想史：从弗洛伊德到互联网》，张凤、杨阳译，译林出版社，2019年版

葛兆光：《中国思想史》，复旦大学出版社，2019年版

丹尼尔·汉南：《发明自由》，徐爽译，九州出版社，2020年版

杨春时主编：《中国现代美学思潮史》，百花洲文艺出版社，2020年版

贾玉民、赵影主编：《美学人生：中国当代美学家、美学学者的学术之路》，郑州大学出版社，2020年版

理查德·斯温伯恩：《信仰与理性》，曹剑波译，东方出版社，2020年版

李泽厚：《李泽厚集》，岳麓书社，2021年版

拉里·西登托普：《发明个体》，贺晴川译，广西师范大学出版社，2021年版

潘知常：《美学何处去》，《美与当代人》，1985年第1期

潘知常：《论古典诗歌意象的生成》，《江汉论坛》，1985年第7期

潘知常：《中国古典美学论灵感的培养》，《中州学刊》，1986年第3期

潘知常：《试论中国古典美学的思维机制》，《江汉论坛》，1986年第6期

潘知常：《王国维"意境"说与中国古典美学——中国近代美学思潮札记》，《中州学刊》，1988年第1期

潘知常：《审美探索》，《云南社会科学》，1990年第3期

潘知常：《审美想象新探——人类学美学札记》，《文艺理论研究》，1991年第1期

潘知常：《从"照着讲"到"接着讲"——中国美学研究的两种运思心态》，《天津社会科学》，1991年第2期

潘知常：《中西美学：对话与交往》，《学术界》，1991年第5期

潘知常：《丑是生命的清道夫》，《文艺理论研究》，1991年第4期

潘知常：《人体之美的无罪辩护》，《南京社会科学》，1991年第3期

潘知常：《中国美学的现代诠释》，《文艺理论研究》，1992年第3期

潘知常、李西建：《〈东方丛刊〉漫评》，《学术论坛》，1992年第4期

潘知常：《海德格尔的"真理"与中国美学的"真"——中西比较美学札记》，《天津社会科学》，1992年第4期

潘知常：《秘响旁通——中国美学的现代诠释》，《南京社会科学》，1993年第3期

潘知常：《我看故我在——中西美学论审美的直接性》，《天津社会科学》，1993年第3期

潘知常：《从自然的人到人的自然——中国美学的现代诠释》，《江苏社会科学》，1993年第2期

潘知常：《杜诗中的幽默——中国古代美学札记》，《江苏社会科学》，1994年第6期

潘知常：《当代审美文化叙事模式的转变——在解释中理解当代审美文化》，《文艺理论研究》，1994年第5期

潘知常：《当代审美文化的基本特征——在解释中理解当代审美文化》，《天津社会科学》，1994年第5期

潘知常：《论传统审美文化的叙事模式——在解释中理解西方审美文化》，《社会科学家》，1994年第5期

潘知常：《艺术与生活的同一——当代西方艺术观的美学转进》，《南京社会科学》，1994年第8期

潘知常：《当代审美文化中的"媚俗"——在解释中理解当代审美文化》，《南京社会科学》，1994年第8期

潘知常：《文化工业：美学面临着新的挑战——当代文化工业的美学阐释之一》，《文艺评论》，1994年第4期

潘知常：《书画之道——中国书画艺术的根本精神》，《东方丛刊》，1994年第1辑，广西师范大学出版社，1994年版

潘知常：《MTV——当代人的"视觉快餐"——当代文化工业的美学阐释》，《南京社会科学》，1994年第2期

潘知常：《试论审美体验的逻辑结构》，《文艺理论研究》，1995年第6期

潘知常：《美学的重建》，《学术月刊》，1995年第8期

潘知常：《在阐释中理解当代审美活动》，《江苏社会科学》，1995年第3期

潘知常、林玮：《电子文化与当代审美观念的重构》，《南京社会科学》，1996年第10期

潘知常：《论美感的超功利性》，《南京大学学报》（哲学·人文·社会科学），1996年第2期

潘知常：《审美观念的当代转型》，《东方丛刊》，1996年第1辑，广西师范大学出版社，1996年版

潘知常：《审美体验的本体阐释》，《学术季刊》，1996年第1期

潘知常：《关于中西诗学间的"比较"》，《中外文化与文论》，1996年第1期

潘知常、林玮：《走出理性主义的阴影——关于美学学科范式误区的札记》，《江苏社会科学》，1997年第4期

潘知常：《审美活动"如何可能"——审美活动的本体论内涵及其阐释》，《学习与探索》，1997年第3期

潘知常：《在对话中重建中国美学》，《文艺理论研究》，1997年第3期

潘知常：《从"镜"到"灯"——关于审美活动形态的当代转型》，《天津社会科学》，1997年第3期

潘知常：《超越之维——审美活动的历时描述》，《社会科学》，1997年第5期

潘知常：《美丑之间——关于审美活动的横向阐释》，《郑州大学学报》（哲学社会科学版），1997年第2期

潘知常：《向善·求真·审美——审美活动的本体论内涵及其阐释》，《河南师范大学学报》（哲学社会科学版），1997年第2期

潘知常：《论审美活动的历史形态》，《东方丛刊》，1997年第1、2辑，广西师范大学出版社，1997年版

潘知常：《对审美活动的本体论内涵的考察——关于美学的当代问题》，《文艺研究》，1997年第1期

潘知常：《从独白到对话——关于美学的学科范式的建构》，《学术月刊》，1997年第1期

潘知常：《从"无明"到"明"——论审美评价》，《人文杂志》，1997年第1期

潘知常：《逃向生活：当代审美文化》，《粤海风》，1998年第3期

潘知常：《从认识到直觉——在阐释中理解当代审美观念》，《贵州师范大学学报》（社会科学版），1998年第1期

潘知常：《"人生自是有情痴"——论审美活动的先天性》，《江海学刊》，1998年第1期

潘知常：《荒诞的出场——在阐释中理解当代审美观念》，《黄河科技大学学报》，1999年第4期

潘知常：《从作品到文本——在阐释中理解当代审美观念》，《江苏社会科学》，1999年第4期

潘知常：《冷眼看时尚——当代文化评论五则》，《粤海风》，1999年第3期

潘知常：《冷眼看时尚（之二）》，《粤海风》，1999年第4期

潘知常：《冷眼看时尚（之三）》，《粤海风》，1999年第5期

潘知常：《冷眼看时尚（之四）》，《粤海风》，1999年第6期

潘知常：《丑是如何可能的：在阐释中理解当代审美观念》，《益阳师专学报》，1999年第2期

潘知常、林玮：《娱乐性的美学意义》，《粤海风》，1999年第2期

潘知常：《荒诞的美学意义——在阐释中理解当代审美观念》，《南京大学学报》（哲学·人文·社会科学），1999年第1期

潘知常：《超主客关系与美学问题》，《学术月刊》，2000年第11期

潘知常：《中国美学与中华民族的当代发展》，《南京化工大学学报》（哲学社会科学版），2000年第2期

潘知常：《禅宗的美学智慧——中国美学传统与西方现象学美学》，《南京大学学报》（哲学·人文科学·社会科学），2000年第3期

潘知常：《中国美学的现象学诠释——中西比较美学研究中的一个世纪性课题》，《江苏社会科学》，2000年第2期

潘知常：《重建中国美学研究的文化构架——评刘士林著〈中国诗性文化〉》，《江苏社会科学》，2000年第1期

潘知常：《生命美学与超越必然的自由问题——四论生命美学与实践美学的论争》，《河南社会科学》，2001年第2期

潘知常：《生命的悲悯：奥斯维辛之后不写诗是野蛮的——拙著〈生命美学论稿〉序言》，《杭州师范学院学报》（社会科学版），2002年第6期

潘知常：《从"家族类似"到"理想类型"——现代美学的再生之路》，《东方论坛》，2002年第5期

潘知常：《超越主客关系：美学的当代取向》，《学术月刊》，2002年第9期

潘知常：《超越知识框架：美学提问方式的转换——关于生命美学与实践美学的论争》，《思想战线》，2002年第3期

潘知常：《"历史为谁而存在？"——从二元对立思维到多极互补思维》，《江苏行政学院学报》，2002年第1期

潘知常：《中国美学的思维取向——中国美学传统与西方现象学美学》，《南京大学学报》（哲学·人文科学·社会科学），2002年第1期

潘知常：《为信仰而绝望，为爱而痛苦：美学新千年的追问》，《学术月刊》，2003年第10期

潘知常：《为美学补"神性"：从王国维"接着讲"——在阐释中理解当代生命美学》，《民族艺术研究》，2003年第1期

潘知常：《王国维的美学末路》，《福建论坛》（人文社会科学版），2004年第8期

潘知常：《为爱作证——从王国维、鲁迅看新世纪美学的信仰启蒙》，《汕头大学学报》（人文社会科学版），2004年第4期

潘知常：《新世纪美学的一个思路》，《人文杂志》，2004年第4期

潘知常：《〈红楼梦〉："吾国四千余年大梦之唤醒"——纪念王国维〈红楼梦评论〉发表100周年》，《杭州师范学院学报》（社会科学版），2004年第3期

潘知常：《鲁迅的绝望：心灵黑暗的在场者的声音》，《江苏行政学院学报》，2004年第3期

潘知常、陈小坚：《南京城市形象研究》，《现代城市研究》，2004年第5期

潘知常、林玮、曾艳艳：《结构主义—符号学的阐释：传媒作为文本世界——西方传媒批判理论研究札记》，《东南大学学报》（哲学社会科学版），2004年第3期

潘知常：《慈悲为怀：没有宽恕就没有未来——中西文化传统中的"宽恕"》，《江苏行政学院学报》，2005年第4期

潘知常：《世纪回眸：王国维比我们多出什么》，《西北师大学报》（社会科学版），2005年第3期

潘知常：《"开辟鸿蒙　谁为情种"——〈红楼梦〉与第三进向的美学》，《学术月刊》，2005年第3期

潘知常、邓天颖：《叩问美学新千年的现代思路——潘知常教授访谈》，《学术月刊》，2005年第3期

潘知常：《以暴力为美：〈水浒〉的一个美学误区》，《古典文学知识》，2007年第5期

潘知常：《批判的视境：传媒作为世界——西方传媒批判理论的四个世界》（下期），《东方论坛》，2007年第4期

潘知常、栗振宇：《从大型新闻行动看电视活动传播》，《视听界》，2007年第4期

潘知常：《"无爱"的乱世与"失爱"的〈三国〉——第三只眼睛看〈三国〉》，《古典文学知识》，2007年第3期

潘知常：《从使美不成其为美到使美成其为美——再读〈红楼梦〉》，《古典文学知识》，2007年第2期

潘知常：《讲"好故事"与"讲好"故事（下）——从电视叙事看电视节目的策划》，《东方论坛》，2007年第1期

潘知常：《王夫人：多年的媳妇"熬"成婆》，《当代学生》，2008年第24期

潘知常：《贾政：不可爱的"真正经"》，《当代学生》，2008年第22期

潘知常：《从"玄奘"到"唐僧"：对文化圣徒的美学颠覆》，《古典文学知识》，2008年第1期

潘知常：《读〈香玉〉：她比烟花寂寞》，《蒲松龄研究》，2010年第3期

潘知常：《"中国当下文化与人文精神的反思"专题研究》，《湘潭大学学报》（哲学社会科学版），2012年第5期

潘知常：《关于中国美学精神的思考》，《美与时代》（下旬），2014年第11期

潘知常：《找回过去的自己　也找回未来的自己——关于旅游与旅游美学》，《美与时代》（上旬），2014年第10期

潘知常：《重要的不是美学的问题，而是美学问题——关于生命美学的思考》，《学术月刊》，2014年第9期

潘知常：《从终极关怀看李后主词》，《词学》，第34辑，华东师范大学出版社，2015年版

潘知常：《生态问题的美学困局——关于生命美学的思考》，《郑州大学学报》（哲学社会科学版），2015年第6期

潘知常：《让一部分人在中国先信仰起来（上篇）——关于中国文化的

"信仰困局"》,《上海文化》,2015年第4期

潘知常:《让一部分人在中国先信仰起来(中篇)——关于中国文化的"信仰困局"》,《上海文化》,2015年第5期

潘知常:《让一部分人在中国先信仰起来(下篇)——关于中国文化的"信仰困局"》,《上海文化》,2015年第6期

潘知常:《神圣之维的美学建构——关于"美的神圣性"的思考》,《中州学刊》,2015年第4期

潘知常:《"通向生命的门"(上)——生命美学三十年》,《美与时代》(下旬),2015年第1期

潘知常:《生命美学:从"本质"到"意义"——关于生命美学的思考》,《贵州大学学报》(社会科学版),2015年第1期

潘知常、封孝伦、方英敏:《回眸与展望:生命美学的跨世纪对话》,《贵州社会科学》,2015年第1期

潘知常:《中华文明第三期:新的千年对话——从"大文明观"看中华文明的"天问"与"天对"》,《上海文化》,2016年第6期

潘知常:《美学的重构:以超越维度与终极关怀为视域——关于生命美学的思考》,《西北师大学报》(社会科学版),2016年第6期

潘知常:《美育问题的美学困局》,《郑州大学学报》(哲学社会科学版),2016年第5期

潘知常、范藻:《"我们是爱美的人"——关于生命美学的对话》,《四川文理学院学报》,2016年第3期

潘知常:《说不尽的百年第一美学命题——纪念蔡元培提出"以美育代宗教"一百周年》,《中国矿业大学学报》(社会科学版),2017年第6期

潘知常:《审美救赎:作为终极关怀的审美与艺术——纪念蔡元培提出"以美育代宗教"美学命题一百周年》,《文艺争鸣》,2017年第9期

潘知常:《"以美育代宗教"的四个美学误区》,《郑州大学学报》(哲学社会科学版),2017年第5期

潘知常：《美是精神生活的空气、阳光和水》，《新华日报》，2017年7月28日

潘知常：《作为信仰的审美与艺术》，《艺术百家》，2017年第4期

潘知常：《"日常生活审美化"问题的美学困局》，《中州学刊》，2017年第6期

潘知常、宋澎、郭英剑、牛宏宝、郭家宏、廖彬宇：《中国当代文化发展中的信仰建构（笔谈）》，《四川文理学院学报》，2017年第3期

潘知常：《否定之维："灵魂转向的技巧"——基督教对于西方文化的一个贡献》，《江苏行政学院学报》，2017年第2期

潘知常：《无神的时代：审美何为？》，《东南学术》，2017年第1期

潘知常：《生命美学：归来仍旧少年》，《美与时代》（下旬），2018年第12期

潘知常：《华丽的转身："用爱获得世界"——审美救赎在中国美学中的出场（上）》，《上海文化》，2018年第6期

潘知常：《环境问题的美学困局》，《郑州大学学报》（哲学社会科学版），2018年第5期

潘知常：《审美救赎何以可能》，《文艺争鸣》，2018年第7期

潘知常：《超验之美：在信仰与自由与爱之间——读阎国忠老师〈攀援集〉的一点体会》，《美与时代》（下旬），2018年第7期

潘知常：《西方现代美学背景下的"以美育代宗教"》，《东南学术》，2018年第4期

潘知常：《生命美学：从"新时期"到"新时代"》，《学术研究》，2018年第4期

潘知常：《生命美学："我将归来开放"——重返20世纪80年代美学现场》，《美与时代》（下旬），2018年第1期

潘知常：《从美学到后美学：非美学的思如何可能》，《湖南科技大学学报》（社会科学版），2019年第6期

潘知常：《"析骨还父，析肉还母"——中国美学中的"活东西"》，《中国政法大学学报》，2019年第3期

潘知常：《实践美学的美学困局——就教于李泽厚先生》，《文艺争鸣》，2019年第3期

潘知常：《中华文明第一期：道家美学的生命智慧》，《江苏行政学院学报》，2019年第2期

潘知常：《"塔西佗陷阱"四题》，《徐州工程学院学报》（社会科学版），2019年第2期

潘知常：《华丽的转身："用爱获得世界"——审美救赎在中国美学中的出场（下）》，《上海文化》，2019年第1期

潘知常：《"生命"视界与生命美学》，《南京社会科学》，2019年第2期

潘知常：《"后红学"时代的〈红楼梦〉研究》，《中国文学研究》，2019年第1期

潘知常：《"无宗教而有信仰"：审美救赎的中国语境》，《社会科学家》，2019年第1期

潘知常：《从美学看明式家具之美——关于中国美学精神研究的一则札记》，《三峡论坛》，2020年第5期

潘知常：《因生命，而审美——再就教于李泽厚先生》，《当代文坛》，2020年第4期

潘知常：《中华文明第二期与禅宗美学的生命智慧——关于中国美学精神的札记一则》，《四川文理学院学报》，2020年第3期

潘知常：《生命美学：从"本质"到"意义"》，《中华书画家》，2020年第5期

潘知常：《从"南京文学"到"文学南京"——在文学中重新发现南京》，《青春》，2020年第4期

潘知常：《"发乎情，止乎情"——从"陆王心学"到明清之际的"启蒙美学"》，《江苏行政学院学报》，2020年第2期

潘知常：《"塔西佗陷阱"并不是塔西佗本人提出的——关于"塔西佗陷阱"的正本溯源》，《徐州工程学院学报》（社会科学版），2020年第2期

潘知常：《从"去实践化"、"去本质化"到"去美学化"——关于后实践美学与后实践美学之后的思考》，《山东社会科学》，2020年第3期

潘知常：《生命美学的原创性格——再回应李泽厚先生的质疑》，《文艺争鸣》，2020年第2期

潘知常：《孔子美学的生命智慧》，《中国政法大学学报》，2020年第1期

潘知常：《生命美学是"无人美学"吗？——回应李泽厚先生的质疑》，《东南学术》，2020年第1期

潘知常：《生命美学："以生命为视界"》，《郑州大学学报》（哲学社会科学版），2020年第6期

潘知常：《生命美学作为未来哲学》，《南方文坛》，2021年第5期

潘知常：《生命美学在西方》，《东南学术》，2021年第5期

潘知常、苗怀明、赵建忠、乔福锦、高淮生：《新红学百年回顾与反思学术笔谈》，《中国矿业大学学报》（社会科学版），2021年第6期

潘知常：《生活问题的美学困局》，《社会科学战线》，2021年第7期

潘知常：《美学的终结与思的任务——从"康德以后"到"尼采以后"（一）》，《美与时代》（下旬），2021年第6期

潘知常：《美学的终结与思的任务——从"康德以后"到"尼采以后"（二）》，《美与时代》（下旬），2021年第7期

潘知常：《美学的终结与思的任务——从"康德以后"到"尼采以后"（三）》，《美与时代》（下旬），2021年第8期

潘知常：《"精致利己主义者"的美学书写——关于翟崇光、姚新勇的"批判"之"批判"》，《学术月刊》，2021年第6期

潘知常：《"塔西佗陷阱"的帝国镜像——以中国古代社会为例》，《徐州工程学院学报》（社会科学版），2021年第3期

潘知常：《再说实践问题的美学困局——再就教于李泽厚先生》，《文艺

争鸣》，2021年第3期

潘知常：《"因审美，而生命"——再向李泽厚先生请教》，《当代文坛》，2021年第2期

潘知常：《身体问题的美学困局》，《郑州大学学报》（哲学社会科学版），2021年第1期

潘知常：《中国当代美学史研究中的"首创"与"独创"——以生命美学为视角》，《中国政法大学学报》，2021年第1期

范藻：《夯筑生命美学的第一块基石——潘知常〈没有美万万不能——美学导论〉的进化论启示》，《四川文理学院学报》，2015年第3期

范藻：《生命美学的生命还原——潘知常〈没有美万万不能——美学导论〉的发生学意义》，《美与时代》（下旬），2015年第3期

范藻：《生命美学，崛起的美学新学派》，《四川文理学院学报》，2016年第1期

范藻：《提取生命美学的"中国样本"——有感于潘知常教授新修订的〈中国美学精神〉（一）》，《美与时代》（下旬），2018年第4期

范藻：《提取生命美学的"中国样本"——有感于潘知常教授新修订的〈中国美学精神〉（二）》，《美与时代》（下旬），2018年第5期

范藻、范潇兮：《潘知常及其生命美学之我见》，《美与时代》（下旬），2018年第12期

范藻：《生命美学的新境界——评潘知常新著〈信仰建构中的审美救赎〉》，《上海文化》，2020年第2期

范藻：《生命为何需要美学——读潘知常〈信仰建构中的审美救赎〉所想到的》，《四川文理学院学报》，2020年第1期

范藻：《有感于潘知常关于大众传媒与"塔西佗陷阱"的见解》，《齐鲁艺苑》，2021年第4期

范藻：《美学的起点：潘知常与李泽厚之比较》，《徐州工程学院学报》

（社会科学版），2021年第4期

范藻：《生命的"第二次诞生"——兼及潘知常"因审美而生命"命题之意义》，《四川文理学院学报》，2021年第3期

刘成纪：《冲突与新的综合——读〈美的冲突〉》，《中国图书评论》，1991年第2期

刘成纪：《论庄子美学的物象系统》，《中州学刊》，1996年第6期

刘成纪：《生命之流与审美之变》，《郑州大学学报》（哲学社会科学版），1997年第4期

刘成纪：《自由主义与20世纪中国美学精神》，《求是学刊》，2000年第1期

刘成纪：《生命美学的超越之路》，《学术月刊》，2000年第11期

刘成纪：《为什么是物象美学》，《美与时代》，2003年第7期

刘成纪：《汉代美学中的身体问题》，武汉大学学位论文，2005年

刘成纪：《什么是审美体验——海德格尔的艺术终结论与审美体验理论的重建》，《中州学刊》，2006年第5期

刘成纪：《灵魂观念在西方美学中的嬗变》，《广播电视大学学报》（哲学社会科学版），2006年第4期

刘成纪：《多元一体的美学》，《郑州大学学报》（哲学社会科学版），2009年第6期

刘成纪：《重构美的形而上学：以陈望衡境界本体论美学为例》，《中州学刊》，2010年第4期

刘成纪：《中国美学与农耕文明》，《郑州大学学报》（哲学社会科学版），2010年第5期

刘成纪：《生态美学的理论危机与再造路径》，《陕西师范大学学报》（哲学社会科学版），2011年第2期

刘成纪：《用哲学领悟爱》，《中国德育》，2016年第1期

刘成纪：《重论〈吕氏春秋〉的音乐美学体系》，《中州学刊》，2016年

第3期

刘成纪：《中华美学精神在中国文化中的位置》，《文学评论》，2016年第3期

刘成纪：《中国社会早期"乐"概念的三大问题》，《河北学刊》，2016年第4期

封孝伦：《关于内容和形式的哲学思考》，《贵州师范大学学报》（社会科学版），1986年第1期

封孝伦：《一个巨大的历史漩涡——从康德、席勒看西方18、19世纪之交的美学思潮》，《贵州师范大学学报》（社会科学版），1989年第1期

封孝伦：《艺术发生的原动力是人类的生命追求》，《贵州社会科学》，1989年第8期

封孝伦：《生命意识对探索美的启示》，《贵州社会科学》，1990年第8期

封孝伦：《论先秦儒道思想影响中国美学的中介》，《贵州师范大学学报》（社会科学版），1992年第2期

封孝伦：《走出黑格尔——关于中国当代美学概念的反思》，《学术月刊》，1993年第11期

封孝伦：《诗人毛泽东和他的诗词》，《贵州师范大学学报》（社会科学版），1993年第4期

封孝伦：《周来祥美学理论体系刍议》，《西北师大学报》（社会科学版），1995年第2期

封孝伦：《从自由、和谐走向生命——中国当代美本质核心内容的嬗变》，《贵州社会科学》，1995年第5期

封孝伦：《走向崇高——论陈独秀、李大钊的美学思想》，《贵州师范大学学报》（社会科学版），1997年第1期

封孝伦：《〈中国苗族诗学〉序》，《黔东南民族师专学报》（哲社版），1997年第2期

封孝伦：《理想与现实的分裂和对抗——论郭沫若、茅盾的美学思想》，《贵州社会科学》，1997年第5期

封孝伦：《"百年中国美学学术讨论会"综述》，《文艺研究》，1998年第4期

封孝伦：《美与"自由"关系的反思》，《贵州师范大学学报》（社会科学版），1998年第4期

周伟、封孝伦：《美来自生命——20世纪西方美学巡礼》，《贵州社会科学》，1999年第4期

封孝伦：《审美的根底在人的生命》，《学术月刊》，2000年第11期

封孝伦：《形式的生命意义——20世纪西方美学巡礼之二》，《贵州社会科学》，2000年第6期

封孝伦：《影视艺术冲击下文学的困境及其生存策略》，《思想战线》，2001年第1期

封孝伦：《凝重美：对苗族服饰的美学猜想》，《贵州师范大学学报》（社会科学版），2001年第2期

封孝伦：《李泽厚对实践美学的创建和修补》，《当代文坛》，2010年第3期

封孝伦：《人类审美活动的逻辑起点是生命》，《贵州社会科学》，2010年第6期

封孝伦：《对青年马克思提出的几个概念的再认识》，《贵州社会科学》，2011年第4期

黄杨、封孝伦：《论庄子对艺术成规的批判》，《甘肃社会科学》，2012年第5期

封孝伦：《冷峻中的宁静——初评徐恒山水画集》，《贵州大学学报》（艺术版），2014年第1期

封孝伦、袁鼎生、薛富兴、黄旭东：《生命美学与生态美学四人谈》，《贵州社会科学》，2014年第6期

封孝伦：《生命与生命美学》，《学术月刊》，2014年第9期

封孝伦：《李泽厚对实践美学的建构与解构》，《铜仁学院学报》，2015年第2期

封孝伦：《"实践美学"的逃逸者——生命美学与生态美学比较研究》，《贵州社会科学》，2018年第2期

封孝伦：《生命美学的边界》，《美与时代》（下旬），2018年第9期

封孝伦：《论生命与美学的关系》，《首都师范大学学报》（社会科学版），2019年第2期

陈伯海：《东方文化与现代社会》，《传统文化与现代化》，1994年第6期

陈伯海：《对话·交流·会通——兼论中国诗学的现代诠释》，《中国比较文学》，1995年第1期

陈伯海：《生命体验的审美超越——〈人间词话〉"出入"说索解》，《文艺理论研究》，2002年第1期

陈伯海：《生命体验的自我超越——审美过程论》，《云南大学学报》（社会科学版），2003年第3期

陈伯海：《美在"天人合一"——审美价值论》，《文艺理论研究》，2003年第4期

陈伯海：《一个生命论诗学范例的解读——中国诗学精神探源》，《社会科学战线》，2003年第5期

陈伯海：《人为什么需要美——审美性能论》，《学术月刊》，2003年第6期

陈伯海：《"生命之树常青"——论中国诗学精神之返本与开新》，《中文自学指导》，2006年第1期

陈伯海：《"言"与"意"——中国诗学的语言功能论》，《文学遗产》，2007年第1期

陈伯海：《生存·实践·超越——人的生命活动之链》，《社会科学》，2008年第9期

陈伯海：《"言"与"道"——论语言和世界的关系》，《文艺理论研

究》，2009年第1期

陈伯海：《"自我"与"非我"——关于主体性的思考提纲》，《中州学刊》，2009年第2期

陈伯海：《回归生命本原——后形而上学视野中的"形上之思"》，《中文自学指导》，2009年第3期

陈伯海：《再论人为什么需要美——兼谈审美的可能性》，《江海学刊》，2009年第3期

陈伯海：《生命理念与多重意义世界的开显——生命哲学的价值观》，《上海大学学报》（社会科学版），2009年第1期

陈伯海：《东方世界的现代化与东方文化观念的创新》，《社会科学》，2010年第8期

陈伯海：《论美的生成方式与存在本原》，《社会科学战线》，2010年第10期

陈伯海：《艺术与审美——论审美传达》，《文艺理论研究》，2010年第2期

陈伯海：《"人诗意地栖居"：论审美向生活世界的回归》，《江海学刊》，2010年第5期

陈伯海：《论生命体验美学及其当代建构》，《社会科学战线》，2011年第8期

陈伯海：《生命体验和审美超越——论审美体验的由来与归趋》，《河北学刊》，2011年第4期

陈伯海：《马克思主义与中国美学的未来》，《探索与争鸣》，2013年第4期

陈伯海：《"小康社会"与"信仰困局"——"让一部分人在中国先信仰起来"之读后感》，《上海文化》，2016年第2期

陈伯海：《关于"生命体验美学"的备忘录》，《贵州大学学报》（社会科学版），2016年第2期

陈伯海：《华夏传统审美精神探略》，《学术月刊》，2018年第8期

陈伯海：《说"天人合一"——兼谈中华民族对人类应有的思想贡献》，

《上海文化》，2018年第4期

陈伯海：《中国美学史研究的总结与出新》，《东南学术》，2019年第4期

陈伯海：《巨大的飞跃——新中国美学70年感言》，《上海文化》，2019年第6期

陈伯海：《走向"体验美学"》，《江海学刊》，2021年第1期

成复旺：《对叶燮诗歌创作论的思考》，《文学遗产》，1986年第5期

成复旺：《中国传统美学与人》，《中国人民大学学报》，1990年第2期

成复旺：《走向人学的美学》，《社会科学家》，1995年第2期

成复旺：《中国文化研究的新收获——读〈意象探源〉》，《安徽师大学报》（哲学社会科学版），1997年第3期

成复旺：《中国传统文化与后现代》，《人文杂志》，1998年第4期

成复旺：《走向人的解放——从王阳明到李贽》，载《中韩实学史研究》，中国人民大学出版社，1998年版

成复旺：《美在自然生命——论中国传统文化对美的理解》，《浙江学刊》，1998年第6期

成复旺：《关于形式美学的思考》，《浙江学刊》，2000年第4期

成复旺：《"盈天地间只是一个大生"——重谈中国古代的宇宙观》，《东南学术》，2001年第3期

成复旺：《审美、异化与实践美学》，《福建论坛》（人文社会科学版），2001年第4期

成复旺：《中国美学研究的自我突破》，《北京社会科学》，2001年第4期

成复旺：《自然、生命与文艺之道——对中国古代文论中"道艺论"的考察》，《求索》，2003年第1期

朱良志：《物化境界三层次》，《江汉论坛》，1990年第12期

朱良志：《谈〈中国美学精神〉的研究方法》，《东方丛刊》1994年第2

辑，广西师范大学出版社，1994年版

王希华、朱良志：《中国园林的生命精神》，《东方丛刊》，1994年第3、4辑，广西师范大学出版社，1994年版

朱良志：《中国艺术观念中的"幻"学说》，《北京大学学报》（哲学社会科学版），2009年第6期

朱良志：《刹那永恒》，《文艺争鸣》，2011年第8期

朱良志：《美是不可分析的——评道禅哲学关于美问题的一个观点》，《学术月刊》，2011年第8期

朱良志：《生命的态度——关于中国美学中的第四种态度的问题》，《天津社会科学》，2011年第2期

朱良志：《中国艺术中的智慧——由八大山人谈起》（上），《紫光阁》，2011年第4期

朱良志：《中国艺术中的智慧——由八大山人谈起》（下），《紫光阁》，2011年第5期

朱良志：《追求永恒感——读贾又福太行系列绘画作品有感》，《美术研究》，2012年第1期

朱良志：《以诗心穿透山水》，《中华儿女（海外版）·书画名家》，2013年第7期

朱良志：《中国传统艺术的人文价值》，《南京艺术学院学报》（音乐与表演版），2013年第1期

朱良志：《匪夷所思的美》，《中华书画家》，2014年第5期

朱良志：《自然与人文的神性张力》，《中国经济报告》，2014年第11期

朱良志：《陶渊明的"存在"之思》，《北京大学学报》（哲学社会科学版），2018年第5期

朱良志：《论中国传统艺术哲学的"无名艺术观"》，《南京大学学报》（哲学·人文科学·社会科学），2019年第1期

朱良志：《大成若缺——中国传统艺术哲学中的"当下圆满"学说》，

《社会科学文摘》，2020年第8期

朱良志：《论中国传统艺术哲学的"无量"观念》，《北京大学学报》（哲学社会科学版），2020年第5期

吴风：《生存与审美的合一——潘知常〈生命美学〉述评》，《南京社会科学》，1992年第2期

张节末：《体系与无体系之辩——读潘知常近著〈生命美学〉》，《学术月刊》，1992年第5期

劳承万：《中国当代美学启航的讯号——潘知常教授〈生命美学〉述评》，《社会科学家》，1994年第5期

罗瑞宁：《根的寻求——评潘知常〈生命美学〉的现代视界》，《南宁师专学报》，1995年第2期

叶通贤：《从生命走向美——封孝伦著〈人类生命系统中的美学〉述评》，《铜仁师范高等专科学校学报》，2002年第3期

吴俊：《浅谈审美中的非理性因素——封孝伦"生命美学"的启示》，《贵阳师范高等专科学校学报》（社会科学版），2002年第4期

薛富兴：《生命美学的意义》，《贵州师范大学学报》（社会科学版），2002年第4期

肖祥彪：《生命的宣言与告白——"生命美学"述评》，《荆州师范学院学报》，2003年第3期

李卫东：《生命的诗意言说——读范藻先生的〈叩问意义之门——生命美学论纲〉》，《美与时代》，2003年第3期

袁洁玲：《激活生命的言说——评〈人类生命系统中的美学〉》，《中国图书评论》，2003年第5期

肖建华、陶水平：《历史抉择中的汇流与当代美学的建构》，《南通师范学院学报》（哲学社会科学版），2004年第2期

肖建华：《从实践美学与生命美学的论争和汇流看当代美学的建构》，

《河北科技师范学院学报》（社会科学版），2004年第2期

张法：《中国现代美学：历程与模式》，《人文杂志》，2004年第4期

李世涛：《后实践美学与实践美学的批评与反批评——从对立、排斥走向对话、汇通之二》，《甘肃社会科学》，2005年第3期

李展、刘文娟：《论当代中国美学的生命转向》，《泰山学院学报》，2005年第4期

罗慧林：《一种空洞而中庸的生命美学——与潘知常先生商榷》，《粤海风》，2006年第3期

朱雨晨：《潘知常风波》，《中国新闻周刊》，2006年第10期

阮学永：《当代以"自由"为核心的美学建构之考察》，《新疆大学学报》（哲学人文社会科学版），2007年第2期

史云青：《中国生命美学的形成及其贡献》，《重庆科技学院学报》（社会科学版），2007年第5期

颜军：《中国现代生命美学的发展状貌》，《贵州教育学院学报》（社会科学），2008年第2期

侯宏堂：《中国艺术和中国美学研究的重要收获——读朱良志"中国艺术研究系列"》，《艺术探索》，2009年第2期

翟崇光、李永杰、赵彦辉：《从批判到悲悯：生命美学的"大事因缘"——潘知常美学转向初探》，《电影评介》，2010年第24期

叶通贤：《封孝伦美学思想探幽》，《贵州大学学报》（社会科学版），2011年第4期

杜正华、刘超：《审美超越：从生命美学到超越美学》，《江西社会科学》，2012年第6期

刘涵之：《作为方法的"生命本原"论和生命体验美学——读陈伯海〈回归生命本原〉、〈生命体验与审美超越〉》，《原道》，2013年第2期

吴时红：《论"后实践美学"——以"超越美学"与"生命美学"为对象》，《美育学刊》，2013年第4期

王燚：《各美其美 美美与共——刘成纪教授的美学研究》，《天中学刊》，2013年第6期

邢研：《浅析审美超越的意义》，《思想战线》，2013年第S2期

林早：《生命之辩——封孝伦教授生命美学研究述评》，《美与时代》（下旬），2014年第2期

方英敏：《生命美学视野下的身体美学——基于〈人类生命系统中的美学〉的理论视角考察》，《贵州社会科学》，2014年第6期

杨东、贾永圣：《生态与生命的交响——袁鼎生生态美学与封孝伦生命美学的比较研究》，《美与时代》（下旬），2014年第6期

林早：《20世纪80年代以来的生命美学研究》，《学术月刊》，2014年第9期

王世德：《喜读封孝伦新著〈生命之思〉》，《贵州大学学报》（社会科学版），2015年第1期

向杰：《生命体验美学的当代建构——读陈伯海〈回归生命本原〉与〈生命体验与审美超越〉》，《四川文理学院学报》，2015年第3期

曾建平：《生命的真性——朱良志美学著述一瞥》，《韶关学院学报》，2016年第1期

熊芳芳：《生命美学观照下的语文教育》，《四川文理学院学报》，2016年第1期

刘剑：《生命建基·信仰补缺·境界超越——潘知常生命美学思想述要》，《贵州大学学报》（社会科学版），2016年第2期

杨聂慧：《生命论美学与生态论美学之比较研究》，《青年文学家》，2016年第29期

王世德：《潘知常生命美学体系试论》，《上海文化》，2017年第6期

劳承万：《"生命美学"如何定位——文化方向的大转换》，《美与时代》（下旬），2018年第3期

黄晶：《潘知常生命美学的世纪反思》，《浙江传媒学院学报》，2018年第4期

米斯茹：《马拉松：生命美学视域下的现代信仰之维》，《四川文理学院学报》，2018年第4期

熊芳芳：《论"生命美学"与"生命语文"美育实践》，《美与时代》（下旬），2018年第6期

石长平：《实践是生命存在的方式——实践与生命美学、存在论美学之关系散论》，《上海文化》，2018年第6期

刘剑：《生命经验：接着生命美学讲》，《美与时代》（下旬），2018年第10期

马正平：《可爱而不可信：生命美学的基本问题——时空美学与生命美学的交流、对话与商榷》，《美与时代》（下旬），2018年第12期

覃亚双：《封氏生命美学下的服饰初探》，《长江丛刊》，2019年第22期

邹兵：《生命与生命美学初探》，《四川文理学院学报》，2020年第1期

向杰：《生命美学的价值所在——兼评〈生命美学：崛起的美学新学派〉》，《美与时代》（下旬），2020年第1期

刘燕：《审美救赎：赎回信仰，赎回爱——有感于潘知常教授新著〈信仰建构中的审美救赎〉》，《四川文理学院学报》，2020年第3期

肖祥彪、马艳：《生命美学理论的逻辑三问——读潘知常教授新著〈信仰建构中的审美救赎〉》，《美与时代》（下旬），2020年第3期

姚克中：《中国传统文化的美学转型——一个"局外人"读〈生命美学：崛起的美学新学派〉》，《美与时代》（下旬），2020年第3期

王陈祯：《20世纪80年代以来中国生命美学研究综述》，《河南教育学院学报》（哲学社会科学版），2020年第6期

曹雯：《生命美学的歌者封孝伦》，《当代贵州》，2021年第1期

翟崇光、姚新勇：《潘知常生命美学"信仰转向"现象批判》，《学术月刊》，2021年第2期